高等职业教育信息安全技术应用专业系列教材

信息安全基础

XINXI ANQUAN JICHU

主 编 马国峰 刘开茗 王 坤
副主编 张明真 陈利国 白艳玲
张新红

西安电子科技大学出版社

内 容 简 介

本书根据当前我国高等职业教育的人才培养目标和教学特点，全面介绍了信息安全领域的基本概念、相关技术以及法律法规。全书共分为 10 章，分别为信息安全概述、物理安全与安全管理、信息加密技术、信息加密技术的应用、黑客攻击与防范、网络安全产品、计算机病毒、操作系统安全管理、新一代信息技术安全、信息安全法律法规。同时，本书深入落实"立德树人"根本任务，在每一章均融入了课程思政内容，以实现专业课程学习与思想政治教育的同向同行。

本书可作为高职院校信息安全技术应用、计算机应用技术、计算机网络技术等相关专业的基础教材，也可作为信息安全相关专业技术人员的自学参考书。

图书在版编目 (CIP) 数据

信息安全基础 / 马国峰，刘开茗，王坤主编 . -- 西安：西安电子
科技大学出版社 , 2025. 5. -- ISBN 978-7-5606-7619-7

Ⅰ. TP309

中国国家版本馆 CIP 数据核字第 2025A1L337 号

策　　划　高樱
责任编辑　高　樱　张　存
出版发行　西安电子科技大学出版社 (西安市太白南路 2 号)
电　　话　(029) 88202421　88201467　　　邮　　编　710071
网　　址　www.xduph.com　　　　　　　电子邮箱　xdupfxb001@163.com
经　　销　新华书店
印刷单位　咸阳华盛印务有限责任公司
版　　次　2025 年 5 月第 1 版　2025 年 5 月第 1 次印刷
开　　本　880 毫米 × 1230 毫米　1/16　　　印　　张　16
字　　数　437 千字
定　　价　59.00 元

ISBN 978-7-5606-7619-7

XDUP 7920001-1

*** 如有印装问题可调换 ***

前 言

PREFACE

随着新一代信息技术的发展，信息安全问题日益受到人们的关注。什么是信息安全？信息安全领域包含哪些技术？怎样保护自己免受信息安全的威胁？本教材将一一给出答案。

本教材旨在为信息安全专业的初学者或对信息安全知识有兴趣的读者全面介绍信息安全领域的基本概念、相关技术及实际应用情况。本教材共 10 章，第 1 章概括介绍了信息安全的基本概念及发展历程，第 2 章介绍了物理环境和设备的安全防护方法，第 3 章和第 4 章介绍了信息安全的核心技术——密码学及其应用，第 5 章介绍了常见的黑客攻击手段及防范方法，第 6 章介绍了信息安全领域常用的安全防护产品——防火墙、入侵检测系统与入侵防御系统、上网行为管理设备、VPN 设备的基本情况及应用情况，第 7 章介绍了计算机病毒的基本情况，第 8 章介绍了 Windows 和 Linux 操作系统的安全配置，第 9 章介绍了云计算、移动网络、人工智能和物联网领域的信息安全防护技术，第 10 章介绍了我国现行的信息安全相关法律法规的基本情况及典型案例。

信息安全领域涵盖的知识面广泛、技术复杂，而本教材作为通识课和专业基础课教材，受到篇幅的限制，并未对信息安全的每项技术做详细介绍，想要了解一些技术细节的读者可参考信息安全领域的专业书籍。为便于读者学习教材内容，本教材的每一个章节均配有教学视频，读者扫描二维码即可观看。

为全面贯彻党的教育方针，落实"立德树人"根本任务，加强思想政治教育，构建"三全育人"格局，本教材融入了课程思政的内容。每个章节均提炼了学习目标和思政目标，并结合每个章节的内容特点将习近平新时代中国特色社会主义思想、党的政策方针、国家法律法规、社会主义核心价值观、大国工匠精神、优秀传统文化、家国情怀等思政元素融入教材内容之中，以达到"润物无声"的育人效果。

本教材由郑州铁路职业技术学院马国峰、刘开茗、王坤主编，其中马国峰编写了第 1 章，刘开茗编写了第 3 章，白艳玲编写了第 4 章，张明真编写了第 5 章，陈利国编写了第 2 章和第 6 章，王坤编写了第 7 章、第 8 章和第 9 章，张新红编写了第 10 章。马国峰、刘开茗对本书内容进行了统筹和审定，深信服科技股份有限公司吕沃阳、北京新大陆时代科技有限公司牛晓飞为本教材的编写提供了案例素材和技术支持。

本教材仅限于学习信息安全技术使用，严禁利用本教材所提到的技术进行非法网络攻击，否则后果自负，本书编者和出版单位不承担任何责任。

由于编者水平有限，书中难免存在不足之处，恳请读者批评指正。如果读者在学习中需要与我们沟通交流，请发送电子邮件到 23006546@qq.com。

编　者

2024 年 8 月

目 录
CONTENTS

第 1 章　信息安全概述

随着信息技术的发展，信息安全也越来越受到人们的重视。本章将对信息安全的基本知识作一个简单介绍，包括信息安全的简介、发展历程以及所面临的威胁。

通过学习本章内容，读者能对信息安全的基本知识有一个总体的认识，为后面章节的学习打下良好的基础，同时树立为国家数字经济发展和网络强国建设贡献力量的信心和决心。

学习目标

(1) 理解信息安全的重要性及信息安全问题产生的原因。
(2) 掌握信息安全的基本概念。
(3) 了解信息安全的发展历程及信息安全所面临的威胁。

思政目标

(1) 树立为国家数字经济发展贡献力量的信心和决心。
(2) 在网络强国建设中发挥积极作用，努力担当作为。

1.1　信息安全简介

认识信息安全

1.1.1　信息安全的重要性

随着信息技术的迅速发展，信息技术的应用不断深入，互联网开始与我们的工作和生活密不可分。中国互联网络信息中心发布的第 53 次《中国互联网络发展状况统计报告》显示，截至 2023 年 12 月，我国互联网宽带接入端口数量达 11.36 亿个，如图 1-1 所示；网民规模达 10.92 亿人，互联网普及率达 77.5%，如图 1-2 所示。

在"互联网＋"大背景下，信息系统在政务、军事、文教、金融、商业等诸多领域得到了广泛应用。使用即时通信、搜索引擎以及进行网上办公的人数不断增加，电子商务、互联网教育、互联网医疗已然改变了人们长期形成的生活方式，各级政府也在积极推进电子政务建设，利用信息系统提供全面、高效、安全、可靠的公共服务。

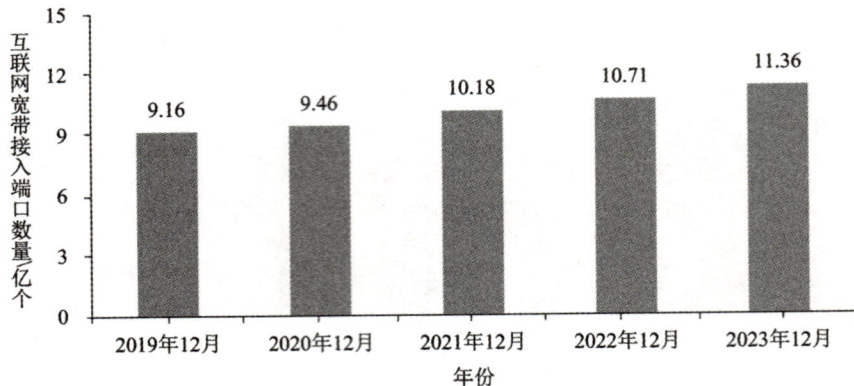

图 1-1　中国互联网宽带接入端口数量 (数据来源：工业和信息化部)

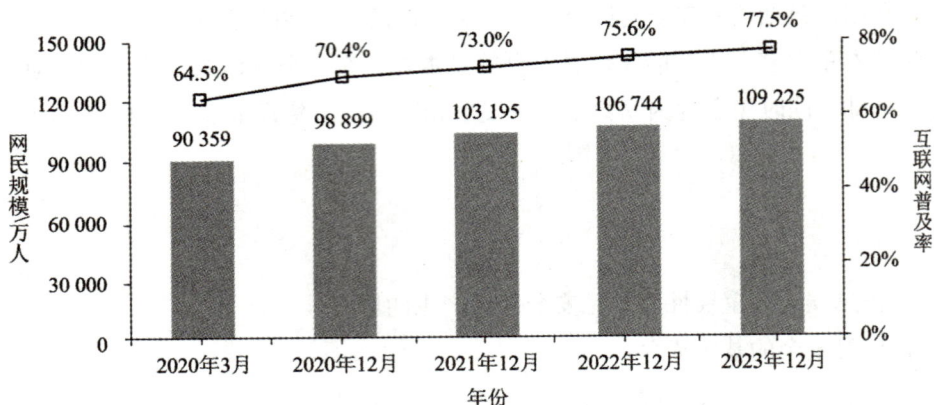

图 1-2　中国网民规模及互联网普及率 (数据来源：中国互联网络信息中心)

🔴 课程思政

　　党的二十大报告明确提出，加快发展数字经济，促进数字经济和实体经济深度融合。党的二十届三中全会通过的《中共中央关于进一步全面深化改革　推进中国式现代化的决定》更进一步提出了健全促进实体经济和数字经济深度融合制度，包括加快构建促进数字经济发展体制机制、完善促进数字产业化和产业数字化政策体系。

　　数字经济是云计算、大数据、区块链、物联网、人工智能等新一代信息技术取得突破后，向经济社会各部门逐步渗透并得到充分应用，进而形成的全新经济和社会形态，是人类社会在农业经济和工业经济之后进入的崭新历史阶段。

　　数字经济的发展离不开信息技术的支撑。新一代信息技术的发展，正加速推进全球产业分工深化和经济结构调整，重塑全球经济竞争格局。我国正在加快抓住全球信息技术和产业新一轮分化和重组的重大机遇，全力打造核心技术产业生态，进一步推动前沿技术突破，实现产业链、价值链和创新链等各环节协调发展，推动我国数字经济发展迈向新台阶。作为信息技术领域的专业人才，我们更要扎实学好专业知识，掌握最新的信息技术，为我国数字经济发展贡献一份力量。

　　信息技术带给人们前所未有的便利和巨大效益的同时，也使人们面临信息安全方面的巨大挑战。根据深信服科技股份有限公司发布的《2023 网络安全深度洞察及 2024 年趋势研判》报告，2023 年国家信息安全漏洞库 (CNNVD) 共收录漏洞信息 25 748 条，近十年漏洞收录情况如图 1-3 所示。

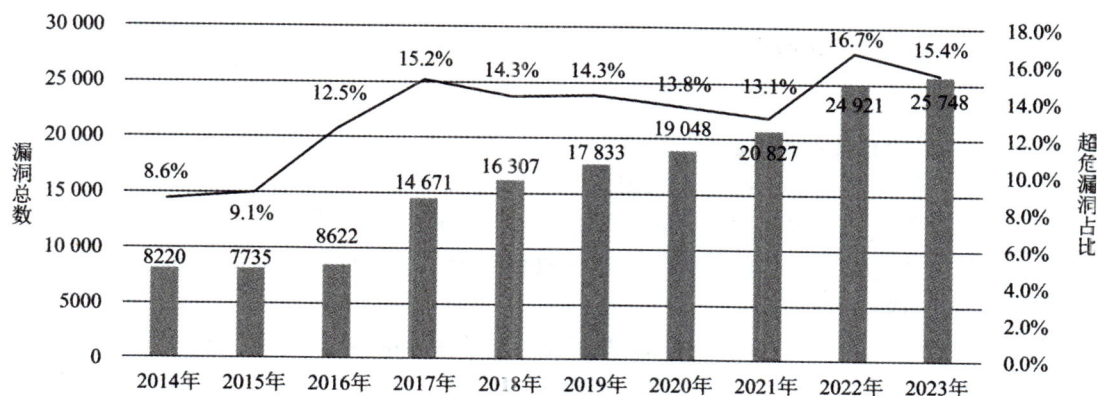

图 1-3　CNNVD 近十年漏洞收录情况

国家信息安全漏洞共享平台 (CNVD) 统计数据显示，2023 年 1 月至 11 月，由漏洞引发的主要威胁是未授权信息泄露，这可能导致个人隐私被侵犯、商业信誉受损甚至面临法律诉讼。未授权信息泄露也为黑客攻击提供了前置条件，泄露的敏感信息 (如密钥、令牌等) 可被恶意攻击者利用，进而访问受保护的资源或执行未经授权的操作。

由漏洞引发的另一个主要安全威胁是管理员访问权限获取。攻击者一旦获得管理员权限，便能完全控制系统，访问敏感数据，更改系统设置，甚至进行其他恶意活动。2023 年由漏洞引发的安全威胁情况如图 1-4 所示。

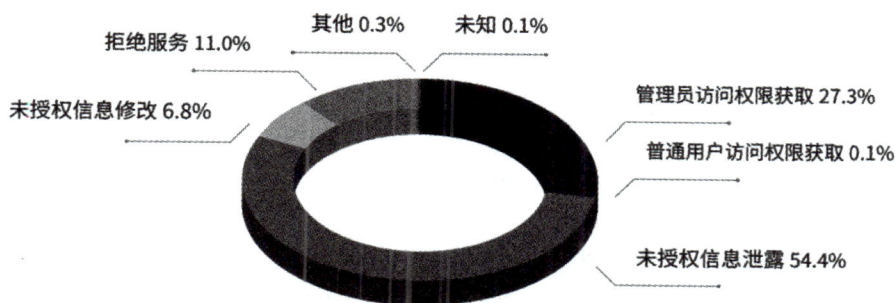

图 1-4　2023 年由漏洞引发的安全威胁情况

信息安全更与国家安全息息相关，其涉及国家政治和军事命脉，影响国家的安全和主权。党中央高度重视我国的信息安全工作，于 2014 年 2 月成立了中央网络安全和信息化领导小组，习近平总书记担任组长。中央网络安全和信息化领导小组主要负责统筹协调各个领域的网络安全和信息化重大问题，研究制定国家网络安全和信息化发展战略、宏观规划和重大政策，不断增强网络安全保障能力。2018 年 3 月，根据中共中央印发的《深化党和国家机构改革方案》，将中央网络安全和信息化领导小组改为中央网络安全和信息化委员会。

课程思政

习近平总书记指出，没有网络安全就没有国家安全，没有信息化就没有现代化。网络安全和信息化是事关国家安全和国家发展、事关广大人民群众工作生活的重大战略问题，要从国际国内大势出发，总体布局，统筹各方，创新发展，努力把我国建设成为网络强国。建设网络强国，要有自己的技术，有过硬的技术；要有高素质的网络安全和信息化人才队伍。我们一定要积极响应党中央的号召，刻苦学习"过硬的技术"，努力成为高素质的网络安全和信息化人才队伍中的一员，在网络强国建设中发挥积极作用，努力担当作为。

1.1.2　信息安全的基本概念

1. 信息安全的定义

信息安全涉及的范围很广，大到国家军事、政治等机密安全，小到防止商业机密泄露，防范青少年对不良信息的浏览及个人信息的泄露等。因此，从广义上讲，信息安全是一门综合性的学科，它不是单纯的技术问题，而是将管理、技术、法律等相结合的产物。如果从狭义的角度来看，信息安全建立在以密码学为基础的计算机安全领域，辅以计算机技术、通信网络技术及编程等方面的内容。

国际标准化组织 (International Organization for Standardization, ISO) 对信息安全的定义是：为数据处理系统建立和采用的技术、管理上的安全保护，以保护计算机硬件、软件、数据不因偶然和恶意的原因而遭到破坏、更改和泄露。

2. 信息安全的内容

信息安全包含以下几个方面的内容：

(1) 硬件安全：保护网络硬件和存储媒体的安全，确保这些硬件设施不受损害，能够正常工作。

(2) 软件安全：保护计算机及其网络的各种软件不被篡改或破坏，不被非法操作或误操作，功能不会失效，不被非法复制。

(3) 运行服务安全：确保网络中的各个信息系统能够正常运行并能正常地通过网络交流信息；对网络系统中的各种设备运行状况进行监测，发现不安全因素时能及时报警并采取措施改变不安全状态，保障网络系统正常运行。

(4) 数据安全：保护网络中存在及流通的数据不被篡改及非法增删、复制、解密、显示、使用等。

3. 信息安全的基本要素

要想确保信息的安全，必须实现 5 个基本要素，即保密性、完整性、可用性、可控性和不可否认性。

(1) 保密性 (Confidentiality)：又称为机密性，是指确保信息在存储和传输过程中不被非授权访问，即使非授权用户得到信息也无法知晓信息内容，因而不能使用。通常通过访问控制技术来阻止非授权用户获得保密信息，并通过信息加密技术阻止非授权用户获知信息内容。

(2) 完整性 (Integrity)：是指保障信息在传输与存储过程中不被篡改、不被破坏、不延迟、不乱序和不丢失，即使被篡改也能够发现篡改的事实或者篡改的位置。一般通过访问控制技术来阻止篡改行为，同时通过报文摘要算法来检验信息是否被篡改或被破坏，通过时间戳来防止信息延迟、乱序或丢失。

(3) 可用性 (Availability)：是指信息系统及资源可被合法用户访问和使用的特性，即授权用户根据需要可以随时访问所需要的信息。保证信息系统可靠运行是确保可用性的前提，但更多的时候要防止攻击者阻碍授权用户使用信息资源。使用访问控制机制可以阻止非授权用户进入信息系统。

(4) 可控性 (Controllability)：是指信息系统的管理者能够掌握和控制信息系统的基本使用情况，并可对信息系统的使用实施可靠的授权、审计、责任认定、传播源追踪和监管控制。使用授权机制，可以避免非授权用户的非法访问，也可以给不同的用户授予不同的权限，从而控制每个用户仅能使用被赋予的权限。使用日志系统、审计系统以及入侵检测系统可以对信息系统的使用情况进行审计和监控。

(5) 不可否认性 (Non-Repudiation)：是指信息系统的操作者或信息的处理者不能抵赖其行为或处理结果。使用审计、监控、防抵赖等安全机制，可以使攻击者、破坏者不能否认自己的行为，并为进一步的调查提供依据和手段。使用数字签名技术可以防止信息发送者对自己所发送信息的抵赖行为，这在电子交易环节中是非常重要的安全保障措施。

1.1.3　信息安全问题产生的原因

信息安全问题产生的原因是复杂且多元的，涵盖了技术、人为因素、国际安全形势等多个层面。

1. 技术方面的原因

计算机离不开软件，操作系统和各种应用系统的安全性对计算机系统的安全至关重要。但是软件设计和开发是一个非常庞大复杂的工程，在此过程中难免会出现各种缺陷，也就是我们所说的漏洞。这些漏洞如果被攻击者利用，将会成为非常好的攻击切入点。例如，火绒安全软件的监测数据显示，勒索病毒主要通过三种途径（即漏洞、邮件和广告推广）传播，其中通过漏洞发起的攻击占攻击总数的 87.7%。由于 Windows7、Windows XP 等老旧系统存在大量无法及时修复的漏洞，因此也成为病毒攻击的重灾区。

Internet 是如今最流行的国际互联网络，但是它的设计者在建立初期只考虑到开放性和方便性，并没有考虑总体安全构想。因此，任何一个人都可以接入 Internet，这使得 Internet 所面临的破坏和攻击可能是多方面的。例如，可能面临对物理传输线路的攻击，也可能面临对网络通信协议及应用的攻击；可能面临对软件的攻击，也可能面临对硬件的攻击。此外，网络传输离不开通信协议，而这些协议也有不同层次、不同方面的漏洞，针对 Internet 中所使用的 TCP/IP 协议的攻击非常多，例如针对 IP 协议的 IP 欺骗、针对 ARP 协议的 ARP 泛洪攻击等。

2. 人为因素

许多单位的管理层可能缺少安全管理理念，安全管理制度不健全，对员工安全意识的培训不足以及安全措施的执行与监督未能有效落实，从而让一些别有用心的人有了可乘之机。

一些普通的计算机用户缺乏基本的信息安全意识，他们使用简单的登录密码，在不明确风险的情况下点击不明链接或下载未知来源的软件，这些都有可能导致病毒感染或被黑客攻击。

3. 国际安全形势的影响

在国际关系中，网络空间成为国家间竞争与对抗的新战场，网络攻击、情报窃取等行为对国家安全构成了严重威胁。

1.2　信息安全的发展历程

信息安全的发展历程是一个与信息技术发展紧密相关的复杂过程，其从最初的通信保密阶段逐步过渡到计算机安全阶段、信息技术安全阶段，最终发展到信息保障阶段。在这个过程中，信息安全关注的范畴不断扩大，技术和管理措施也日益完善。

国内信息安全现状

1.2.1　通信保密阶段

在 20 世纪中叶，随着计算机技术的诞生和早期发展，信息安全主要聚焦于通信保密。重点在于通过密码技术解决通信保密问题，保证数据的保密性与完整性。与此同时，对于安全理论和技术的研究也侧重于密码学。这一阶段的信息安全可以简单地称为通信安全。

1949 年香农发表的《保密系统的通信理论》标志着这一阶段的开始。此时，信息安全主要关注数据传输过程中的加密和防止窃听。这个阶段的技术主要包括传统的密码学方法，如对称加密算法。应用领域则集中在军事领域、政府部门之间的敏感通信。

1.2.2　计算机安全阶段

进入 20 世纪 70 至 80 年代，个人计算机和操作系统的普及带来了新的安全挑战。随着计算机的性能迅速提高，应用范围不断扩大，计算机和网络技术的应用进入了实用化和规模化阶段，人们利用通信网络把孤立的计算机系统连接起来并共享资源，信息安全问题也逐渐受到重视。这个阶段人们对安全的关注已经逐渐扩展为以保密性、完整性和可用性为目标的计算机安全。

美国国防部发布的《可信计算机系统评估准则》(Trusted Computer System Evaluation Criteria, TCSEC) 是这一阶段的重要标准，推动了安全操作系统和防火墙技术的发展。这个阶段的重点是确保计算机系统中的软、硬件及信息在处理、存储、传输中的保密性、完整性和可用性。此时我国也开始关注物理安全和计算机病毒防护。

1.2.3　信息技术安全阶段

20 世纪 90 年代，互联网技术飞速发展，企业和个人的接入数量暴增，网络攻击方式多样化，如病毒、蠕虫、黑客攻击等。网络安全的重点放在确保信息在存储、处理、传输过程中不被破坏，确保合法用户的服务和限制非授权用户的服务，以及采取必要的防御攻击的措施。此时信息安全进入了强调信息的保密性、完整性、可控性、可用性的信息技术安全阶段。

在此阶段中，网络安全产品如防火墙、入侵检测系统 (IDS) 和反病毒软件得到了广泛应用。同时，企业和政府开始建立更为系统的安全防护体系，并制定相关政策法规。

这一阶段的主要标志是 1993 年至 1996 年美国国防部在 TCSEC 的基础上提出的安全评估准则《信息技术安全通用评估准则》(简称 CC 标准)。1999 年 12 月，ISO 采纳 CC 标准，并将其作为国际标准 ISO/IEC 15408 发布。2001 年，我国将 ISO/IEC 15408 等同转化为国家标准 GB/T 18336—2001《信息技术　安全技术　信息技术安全性评估准则》。

1.2.4　信息保障阶段

20 世纪末以来，随着电子商务等应用的发展，信息安全进入以业务为导向的信息保障阶段。这一阶段强调主动防御，包括风险评估、安全策略制定和人员培训。此阶段所采用的主要保护措施包括下一代防火墙、漏洞扫描、入侵防御系统、公钥基础设施 (PKI)、虚拟专用网络 (VPN) 等。

1998 年美国国家安全局制定的《信息保障技术框架》(Information Assurance Technical Framework，IATF) 标志着这一阶段的开始。网络边界的模糊化、物联网设备的普及，以及云计算、大数据、人工智能技术的发展，使得信息安全面临更加复杂的环境。各国相继出台和完善网络安全法规，我国也于 2016 年正式颁布了《中华人民共和国网络安全法》，其配套的网络安全等级保护 2.0 标准也相继出台。

信息安全的发展历程显示了从单一的通信保密到面向多种技术和应用的综合安全保障的演进。每个阶段不仅在技术上有所突破，还在管理和法规方面做出了重要贡献。随着新兴技术的不断涌现和全球信息化水平的提高，信息安全领域还会面临新的挑战和机遇。

1.3　信息安全威胁分析

1.3.1　信息安全威胁的定义

所谓信息安全威胁，是指人、物、事件、方法或概念等因素对某信息资源或系统的安全使用可能造成的危害。有时也把构成信息安全威胁的行为称为攻击。

常见的信息安全攻击有以下五种：

(1) 计算机病毒：一种恶意程序，通过复制自身来传播，能够影响电脑的正常运行，严重时还会破坏电脑的软件和硬件。

(2) 木马：一种 C/S(Client/Server) 模式的恶意程序，其 Server 端被放入被攻击者的计算机中，通过 Client 端操控 Server 端，从被攻击者的计算机中获取机密信息或者控制被攻击者的计算机再去攻击其他的计算机。

(3) 蠕虫：一种特殊的计算机病毒，会通过网络自动传播，从而影响整个网络中的计算机。

(4) 垃圾邮件：被自动发送到用户邮箱中的邮件及其附件，如果用户打开这样的邮件，轻则接收到广告或非法信息，重则会使个人电脑感染计算机病毒或被植入木马。

(5) 网络钓鱼：通过假冒的电子邮件或者伪造的 Web 网站来进行诈骗活动，受骗者往往会泄露重要个人信息。

1.3.2　信息安全威胁的分类

1. 根据攻击的手段和目的分类

根据攻击的手段和目的不同，可以将信息安全威胁分为以下几类。

1) 暴露

暴露是指对信息可以进行非授权访问。其主要的攻击形式是信息泄露，也就是将信息泄露给未授权实体 (人、进程或系统)。泄露的形式主要包括窃听、在信道上截获、侧信道攻击和人员疏忽等。

2) 欺骗

欺骗是指信息系统接收错误的数据或作出错误的判断，主要攻击形式有：

(1) 篡改：攻击者修改了原有信息的内容但信息接收者并未发现。

(2) 重放：攻击者截获并存储合法的通信数据，并在适当的时候重新发送它们，信息接收者仍然认为是信息的发送者正常发送的数据而正常接收并处理。

(3) 假冒：一个人或系统谎称是另一个人或系统，但信息系统或其管理者可能并不能识别，从而使得谎称者获得了不该获得的权限。

(4) 否认：参与某次通信或信息处理的一方事后否认这次通信或相关的信息处理曾经发生过，这可能使得这类通信或信息处理的参与者不承担应有的责任。

3) 打扰

打扰是指干扰或打断信息系统的执行，主要的攻击形式有：

(1) 网络与系统攻击：攻击者可能利用网络与主机系统存在的设计或实现上的漏洞进行恶意的入侵和破坏，或者攻击者仅通过对某一信息服务资源进行超负荷的使用或干扰，使系统不能正常工作。

(2) 恶意代码：有意破坏计算机系统、窃取机密或隐蔽地接受远程控制的程序，主要包括木马、后门、蠕虫等。

(3) 灾害、故障与人为破坏：信息系统也可能由于自然灾害、系统故障或人为破坏而遭到损坏。

4) 占用

占用是指非授权使用信息资源或系统，也包括被越权使用。

2. 根据是否对数据的正常使用产生影响分类

根据是否对数据的正常使用产生影响，还可以将信息安全威胁分为主动攻击和被动攻击两类。主动攻击通过对数据的篡改或插入新的数据，或对网络设施进行更改，产生实时的破坏，容易被发现；而被动攻击一般仅指对安全通信和存储数据的窃听、截获和分析，它并不篡改受保护的数据，也不插入新的数据，具有潜在的危害性，难以觉察。

本 章 小 结

随着信息技术的发展和互联网应用的深入，信息安全的重要性也日益凸显，成为第五国防空间。党中央高度重视我国的信息安全工作，制定并实施了国家网络安全和信息化发展战略，不断增强网络安全保障能力。信息安全包括硬件安全、软件安全、运行服务安全和数据安全四个方面的内容。一个信息系统是否安全，主要看其保密性、完整性、可用性、可控性和不可否认性五个方面的特性。信息安全问题的产生，既有技术方面的原因，也有人为因素，更有国际安全形势的影响。

信息安全的发展经历了通信保密、计算机安全、信息技术安全和信息保障四个阶段。信息安全所面临的安全威胁包括暴露、欺骗、打扰和占用四种类型。

本章对信息安全进行了总体的介绍，起到提纲挈领的作用，一些具体的内容可以参看后续章节。

课 后 练 习

一、选择题（第 1 题和第 2 题为单选题，第 3 题和第 4 题为多选题）

1. 以下不是常见的安全威胁的是（　　）。

A. 病毒　　　　　　B. 木马　　　　　　C. 垃圾邮件　　　　　D. 数据备份

2. 之所以会出现信息安全问题，是因为（　　）。

A. 操作系统、应用程序和网络协议都存在漏洞

B. 有些人信息安全意识淡薄

C. 国际形势复杂，来自外国的网络攻击频发

D. 以上都是

3. 2014 年 2 月 27 日，中共中央总书记、国家主席、中央军委主席、中央网络安全和信息化领导小组组长习近平主持召开中央网络安全和信息化领导小组第一次会议并发表重要讲话。他强调，（　　）是事关国家安全和国家发展、事关广大人民群众工作生活的重大战略问题。

A. 信息安全　　　B. 网络安全　　　C. 信息化　　　　D. 发展

4. 现在的智能设备能直接收集到身体相应信息，比如我们佩戴的手环能收集个人健康数据。以下可能造成个人信息泄露的有（　　）。

A. 将手环外借他人　　　　　　　B. 接入陌生网络

C. 手环电量低　　　　　　　　　D. 分享跑步时的路径信息

二、填空题

1. 信息安全的五个基本要素为 _____、_____、_____、_____、_____。

2. 信息安全包括四个方面的内容，分别为 _____、_____、_____、_____。

3. 根据是否对数据的正常使用产生影响，可以将信息安全威胁分为 _____ 和 _____ 两类，其中后者更具有隐蔽性。

4. 根据信息安全的发展历程，当前我们处于 _____ 阶段。

5. 习近平总书记指出，没有网络安全就没有 _____，没有信息化就没有 _____。

第 2 章　物理安全与安全管理

物理安全是保护计算机网络设备、设施和其他媒体免遭地震、水灾、火灾等自然灾害，以及人为操作失误或各种计算机犯罪行为导致的破坏的过程。物理安全是整个计算机网络系统安全的前提，是整个计算机网络系统安全的第一层安全关口，在计算机网络系统安全中占有重要地位。

在计算机网络系统的建设和使用中，重建设轻防护、重技术轻管理、重防外轻防内的现象普遍存在。据统计，现实网络中 70% 以上的安全威胁或事故都是由于管理疏漏等造成的。因此，系统安全中安全管理方法也至关重要。

通过学习本章内容，读者能够建立对物理安全与安全管理的总体认知，理解物理安全的概念，了解机房的组成及环境条件，了解电磁防护的基本知识，理解安全管理的内容及重要性，增强安全意识。

学习目标

(1) 了解物理安全的概念。
(2) 理解计算机机房的选址原则、组成及环境条件。
(3) 理解设备安全和媒体安全的含义。
(4) 了解计算机机房防火安全措施。
(5) 了解电磁泄漏的概念及电磁防护的手段。
(6) 理解安全管理的重要性。
(7) 了解安全管理的内容。

思政目标

(1) 安全无小事，存敬畏之心、强安全意识。
(2) 遵守生产规章制度，养成严谨规范的工作作风。

课程思政

2021 年 6 月 25 日，位于河南省柘城县远襄镇北街村的震兴武馆发生重大火灾事故，造成 18 人死亡、11 人受伤，伤亡人员均为武馆年轻的学员，直接经济损失 2153.7 万元。

经事故调查组认定，该起火灾是余某使用蚊香不慎引燃周边纸箱、衣物等可燃物所致。

造成火灾蔓延扩大的主要原因是：起火建筑未形成有效的防火分隔，起火房间使用可燃夹芯彩钢板作为隔墙，起火房间火灾荷载较大，火情发现晚，初期处置不力，未及时报警。

造成人员伤亡的主要原因是：震兴武馆违规集中留宿学员，起火建筑逃生通道不符合要求、违规在外窗上设置铁栅栏，着火物产生大量高温有毒烟气，18 名学员皆因吸入大量有毒气体窒息死亡。

18个鲜活生命的消逝令人痛心，也显示出消防安全知识普及的重要性。在日常生活中，我们要增强安全意识，时刻紧绷消防安全这根弦。在有人员住宿的房间内使用明火、电器等时，一定要注意随时查看，睡觉前要熄灭明火、关闭电源；不使用易燃可燃材料进行装修装饰；有人员住宿的建筑要安装自动报警设施和相应的防灭火器材；发现火情后，要第一时间对建筑内的人员进行提醒和引导疏散，并及时拨打火警电话119报警。

此外，人员密集场所往往更容易发生群死群伤的重大火灾。对于这类场所，不仅要提高在其中居住、工作的人员的安全意识，加强安全教育，更要加强管理、监督和检查，时刻保持对火灾的警惕性。

2.1 物理安全

物理安全是整个计算机网络系统安全的前提。物理安全要通过适当的设备构建、火灾和水灾破坏的防范，以及适当的供暖、通风和空调控制、防盗机制等实现。实现物理安全的要素包括物理层面、技术层面和管理层面上的控制机制。

物理安全

物理安全主要包括环境安全、设备安全和媒体安全三个方面。

环境安全：指系统所处环境的安全，包括受灾防护、区域防护，主要涉及场地与机房的安全。

设备安全：主要指设备的防盗、防毁、防电磁信息辐射泄漏、防止线路截获、抗电磁干扰及电源保护等。

媒体安全：包括媒体数据的安全及媒体本身的安全。

2.1.1 机房与设施安全

计算机机房是计算机系统的安置地点，也是计算机从业人员的工作场所。计算机系统的主要设备通常安置在计算机机房中，因此计算机系统的安全与计算机机房有很大关系。

计算机机房位置的选择应该力求避开：易发生火灾的区域，存放腐蚀性物品、易燃易爆物品的地方，低洼、潮湿和地震频繁的地方，建筑物的高层或地下室，以及用水设备的下层或隔壁；同时应远离强振动源和强噪声源，以及强电磁场等。

计算机机房内部装修材料应是难燃材料和不燃材料，应能防潮、吸音、不起尘、抗静电等。

计算机机房环境的好坏直接影响计算机运行的可靠性。其中，机房空调是保证计算机系统正常运行的重要手段之一。空调可使机房的温度、湿度、洁净度得到保证，为设备运行创造一个良好的环境。计算机机房的空调较一般的空调有更苛刻的要求，它应具有通风、加热、冷却、减湿和空气除尘等能力。

计算机机房应该具有灾害防御系统，其主要包括供/配电系统、火灾报警和消防设施，另外还需要考虑防水、防静电、防雷击、防鼠害等。

1. 计算机机房安全等级

机房安全技术涵盖的范围非常广泛，机房从里到外，从设备设施到管理制度，都属于机房安全技术的研究范围，具体包括计算机机房的温度、湿度控制技术，计算机机房的用电安全技术和计算机机房安全管理技术等。

《计算机场地安全要求》(GB/T 9361—2011)中将机房的安全等级分为A级、B级和C级3个基本级别，如表2-1所示。

表 2-1　机房安全等级分类

项　目	级　别		
	A 级	B 级	C 级
场地选址	○	□	—
防火	○	□	□
火灾自动报警系统	○	□	—
自动灭火系统	○	□	—
灭火器	□	□	□
内部装修	○	□	—
供配电系统	○	□	—
空气调节系统	○	□	—
防水	○	□	□
防静电	○	□	—
防雷	○	□	—
防电磁干扰	○	□	—
防噪声	□	□	□
防鼠害	○	□	□
入侵报警系统	□	—	—
视频监控系统	□	—	—
出入口控制系统	○	□	—
集中监控系统	□	—	—

注：○表示要求并可有附加要求；□表示要求；—表示无需要求。

A 级：对计算机机房的安全有严格的要求，有完善的计算机机房安全措施。

B 级：对计算机机房的安全有较严格的要求，有较完善的计算机机房安全措施。

C 级：对计算机机房的安全有基本的要求，有基本的计算机机房安全措施。

A 级机房为最高级别，是指涉及国计民生的机房。例如，国家气象台、国家级信息中心、计算中心、重要的军事指挥部门、大中城市的机场、广播电台、电视台、应急指挥中心、银行总行等都属于 A 级机房。

B 级机房是指电子信息系统运行中断将造成一定的社会秩序混乱和一定的经济损失的机房。例如，科研院所、高等院校、三级医院、大中城市的气象台和信息中心、疾病预防与控制中心、电力调度中心、交通（铁路、公路、水运）指挥调度中心、国际会议中心、国际体育比赛场馆、省部级以上政府办公楼等都属于 B 级机房。

C 级机房是指除 A 级和 B 级外的电子信息系统机房。

在具体的机房建设中，根据计算机系统的安全需求，机房安全等级可按某一类执行，也可按某些类综合执行。综合执行是指一个机房内的不同设备可按不同类别执行。例如，某机房按照安全要求可对电磁波进行 A 级防护，对火灾报警及消防设施进行 C 级防护等。

2. 机房的场地选择

机房的场地选择需遵循以下原则。

1）地域安全性原则

地域安全性是对机房周围环境的要求。机房应该尽量远离生产或储存腐蚀性物品、易燃易爆物品的场所（如油料库、液化气站和煤厂等），尽量避开环境污染区（如化工污染区），以及容易产生粉尘、油烟和有毒气体的区域。

2) 地质可靠性原则

地质可靠性是机房建筑物选址的重要考量因素。机房尽量不要建立在有填杂土、淤泥、流沙层及地层断裂的地质区域上，也不要建立在地震多发区；建立在山区的机房应该尽量避开易发生滑坡、泥石流、雪崩和有溶洞等的地质条件不稳定区域，还应该尽量避开低洼、潮湿区域。

3) 场地抗干扰原则

机房应该尽量避开或远离无线电干扰源和微波线路的强磁场干扰场所（如广播电视发射塔、雷达站等），避开容易产生强电流冲击的场所（如电气化铁路、高压传输线等），避开振动源（如冲床、锻床等），避开机场、火车站和影剧院等易产生噪声的区域及其周边。

4) 机房位置合理原则

机房应该建在水源充足、电源比较稳定可靠、交通通信方便、自然环境清洁的地方，宜建在大楼的第2、3层，避免建在建筑物的高层或用水设备的下层及隔壁。

3. 机房组成及面积

1) 机房的组成

机房一般由主机房（见图2-1）、基本工作房间和辅助房间组成。主机房的设备主要包括主机及其外部设备、路由器、交换机等骨干网络设备。

图2-1　主机房

基本工作房间包括数据录入室、终端室、网络设备室、已记录的媒体存放间和上机准备间。

辅助房间包括备件间、未记录的媒体存放间、资料室、仪器室、办公室、维修室、电源室、蓄电池室、发电机室、空调系统用房、灭火钢瓶间、监控室和值班室、储藏室、缓冲间、机房人员休息室等。

以上是基本划分方法，在实际使用中，可按需要自行划分。

2) 机房的面积

机房的面积应根据计算机设备的外形尺寸及布置确定。可按 $A = (5 \sim 7)\Sigma S$ 计算机房面积（m^2），ΣS 是指机房内所有设备占地面积的总和（m^2）。机房最小使用面积不得小于 $30\ m^2$。另外，考虑到今后的发展，应该留有一定的备用面积。

4. 机房的环境条件

1) 温度和相对湿度

温度对磁介质的磁导率影响很大，温度过高或过低都会使磁导率降低，影响磁头读/写的正确性。温度还会使磁盘表面因热胀冷缩而发生变化，造成数据的读 / 写错误，影响数据的正确性。根据计算机机房对温度、相对湿度的要求，将温度、相对湿度分为 A 级和 B 级两个级别，如表 2-2 所示。

表 2-2　计算机机房温度、相对湿度的等级及要求

项　目	A 级		B 级
	夏季	冬季	
温度 / ℃	21～25	18～22	6～35
相对湿度 / %	45～65		20～80
温度变化率 / (℃/ h)	<5 并不得结露		<10 并不得结露

2) 空气含尘浓度

空气中的灰尘对计算机中的精密机械装置 (如磁盘、磁盘驱动器) 的影响很大。在高速运转过程中，各种灰尘 (包括纤维性灰尘) 会附着在盘片表面，当磁头读写时，就有可能划伤盘片表面或者磨损磁头，造成数据读 / 写错误或丢失。一般来说，主机房内尘埃的粒径应小于 0.5 μm，尘埃个数应少于 18 000 粒 / L。

3) 噪声

噪声会使机房内工作人员的听力下降，精神恍惚，动作失误，严重影响工作效率，也会对工作人员的健康造成不利的影响。一般来说，在计算机系统停机的条件下，主机房内主操作员位置处的噪声应小于 68 dB。

4) 静电和电磁干扰

计算机和网络设备中的芯片大部分是 MOS 器件，静电电压过高会破坏这些 MOS 器件。磁干扰会使人内分泌失调，危害人的身体健康，同时也会引起计算机设备的信号突变，导致设备工作不正常。一般来说，在频率为 (0.15～1000) MHz 时，主机房内无线电干扰场强应不大于 126 dB。主机房内磁场干扰环境场强应不大于 800 A/m。

5) 接地与防雷

接地与防雷是保护计算机网络系统和工作场所安全的重要措施。接地是指整个计算机网络系统中各处电位均以大地电位为零参考电位。接地可以为计算机网络系统的数字电路提供一个稳定的 0 V 参考电位，从而可以保证设备和人身的安全，同时也是防止电磁信息泄漏的有效手段。

机房应设置防雷装置，包括建筑物整体防雷和机房电源防雷。建筑物整体防雷一般由大楼施工方解决。机房电源防雷，即机房应配置电源防雷装置，一般按照机房三级分类设置。

5. 电源

机房配电系统是机房的重要组成部分，直接关系到计算机网络系统的稳定运行和安全性。电源设备不合格或电压不稳定，电压过高或过低，都会对计算机造成不同程度的损害。机房配电系统的设计应符合相关的国家标准和规范，如《建筑电气设计规范》《低压配电装置设计规范》等。对配电系统要求比较高的机房，可设计双电源供电系统。

为避免设备断电，或发生其他供电方面的问题时设备能够继续供电，机房应配置不间断电源 (Uninterruptible Power Supply，UPS) 系统，必要时可配备备用发电机。

2.1.2　设备安全

设备安全主要包括设备的防盗和防毁、防止电磁信息泄漏、防止线路截获和对抗电磁干扰。

1. 设备防盗

根据机房安全等级和保密等级，建立机房管理制度，机房出入口安排专人值守，以控制、鉴

别和记录进入人员。进入机房的来访人员应执行申请和审批流程，并且其活动范围应受到严格限制和有效监控。将设备固定安装在机房的机柜内，并设置明显的不易除去的标记，以减少偷盗事件发生。

另外，可以使用一定的防盗手段，如移动报警器、数字探测报警、部件上锁等，以提高计算机网络系统设备和部件的安全性。

2. 设备防毁

设备防毁包括两个方面的内容：一是对抗自然力的破坏，如使用接地保护等措施保护计算机网络系统设备和部件；二是对抗人为的破坏，如使用防砸外壳、将设备固定在机柜上等。

3. 防止电磁信息泄漏

为防止计算机网络系统中电磁信息的泄漏，提高系统内敏感信息的安全性，通常使用防止电磁信息泄漏的各种涂料、材料和设备等，主要包括以下三个方面：

(1) 防止电磁信息的泄漏，如利用屏蔽室等可防止电磁辐射引起信息泄漏。

(2) 干扰泄漏的电磁信息，如利用电磁干扰对泄漏的电磁信息进行扰乱。

(3) 吸收泄漏的电磁信息，如通过特殊材料、涂料等吸收泄漏的电磁信息。

4. 防止线路截获

防止线路截获主要防止的是对计算机网络系统通信线路的截获与干扰，可归纳为以下四个方面：

(1) 预防线路截获：使线路截获设备无法正常工作。

(2) 探测线路截获：发现线路截获并报警。

(3) 定位线路截获：发现线路截获设备工作的位置。

(4) 对抗线路截获：阻止线路截获设备的有效使用。

5. 对抗电磁干扰

对抗电磁干扰主要指的是如何防止对计算机网络系统造成电磁干扰，从而保护系统内部信息的安全，主要包括以下两个方面：

(1) 对抗外界对系统的电磁干扰。

(2) 消除来自系统内部的电磁干扰。

2.1.3 媒体安全

媒体安全主要指的是媒体介质的安全。媒体介质是指信息存储介质，包括硬盘、光盘、磁带、USB 盘等。媒体介质由于具有体积小、携带方便、使用灵活、存储信息量大、成本低等特点，被广泛使用。但是，媒体介质的安全性、保密性往往被人们忽视，并且媒体介质极易丢失，这对信息安全和保密形成很大风险。因此，媒体介质的安全应当纳入信息安全建设的重要内容进行管理。

1. 媒体介质安全的一般要求

(1) 存储重要信息的媒体介质，应当严格履行编号、登记、签收等手续进行管理。

(2) 存储重要信息、涉密信息的媒体介质，应当按照其存储信息的等级、密级进行标记和管理。

(3) 存储三级以上信息、涉密信息的媒体介质，在传递时应选择安全的交通工具和路线，并采取恰当的安全保密措施。

2. 媒体介质使用要求

在使用媒体介质时，禁止涉密与非涉密信息混用，禁止在涉密与非涉密网之间混用，禁止在公共网络上使用存储重要信息的媒体介质。

3. 媒体介质的存放、维修、报废

应采取严格的管理制度，保证媒体介质所存储信息的安全保密。

🔴 课程思政

2014 年 3 月，有关部门在工作中发现，某地方民族事务委员会政策法规处主任科员韦某使用的计算机受到网络攻击，9 份文件、资料被窃取，其中 1 份为机密级国家秘密。经查，韦某违反有关保密规定，将存储有 9 份文件、资料的 U 盘接入连接互联网的计算机，导致文件、资料被窃取。事件发生后，有关部门给予韦某行政警告处分，对负有监管责任和领导责任的人员进行批评教育。

按照规定，涉密移动存储介质只能在涉密计算机和涉密信息系统内使用。若将其与互联网相连，将导致涉密信息处于不可控状态，直接危害国家秘密安全。

在日常生活和工作中，我们也要自觉培养遵守规章制度和操作规范的好习惯，养成严谨规范的工作作风。

2.1.4　防火安全

物理安全的重要原则是保证工作人员和财产安全。物理安全的最大威胁之一是火灾。例如，2002 年 6 月 16 日凌晨两点发生在蓝极速网吧的火灾和 2006 年 6 月 4 日凌晨一点发生在河南省平顶山市一家网吧的火灾，均造成重大的人员伤亡。因此，在物理安全中考虑并实施严格的措施来检测和响应火灾是非常必要的。

火灾扑灭系统是用于安全维护的设备，它能够检测和响应火灾、潜在火灾或燃烧情况。该设备主要用于对发生火灾的 3 个必要环境条件 (即温度 (燃点)、燃料和氧气) 进行防范。

1. 机房的火灾危险

(1) 机房通常使用大量的木材、胶合板及塑料板等可燃物进行装修，通风管道常使用可燃材料进行保温，这致使建筑物的耐火等级降低。一旦发生火灾，则燃烧猛烈，火势迅速蔓延，并释放出大量有毒气体，容易造成人员中毒甚至窒息死亡。

(2) 机房内电气设备多，线路复杂，致灾因素多。例如，电气设备短路、机房遭遇雷击及照明时间过长，甚至工作人员所穿的衣服产生静电等都可能引发火灾。

(3) 如果机房附近是易燃、易爆气体储存场所，那么易燃、易爆气体很容易泄漏并进入机房，进而可能引发火灾。

(4) 易燃、易爆物品乱堆乱放，对外来人员管理不严，机房整改时施工现场管理不善等，都可能引发火灾。

2. 火灾检测

火灾检测的基本原理是通过触发感应器将环境中的温度、气体、光线等物理或化学信号转换为电信号，然后将电信号传输给控制系统，从而实现对火灾的快速检测和定位。

常见的火灾检测方法有以下几种：

(1) 烟雾检测法。烟雾检测法是较为常见的火灾检测方法，其探测器多采用光学原理，通过探头中的光源和光敏元件来检测空气中的烟雾浓度，进而实现对火灾的检测。烟雾探测器具有安装简单、价格低廉、灵敏度高等特点。

(2) 温度检测法。温度检测法是一种使用较为广泛的火灾检测方法，它通过检测环境温度的变化来判断是否发生了火灾。温度探测器的检测方式包括电气、热敏、热导等多种形式，其

中热敏探测器应用最为广泛。

(3) 气敏检测法。气敏检测法主要通过探测空气中一些特定气体浓度的变化来进行火灾检测。常见的气体探测器包括气体感应器、气体传感器等。

3. 防火措施

(1) 计算机中心应远离散发有害气体及生产或储存腐蚀性物品、易燃易爆物品的场所，或建于其常年上风方向。

(2) 建筑物的耐火等级不应低于二级，要害部位应达到一级；安装电子计算机的楼层不宜超过五层，且不应安装于地下室内；机房与其他房间要用防火墙分隔，装修装饰要用不燃或阻燃材料；应有两个以上安全出口，门要向外开启。

(3) 空调系统应与报警控制系统联动控制，风管通过机房的隔墙和楼板处应设防火阀，常年工作最高温度不超过 25℃。

(4) 电缆竖井和管道竖井在穿过楼板时，必须用耐火极限不低于 1 h 的不燃体隔板分开。

(5) 机房外面应有良好的防雷设施；接地电阻应符合国家标准；交流与直流线路不得紧贴平行、交叉敷设，更不能短接或混接；机房宜选用具有防火性能的抗静电地板。

(6) 可视具体情况设置火灾自动报警、自动灭火系统，并尽量避开可能招致电磁干扰的区域设备，同时配套设置消防控制室；设置自动灭火设施的区域，其隔墙和门的耐火极限不应低于 1 h，吊顶的耐火极限不得低于 0.25 h。

(7) 严禁存放腐蚀性物品和易燃易爆物品；检修时必须先关闭设备电源，再进行作业，并尽量避免使用易燃溶剂；所有工作场所应禁止吸烟和随意动火。

2.1.5 电磁防护

计算机主机及其附属电子设备(如显示器、打印机等)在工作时不可避免地会产生电磁波辐射，这些电磁波辐射携带有计算机正在进行处理的数据信息，尤其是显示器，其产生的辐射是最容易造成信息泄露的。使用专门的接收设备将这些电磁辐射波接收下来，经过处理，就可以恢复出原信息。

国外计算机应用比较早，计算机设备的辐射问题早已有研究。在 1967 年的计算机年会上美国科学家韦尔博士发表了阐述计算机系统脆弱性的论文，总结了计算机四个方面的脆弱性，即处理器的辐射、通信线路的辐射、转换设备的辐射和输出设备的辐射。这是最早发表的研究计算机辐射安全的论文，但当时并没有引起人们的注意。

1983 年，瑞典的一位科学家公布了一本名叫《泄密的计算机》的小册子，其中再次提到计算机辐射造成的信息泄露问题。1985 年，荷兰科学家范·埃克通过改造普通电视机制造出复制计算机信息的范·埃克装置，该装置能接收任何特定计算机屏幕发出的信息。在第三届计算机通信安全防护大会上，他公开发表了关于计算机视频显示单元电磁辐射的研究报告，并演示了其装置。他将装置安装在汽车里，这样就可从楼下的街道上接收到 8 层楼上计算机发出的电磁波信息，并显示出计算机屏幕上显示的图像。他的演示给与会的各国代表以巨大的冲击。据报道，目前在距离计算机百米乃至千米的地方，都可以收到并还原计算机屏幕上显示的图像。

等级保护基本要求中对三级及以上安全等级的系统防电磁干扰作了相关规定，提出应采用接地方式防止外界电磁干扰和设备寄生耦合干扰，电源线和通信线缆应隔离铺设以避免互相干扰，应对关键区域实施电磁屏蔽。

电磁防护包括两层含义：一是防止其他系统，特别是强电磁场对信息系统产生干扰，以避免影响信息系统的正常运行；二是防止信息系统自身的信息通过电磁辐射被他人获取，特别是涉及国家秘密的信息系统和涉及商业秘密的信息系统，应保证在安全保护可控区域以外不能接收到信息。

电磁防护的主要技术措施有：视频保护（干扰）技术、屏蔽技术和 Tempest 技术（低辐射技术）。

1. 视频保护（干扰）技术

视频保护（干扰）技术又可分为白噪声干扰技术和相关干扰技术两种。白噪声干扰技术的原理是使用白噪声干扰器发出强于计算机电磁辐射信号的白噪声，将电磁辐射信号掩盖，起到阻碍和干扰接收的作用。这种方法有一定的作用，但由于要靠掩盖方式进行干扰，所以发射的功率必须足够强，而太强的白噪声功率会造成空间的电磁波污染；另外白噪声干扰也容易被接收方使用较为简单的方法进行滤除或抑制解调接收。因此，白噪声干扰技术在使用上有一定的局限性和弱点。

相关干扰技术是一种更为有效和可行的干扰技术。相关干扰技术的原理是使用相关干扰器发出能自动跟踪计算机电磁辐射信号的相关干扰信号，使电磁辐射信号被扰乱，起到乱数加密的效果，使接收方即使接收到电磁辐射信号也无法解调出信号所携带的真实信息。由于相关干扰技术不用靠掩盖电磁辐射信号来进行干扰，因此其发射功率无须很强，所以对环境的电磁污染也很小。相关干扰器使用简单，体积小巧，价格适宜，效果显著，最适合应用在单独工作的个人计算机上。

2. 屏蔽技术

屏蔽技术的原理是使用导电性能良好的金属网或金属板制造六个面的屏蔽室或屏蔽笼，将产生电磁辐射的计算机设备包围起来并且良好接地，从而抑制和阻挡电磁波在空中传播。设计和安装良好的屏蔽室对电磁辐射的屏蔽效果比较好，能达到 60～90 dB 以上。如美国研制的高性能屏蔽室，其屏蔽效果对电场可达 140 dB，对微波场可达 120 dB，对磁场可达 100 dB。但是屏蔽室的设计安装要求相当高，造价非常昂贵。因此屏蔽技术适用于一些保密等级要求较高、较重要的大型计算机设备或多台小型计算机集中放置的场合，如国防军事计算中心、大型的军事指挥所、情报机构的计算中心等。

3. Tempest 技术（低辐射技术）

Tempest 技术即低辐射技术，这种技术是指在设计和生产计算机设备时，就对可能产生电磁辐射的元器件、集成电路、连接线、显示器等采取防辐射措施，把电磁辐射抑制到最低限度。生产和使用低辐射计算机设备是防止计算机电磁辐射泄密的较为根本的防护措施。"Tempest"是美国制定的一套保密标准。Tempest 产品用在对辐射要求极为严格的场合。一台 Tempest 设备要比具有同样性能的设备贵三至四倍。

2.2　安全管理

2.2.1　安全管理的重要性

长期以来，人们侧重于依靠技术保障信息安全。从早期的加密技术、数据备份、计算机病毒防护到近期网络环境下的防火墙、入侵检测和身份认证等，厂商在安全技术和产品的研发上不遗余力，新的技术和产品不断涌现。消费者更加相信安全产品，把仅有的预算也都投入安全产品的采购上，重建设轻防护、重使用轻管理、重防外轻防内的现象普遍存在。但事实上仅仅依靠技术和产品保障信息安全的愿望往

信息安全管理

往难以尽如人意，许多复杂、多变的安全威胁和隐患靠产品是无法消除的。

"三分技术，七分管理"这个在其他领域总结出来的实践经验和原则，在信息安全领域也同样适用。据有关部门统计，在所有的计算机安全事件中，约 52% 是人为因素造成的，25% 由火灾、水灾等自然灾害引起，技术错误占 10%，组织内部人员作案占 10%，仅有 3% 左右是由外部不法人员的攻击造成的，如图 2-2 所示。简单归类，属于管理方面的原因比例高达 70% 以上，而这些安全问题中的 95% 是可以通过科学的信息安全管理来避免的。因此，管理已成为信息安全保障能力的重要基础。

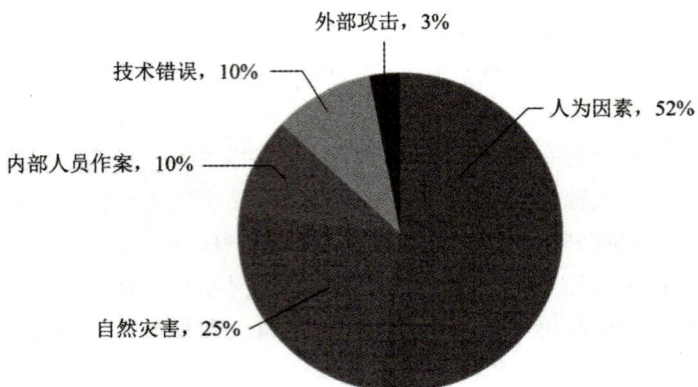

外部攻击，3%
技术错误，10%
内部人员作案，10%
人为因素，52%
自然灾害，25%

图 2-2　安全事件统计

完整的安全解决方案不仅包括网络安全、系统安全和应用安全等技术手段，而且需要以人为核心的策略和管理支持。在信息安全领域，至关重要的往往不是技术手段，而是占主导地位的管理手段。

系统安全同样遵循"木桶原理"，即一个木桶的容积取决于最短的那块木板，一个系统的安全强度取决于最薄弱环节的安全强度。无论采用了多么先进的技术设备，只要安全管理上有漏洞，那么这个系统的安全依然无法得到保障。例如，如果设置的电子邮箱密码太简单，那么邮件服务器即使采用了完善的安全技术，同样非常容易遭受黑客攻击。

2.2.2　安全管理的内容

计算机网络系统安全是一个系统工程，安全技术必须与安全管理和保障措施紧密结合，才能真正发挥实效。为保障计算机网络系统的安全，必须遵守安全管理的原则和制度。

1. 安全管理原则

1) 多人负责的原则

为确保系统安全、职责明确，对各种与系统安全相关的事项，应由多人分管负责并在现场当面认定签发。主管领导应指定忠诚可靠、能力强且具有丰富工作经验的人员作为系统安全负责人。安全管理员应及时记录安全工作落实情况和完成情况。

2) 有限任期原则

网络安全人员不应长期担任与安全有关的职务，以免产生永久"保险"职位观念，可通过强制休假及培训或轮换岗位等方式适当调整。

3) 坚持职责分离的原则

网络系统重要相关人员业务权限各异，应各司其职、各负其责，除主管领导批准的特殊情况外，不应询问或插手职责以外的与安全有关的事务。

2. 安全管理制度

建立、健全完善的安全管理制度并认真贯彻落实，是实现网络系统安全的重要保障。常用的安全管理制度涉及以下几个方面：

1) 系统运行维护管理制度

系统运行维护管理制度包括设备维护管理制度、软件维护制度、用户管理制度、密钥管理制度、出入门卫管理值班制度，以及各种操作规程和守则、各种行政领导部门的定期检查或监督制度。机要重地的机房应规定双人进出及不准单人在机房操作计算机的制度。机房门应加双锁，保证两把钥匙同时使用才能打开机房。信息处理机要专机专用，不允许兼作其他用途。终端操作员因故离开终端时，必须退出登录界面，避免其他人员非法使用。

2) 计算机处理控制管理制度

计算机处理控制管理制度包括编制及控制数据处理流程、程序软件和数据的管理、拷贝移植和存储介质的管理，以及文件档案日志的标准化和通信网络系统的管理。

3) 文档资料管理

必须妥善保管和严格控制各种凭证、单据、账簿、报表和文字资料，交叉复核记账，所掌握的资料要与其职责一致，如终端操作员只能阅读终端操作规程、手册，只有系统管理员才能使用系统手册。

4) 操作及管理人员的管理制度

操作及管理人员的管理制度主要包括：

(1) 指定设备或服务器的使用和操作人员，明确工作职责、权限和范围。

(2) 程序员、系统管理员、操作员岗位分离且不混岗。

(3) 禁止在系统运行的机器上做与工作无关的操作。

(4) 不越权运行程序，不应查阅无关参数。

(5) 对于偶尔出现的操作异常应立即报告。

(6) 建立和完善工程技术人员的管理制度。

(7) 当相关人员调离时，应采取相应的安全管理措施。如人员调离时马上收回钥匙、移交工作、更换口令、取消账号，并向被调离的工作人员申明其保密义务。

5) 机房安全管理规章制度

建立健全的机房安全管理规章制度，经常对有关人员进行安全教育与培训，定期或随机地进行安全检查。机房安全管理规章制度主要包括：机房门卫管理、机房安全、机房卫生、机房操作管理等。

6) 风险分析及安全培训制度

风险分析及安全培训制度的内容如下：

(1) 定期进行风险分析，制定意外事故应急恢复计划和方案，如关键技术人员的多种联络方法、备份数据的获取、系统重建的组织。

(2) 建立安全考核培训制度。除对关键岗位的人员和新员工进行考核外，还要定期进行网络安全方面的法律教育、职业道德教育，以及安全技术更新等方面的教育培训。

本 章 小 结

物理安全是整个计算机网络系统安全的前提，在计算机网络系统安全中占有重要地位。物理安全主要包括环境安全、设备安全和媒体安全三个方面。环境安全主要指机房的安全，其安全要素涉及机房选址、机房环境、电源和防火等；设备安全主要包括设备的防盗和防毁、防止电磁信息泄漏、防止线路截获和抗电磁干扰等；媒体安全主要包括硬盘、光盘、U 盘等信息存储介质的安全使用和管理。

"三分技术，七分管理"同样适用于计算机信息安全领域。为保障计算机网络系统的安全，在使用过程中必须遵守安全管理的原则和制度。

课 后 练 习

一、选择题（第1~4题为单选题，第5~6题为多选题）

1. 机房的安全等级分为（　　）个基本类别。

A. 4　　　　　　　B. 3　　　　　　　C. 5　　　　　　　D. 2

2. 物理安全的主要内容包括（　　）。

A. 设备安全　　　　B. 环境安全　　　　C. 媒体安全　　　　D. 以上全是

3. 机房照明设计的要求是（　　）。

A. 越亮越好　　　　B. 看清即可　　　　C. 光线均匀　　　　D. 以上都对

4. 物理安全的管理应做到（　　）。

A. 所有相关人员都必须进行相应的培训，明确个人的工作职责

B. 制定严格的值班和考勤制度，安排人员定期检查各种设备运行情况

C. 在重要场所进出口安装监视器，并对进出情况进行录像

D. 以上都是

5. 机房的"三度"要求指的是（　　）达到规定的要求。

A. 温度　　　　　　B. 湿度　　　　　　C. 洁净度　　　　　D. 高度

6. 计算机机房环境的安全防护主要指5项防护，简称5防。5防指的是（　　）。

A. 防火　　　　　　B. 防盗　　　　　　C. 防静电　　　　　D. 防雷击

E. 防电磁泄漏

二、简答题

1. 物理安全包含哪些内容？

2. 如何保证媒体介质的使用安全？

3. 网络安全管理的原则有哪些？

三、拓展题

1. 假如你是一名机房管理员，你会采取哪些措施来保障机房的安全、高效运行？

2. 请查阅资料，了解计算机机房设计的相关标准和规范。

第 3 章　信息加密技术

信息加密技术是一种既古老又新兴的技术。我国早在周朝时期就出现了"阴符"和"阴书"两种保密方式。当前，密码学是信息安全领域的主要研究方向，是保障信息安全的核心技术。本章将介绍密码学的基本概念及发展，三种简单的古典加密技术，以及现代密码体制中的对称密钥密码体制和非对称密钥密码体制。

通过学习本章内容，读者能够对信息加密技术有一个总体的认知，掌握加密技术的基本概念，理解信息加密在现代信息安全领域中的重要作用，增强文化自信，坚定科技报国的决心。

学习目标

(1) 了解密码学的发展过程。
(2) 了解古典加密的基本方法。
(3) 掌握密码学的基本概念。
(4) 掌握现代加密技术的基本概念。
(5) 了解数据加密标准 (DES) 和 RSA 等加密算法的基本原理。

思政目标

(1) 增强文化自信，铸就社会主义文化新辉煌。
(2) 坚定自立自强、科技报国的决心，为全面建成社会主义现代化国家贡献力量。

3.1　密码学概述

我们知道，信息安全的五个基本要素之一就是保密性。所谓保密性，是指信息不被未授权的人读取。自古以来，信息最容易被泄露的场合就是在信息传输过程中。尤其是在现代网络通信环境中，攻击者通过搭线窃听、电磁窃听等方式，很容易获取用户通信中的信息。因此，如何保证信息在传输过程中的保密性成为信息安全领域需要研究的课题之一。通常的做法就是先对要发送的信息报文进行加密，然后再将其发送出去。这样即使信息在传输过程中被截获，攻击者也很难从加密的报文中获取有用的信息，从而保证了信息的保密性。

3.1.1　密码学的基本概念

密码学 (Cryptology) 是一门研究密码技术的科学，它包括两个分支，分别是密码编码学

(Cryptography) 和密码分析学 (Cryptanalysis)。其中，密码编码学是研究如何将信息进行加密的科学，而密码分析学则是研究如何破译密码的科学。两者研究的内容刚好是相对的，但两者又是互相联系、互相支持的。

密码学的基本思想是伪装信息，使未授权的人无法理解其含义。所谓伪装，就是将信息中的文字或数字进行变换，从而掩盖其真实的内容。其中包括以下几个相关的概念：

(1) 加密 (Encryption)。加密是将信息进行变换的过程。这种变换的方法称为加密算法。

(2) 明文 (Plaintext)。明文是指信息的原始形式，即加密前的原始信息。

(3) 密文 (Ciphertext)。密文是指经过加密后的信息。

(4) 解密 (Decryption)。解密是指将密文经过与加密过程互逆的变换、恢复成明文的过程。用于解密的变换方法称为解密算法。

(5) 密钥 (Secret Key)。在加密和解密的变换过程中，还需要一组参数参与变换，这组参数称为密钥。

信息加密和解密的模型如图 3-1 所示。

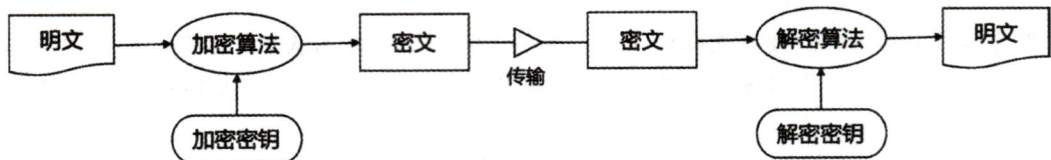

图 3-1　信息加密和解密的模型

3.1.2　密码学的发展

随着人们对信息技术的认识和研究的不断深入，对信息加密技术的研究也在不断发展。密码学的发展经历了以下四个阶段。

1. 古典密码学阶段

密码学有着非常悠久的历史。它的起源可以追溯到几千年前的古埃及、古罗马时代。在四千年前，一些古埃及贵族墓碑上的铭文（如图 3-2 所示）就已经具备了密码的两个基本要素：秘密性和信息的有意变形。

图 3-2　古埃及贵族墓碑上的铭文

公元前 405 年古希腊的斯巴达密码棒如图 3-3 所示，它被认为是古典密码的典型代表。信息发送者将皮革、纸张、布匹等材料做成的带子，螺旋状地缠绕在一根木棍上，然后沿着木棍在这条带子上写文字情报，写完之后将带子解下来，这时候带子上的文字就变得杂乱无章了。信息接收者只要使用同样直径的棍子将带子缠绕上去，就可以看到解密的情报信息。

图 3-3 斯巴达密码棒

根据中国古代兵书《六韬·龙韬》的记载，我国早在周朝时期就出现了"阴符"和"阴书"两种保密方式。阴符就是事先制作一些长度不同的竹片，并约定每个长度的竹片代表的内容，例如，三寸表示溃败，四寸表示将领阵亡，五寸表示请求增援，六寸表示坚守……一尺表示全歼敌军等。由于阴符传递的信息有限，后又出现了"阴书"（如图 3-4 所示），即把信息写在竹简上，然后将竹简随机分为三份，由三名传令兵各执一份进行传递。收件人收齐后把三份"阴书"拼合起来，就可以得到完整内容了。

图 3-4 三份阴书中的两份

课程思政

战国时期（公元前 475 年至公元前 221 年），关于战争的著作开始涌现，最著名的就是《太公兵法》。这本书假借周文王、周武王和姜太公的对话，以问答形式展开对战争理论的讨论。《太公兵法》分为《文韬》《武韬》《龙韬》《虎韬》《豹韬》和《犬韬》，共六卷六十篇，因此又被称为《六韬》。

在这部经典的兵法中，历史上第一次出现了关于如何进行安全军事通信的讨论，并发明了"阴符"和"阴书"两种信息加密的方法，展现出了中华文明的博大精深与源远流长。我们应该为我们祖先的聪明才智感到骄傲，对中华民族的优秀文化充满自信。习近平总书记在党的二十大报告中提出了"推进文化自信自强，铸就社会主义文化新辉煌"。我们要全面贯彻习近平新时代中国特色社会主义思想，坚持中国特色社会主义文化发展道路，推进文化自信自强，在全面建设社会主义现代化国家新征程中铸就社会主义文化新辉煌。

1920 年，德国工程师奥特·舍尔比乌斯发明了恩尼格玛（Enigma）密码机（如图 3-5 所示），该密码机成为人类在密码应用领域承前启后的重要产物。

恩尼格玛密码机由键盘、电子显示灯和转子三个部分构成。它的工作原理其实也十分简单。每次按下某个键时，转子就会运作，然后电子显示灯就会照亮某个字母，该字母即为加密后的字母。比如按下字母"C"键，经过转子的运转，"X"的指示灯会被点亮。加密人员将这些加密后的字母抄记下来，并通过电台传播给信息的接收方。接收方收到这些字母后，将恩尼格玛密码机的转子调到加密当天所使用的密钥位置（转子的密钥每天都会更新），然后以相同的方式解密信息。

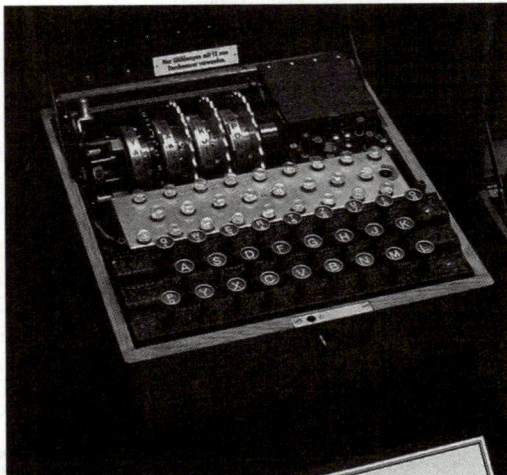

图 3-5　恩尼格玛密码机

在使用恩尼格玛密码机时，信息的每一个字母对应着数百万种变换的可能，所以德国人一直认为恩尼格玛密码机是牢不可破的。从 1926 年开始，德国纳粹分子使用恩尼格玛密码机把电报加密成一张张难以理解的"天书"，一度让英、法等同盟国的情报部门束手无策。1932 年，被称为"波兰三杰"的三位数学家亨里克·佐加尔斯基 (Henryk Zygalski)、杰尔兹·罗佐基 (Jerzy Witold Różycki) 和马里安·雷耶夫斯基 (Marian Adam Rejewski)(如图 3-6 所示) 克服重重困难，成功破译了恩尼格玛密码机。从 1933 年到 1938 年末，波兰密码处破解了德国十万条加密电报。

(a) 波兰三杰　(b) 亨里克·佐加尔斯基　(c) 杰尔兹·罗佐基　(d) 马里安·雷耶夫斯基
(1906—1978)　(1909—1942)　(1905—1980)

图 3-6　波兰三杰

从古埃及贵族墓碑上的铭文到斯巴达密码棒、"阴符"和"阴书"以及恩尼格玛密码机，这些加密技术统称为古典加密技术。在这个阶段，密码技术还不是一门科学，只是一种艺术，密码设计者常常凭直觉、信念和奇思妙想来进行密码设计和分析，而不是使用推理和证明，此时还没有形成密码学的系统理论。

在这个阶段中，出现了一些密码算法和加密设备，主要是针对字符进行加密，简单的密码分析手段在这个阶段也出现了。同时，加密信息的安全性取决于算法的保密性，如果算法被人知道了，密文也就很容易被破解。

1883 年，荷兰密码学家奥古斯特·柯克霍夫 (Auguste Kerckhoffs) 看到了当时密码存在的问题，第一次明确提出了密码编码的原则：密码算法应建立在算法的公开不影响明文和密钥的安全性的基础上，即密码算法的安全性仅依赖于密钥的保密性，即使密码系统的所有细节（包括明文的统计特性、加解密算法及其实现方式、密钥空间及统计特性等）皆为人所知，只要密钥未被泄露，那么整个密码系统仍应该被认为是安全的。这个原则被称为柯克霍夫原则，这一原则在密码学领域已得到普遍认可，成为判定密码强度的标准。

2. 现代密码学阶段

1949 年，著名的数学家、密码学家克劳德·艾尔伍德·香农 (Claude Elwood Shannon) 发表了经典论文《保密系统的通信理论》(*The Communication Theory of Secret Systems*)，为现代密码学建立了理论基础，从此密码学成为一门科学。

从 1949 年到 1967 年，密码学是军队独家专有的领域，个人既无专业知识又无足够的财力去投入研究，因此这段时间密码学方面的文献近乎空白。

1967 年，大卫·卡恩 (DavidKahn) 出版了一本专著《破译者》(*The Codebreakers*)，对以往的密码学历史进行了相当完整的记述，使成千上万的人了解了密码学。此后，密码学文章开始大量涌现。

20 世纪 70 年代初，IBM Watson 实验室的霍斯特·费斯妥 (Horst Feistel) 提出了用于构造分组密码的对称结构，该对称结构称为 Feistel 网络 (Feistel Network)。Feistel 网络最初在 IBM 的 Lucifer 密码中商业化。1976 年，霍斯特·费斯妥在参与美国国家安全局的数据加密标准 (Data Encryption Standard，DES) 的设计时也采用了 Feistel 网络。基于 Feistel 网络的 DES 也成为具有深远影响的数据加密标准。

在这个阶段，加密数据的安全性取决于密钥而不是算法的保密性，这是现代密码学阶段和古典密码学阶段的重要区别。

3. 公钥密码学阶段

1976 年，两位密码学家惠特菲尔德·迪菲 (Whitfield Diffie) 和马丁·赫尔曼 (Martin Edward Hellman) 发表的文章《密码学的新动向》(*New Directions in Cryptography*) 引发了密码学领域的一场革命。他们首先证明了在发送端和接收端无密钥传输的保密通信是可能的，从而开创了公钥密码学的新纪元。从此，密码开始充分发挥它的商用价值和社会价值。

1977 年，罗纳德·李维斯特 (Ronald Rivest)、阿迪·萨莫尔 (Adi Shamir) 和伦纳德·阿德曼 (Leonard Adleman) 3 位教授提出了基于大整数分解的密码体系 RSA 公钥算法，该公钥算法被认为是目前最优秀的公钥密码体制之一。

20 世纪 90 年代，又逐步出现了椭圆曲线等其他公钥算法。

相对于 DES 等对称加密算法，这一阶段提出的公钥加密算法在加密时无须在发送端和接收端之间传输密钥，从而进一步提高了加密数据的安全性。

4. 后量子密码学阶段

1994 年，当代著名数学家和计算机科学家彼得·肖尔 (Peter Shor) 首次提出了大整数分解的多项式时间量子算法（被称为 Shor 算法）并应用于密码学。他的工作表明，在量子计算时代，基于大整数分解和离散对数问题的公钥密码体系将被攻破。

RSA 密码体制的安全性主要是基于传统计算机几乎无法完成大数分解有效计算这一事实。从这个意义上讲，如果人们能够实现 Shor 算法，RSA 密码体制完成的任何加密都会被解密。因此，量子计算会对传统密码体系构成致命的打击，这使现有保密通信面临严峻挑战。于是人们开始研究能够抵抗量子计算机攻击的新一代密码算法。

量子计算机对现有密码算法的影响主要体现在公钥密码算法领域。能抵抗量子计算攻击的公钥密码可以依据计算环境分为两大类，一类基于量子计算和量子通信环境，属于量子密码。

量子密码的优势在于能够抵抗量子计算机的攻击，安全性很高，但建立量子密码系统需要昂贵的量子信道，在量子通信尚未普及的时候，应用范围受到极大限制，所以至少在量子通信问题解决之前并不能大范围适用。另一类基于经典计算（即非量子计算）环境，属于经典抗量子密码，也就是通常人们所说的后量子公钥密码。后量子公钥密码主要包括基于编码的公钥密码、基于格的公钥密码、基于 HASH 的公钥密码和基于多变量的公钥密码四种类型。

2006 年，第一届后量子密码学国际研讨会在比利时召开。国际上关于后量子公钥密码的研究步伐逐步加快。2016 年，美国国家标准与技术研究院 (NIST) 向全世界征集抵抗量子计算机攻击的后量子密码标准。2022 年 7 月 5 日，NIST 公布了 4 种后量子密码标准算法。

后量子密码算法作为 RSA、Diffie-Hellman、椭圆曲线等现有公钥密码算法的替代品，将成为未来 10 年最为重要和前沿的密码技术，对现有的公钥密码体制产生极为重要而深远的影响。

3.1.3　密码学与信息安全的关系

第 1 章介绍了信息安全的 5 个基本要素（保密性、完整性、可用性、可控性、不可否认性），而数据加密技术正是保证信息安全基本要素的一个非常重要的手段。可以说，没有密码学就没有信息安全，密码学是信息安全的核心。

(1) 确保信息的保密性。信息的保密性是指能够保证仅允许特定用户访问信息，任何非授权用户即使拿到了信息，也无法读懂信息的内容。这通过密码学中的数据加密技术即可实现。

(2) 确保信息的完整性。信息的完整性是指数据在存储和传输过程中不被未授权修改（篡改、删除、插入和伪造），或者即使被未授权修改也能被授权用户及时发现，从而不再信任该信息。这可以通过密码学中的数据加密、单向散列函数来实现。

(3) 确定信息的来源。在信息传输过程中，信息的接收方要能够确定信息发送者的身份。这可以通过密码学中的数字签名来实现。

(4) 确保信息的不可否认性。信息的不可否认性是指信息的发送者不能否认他的发送行为。这可以通过密码学中的数字签名和时间戳来实现，也可以借助数字证书来实现。

3.2　古典加密技术

1949 年之前，人们使用的加密技术主要包括信息隐藏、代替密码和换位密码三种。这些加密技术都比较简单，其保密性主要取决于算法的保密性。本节就来介绍这三种典型的加密技术。

3.2.1　信息隐藏

古典加密算法

信息隐藏在古代又称为隐写术，它是一种将秘密信息按照一定规则隐藏在某些宿主对象中，使信息在传输或存储过程中不被发现或引起注意，信息的接收者获得宿主对象后按照既定规则可读取秘密信息的技术。传统的密码学技术主要研究如何将秘密信息进行特殊的编码，以形成不可识别的密码形式，进而进行传递。信息隐藏技术不同于传统的密码学技术，它主要研究如何将某一秘密信息隐藏于另一公开信息中，然后通过公开信息的传输来传递秘密信息。

在古代，人们充分发挥自己的聪明才智进行信息隐藏。在古希腊时期，奴隶主会将奴隶的头发剃光，将秘密信息写在奴隶的头皮上，等到其头发长出来以后，就会让这名"顶"着秘密信息的奴隶前往收信人处；收信人也需要把奴隶的头发剃掉，才能读取其头皮上的信息内容。

这就是最早的信息隐藏方式了。

中华文明博大精深，古人会通过诗歌来表达自己的所思所感。在中国的诗歌中有一种藏头诗，也是信息隐藏的典型代表。藏头诗，又名藏头格，是杂体诗中的一种。藏头诗有三种形式：一是首联与中二联六句皆言所寓之景，而不点破题意，直到结联才点出主题；二是将诗头句一字暗藏于末一字中；三是将所说之事分藏于诗句之首。现在常见的是第三种，每句的第一个字连接起来，可以传达作者某种特有的思想。

《水浒传》中梁山好汉想拉卢俊义入伙，"智多星"吴用便利用卢俊义一心想要躲避"血光之灾"的惶恐心理，口占了四句卦歌，并让仆写在家宅的墙壁上：

> 芦花丛中一扁舟，俊杰俄从此地游。
> 义士若能知此理，反躬难逃可无忧。

这首卦歌的每一句首字连起来就是"芦俊义反"，暗示卢俊义要造反，这成为官府治其罪的证据，终于把卢俊义"逼"上了梁山。

文人士大夫中也不乏藏头诗高手。明代书画家、文学家徐渭（字文长）有一年中秋节在西湖边欣赏西湖十大景色之一"平湖秋月"时，写下了一首七绝诗：

> 平湖一色万顷秋，湖光渺渺水长流。
> 秋月圆圆世间望，月好四时最宜秋。

这首诗里就暗藏了"平湖秋月"四个字，也是一首非常精妙的藏头诗。

🔴 课程思政

藏头诗作为中国诗歌的一种特有形式，常常被古人用于不想或不便直接表达信息的场合。它既充分运用了中国传统文化的表现形式，又体现出中国人含蓄委婉的性格特点，展现了中华民族的聪明才智。文化是民族的血脉，我们有这么优秀的文化、有这么聪明的祖先，我们怎能不感到骄傲和自豪？我们怎能不对自己的文化充满自信？

博大精深的优秀传统文化能增强中国人的骨气和底气，是我们最深厚的文化软实力，是我们文化发展的母体，积淀着中华民族最深沉的精神追求。习近平总书记强调："文化自信，是更基础、更广泛、更深厚的自信，是更基本、更深沉、更持久的力量。"我们要践行文化自信，因为只有对自己的文化有坚定的信心，才能获得坚持坚守的从容，鼓起奋发进取的勇气，焕发创新创造的活力。

随着科学技术的发展，人们开始使用一些更加先进的技术手段进行信息隐藏。例如我们经常在电视剧中看到信息发送者使用一种特殊的墨水将信息写在纸上，当墨水干了以后字迹就消失了；而信息的接收者使用另外一种液体涂抹字迹，信息就会显示出来。这也是一种常用的信息隐藏技术。

3.2.2　代替密码

代替密码是用一组密文字母来代替明文字母的加密手段，以达到隐藏明文的目的。常见的有单表代替密码、多表代替密码等。

1. 单表代替密码

最典型的单表代替密码是在大约公元前 50 年由罗马共和国（今地中海沿岸等地区）末期杰出的军事统帅、政治家盖乌斯·尤利乌斯·凯撒 (Gaius Julius Caesar) 发明的一种用于战时秘密通信的方法，后来称之为"凯撒密码 (Caesar Cipher)"。这种密码技术将字母按字母表的顺序构成一个字母序列链，然后将最后一个字母与第一个字母相连成环。加密时将明文中的每个字母用其后的第 3 个字母代替即可形成密文。通常代替密码都会使用一个代替表来方便明文和密文的替换。凯撒密码代替表如表 3-1 所示。

表 3-1   凯撒密码代替表

明文字母	A	B	C	D	E	F	G	H	I	J	K	L	M
密文字母	D	E	F	G	H	I	J	K	L	M	N	O	P
明文字母	N	O	P	Q	R	S	T	U	V	W	X	Y	Z
密文字母	Q	R	S	T	U	V	W	X	Y	Z	A	B	C

例如，明文"welcome"的凯撒密码为"zhofrph"。

凯撒密码的解码方法也非常简单，只需要在代替表中根据密文字母找出相应的明文字母即可。

这类密码的代替表只有一个，因此又被称为单表代替密码。

对于单表代替密码，每个字母都使用同一个代替表进行代替，也就是相同的明文字母能够得到相同的密文字母。密码分析者只需要统计密文中字母出现的频率，就可以推断出该密文字母所对应的明文字母。

2. 多表代替密码

多表代替密码使用了两个或两个以上的代替表。例如，对于一种使用 5 个代替表的密码，明文的第一个字母使用第一个代替表生成密文字母，第二个字母使用第二个代替表生成密文字母，第三个字母使用第三个代替表生成密文字母，以此类推，循环使用这 5 个代替表。

意大利密码学家吉奥万·巴蒂斯塔·贝拉索 (Giovan Battista Bellaso) 在其 1553 年所著的《吉奥万·巴蒂斯塔·贝拉索先生的密码》一书中记录了一种使用一系列凯撒密码组成密码字母表的加密算法，是一种多表代替密码。19 世纪，该算法被误传为由法国亨利三世王朝的外交官布莱瑟·维吉尼亚 (Blaise de Vigenère) 所发明，于是这种加密算法被称为"维吉尼亚密码"。维吉尼亚密码的代替表有 26 行，每一行都是一个字母表，字母排序都由前一行向左偏移一位得到，相当于使用了 26 个代替表。这种二维的代替表，又称为维吉尼亚表，如表 3-2 所示。

我们通过一个例子来解释维吉尼亚密码的加密和解密过程。

例如明文是"WELCOME"，密钥为"KEYS"，那么使用维吉尼亚密码对每个字母的加密过程如下。

首先，重复使用密钥，将其扩展到与明文长度相同。本例中明文为 7 个字母，所以密钥也要扩展到 7 个字母，即"KEYSKEY"。

接着，取明文的第一个字母 W，取密钥的第一个字母 K，维吉尼亚表中第 W 列第 K 行的字母 G，即为第一个字母的密文。

类似地，取明文的第二个字母 E，取密钥的第二个字母 E，维吉尼亚表中第 E 列第 E 行的字母 I，即为第二个字母的密文。

其余字母均按照此方法加密，最终可以得到所有字母的密文为"GIJUYQC"。

解密过程是加密过程的逆过程。根据密钥找到相应的行，在这一行中找到密文的字母，密文字母所在列的列首字母就是明文。

通过上面的例子，我们可以看出，明文中的两个字母 E 加密得到的密文不相同，这是因为这两个 E 所对应的密钥字母不相同，从而使得其替换的字母不同。在凯撒密码中，通过对字母进行固定长度的偏移，即每个字母都向后偏移 3 位得到密文。而在维吉尼亚密码中，每个字母向后偏移的位数并不固定，由密钥字母决定，这样就在密文中消除了明文中字母出现频率的规律了。

表 3-2　维吉尼亚表

行	列																									
	A	B	C	D	E	F	G	H	I	J	K	L	M	N	O	P	Q	R	S	T	U	V	W	X	Y	Z
A	A	B	C	D	E	F	G	H	I	J	K	L	M	N	O	P	Q	R	S	T	U	V	W	X	Y	Z
B	B	C	D	E	F	G	H	I	J	K	L	M	N	O	P	Q	R	S	T	U	V	W	X	Y	Z	A
C	C	D	E	F	G	H	I	J	K	L	M	N	O	P	Q	R	S	T	U	V	W	X	Y	Z	A	B
D	D	E	F	G	H	I	J	K	L	M	N	O	P	Q	R	S	T	U	V	W	X	Y	Z	A	B	C
E	E	F	G	H	I	J	K	L	M	N	O	P	Q	R	S	T	U	V	W	X	Y	Z	A	B	C	D
F	F	G	H	I	J	K	L	M	N	O	P	Q	R	S	T	U	V	W	X	Y	Z	A	B	C	D	E
G	G	H	I	J	K	L	M	N	O	P	Q	R	S	T	U	V	W	X	Y	Z	A	B	C	D	E	F
H	H	I	J	K	L	M	N	O	P	Q	R	S	T	U	V	W	X	Y	Z	A	B	C	D	E	F	G
I	I	J	K	L	M	N	O	P	Q	R	S	T	U	V	W	X	Y	Z	A	B	C	D	E	F	G	H
J	J	K	L	M	N	O	P	Q	R	S	T	U	V	W	X	Y	Z	A	B	C	D	E	F	G	H	I
K	K	L	M	N	O	P	Q	R	S	T	U	V	W	X	Y	Z	A	B	C	D	E	F	G	H	I	J
L	L	M	N	O	P	Q	R	S	T	U	V	W	X	Y	Z	A	B	C	D	E	F	G	H	I	J	K
M	M	N	O	P	Q	R	S	T	U	V	W	X	Y	Z	A	B	C	D	E	F	G	H	I	J	K	L
N	N	O	P	Q	R	S	T	U	V	W	X	Y	Z	A	B	C	D	E	F	G	H	I	J	K	L	M
O	O	P	Q	R	S	T	U	V	W	X	Y	Z	A	B	C	D	E	F	G	H	I	J	K	L	M	N
P	P	Q	R	S	T	U	V	W	X	Y	Z	A	B	C	D	E	F	G	H	I	J	K	L	M	N	O
Q	Q	R	S	T	U	V	W	X	Y	Z	A	B	C	D	E	F	G	H	I	J	K	L	M	N	O	P
R	R	S	T	U	V	W	X	Y	Z	A	B	C	D	E	F	G	H	I	J	K	L	M	N	O	P	Q
S	S	T	U	V	W	X	Y	Z	A	B	C	D	E	F	G	H	I	J	K	L	M	N	O	P	Q	R
T	T	U	V	W	X	Y	Z	A	B	C	D	E	F	G	H	I	J	K	L	M	N	O	P	Q	R	S
U	U	V	W	X	Y	Z	A	B	C	D	E	F	G	H	I	J	K	L	M	N	O	P	Q	R	S	T
V	V	W	X	Y	Z	A	B	C	D	E	F	G	H	I	J	K	L	M	N	O	P	Q	R	S	T	U
W	W	X	Y	Z	A	B	C	D	E	F	G	H	I	J	K	L	M	N	O	P	Q	R	S	T	U	V
X	X	Y	Z	A	B	C	D	E	F	G	H	I	J	K	L	M	N	O	P	Q	R	S	T	U	V	W
Y	Y	Z	A	B	C	D	E	F	G	H	I	J	K	L	M	N	O	P	Q	R	S	T	U	V	W	X
Z	Z	A	B	C	D	E	F	G	H	I	J	K	L	M	N	O	P	Q	R	S	T	U	V	W	X	Y

多表代替密码显然比单表代替密码要好，但只要给密码分析者足够数量的密文样本，这个算法还是可以破译的，这里的关键在于密钥。因此，为了提高加密的安全性，维吉尼亚密码的使用者一般会选择非常长的密钥，这样就可以尽量减少密钥的重复使用。

3.2.3　换位密码

在换位密码中，并不替换明文中的字母，而是通过改变明文字母的排列次序来达到加密的目的。最常用的换位密码是列换位密码。下面通过一个例子来说明其加密和解密的过程。

例如，明文为"I WILL WAIT FOR YOU AT THE GATE"，密钥为"SECURITY"，信息加密的过程如下。

首先，将明文按行排列到一个矩阵中，矩阵的列数等于密钥字母的个数，行数以够用为准，如果最后一行不全，可以用 A、B、C…填充，如表 3-3 所示。

表 3-3　换位密码明文矩阵

密钥	S	E	C	U	R	I	T	Y
顺序	5	2	1	7	4	3	6	8
消息	I	W	I	L	L	W	A	I
	T	F	O	R	Y	O	U	A
	T	T	H	E	G	A	T	E

　　然后，按照密钥各个字母在字母表中的顺序排出列号，以列的顺序将矩阵的字母读出，就构成了密文，此例中的密文为 "IOHWFTWOALYGITTAUTLREIAE"。

　　最后，解密的时候，按照密钥各个字母在字母表中的顺序我们把密文按列填入这个矩阵中，然后按行读出矩阵中的字母，就是明文了。

　　换位密码的密文字母和明文字母相同，这给了密码分析者很好的线索，密码分析者能用各种技术去判断字母的准确顺序，从而得到明文。

3.3　对称密钥密码体制

　　随着加密技术的发展，现代密码学主要有两种基于密钥的密码体制，分别是对称密钥密码体制和非对称密钥密码体制，本节介绍对称密钥密码体制。

3.3.1　对称密钥密码体制的基本概念

对称密钥密码体制

　　如果在一个密码体制中，加密密钥和解密密钥相同，就称该密码体制为对称密钥密码体制。信息的发送者和接收者在进行信息的传输和处理时，必须共同持有该密钥，这个密钥称为对称密钥。对称密钥密码体制的模型如图 3-7 所示。

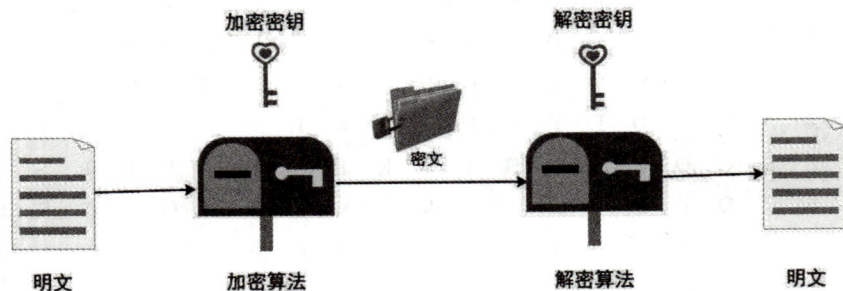

图 3-7　对称密钥密码体制的模型

　　在对称密钥密码体制中，加密算法和解密算法是公开的，密码的安全性依赖于密钥的安全性，如果密钥丢失，就意味着任何人都能够对加密信息进行解密了。

　　对称密钥密码体制中的加解密算法，一般简称为对称密钥密码算法。按照其工作方式可以分为两类：一类是序列密码算法，一次只对明文中的一个 bit 或一个字节进行加解密运算；另一类是分组密码算法，每次对明文中的一组 bit 进行加解密运算。

　　典型的对称密钥密码算法有 DES、三重 DES、AES、RC5 等。

3.3.2　DES 密码算法

　　DES 密码算法是一种较为典型的对称密钥密码算法，于 1972 年由 IBM 公司所设计，1977 年被美国国家标准局确定为联邦资料处理标准 (FIPS PUB 46)，后来被 ISO 采纳为国际数据加

密标准 (ISO 10126)。DES 以算法实现快、密钥简短等特点成为世界上最早被公认的实用密码算法标准，多年来一直活跃在国际保密通信的舞台。

1. DES 算法加密过程

DES 算法是一个分组密码算法，它将输入的明文分成 64 位的数据组块进行加密，密钥也为 64 位，其中有效密钥长度为 56 位 (其余 8 位为校验位)，最终得到 64 位的密文。其加密过程分为三个部分，即初始置换 (IP)、16 轮迭代变换和逆初始置换 (IP^{-1})，如图 3-8 所示。

1) DES 算法的分组和填充

在进行 DES 加密时，先计算明文的长度，如果长度超过 64 位，则按每 64 位一组进行切割分组，而对于小于 64 位的明文或者切割分组后最后一组不够 64 位的明文，则进行填充。根据不同的标准，填充的方式也不相同。ANSIX923 标准规定在填充位的最后一个字节填充的内容为需要填充的字节的长度值，而其余字节均填充数字 0。ISO 10126 标准规定在填充位的最后一个字节填充的内容为需要填充的字节的长度值，其余字节均填充随机数值。PKCS7 标准规定所有字节均填充需要填充的字节的长度值。Zero 填充方式则将所有字节填充为 0。

2) 初始置换和逆初始置换

初始置换是通过查询初始置换表来完成的。初始置换表如表 3-4 所示。该表从左到右、从上到下每一格代表置换后数据的一个 bit，例如第 1 行第 1 列代表置换后数据的第 1 个 bit，第 1 行第 2 列代表置换后数据的第 2 个 bit，第 2 行第 1 列代表置换后数据的第 9 个 bit……初始置换表中的数字代表将明文中的哪一个 bit 上的数字放置到该位，如第 1 行第 1 列为 58，意味着将明文的第 58 个 bit 上的数字放置到置换后数据的第 1 个 bit。

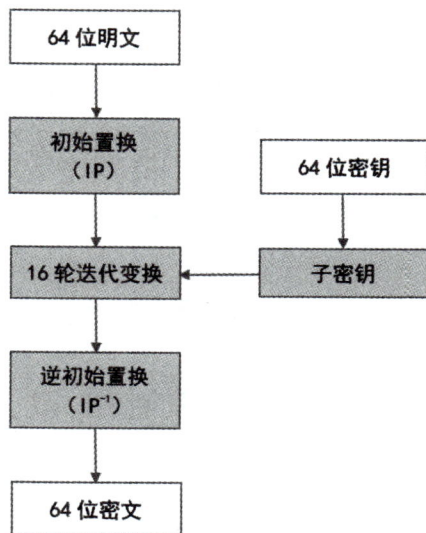
图 3-8　DES 算法加密过程

表 3-4　初始置换 (IP) 表

IP	58	50	42	34	26	18	10	2
	60	52	44	36	28	20	12	4
	62	54	46	38	30	22	14	6
	64	56	48	40	32	24	16	8
	57	49	41	33	25	17	9	1
	59	51	43	35	27	19	11	3
	61	53	45	37	29	21	13	5
	63	55	47	39	31	23	15	7

逆初始置换的方法与初始置换基本相同，只是所使用的是逆初始置换表，如表 3-5 所示。

表 3-5　逆初始置换 (IP^{-1}) 表

IP^{-1}	40	8	48	16	56	24	64	32
	39	7	47	15	55	23	63	31
	38	6	46	14	54	22	62	30
	37	5	45	13	53	21	61	29
	36	4	44	12	52	20	60	28
	35	3	43	11	51	19	59	27
	34	2	42	10	50	18	58	26
	33	1	41	9	49	17	57	25

3) 16 轮迭代变换

DES 算法的核心是 16 轮的迭代变换，整体迭代过程如图 3-9 所示。

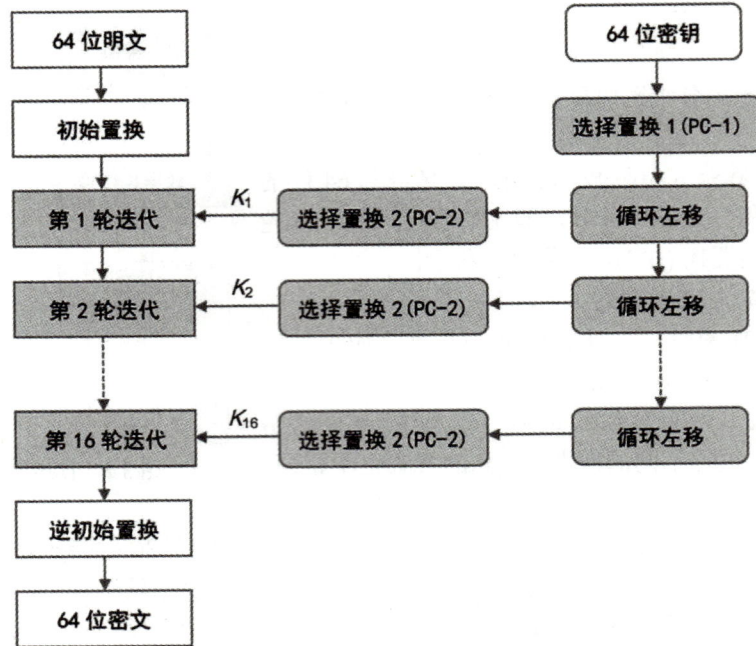

图 3-9　DES 加密算法整体迭代过程

每一轮的迭代过程如下：

(1) 分组。将 64 位的数据分为两组，每组 32 位，分别称为 L_{i-1} 和 R_{i-1}(i = 1，2，3，…，16，表示当前为第几轮迭代)。

(2) 扩充置换。对 R_{i-1} 进行扩充置换，将 32 位的输入数据扩充成 48 位的输出数据。这样做有三个目的：第一，产生与子密钥相同长度的数据，以便于进行异或运算；第二，提供更长的结果，使得在以后的子加密过程中能进行压缩；第三，产生雪崩效应 (Avalanche Effect)，这也是扩充置换最主要的目的，使得输入的一位影响两个置换，所以输出对输入的依赖性更强。扩充置换又称为 E 置换，其置换方法与初始置换基本相同，只是置换表不同。扩充置换表如表 3-6 所示。

表 3-6　扩充置换 (E) 表

E	31	1	2	3	4	5
	4	5	6	7	8	9
	8	9	10	11	12	13
	12	13	14	15	16	17
	16	17	18	19	20	21
	20	21	22	23	24	25
	24	25	26	27	28	29
	28	29	30	31	32	1

(3) 异或运算。将扩充后的 48 位数据与 48 位的子密钥进行异或运算 (子密钥的产生将在后面描述)。异或运算通常用 "⊕" 符号来表示，它的运算规则为：$0 \oplus 0 = 0$，$0 \oplus 1 = 1$，$1 \oplus 0 = 1$，$1 \oplus 1 = 0$。

(4) S 盒置换。S 盒置换是 DES 算法中最重要的部分，也是最关键的步骤，因为其他运算都是线性的，易于分析，只有 S 盒置换是非线性的，它提供了更强的安全性。

S 盒由 8 个 4 行 16 列的 S 表组成。将上一步异或运算得到的 48 位数据分为 8 组，每组 6 位。每组分别对应 S 盒中的一个 S 表，经过 S 表的置换，每组最终得到 4 位的输出数据。S 盒置换表如表 3-7 所示。

表 3-7　S 盒 置 换 表

行		列															
		0	1	2	3	4	5	6	7	8	9	10	11	12	13	14	15
S_1	0	14	4	13	1	2	15	11	8	3	10	6	12	5	9	0	7
	1	0	15	7	4	14	2	13	1	10	6	12	11	9	5	3	8
	2	4	1	14	8	13	6	2	11	15	12	9	7	3	10	5	0
	3	15	12	8	2	4	9	1	7	5	11	3	14	10	0	6	13
S_2	0	15	1	8	14	6	11	3	4	9	7	2	13	12	0	5	10
	1	3	13	4	7	15	2	8	14	12	0	1	10	6	9	11	5
	2	0	14	7	11	10	4	13	1	5	8	12	6	9	3	2	15
	3	13	8	10	1	3	15	4	2	11	6	7	12	0	5	14	9
S_3	0	10	0	9	14	6	3	15	5	1	13	12	7	11	4	2	8
	1	13	7	0	9	3	4	6	10	2	8	5	14	12	11	15	1
	2	13	6	4	9	8	15	3	0	11	1	2	12	5	10	14	7
	3	1	10	13	0	6	9	8	7	4	15	14	3	11	5	2	12
S_4	0	7	13	14	3	0	6	9	10	1	2	8	5	11	12	4	15
	1	13	8	11	5	6	15	0	3	4	7	2	12	1	10	14	9
	2	10	6	9	0	12	11	7	13	15	1	3	14	5	2	8	4
	3	3	15	0	6	10	1	13	8	9	4	5	11	12	7	2	14
S_5	0	1	12	4	1	7	10	11	6	8	5	3	15	13	0	14	9
	1	14	11	2	12	4	7	13	1	4	0	15	10	3	9	8	6
	2	4	2	1	11	10	13	7	8	15	9	12	5	6	3	0	14
	3	11	8	12	7	1	14	2	13	6	15	0	9	10	4	5	3
S_6	0	12	1	10	15	9	2	6	8	0	13	3	4	14	7	5	11
	1	10	15	4	2	7	12	9	5	6	1	13	14	0	11	3	8
	2	9	14	15	5	2	8	12	3	7	0	4	10	1	13	11	6
	3	4	3	2	12	9	5	15	10	11	14	1	7	6	0	8	13
S_7	0	4	11	2	14	15	0	8	13	3	12	9	7	5	10	6	1
	1	13	0	11	7	4	9	1	10	14	3	5	12	2	15	8	6
	2	1	4	11	13	12	3	7	14	10	15	6	8	0	5	9	2
	3	6	11	13	8	1	4	10	7	9	5	0	15	14	2	3	12
S_8	0	13	2	8	4	6	15	11	1	10	9	3	14	5	0	12	7
	1	1	15	13	8	10	3	7	4	12	5	6	11	0	14	9	2
	2	7	11	4	1	9	12	14	2	0	6	10	13	15	3	5	8
	3	2	1	14	7	4	10	8	13	15	12	9	0	3	5	6	11

每组数据在 S 表中的置换方法如下：将每组 6 位数据记为 $b_0b_1b_2b_3b_4b_5$，S 表中的行号由 b_0b_5 组成的数值决定，列号由 $b_1b_2b_3b_4$ 组成的数值决定。假如数据的第一个分组为 101110，要查 S_1 表，行号为 10（二进制），即为第 2 行，列号为 0111（二进制），即为第 7 列，于是查 S_1

表的第 2 行第 7 列，得到 11(十进制)，转换为二进制为 1011。所以，第一个分组 101110 经过 S 盒转换后得到的数据为 1011。注意，S 盒与其他置换表的不同之处在于它的行号和列号都是从 0 开始编号的。

(5) 直接置换。经过 S 盒置换后的 32 位数据还要进入一个直接置换表进行置换，这个置换表又称为 P 表。直接置换表如表 3-8 所示。该表的置换方法与初始置换表基本相同。

表 3-8　直接置换 (P) 表

P	16	7	20	21
	29	12	28	17
	1	15	23	26
	5	18	31	10
	2	8	24	14
	32	27	3	9
	19	13	30	6
	22	11	4	25

(6) 得到 L_i 和 R_i。经过 P 表置换的 32 位数据与本轮运算开始时的 L_{i-1} 进行异或运算，得到本轮结果中的 R_i，而本轮运算开始时的 R_{i-1} 直接成为本轮结果中的 L_i。

以上运算步骤中的第 (2)、(3)、(4)、(5) 步，被称为 f 函数。所以，对于每轮迭代，其 L_i 和 R_i 的输出如下：

$$L_i = R_{i-1}$$
$$R_i = L_{i-1} \oplus f(R_{i-1}, K_i)$$

其中，i 表示迭代的轮次；$\oplus$ 表示按位异或运算；f 是包括扩充置换、与子密钥的异或运算、S 盒置换和直接置换等在内的加密运算，即 f 函数。

4) 子密钥的生成

DES 算法的每一轮迭代变换过程都需要子密钥的参与。子密钥的生成过程如下：

(1) 第一次选择置换。将 64 位的初始密钥根据选择置换表 (称为 PC-1 表) 进行置换，将初始密钥的 8 个奇偶校验位剔除 (分别位于第 8、16、24、32、40、48、56、64 位)，并且将留下的 56 位密钥顺序按位打乱。用于进行选择置换的表如表 3-9 所示。该表的置换方法与初始置换表基本相同。

表 3-9　选择置换 (PC-1) 表

PC-1	57	49	41	33	25	17	9
	1	58	50	42	34	26	18
	10	2	59	51	43	35	27
	19	11	3	60	52	44	36
	63	55	47	39	31	23	15
	7	62	54	46	38	30	22
	14	6	61	53	45	37	29
	21	13	5	28	20	12	4

(2) 分组。将经过第一次选择置换后的 56 位密钥分为两组，每组 28 位，分别称为 C_{i-1} 和 $D_{i-1}(i = 1，2，3，\cdots，16，表示当前为第几轮迭代)。

(3) 迭代。将 C_{i-1} 和 D_{i-1} 分别循环左移 L_i 位，得到 C_i 和 D_i。L_i 对应的值如表 3-10 所示。然后，将 C_i 和 D_i 合并后进行第二次选择置换，生成 48 位的子密钥 K_i。第二次选择置换表 (PC-2

表) 如表 3-11 所示。该表的置换方法与初始置换表基本相同。此迭代共进行 16 次，即依次生成 16 个子密钥，分别参与加密过程的 16 次迭代。

表 3-10　循环左移位数 (L_i)

i	1	2	3	4	5	6	7	8	9	10	11	12	13	14	15	16
L_i	1	1	2	2	2	2	2	2	1	2	2	2	2	2	2	1

表 3-11　选择置换 (PC-2) 表

PC-2	14	17	11	24	1	5
	3	28	15	6	21	10
	23	19	12	4	26	8
	16	7	27	20	13	2
	41	52	31	37	47	55
	30	40	51	45	33	48
	44	49	39	56	34	53
	46	42	50	36	29	32

综合加密和子密钥的生成过程，DES 加密算法的一轮迭代过程如图 3-10 所示。

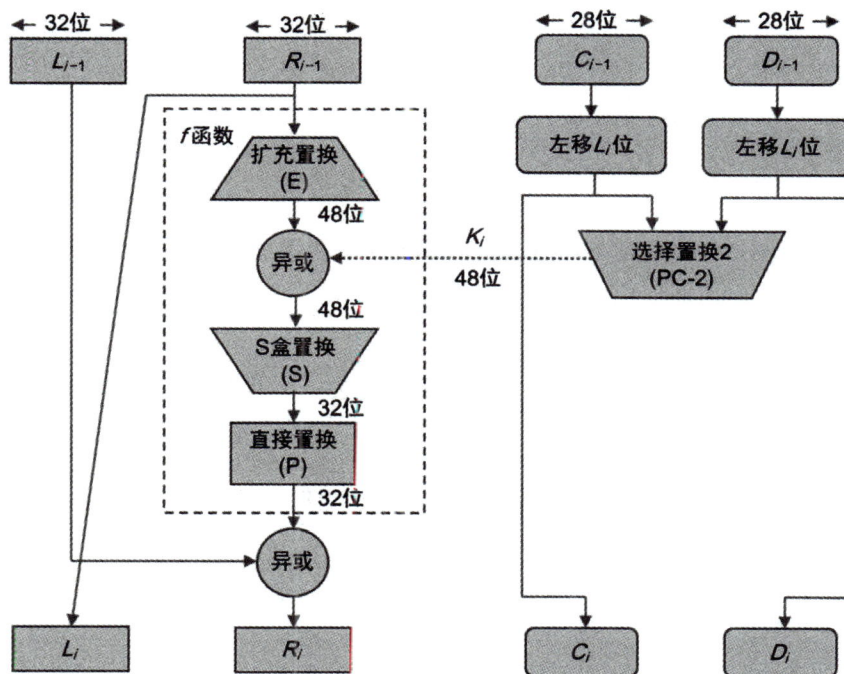

图 3-10　DES 加密算法的一轮迭代过程

2. DES 算法解密过程

DES 算法的解密过程和加密过程类似，只是子密钥的使用顺序与加密时相反，即第一轮使用第 16 个子密钥 K_{16}，第二轮使用 K_{15}，以此类推，第十六轮使用 K_1。

3. DES 算法安全性分析

DES 算法的整个体系是公开的，其安全性完全取决于密钥的安全性。该算法中，由于经过了 16 轮的迭代运算，因此密码分析者无法通过密文获得该算法一般特性以外的更多信息。对于这样的算法，破解的唯一可行途径是尝试所有可能的密钥。对于 56 位长度的密钥，可能的

组合达到 2^{56} 种，大约为 7.2×10^{16} 种。

早在 1977 年，著名密码学家惠特菲尔德·迪菲 (Whitfield Diffie) 和马丁·赫尔曼 (Martin Edward Hellman) 就指出，若用当时的技术去制造一台并行计算机，该计算机带有 100 万个加密器，且每一个加密器都可以在 1 ms 内执行一次加密运算，那么破解 DES 算法的平均穷举时间大约为 10 h。但是，要建成这样一台机器，估计要耗资两千万美元。在当时，除国家级别的破解外，没有人愿意花这么多钱去制造这台机器。所以，当时 DES 算法被认为是一种十分强壮的密码体制。

但是，随着计算机技术的不断发展，计算性能得到大幅度提升，造价也随之下降。到了 1998 年 7 月，电子前沿基金会 (Electronic Frontier Foundation，EFF) 宣布他们制造的一台造价不到 25 万美元的专用"DES 破译机"破译了 DES 密码，且破译所花的时间不到三天。EFF 还公布了这台机器的细节，这使得其他人也能建造自己的破译机。由此也证明了 DES 算法并不是完全安全的。

4. DES 算法的应用

虽然 DES 算法在目前看来已经不那么安全，但是由于快速 DES 芯片的大量生产等，DES 算法还是有非常多的应用场景。例如，用于保证电子交易安全性的 SSL 协议的握手信息中就用到了 DES 算法，以保证机密性和完整性。

DES 算法最常用的场景是银行业，如银行卡收单、信用卡持卡人的 PIN 码的加密传输、IC 卡与 POS 机之间的双向认证、金融交易数据包的 MAC 校验等，均用到了 DES 算法。

另外，在 POS 机、ATM、磁卡及智能卡 (IC 卡)，以及加油站、高速公路收费站等领域，DES 算法也被广泛应用，以此来实现关键数据的保密。

3.3.3　其他常用的对称密钥密码算法

随着计算机软硬件水平的提高，DES 算法的安全性也遇到了一定的挑战。为了更进一步提高对称密钥密码体制的安全性，在 DES 算法的基础上其他对称密钥密码算法也在不断发展。

1. 三重 DES 算法

三重 DES(Triple DES) 算法是在 DES 算法的基础上为了提高算法的安全性而发展起来的，该算法采用两个或三个密钥对明文进行三次加解密运算，如图 3-11 所示。

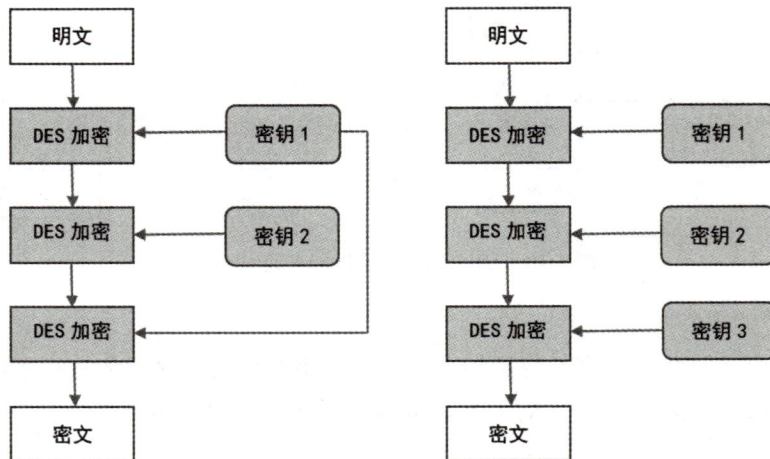

图 3-11　三重 DES 加密算法

三重 DES 算法的有效密钥长度从 DES 算法的 56 位变成 112 位或 168 位，因此安全性也相应得到了提高。

2. IDEA 算法

国际数据加密算法 (International Data Encryption Algorithm，IDEA) 源自瑞士籍华人来学嘉 (Xuejia Lai) 博士和著名的密码专家詹姆斯·梅西 (James L. Massey) 于 1990 年联合提出的建议加密标准 (Proposed Encryption Standard，PES) 算法。1991 年来学嘉等人又提出了 PES 的修正版 IPES(Improved PES)，1992 年对其进行了改进，强化了抗差分分析的能力，并将其改名为 IDEA。

和 DES 算法一样，IDEA 也是对 64 位的数据块进行加密的分组加密算法，输入的明文为 64 位，生成的密文也为 64 位。IDEA 自问世以来，已经经历了大量的详细审查，对密码分析具有很强的抵抗能力。因此，就现在来看，应当说 IDEA 算法是非常安全的。IDEA 采用软件实现和采用硬件实现同样快速，在多种商业产品中被使用。

目前，IDEA 已由瑞士的 Ascom 公司注册专利，以商业目的使用 IDEA 时必须向该公司申请专利许可。

3. AES 算法

高级加密标准 (Advanced Encryption Standard，AES) 算法是旨在取代 DES 的数据加密标准。1998 年 NIST 开始进行 AES 的分析、测试和征集，最终在 2000 年 10 月美国政府正式宣布选择比利时密码学家 Joan Daemen 和 Vincent Rijmen 提出的一种密码算法 Rijndael 作为 AES，并于 2001 年 11 月由 NIST 发布于 FIPS PUB 197。

AES 算法采用对称分组密码体制，密钥长度支持 128 位、192 位和 256 位，分组长度为 128 位。AES 算法在安全强度上比 DES 算法高，大有代替 DES 算法的趋势。

其他常见的对称密钥密码算法还有 RC 系列算法、CAST 算法、Twofish 算法等。

3.3.4　对称密钥密码算法使用举例

对称密钥密码算法可以通过硬件和软件实现。下面我们通过一个小软件 Apocalypso 来演示一下对称密钥密码算法的使用。

Apocalypso 界面如图 3-12 所示，该软件包含了许多常用的对称密钥密码算法，我们以 DES 算法为例演示一下其使用方法。

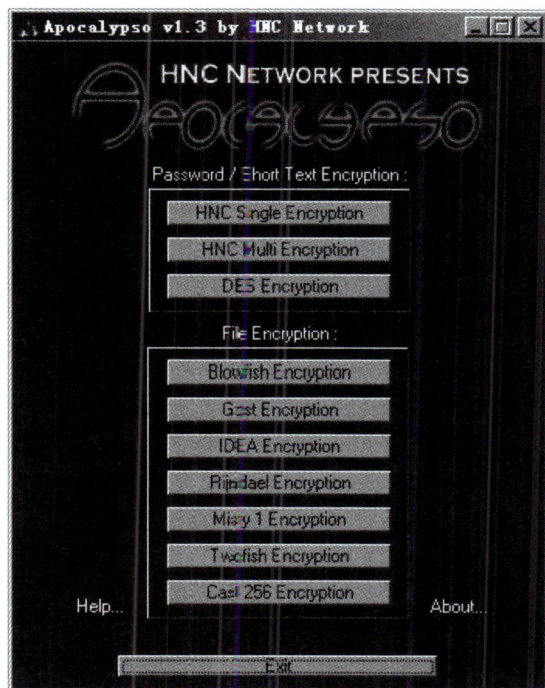

图 3-12　Apocalypso 界面

首先，单击【DES Encryption】按钮，打开如图 3-13 所示的界面。然后，在上面的文本框中输入明文，在下面的文本框中输入密钥，单击【Encrypt】按钮，即可实现信息的加密，加密后的密文会显示在上面的文本框中。最后，单击【Decrypt】按钮可以实现解密，解密后的明文也会显示在上面的文本框中。

图 3-13　Apocalypso 软件实现 DES 加密

当然，也可以通过单击【Open File】按钮打开一个文本文件，文件内容会显示在上面的文本框里，同样单击【Encrypt】按钮，实现信息的加密，单击【Decrypt】按钮实现解密。

3.3.5　对称密钥密码体制的优缺点

对称密钥密码体制的优点有很多，比如算法简单、密钥简短、可靠性高等。而缺点在于密钥保密性要求高，密钥管理困难。因为加密和解密使用的密钥相同，所以一旦密钥泄露，这个加密算法就没有保密性可言了。对于对称密钥密码算法，任意两个通信实体之间都需要一对密钥。如果有 n 个通信实体，则将有 $n*(n-1)/2$ 对密钥。例如，10 个用户需要 45 对密钥，100 个用户需要 4950 对不同的密钥。如何对数量如此庞大的密钥进行管理将是一个棘手的问题。

3.4　非对称密钥密码体制

对称密钥密码体制虽然有算法简单高效、密钥简短等优点，但由于其对于密钥管理要求较高，因此在很多使用场合受到一定的限制。非对称密钥密码体制很好地解决了密钥管理方面的问题。

3.4.1　非对称密钥密码体制的基本概念

非对称密钥密码体制

非对称密钥密码体制是指加密密钥和解密密钥不同的密码体制。因为加密密钥和解密密钥不同，所以称为"非对称"。

非对称密钥密码体制有以下三个特点：

(1) 使用了一对密钥，一个用于加密信息，另一个用于解密信息，通信双方无须事先交换密钥就可以进行保密通信。其中，一个密钥公之于众，称为公钥；另一个只有密钥持有人自己知道，称为私钥。正是因为有一个密钥可以公开，所以这种密码体制又被称为公开密钥密码体制。

(2) 两个密钥之间存在相互依存的关系，用其中一个密钥加密的信息只能用另一个密钥进行解密。

(3) 由公钥无法推导出私钥。

非对称密钥密码体制的通信模型如图 3-14、图 3-15 所示。信息发送者可以用信息接收者的公钥对信息进行加密，信息接收者用自己的私钥进行解密。信息发送者也可以用自己的私钥对信息进行加密，信息接收者用信息发送者的公钥进行解密。这是两种不同的应用场景，我们将会在第 4 章中讲述其具体的应用。

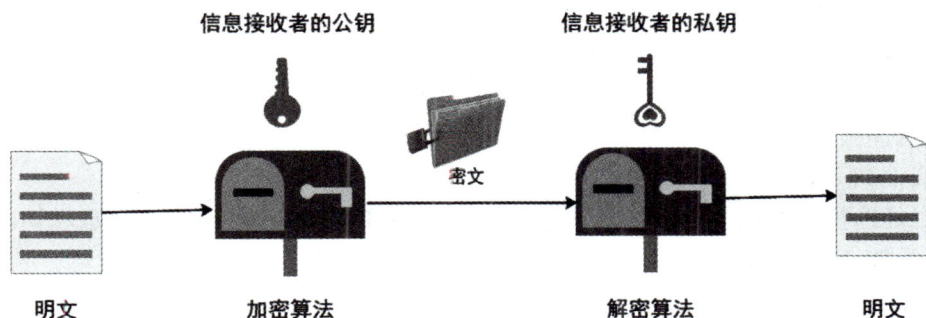

图 3-14　非对称密钥密码体制通信模型一

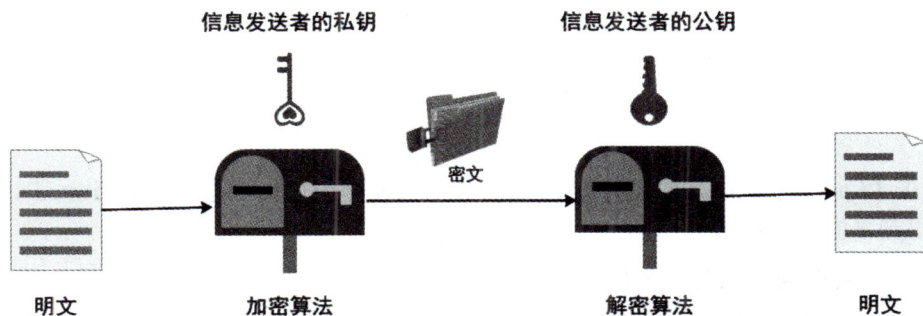

图 3-15　非对称密钥密码体制通信模型二

3.4.2　RSA 密码算法

在非对称密钥密码体制中最经典的密码算法是 RSA 算法。

RSA 算法是 1977 年由罗纳德·李维斯特 (Ronald Rivest)、阿迪·萨莫尔 (Adi Shamir) 和伦纳德·阿德曼 (Leonard Adleman) 三位教授共同提出的，算法的名称取自三位教授的名字。RSA 算法是世界上第一个公开密钥算法，也是至今为止较为完善的公开密钥算法之一。RSA 算法的这三位发明者也因此在 2002 年获得了计算机领域的最高奖——图灵奖。

1. RSA 算法的基本原理

RSA 算法的基本原理如下：

(1) 任意选取两个不同的大素数 p 和 q，计算其乘积 $n = p \times q$，并计算 $\varphi(n) = (p-1) \times (q-1)$。

(2) 在 1 到 $\varphi(n)$ 之间选择一个与 $\varphi(n)$ 互为素数的数 e，于是公钥 PK = (n, e)。

(3) 计算 d 使得 $(d \times e) \bmod \varphi(n) = 1$，于是私钥 SK = (n, d)。mod 是取模运算，即两个运算数相除所得的余数。

(4) 假设明文为 M，则加密时，密文 $C = M^e \bmod n$；解密时，明文 $M = C^d \bmod n$。当然，也可以是密文 $C = M^d \bmod n$，明文 $M = C^e \bmod n$。

下面我们通过一个例子来验证 RSA 算法：

(1) 为了计算方便，选择 $p = 7$，$q = 17$，则 $n = 7 \times 17 = 119$，$\varphi(n) = (7-1) \times (17-1) = 96$。

(2) 选择与 $\varphi(n)$ 互为素数的数 $e = 5$，则公钥 PK = (119, 5)。

(3) 计算 d 使得 $(d \times 5) \bmod 96 = 1$，求得 $d = 77$，则私钥 SK = (119，77)。

(4) 假设明文 $M = 19$，则加密时密文为 $19^5 \bmod 119 = 66$，解密时 $66^{77} \bmod 119 = 19$，正好是明文。

2. RSA 算法应用举例

在实际应用中，我们不必采用这种演算的方式来计算私钥和进行加密解密，有很多软件都可以实现 RSA 算法。下面我们来看一个小工具 RSA-Tool 的使用。

RSA-Tool 是一款 RSA 算法辅助工具，可以帮助生成私钥，也可以随机生成公钥私钥对，并进行基于 RSA 算法的信息加密和解密。同时，它也提供了整数分解的功能，当然分解的效率取决于计算机的性能。

1) 生成私钥

如果已经选择好了 p、q 和 e 值，则可以借助 RSA-Tool 来生成 n 和 d，形成私钥。

(1) 打开 RSA-Tool 软件。

(2) 在【Keysize (Bits)】文本框中输入密钥的位数，可以是 32、64、128……最长支持 4096。

(3) 在【Number Base】下拉列表中选择公钥和私钥的进制，为了方便用户读取，可以选择"10"进制。

(4) 在【Public Exponent(E) [HEX]】文本框中输入公钥中的 e 值，这个值只能是十六进制数据。

(5) 在【1st Prime(P)】文本框中输入 p 值，在【2nd Prime(Q)】文本框中输入 q 值，因为在【Number Base】中已经选择了"10"进制，所以这里可以直接输入自己选定的 p 和 q 的十进制数值。

(6) 单击【Calc.D】按钮，即可在【Modulus(N)】文本框中得到 n 值，在【Private Exponent(D)】文本框中得到 d 值，从而得到私钥，如图 3-16 所示。

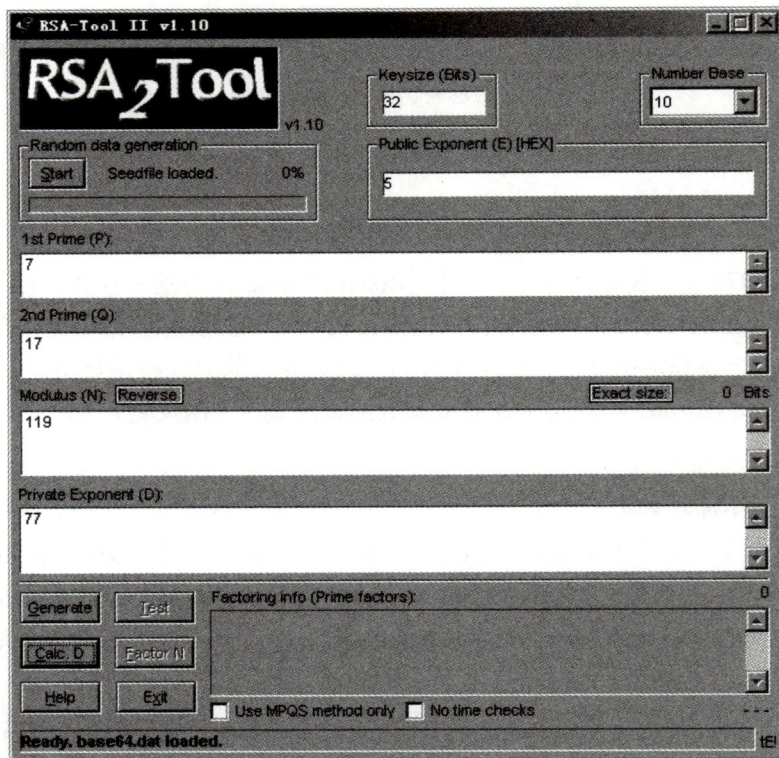

图 3-16　使用 RSA-Tool 生成私钥

2) 生成公钥私钥对

如果对 p 和 q 值没有什么要求，则可以让 RSA-Tool 随机生成公钥私钥对。

（1）打开 RSA-Tool 软件。

（2）单击左上角【Random data generation】栏中的【Start】按钮，然后随意移动鼠标，让软件收集一些系统的随机数。移动鼠标使得【Start】按钮下方的进度条填满，直到弹出【Random data collection finished.】，即表示收集完成。

（3）分别在【Keysize (Bits)】、【Number Base】和【Public Exponent(E) [HEX]】中输入密钥长度、进制和 e 的值。

（4）单击左下角的【Generate】按钮，即可在【1st Prime(P)】、【2nd Prime(Q)】、【Modulus(N)】和【Private Exponent(D)】中分别得到 p、q、n 和 d 的值，如图 3-17 所示。

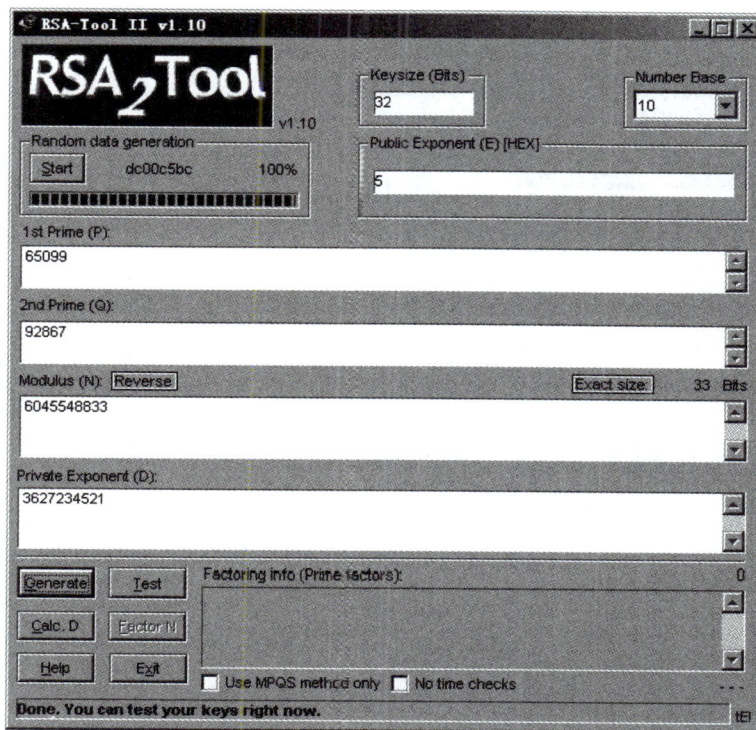

图 3-17　使用 RSA-Tool 生成公钥私钥对

3）加密和解密

在生成公钥私钥对后，左下角的【Test】按钮就变为可以使用的状态，单击该按钮后可弹出【RSA-Test】对话框，可以用来测试生成的密钥对，如图 3-18 所示。

图 3-18　使用 RSA-Tool 进行信息的加密和解密

（1）在【Message(M) to encrypt】文本框中输入需要加密的信息，注意信息的最大长度必须小于"Keysize/8-1"，且数据值必须小于 n。

（2）单击下方的【Encrypt】按钮，即可在【Ciphertext(C)】文本框中得到加密后的数据。

（3）单击【Decrypt】按钮，可以在【Ciphertext(C)】文本框中得到解密后的数据，可以与【Message(M) to encrypt】文本框中的数据进行对比，以验证密钥对的正确性。

4）分解 n 值得到 p 和 q

给定一个大素数 n，RSA-Tool 还可以帮助分解出 p 和 q。

（1）在 RSA-Tool 的主界面中，选择好密钥长度和进制，并将 n 值输入【Modulus(N)】文本框中。

（2）单击【Factor N】按钮，即可在【1st Prime(P)】和【2nd Prime(Q)】文本框中分别得到 p 和 q 的值，同时，右下角的【Factoring info (Prime factors)】文本框中也会列出分解出的 p 和 q 的值，如图 3-19 所示。

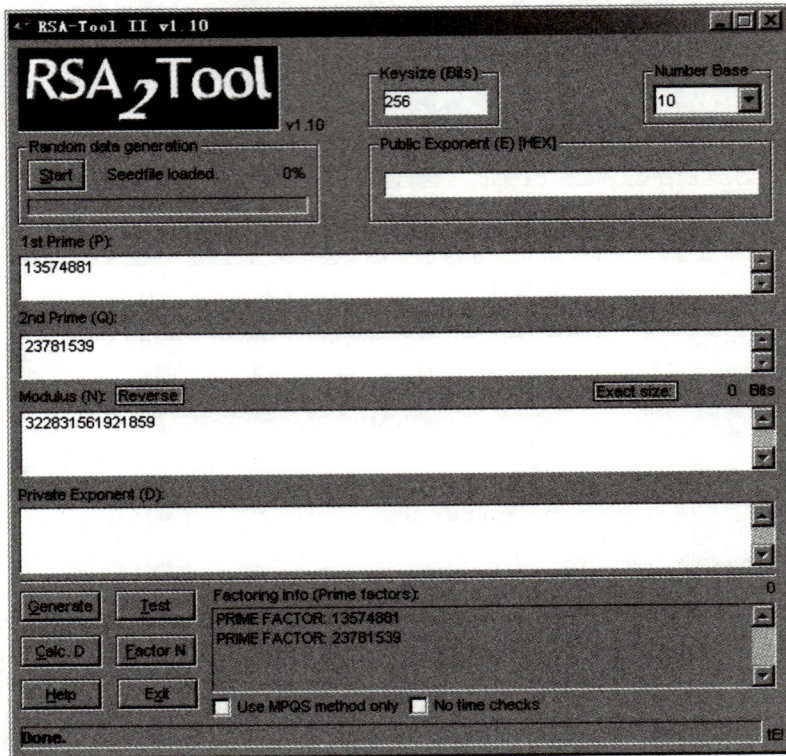

图 3-19　使用 RSA-Tool 分解大素数

3. RSA 算法安全性分析

要想破解由 RSA 算法加密的信息，关键是要得到它的私钥。根据 RSA 算法的原理，私钥的组成有两个要素，分别是 n 和 d。而 n 在公钥中也有，是对外公开的，因此，要得到私钥，就要找到 d 的值。而 d 是由算式 $(d \times e) \bmod \varphi(n) = 1$ 计算得出的，只要知道 e 和 $\varphi(n)$ 即可计算出 d。其中 e 是公钥的一部分，对外公开，很容易得到，所以关键是如何得到 $\varphi(n)$。现在已知 n，又知 $n = p \times q$，所以如果能从 n 获得 p 和 q 的值，就可以通过公式 $\varphi(n) = (p-1) \times (q-1)$ 求得 $\varphi(n)$。因此，获得 RSA 私钥的关键在于如何由 n 推导出 p 和 q，即如何由两个素数的乘积推导出这两个素数。

对于比较小的 n，可以通过手工计算或者一些小软件来进行推导，例如前面所讲的 RSA-Tool 就有此功能。如果 n 比较大，则无法通过手工计算得到，即使用计算机软件进行计算也需要比较长的计算时间。所以，为了增加 RSA 算法的安全性，最实际的做法就是加大 n 的长度。目前商用 RSA 算法的密钥长度一般采用 2048 位二进制数，n 的取值一般在 100 位十进制数以上。

1994 年，贝尔实验室的应用数学家和计算机科学家彼得·肖尔 (Peter Shor) 指出，相对于传统电子计算机，利用量子计算可以在更短的时间内将一个很大的整数分解成质因子的乘积。那么接下来科学界的难题就是如何去建造一部真正的量子计算机，来执行这些量子算法。

2019 年 8 月，中国量子计算研究取得重要进展。中科院院士、中国科学技术大学教授潘建伟与陆朝阳、霍永恒等人领衔，和多位国内及德国、丹麦学者合作，在国际上首次提出一种新型理论方案，在窄带和宽带两种微腔上成功实现了确定性偏振、高纯度、高全同性和高效率的单光子源，这一成果为光学量子计算机超越经典计算机奠定了重要的科学基础。国际权威学术期刊《自然·光子学》发表了该成果，评价其"解决了一个长期存在的挑战"。

2021 年 10 月，潘建伟教授率领的中科院量子信息与量子科技创新研究院科研团队在超导量子和光量子两种系统的量子计算方面取得重要进展，研制出"九章二号"和"祖冲之二号"两种量子计算机，使中国成为世界上唯一在两种物理体系达到"量子计算优越性"里程碑的国家。

课程思政

随着我国科技实力的不断增强，许多领域的科技创新成果都在世界上处于领先地位。党的二十大报告指出："加快实现高水平科技自立自强，以国家战略需求为导向，积聚力量进行原创性引领性科技攻关，坚决打赢关键核心技术攻坚战。"关键核心技术是要不来、买不来、讨不来的。作为新时代的青年，我们要勇于担当，以科技报国的决心、自立自强的信心、矢志不渝的恒心，加快实现高水平科技自立自强，为全面建成社会主义现代化国家贡献自己的力量。

3.4.3　其他常用的公开密钥密码算法

1. Diffie-Hellman 算法

1976 年，两位密码学家惠特菲尔德·迪菲 (Whitfield Diffie) 和马丁·赫尔曼 (Martin Edward Hellman) 发表的文章《密码学的新动向》中首次提出了公开密钥密码算法的概念，并实现了第一个公开密钥密码算法——Diffie-Hellman 算法。

Diffie-Hellman 算法的思路是：首先必须公布两个公开的整数 n 和 g，其中 n 是大素数，g 是模 n 的原根 (g 的幂次模 n 可以产生从 1 到 $n-1$ 的所有整数)。假如 Alice 和 Bob 要进行通信，则执行如下步骤：

(1) Alice 秘密选取一个大的随机数 $x(x<n)$，计算 $X=g^x \bmod n$，并将 X 发送给 Bob。

(2) Bob 秘密选取一个大的随机数 $y(y<n)$，计算 $Y=g^y \bmod n$，并将 Y 发送给 Alice。

(3) Alice 计算 $k=Y^x \bmod n$。

(4) Bob 计算 $k'=X^y \bmod n$。

(5) Alice 使用密钥 k 对信息进行加密并发送给 Bob，Bob 使用密钥 k' 对信息进行解密。

密钥 k 和 k' 是什么关系呢？是一对公钥和私钥的关系吗？下面我们来分析一下。

已知 $k=Y^x \bmod n$，$Y=g^y \bmod n$，我们将 Y 代入 k 的算式中可得

$$k=(g^y \bmod n)^x \bmod n$$

根据模运算的规则，$k=(g^y)^x \bmod n=(g^x)^y \bmod n=(g^x \bmod n)^y \bmod n$

又由于 $X=g^x \bmod n$，将 X 代入上式可得：$k=X^y \bmod n=k'$

通过上述分析，我们发现原来 k 和 k' 是相等的。实际上，Diffie-Hellman 算法是一个用于密钥交换的算法，而不是用来进行加密和解密的，因此该算法有时候又称为 Diffie-Hellman 密钥交换。

3.3 节中提到对称密钥密码体制中密钥管理困难，而困难之一就是通信双方如何商量对称密钥。Diffie-Hellman 算法就解决了通信双方商量和交换密钥的问题。通信双方在网络上传输的仅是生成密钥的部分元素 (X、Y、g 和 n)，而对于生成密钥的重要元素 (x 和 y) 却没有在网络中传输，因而攻击者无法获取，也就无法合成密钥。

2. 其他常用的公开密钥密码算法

其他常用的公开密钥密码算法还有数字签名算法 (Digital Signature Algorithm，DSA)、ElGamal 算法、椭圆曲线加密算法 (Elliptic Curve Cryptography，ECC) 等。其中 DSA 是数字签名标准 (Digital Signature Standard，DSS) 的一部分，只能用于数字签名，不能用于加密。关于数字签名的内容我们会在第 4 章讲解。

3.4.4 非对称密钥密码体制的优缺点

非对称密钥密码体制解决了对称密钥密码体制中的密钥保存和分发问题，在网络安全中得到了广泛的应用。

但是，以 RSA 算法为代表的非对称密钥密码算法也存在一些缺点。例如，为了确保算法的安全性，在生成密钥时一般都选择比较大的数据作为密钥生成的元素。这样一来，在加密和解密的过程中，都需要进行大数的幂运算，其运算量一般是对称密钥密码算法的几百倍、几千倍甚至上万倍，从而导致加密、解密速度比对称密钥密码算法要慢很多。因此，非对称密钥密码算法不适合对数据量非常大的信息进行加密。

3.4.5 混合密码体制

鉴于对称密钥密码体制和非对称密钥密码体制各自的优缺点，在实际应用中，常常将对称密钥密码算法和非对称密钥密码算法混合起来使用，称为混合密码体制。

在混合密码体制中，使用对称密钥密码算法对消息进行加密和解密，使用非对称密钥密码算法来加密对称密钥密码算法的密钥，如图 3-20 所示。其中，$E(M)$ 表示对明文 M 使用某种加密算法进行加密后得到的密文，这里 E 是加密函数的通用表示。这样就可以综合发挥两种密码体制的优点，既加快了加、解密的速度，又解决了对称密钥密码体制中密钥保存和管理的困难，是目前解决信息传输安全性的一个较好的方案。

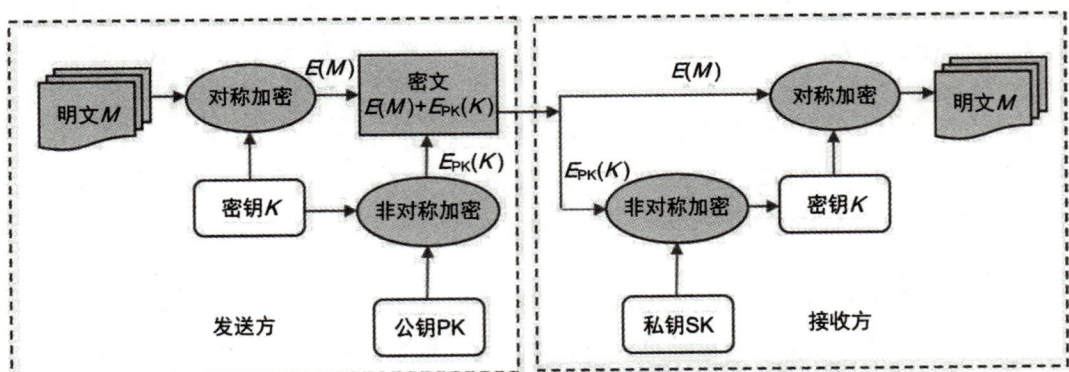

图 3-20 混合密码体制

本 章 小 结

密码学是一门研究密码技术的科学，它包括密码编码学和密码分析学两个分支。密码学的发展经历了古典密码学、现代密码学、公钥密码学和后量子密码学等阶段。

经典的古典加密技术有信息隐藏、代替密码和换位密码等。

1949 年著名数学家香农发表了一篇名为《保密系统的通信理论》的论文，开启了密码学的新纪元。现代密码学分为对称密钥密码体制和非对称密钥密码体制。对称密钥密码体制的加密密钥和解密密钥是相同的，而非对称密钥密码体制的加密密钥和解密密钥是不同的，且有一个密钥可以对外公开。因此，非对称密钥密码体制又称为公开密钥密码体制。对称密钥密码体制的典型代表是 DES 密码算法，它也是曾经的数据加密标准。非对称密钥密码体制的典型代表是 RSA 密码算法。

　　要想充分发挥对称密钥密码体制和非对称密钥密码体制各自的优点，可以采用混合密码体制。

课 后 练 习

一、选择题（第 1～5 题为单选题，第 6～7 题为多选题）

1. 在对称密钥密码体制中，加、解密双方（　　）。
   A. 各自拥有不同的密钥　　　　　　B. 密钥可以相同也可以不同
   C. 拥有相同的密钥　　　　　　　　D. 密钥可以随意改变

2. 对称密钥密码体制的主要缺点是（　　）。
   A. 加、解密速度慢　　　　　　　　B. 密钥的分配和管理问题
   C. 应用局限性　　　　　　　　　　D. 加密密钥与解密密钥不同

3. DES 是一种分组加密算法，它将数据分成长度为（　　）位的数据块。
   A. 56　　　　　　B. 64　　　　　　C. 112　　　　　　D. 128

4. 以下关于非对称密钥密码体制说法正确的是（　　）。
   A. 加密方和解密方使用的是不同的算法
   B. 加密密钥和解密密钥是不同的
   C. 加密密钥和解密密钥是相同的
   D. 加密密钥和解密密钥没有任何关系

5. 以下关于混合密码体制说法正确的是（　　）。
   A. 采用公开密钥密码体制进行通信过程中的加解密处理
   B. 采用公开密钥密码体制对对称密钥密码体制的密钥加密后进行通信
   C. 采用对称密钥密码体制对对称密钥密码体制的密钥加密后进行通信
   D. 采用混合加密方式，利用了对称密钥密码体制的密钥容易管理和非对称密钥密码体制的加解密处理速度快的双重优点

6. 下列加密算法中（　　）属于非对称密钥的加密算法。
   A. 三重 DES　　　　　　　　　　B. IDEA 算法
   C. RSA 算法　　　　　　　　　　D. Diffie-Hellman 算法

7. 加密强度主要取决于（　　）。
   A. 算法的强度　　B. 密钥的强度　　C. 密钥的管理　　D. 加密体制

二、填空题

1. 密码学是研究通信安全保密的科学，它包含两个相对独立的分支：_____、_____。
2. 维吉尼亚密码是古典密码体制中比较有代表性的一种密码，其密码体制采用的是_____。
3. 在 RSA 算法中，取 $p=3$，$q=11$，$e=3$，则 $d=$_____。
4. 在密码学中，需要被变换的原消息被称为_____。
5. 对称密钥密码体制中的加密算法按照其工作方式可以分为两类：_____和_____。其中后者每次对明文中的一组位进行加密运算。

三、实践操作题

1. 已知明文是"The attack will begin tonight.",请使用凯撒密码对明文进行加密。

2. 已知明文是"The attack will begin tonight.",请使用 Apocalypso 软件中的 DES 算法对明文进行加密。

3. 已知 RSA 算法中 $p = 101$(十进制),$q = 113$(十进制),$e = 65\ 537$(十进制),请使用 RSA-Tool 软件计算公钥和私钥。

4. 请查阅资料,了解我国古代还有哪些信息加密的方法,你怎样看待这些加密的方法?

5. 请查阅资料,了解我国目前在 IT 领域的国际领先技术,将搜集到的资料与同学进行交流,并谈一谈你将为科技报国做出哪些准备。

第 4 章　信息加密技术的应用

　　信息加密技术可用于提供消息的保密性、报文鉴别、数字签名等领域，以保证消息的完整性、可控性和不可否认性。可以说，信息加密技术是保障信息安全的核心技术之一。本章将介绍信息加密技术的三种应用场景，即报文鉴别、数字签名和数字证书，并通过实际的案例来分析这些技术的应用方法。

　　通过学习本章内容，读者能够了解信息加密技术在不同场景的应用，理解信息加密技术在现代信息安全领域中的重要作用，牢固树立和践行总体国家安全观。

学习目标

(1) 掌握报文鉴别、数字签名和数字证书的基本原理。
(2) 掌握报文鉴别、数字签名和数字证书技术的实际应用。
(3) 了解 PGP 加密系统的基本原理。
(4) 掌握利用 PGP 加密系统进行信息加密、数字签名的方法。
(5) 掌握数字证书的基本使用。

思政目标

(1) 培养坚韧不拔、吃苦耐劳、脚踏实地的品格。
(2) 坚定不移走科技强国之路。

4.1　报　文　鉴　别

4.1.1　报文鉴别概述

1. 报文鉴别的定义

报文鉴别

　　报文又称为消息 (Message)，是网络中交换与传输的数据单元，即一次性要发送的数据块。所谓报文鉴别，就是验证收到的报文来自真正的发送方且未被篡改的过程。报文鉴别主要包含两个方面的内容：一是怎样确认报文的来源；二是怎样发现报文是否被篡改，即保护报文的完整性。

2. 报文篡改攻击的主要内容

　　攻击者发起的报文篡改攻击主要包括以下几方面：

(1) 伪装：包括攻击者假冒网络中的合法用户向网络中发送报文，或者假冒接收方发送收到或未收到某报文的消息。

(2) 内容修改：对报文内容的修改，包括插入、删除、转换和更改。

(3) 顺序修改：对通信双方发送的报文的顺序的修改，包括插入、删除报文和对报文重新排序。

(4) 计时修改：对报文的延时和重放。所谓延时，是指攻击者将报文拦截下来并等待一定时间之后再将其发送。所谓重放，是指攻击者将报文复制下来之后再次发送。

3. 报文鉴别的方法

报文鉴别主要有三种方法，即报文加密、报文鉴别码和报文摘要。

1) 报文加密

报文加密，顾名思义，就是对报文使用对称密钥加密算法或非对称密钥加密算法进行加密。不同的加密算法对报文鉴别的效果又不尽相同。

(1) 使用对称密钥加密算法。发送方使用对称密钥加密算法对报文进行加密，接收方使用双方共同的密钥进行解密。因为除接收方外，只有发送方知道报文的密钥，所以该报文一定来自发送方，从而确定了消息的来源。由于攻击者不知道密钥，他也就不知道如何改变密文中的信息位才能在明文中产生预期的改变，因此，如果接收方可以恢复出明文，则可以认为报文中的信息没有被改变。

(2) 使用非对称密钥加密算法。这里又分为两种情况。第一种情况，发送方使用接收方的公钥对报文进行加密，接收方使用自己的私钥对报文进行解密。因为只有接收方拥有自己的私钥，所以攻击者无法对报文进行解密，从而也无法改变明文信息。但是这种方式不能保证消息的来源，因为接收方的公钥是公开的，任何人都可以使用他的公钥进行加密。第二种情况，发送方使用自己的私钥对报文进行加密，接收方使用发送方的公钥进行解密。由于发送方的私钥只有自己才有，所以只要能够正确解密，就说明报文是发送方使用自己的私钥进行加密的，从而确定了消息的来源。但是由于发送方的公钥是公开的，任何人都可以对报文进行解密，因此这种方法不能提供报文的保密性。

2) 报文鉴别码

报文鉴别码又称消息认证码，是报文经过特定算法运算后产生的一小段信息，可以用来检查报文传递过程中其内容是否被更改过，同时也可以用于报文来源的身份验证，以确认报文的来源。

报文鉴别码的工作原理如图 4-1 所示。报文发送方使用通信双方商定好的密钥和特定算法对报文产生一个短小的定长数据分组，也就是报文鉴别码，并将它附加在报文中。接收方使用相同密钥和算法对报文生成报文鉴别码。如果新生成的报文鉴别码与发送方发送的鉴别码相同，那

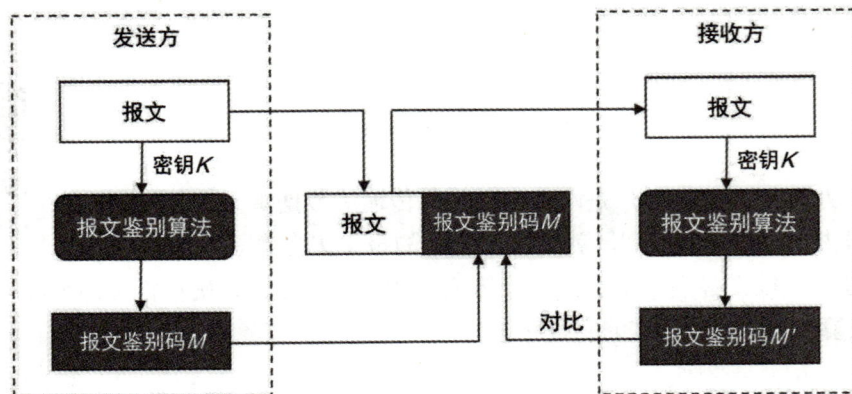

图 4-1　报文鉴别码的工作原理

么接收方就可以确认报文来自所期望的发送方且并未被修改过。因为一旦报文被修改，所生成的报文鉴别码就与发送方发送的鉴别码不同。又因为通信双方需要事先确认密钥和算法，假冒的发送方不可能知道密钥和算法，也就无法生成正确的报文鉴别码，因此也可以确认报文的来源。

3) 报文摘要

报文摘要是目前用得最多的一种防止报文篡改的方法，它的工作原理如图 4-2 所示。发送方用报文摘要算法对长度不定的报文进行运算处理，得到长度固定的数据分组即报文摘要，并将它附加在报文后进行传输。接收方在收到报文后，也使用报文摘要算法对报文生成报文摘要，并将所得到的报文摘要与收到的发送方的报文摘要作对比。如果二者一致，说明该报文没有被篡改。这种方法看似与报文鉴别码很相似，但是由于报文摘要算法不需要密钥，就省去了传递密钥的环节，从而提供了更高的安全性。

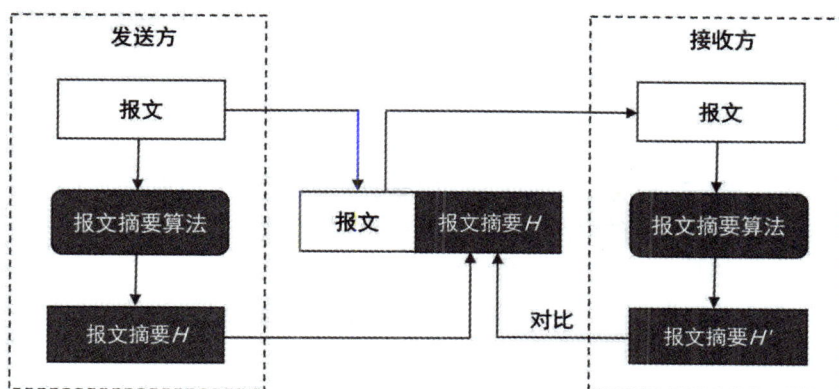

图 4-2　报文摘要的工作原理

4.1.2　报文摘要算法

1. 报文摘要算法的概念

报文摘要算法 (Message Digest Algorithm) 是实现报文鉴别的加密算法。

为了实现报文鉴别的不可篡改、不可伪造的目的，报文摘要算法必须满足以下几个条件：

(1) 给定一个报文 m，计算其报文摘要 $H(m)$ 是非常容易的。

(2) 给定一个报文摘要 y，要想得到一个报文 x，使 $H(x) = y$ 是很难的，或者即使能够得到结果，所付出的代价相对其获得的利益是很高的，即报文摘要算法是单向的、不可逆的。

(3) 给定一个报文 m，要想找到另外一个报文 m'，使 $H(m) = H(m')$ 是很难的。如果有这样的情况，我们称出现了"冲突"。这样，就保证了攻击者无法伪造另外一个报文 m'，使得 $H(m) = H(m')$，从而达到了报文鉴别的目的。

报文摘要算法的重要之处就是赋予报文唯一的"指纹"。也就是说，任何一个报文都有唯一的摘要来标识这个报文。当报文发生改变时，它的摘要一定会发生改变。

密码学中常用的报文摘要算法有 RSA 公司 MD 系列的 MD2、MD4、MD5，美国 NIST 的 SHA、SHA-1，欧盟 RIPE 项目的 RIPEMD、RIPEMD-128、RIPEMD-160 等。

2. MD5 算法

MD5(Message-Digest Algorithm 5) 是在 20 世纪 90 年代初由麻省理工学院 (MIT) 的密码学家罗纳德·李维斯特 (Ronald L. Rivest) 开发的，是由 MD2、MD3 和 MD4 算法发展而来的。MD5 算法比 MD4 更复杂，但设计思想相似。

MD5 算法以一个任意长度的信息作为输入，输出一个 128 位的报文摘要信息。加密过程如图 4-3 所示。

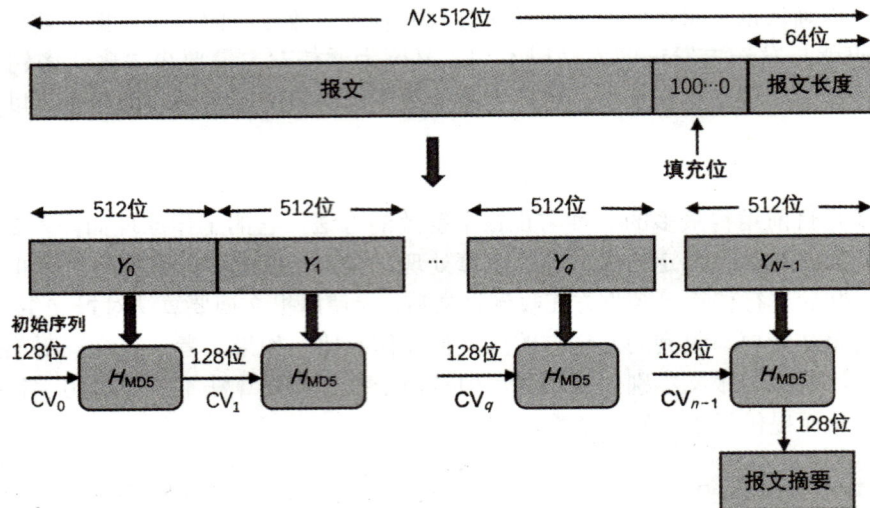

图 4-3　MD5 算法

（1）填充。因为 MD5 算法要对报文分块进行处理，使每块的大小为 512 位，所以，首先需要对报文进行填充。填充后的报文长度比 512 的整数倍少 64 位。填充位由 1 和若干个 0 组成。

（2）标识报文长度。在报文的最后 64 位写入填充前报文的长度。一般最后一块报文不够 512 位，需要填充，因此需要标识出填充前报文的长度。

（3）压缩。对 512 位的报文块调用 MD5 压缩函数依次进行处理，每次进行 4 轮，每轮 16 步，总共 64 步的信息变换处理。每次的输入信息为 512 位的报文块和前一轮输出的 128 位信息，输出的结果为 128 位信息。最后一轮处理完毕即得到 128 位的报文摘要。

MD5 算法的安全性弱点在于其压缩函数的冲突已经被找到。在 2004 年的国际密码学会议上，来自中国山东大学的王小云教授在她的报告中指出，她所带领的团队已经研究出发现 MD5 算法中"冲突"（即找到两个不同的报文来产生同样的报文摘要）的方法，并且这种方法在拥有 32 个 CPU 的计算机上只需要 15 分钟就可以找到 MD5 算法的"冲突"。

课程思政

在 2004 年的国际密码学会议上，山东大学的王小云教授做的破译 MD5、HAVAL-128、MD4 和 RIPEMD 算法的报告，令在场的国际顶尖密码学专家都为之震惊。尽管 MD5 算法已被王小云教授成功破译，但当时的世界密码学界仍然普遍认为 SHA-1 算法是安全的。然而在 2005 年 2 月，SHA-1 算法的漏洞也被王小云教授所带领的团队找到了。

这是中国科学家创造的一次里程碑式的成就，可很少有人知道，为了这一天，王小云教授已经整整沉潜十年。这十年里，所有的数学模型，几百个方程，她都是用手一个一个推算出来的。王小云教授之所以能取得这样的成绩，正是因为她有着坚忍不拔的精神，她向着既定的目标、以钉钉子的精神，潜心研究、刻苦钻研、开拓进取，最终获得了成功。

在生活中，我们难免会遇到各种各样的困难。但只要我们像王小云教授那样明确目标、坚定意志，发挥中华民族不怕困难、吃苦耐劳的优良传统，沉下心来、脚踏实地地向着目标一步步迈进，终有一天能够取得成功。

3. 报文摘要算法的应用

虽然以 MD5 为代表的报文摘要算法的"冲突"已经被找到，一些曾经常用的报文摘要算法已经被证明是不安全的。但是，对于一个给定的报文摘要，要找到另外一个报文产生同样的报文摘要是不可行的。同时，由于一些报文摘要算法已经被广泛应用，各应用实体出于维护费用等方面的考虑，不是十分愿意更换报文摘要算法。因此，目前报文摘要算法仍然被应用于诸多领域。比如在 Windows 操作系统中，使用报文摘要算法来生成每个账户密码的 Hash 值，以确保账户密码的安全。在银行、证券等安全性较好的系统中，用户设置的密码信息也是转换为 Hash 值之后再保存到系统中的。此外，在对大文档进行数字签名时，先对大文档生成报文摘要，再对报文摘要进行数字签名可以提高数字签名的效率。

下面通过一个小软件 MD5Verify 来验证 MD5 算法。

1) 使用 MD5 算法对字符串加密

首先打开 MD5Verify 软件，选择【字符串 MD5 加密】，在【加密或校验内容】文本框中输入需要加密的内容，例如输入字符串"123456"，然后单击【加密或校验】按钮，就可以在【生成的 MD5 密文】文本框中得到加密后的密文，如图 4-4 所示。

图 4-4　使用 MD5 算法对字符串加密

2) 使用 MD5 算法保护报文完整性

前面我们提到，报文摘要算法是目前最常用的保护报文完整性的方法。因为对于不同的明文，报文摘要算法能够生成完全不同的密文。即使用户对明文中的一个字母做了更改，所得到的密文也是截然不同的，从而能够发现报文被篡改。例如，我们将上个例子中的明文字符串"123456"中的"1"改为字母"l"，再次生成密文，并与之前的"123456"的密文作一个对比，就可以看到非常明显的效果。

首先将明文"123456"的 MD5 密文复制并粘贴到一个文本文档中加以暂时保存。然后将【加密或校验内容】改为"l23456"，其中第一个字符是字母"l"，单击【加密或校验】按钮，就可以在【生成的 MD5 密文】文本框中得到相应的密文。接着将"123456"的密文从文本文档中复制粘贴到【待比对 MD5 密文】文本框中，此时，用肉眼就可以看出两个密文完全不同了。当然，我们也可以单击【比对密文】按钮，会得到"忽略大小后，MD5 密文不一致"的提示，如图 4-5 所示。

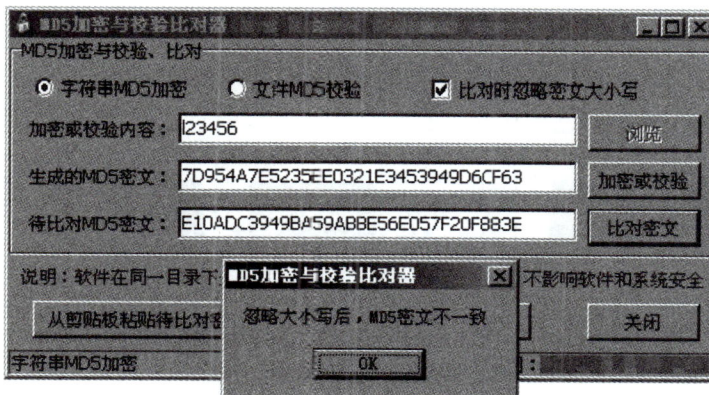

图 4-5　使用 MD5 算法保护报文完整性

3) 破解 MD5 密文

报文摘要算法是单向的，只能用于加密，而不能用于解密。但是仍有一些软件或者网站声称能够破解 MD5 或其他单向散列函数的密文。事实上，这些软件或网站并不能真正地对密文进行解密，而是建立了一个庞大的数据库，将明文和密文对应放入数据库中。只要你输入密文，通过数据库查询就能找出对应的明文。例如著名的网站 CMD5，在网站的首页就说明他们"通过穷举字符组合的方式，创建了明文密文对应查询数据库"。

4.2 数字签名

签名是现代社会中对信息进行确认的常用手段。由于不同人的笔迹不相同，因此签名很难被模仿，从而保证了签名者不能抵赖自己对信息的确认。在计算机领域中对信息的确认很难用手写签名来实现。除非是在可视化的文档或图片中，我们可以借助智能手写设备手写签名并嵌入文档或图片中。但是这种图形化的手写签名很容易使用图像处理工具伪造，因此也不具有完全的可信度。那么，如果要在计算机领域进行签名该怎么办呢？这就需要使用基于信息加密技术的数字签名。

数字签名

4.2.1 数字签名概述

所谓数字签名，就是附加在报文上的一些数据，或是对报文所作的密码变换。这种数据或变换允许报文的接收方用以确认报文的来源并防止报文被人伪造，更重要的是防止报文发送方对签名的抵赖。

根据实际应用需求，一个完善的数字签名应该具备以下三个特性：

(1) 接收方能够核实发送方对报文的签名，如果当事双方对签名真伪发生争议，能够在第三方面前通过验证签名来确认其真伪。

(2) 发送方事后不能否认自己对报文的签名。

(3) 除了发送方，其他任何人不能伪造签名，也不能对接收或发送的信息进行篡改、伪造。

数字签名技术是保障信息安全的核心技术之一，它的实现基础就是加密技术。公开密钥密码体制为数字签名提供了一种简单而有效的实现方法，它的基本原理如图 4-6 所示。

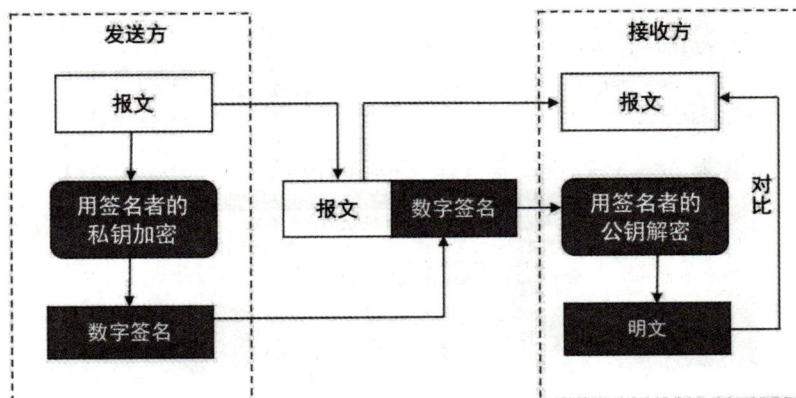

图 4-6　数字签名的基本原理

报文发送方（签名者）使用私钥对报文进行加密，加密后的密文即为数字签名。将数字签名附加在报文后面发送给接收方。接收方使用签名者的公钥对数字签名进行解密，并将得到的明文与接收到的报文进行对比，如果二者一致，说明这个签名是来自发送方的。

这种数字签名能否满足前面所提到的三个特性，下面来分析一下。

首先，如果接收方能用发送方的公钥对签名进行解密，则验证了发送方是用自己的私钥进行加密的，这个私钥只有发送方才拥有，从而核实了该报文是发送方签名发送的，满足了数字签名的第一个特性。

其次，发送方用自己的私钥加密报文，私钥只有发送方才拥有，因此也不能抵赖自己的签名行为，满足了数字签名的第二个特性。

最后，接收方没有发送方的私钥，就不能伪造对报文的签名，满足了数字签名的第三个特性。

4.2.2　数字签名的实现

1. 带报文摘要的数字签名

在非对称密钥密码算法中，RSA 算法是最常用的一种，所以通常使用 RSA 算法来实现数字签名。

但是 RSA 算法的加密速度较慢，对整个报文进行加密会影响系统的效率。因此在实际应用中经常先对报文取摘要，再对摘要进行数字签名，如图 4-7 所示。报文发送方使用报文摘要算法对报文取摘要，然后再用自己的私钥对报文摘要加密，生成数字签名。报文接收方对收到的报文使用同样的报文摘要算法生成摘要，再使用签名者的公钥对数字签名进行解密，如果解出的明文与生成的报文摘要一致，则验证了发送方的签名。

这种方法还能防止报文在传输过程中被篡改。因为一旦报文被篡改，接收方生成的报文摘要与对数字签名解密后生成的明文肯定不一致。虽然接收方不能确定这种不一致是由数字签名引起的还是由报文摘要引起的，但只要不一致，就不再信任发送方发送的报文，可以要求发送方重新发送报文。

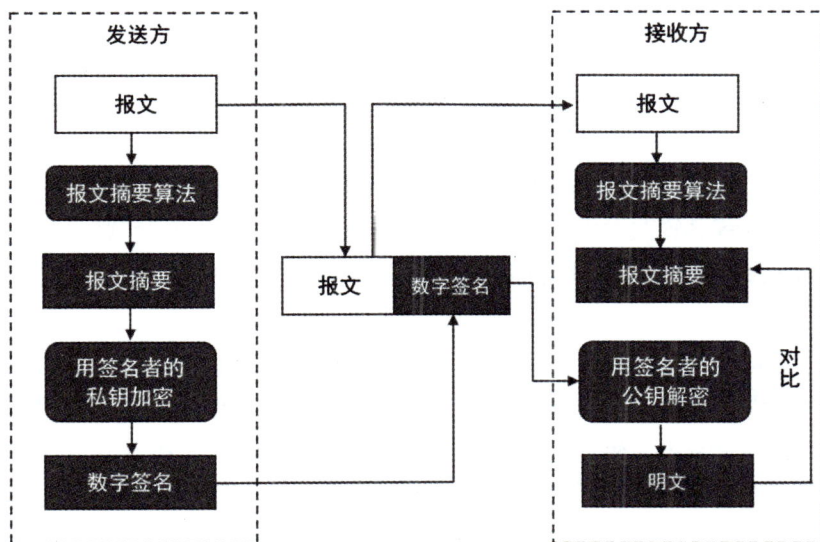

图 4-7　带报文摘要的数字签名

2. 带加密和报文摘要的数字签名

如果发送的报文需要保密，可以使用对称密钥加密算法对报文进行加密，如图4-8所示。发送方使用对称密钥加密算法对报文进行加密，同时使用报文摘要算法对报文取摘要后使用自己的私钥对报文摘要进行加密，生成数字签名，将加密后的报文和数字签名一起发送给接收方。接收方首先对加密的报文进行解密得到原报文，再对原报文取摘要，同时使用签名者的公钥对签名进行解密，将解出的明文与生成的报文摘要进行对比，如果二者一致，则验证了发送方的签名。

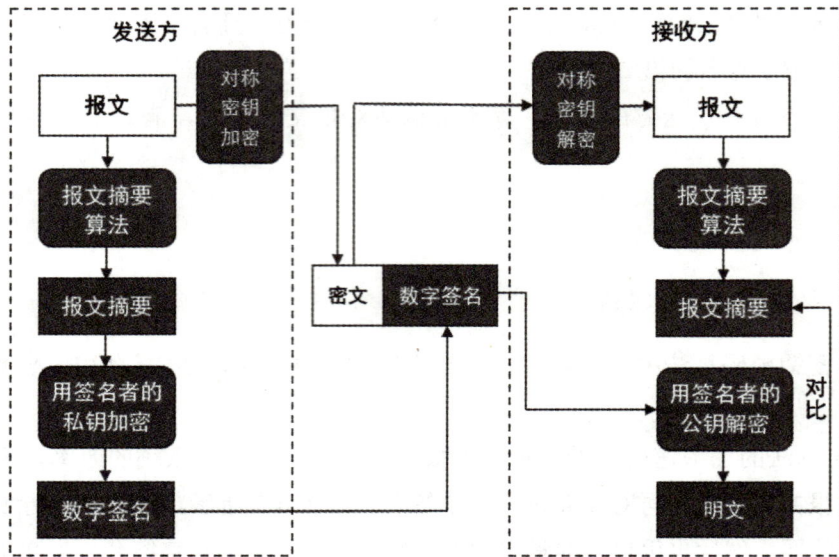

图 4-8　带加密和报文摘要的数字签名

这种数字签名的方法可以实现报文的保密性、发送方的身份认证，并且可以保证数据的完整性，还能防止报文发送方对报文发送行为的抵赖。首先，通过对报文加密，保证了报文的保密性。其次，发送方用自己的私钥进行加密，从而证明了自己的身份。再次，如果有人对密文进行篡改，则解密出的报文生成的报文摘要和数字签名中获得的明文就会不一致，从而保证了数据的完整性。最后，发送方以自己的私钥加密文件，就不能抵赖自己的签名行为。

4.2.3　数字签名标准

数字签名除了可以使用 RSA 算法实现，也有自己的标准算法。1991 年 8 月，美国国家标准协会公布了其建议的数字签名标准 (DigitalSignatureStandard，DSS) 以征求意见。DSS 作为公众评审结果而稍加改动之后，于 1994 年被公布作为联邦信息处理标准。

DSS 定义了数字签名算法 (Digital Signature Algorithm，DSA)，DSA 算法只能提供数字签名功能。而 RSA 算法是一个通用的非对称密钥加密算法，不仅可以提供数字签名功能，也可以提供加密功能。

DSS 的工作原理如图4-9所示。发送方使用报文摘要算法生成一个报文摘要，然后将报文摘要、随机数 k、全局公钥 $PK(g)$ 以及发送方的私钥 $SK(a)$ 一起作为 DSA 算法签名函数的输入，得到的签名函数的两个输出 s 和 r 就构成了报文的数字签名 (s, r)。接收方将收到的报文使用同样的报文摘要算法生成报文摘要，并将报文摘要、收到的数字签名、全局公钥 $PK(g)$ 以及发送方的公钥 $PK(a)$ 一起作为 DSA 算法验证函数的输入，从而得到验证函数的输出结果 r'。如果 r' 和收到的数字签名中的 r 相等，则证明收到的数字签名是有效的。

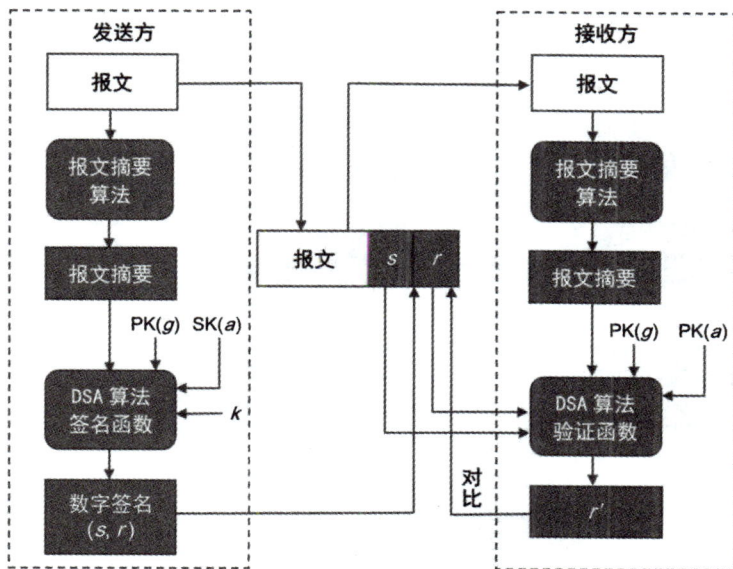

图 4-9　DSS 的工作原理

4.3　PGP 加密系统

本节通过一个具体的软件——PGP(Pretty Good Privacy) 加密系统来直观感受信息加密和数字签名的具体应用。

4.3.1　PGP 加密系统简介

PGP 加密系统是由美国人菲利普·齐默尔曼 (Philip R. Zimmermann) 发布的一个公开密钥密码体制和对称密钥密码体制相结合的加密软件包。它最初应用于邮件系统，后来又发展到可以对文件、磁盘、即时通信进行加密，还可以对文件进行数字签名。

PGP 加密系统中并没有引入新算法，只是将现有的一些被全世界密码学专家公认的安全、可信赖的基本密码算法组合在一起，把公开密钥密码体制的安全性和对称密钥密码体制的高速性结合起来，并且在数字签名和密钥认证管理机制上有巧妙的设计。

PGP 加密系统是目前世界上最流行的加密软件，其源代码公开，经受住了成千上万顶尖黑客的破解挑战。它功能强大，而且速度快，在企事业单位中有着很广泛的用途。

1. PGP 加密系统加解密信息的过程

PGP 加密系统的加密过程如图 4-10 所示。

(1) 先将明文进行压缩，减少需要计算的数据量。

(2) 生成一个随机的会话密钥用于之后的信息加密。

(3) 使用对称密钥密码算法加密经过压缩的明文，加密密钥就是刚生成的会话密钥。

(4) 使用非对称密钥密码算法对会话密钥进行加密，加密所使用的是接收方的公钥。

(5) 将经过压缩和加密的明文与经过加密的会话密钥进行拼接。如果是发送邮件，还需要使用 Base64 编码对文本进行编码转换，最终得到密文。

PGP 加密系统采用的对称密钥密码算法是 AES 算法，采用的非对称密钥密码算法是 RSA 算法。

图 4-10   PGP 加密系统的加密过程

PGP 加密系统的解密过程如图 4-11 所示。

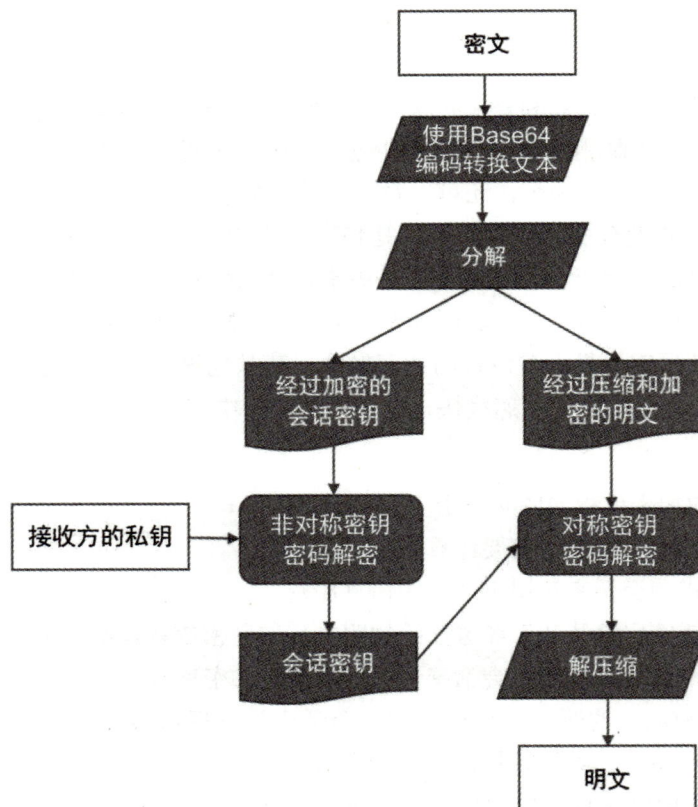

图 4-11   PGP 加密系统的解密过程

(1) 将接收到的密文分解为经过加密的会话密钥和经过压缩和加密的明文。如果在电子邮件系统中，还要使用 Base64 编码对文本进行编码转换。

(2) 用接收方的私钥解密会话密钥。

(3) 用会话密钥解密经过压缩和加密的明文。

(4) 将解密后的信息解压缩，即得到明文。

2. PGP 加密系统实现和验证数字签名的过程

PGP 加密系统实现数字签名的过程如图 4-12 所示。首先针对报文使用报文摘要算法生成报文摘要，接着用签名者的私钥对报文摘要加密，生成数字签名。然后将原报文与数字签名进行拼接后再进行压缩，如果在邮件系统中，还要使用 Base64 编码对文本进行编码转换。经过以上步骤后生成的报文即可发送给接收方。这里使用的报文摘要算法是 SHA 算法。生成数字签名时使用的加密算法是 RSA 算法。

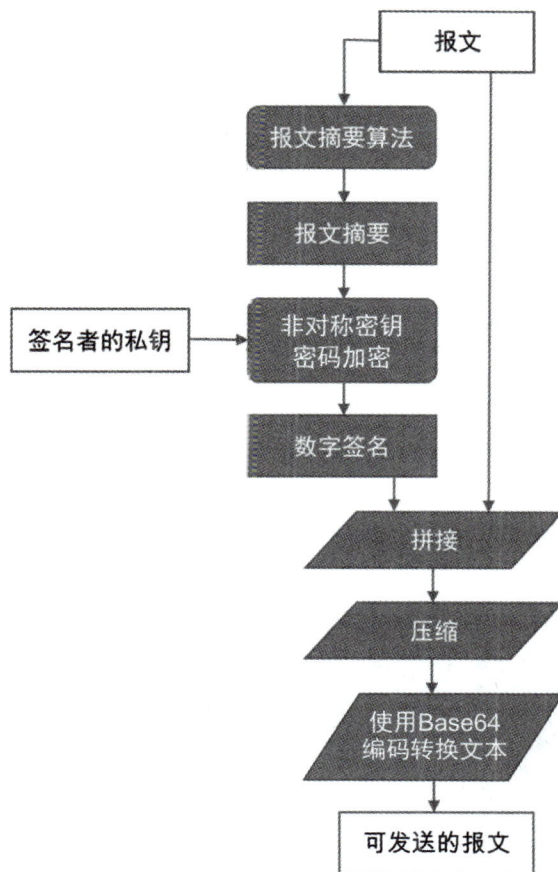

图 4-12　PGP 加密系统实现数字签名的过程

PGP 加密系统验证数字签名的过程如图 4-13 所示。首先要对接收到的报文进行解压缩，如果在签名的时候做了 Base64 编码处理，则需要先使用 Base64 编码对文本进行编码转换。接着将解压后的数据分解为数字签名和原报文。

对于数字签名，使用签名者的公钥进行解密，得到一个报文摘要；对于原报文，使用与发送方相同的报文摘要算法生成一个报文摘要。最后将这两个报文摘要作对比，如果二者一致，说明这个数字签名是发送方的签名。

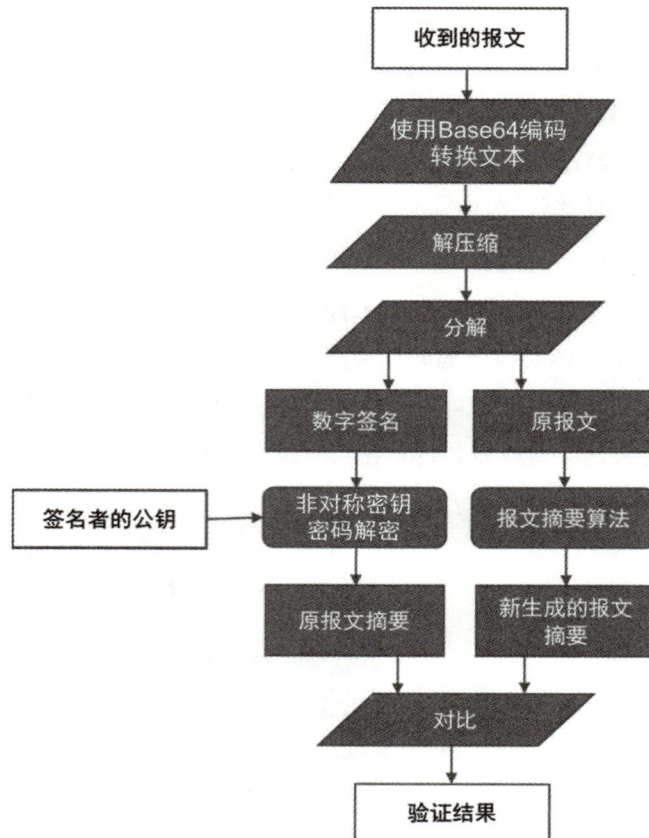

图 4-13　PGP 加密系统验证数字签名的过程

4.3.2　PGP 加密系统软件的安装

　　PGP 加密系统软件有服务器版、桌面版、网络版等多个版本，每个版本具有的功能和应用场合有所不同，但基本功能是一样的。下面以桌面版的 PGP Desktop 10.1.1 为例，介绍其安装过程。

　　PGP Desktop 10.1.1 软件的安装过程很简单，只要按照安装向导逐步单击【下一步】按钮进行操作就可以了。在安装结束后需要重启计算机。

　　重启计算机后需要先激活用户和输入序列号，接下来就有一个关键的步骤，如图 4-14 所

图 4-14　PGP 加密系统软件安装过程中的关键步骤

示。如果你是一个新用户，则选择【I am a new user.】；如果你已经拥有了 PGP 密钥，则选择【I have used PGP before and I have existing keys.】。

在所有安装步骤完成之后，会显示如图 4-15 所示的界面。左边任务提示的每一行都打上了对勾，表示该项任务已经完成。

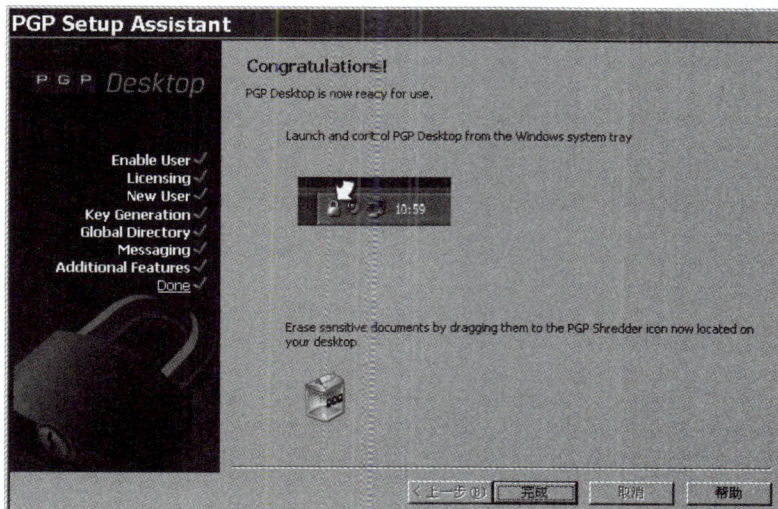

图 4-15　PGP 加密系统软件安装完成

4.3.3　PGP 密钥的生成和管理

1. 密钥对的生成

第一次使用 PGP 加密系统时，需要生成一对密钥。其中一个是公钥，公开给其他人使用，另一个是私钥，由自己保存。

(1) 在计算机的【开始】菜单中选择 PGP 程序，运行【PGP Desktop】，即打开 PGP 的密钥管理界面，如图 4-16 所示。

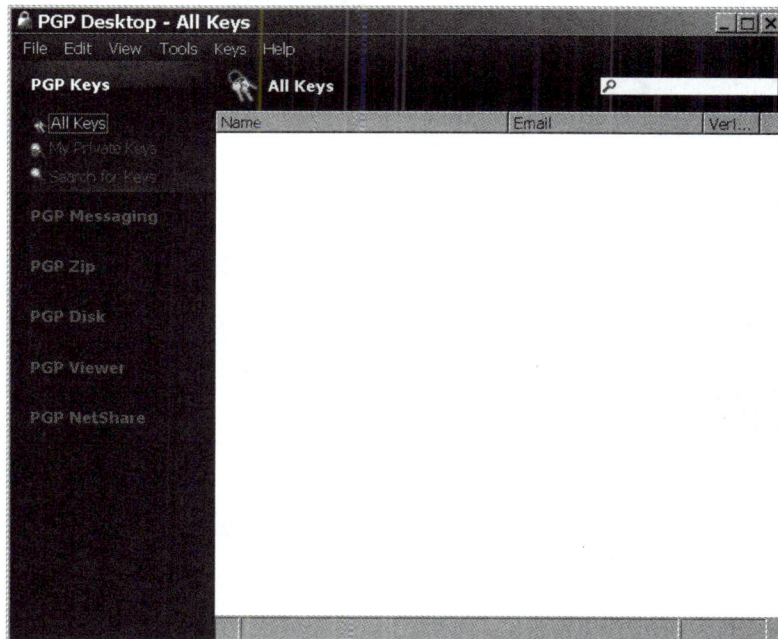

图 4-16　PGP 密钥管理界面

(2) 选择【File】菜单中的【New PGP Key】，即打开 PGP 的密钥生成向导，如图 4-17 所示。

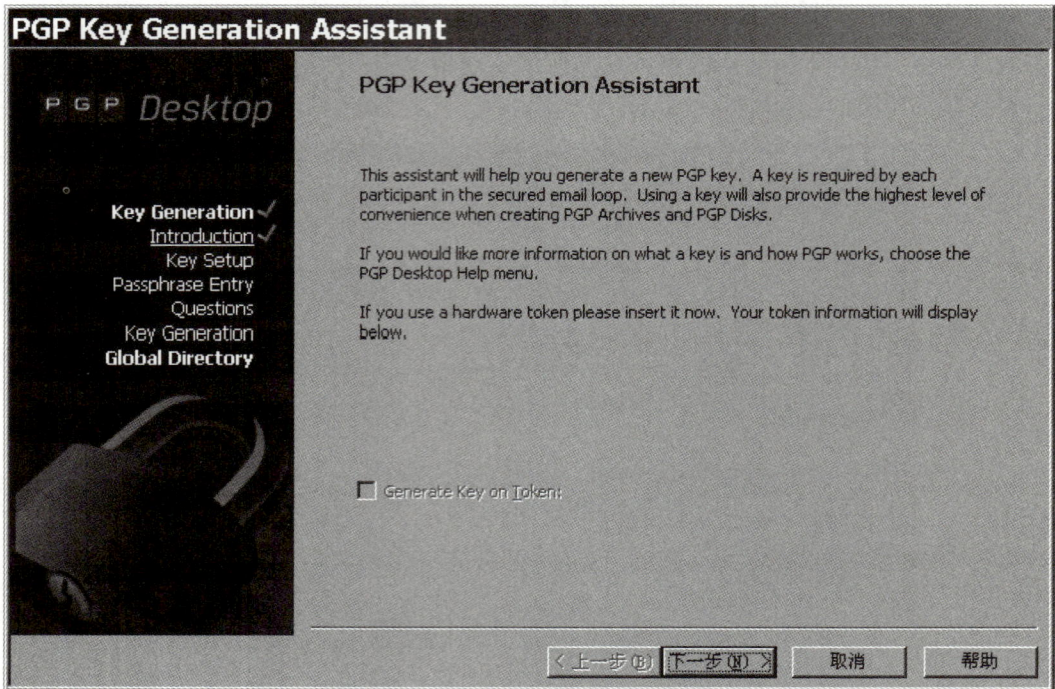

图 4-17　PGP 密钥生成向导第 1 步

(3) 单击【下一步】，输入拥有该密钥的用户的全名和电子邮件地址，如图 4-18 所示。这里可以不用输入真实姓名，但最好是一个比较好识别的名字，以便于别人在使用你的公钥时能够知道你是谁。如果不使用邮件系统，电子邮件地址也可以不写真实的地址。

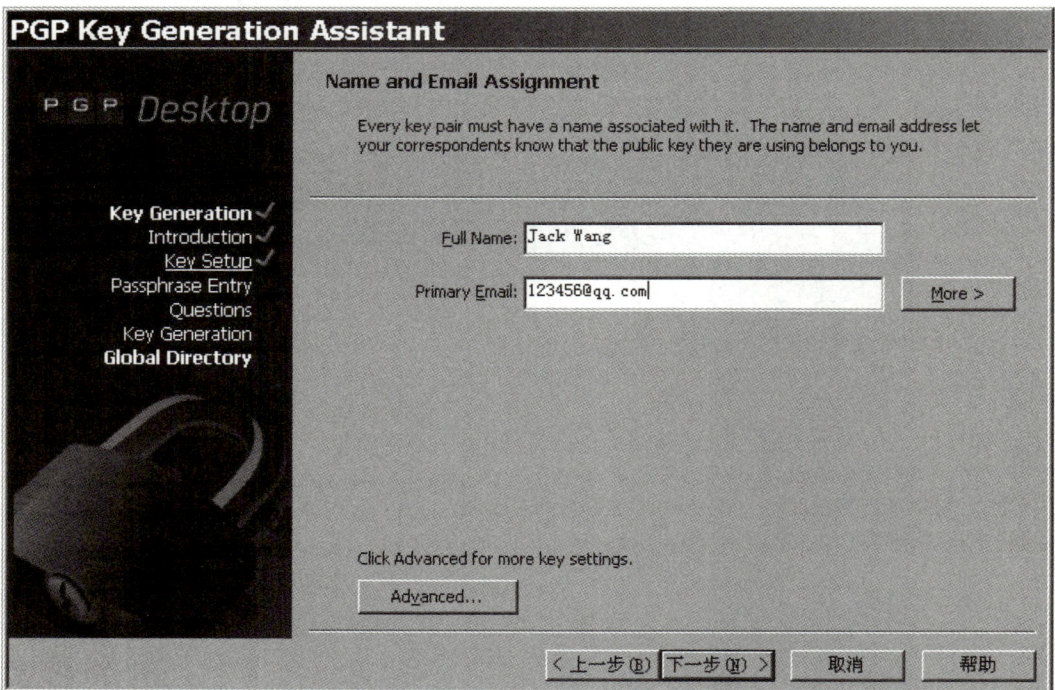

图 4-18　PGP 密钥生成向导第 2 步

(4) 单击【下一步】，输入使用私钥时所需要的口令，如图 4-19 所示。因为私钥是需要保密的，所以使用设置口令的方式对私钥进行保密，只有知道口令的人才能使用私钥。在【Enter

Passphrase】下方的文本框中输入口令，勾选右边的【Show Keystrokes】后可以看到输入口令的内容，否则就只能看到光标移动，而看不到输入的口令字符。在【Re-enter Passphrase】下方的文本框中再输入一次以确认上方的输入。下方的【Passphrase Quality】代表了口令的强度，口令越复杂（强度越强），进度条就越长，进度条上的数字也越大。一般要求口令长度至少为 8 个字符，且不能全部为字母。

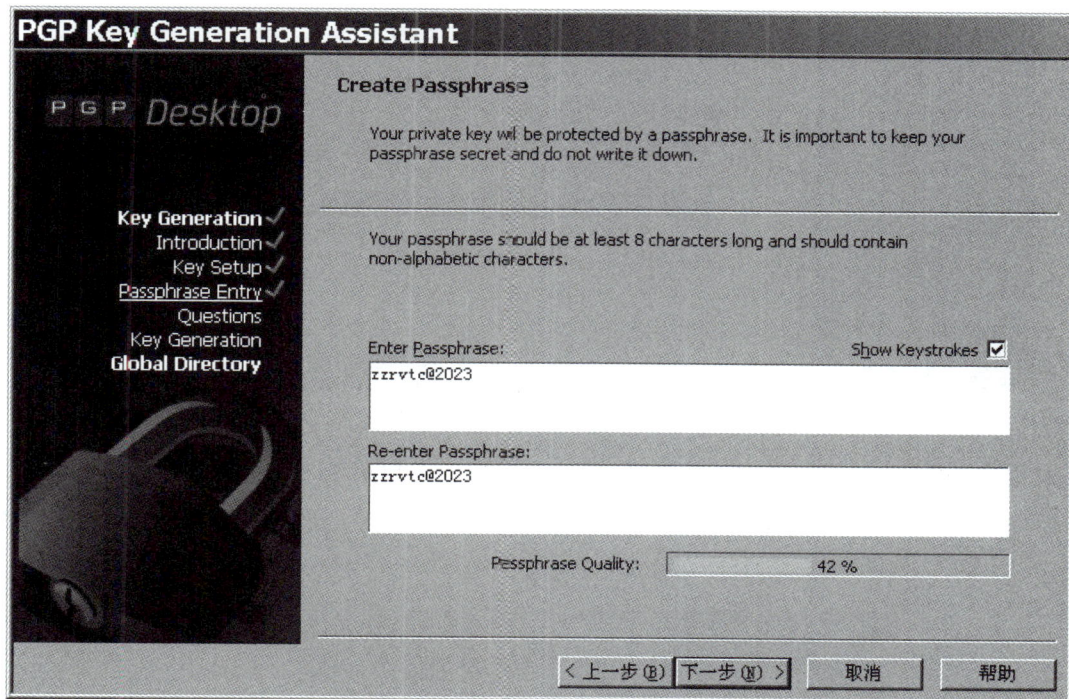

图 4-19　PGP 密钥生成向导第 3 步

（5）单击【下一步】，就会自动生成密钥对。密钥对生成成功的界面如图 4-20 所示。

图 4-20　PGP 密钥生成向导第 4 步

(6) 单击【下一步】，进入全局目录设置。全局目录用于存放公钥，以便于后续公钥的验证和分发。这一步设置主要帮助用户将公钥上传到全局目录中。如果没有全局目录或者不知道全局目录在哪里，也可以单击左下角的【skip】按钮跳过这一步。

至此，PGP 密钥对生成步骤全部完成。在密钥管理窗口中可以看到刚才生成的密钥对，如图 4-21 所示。

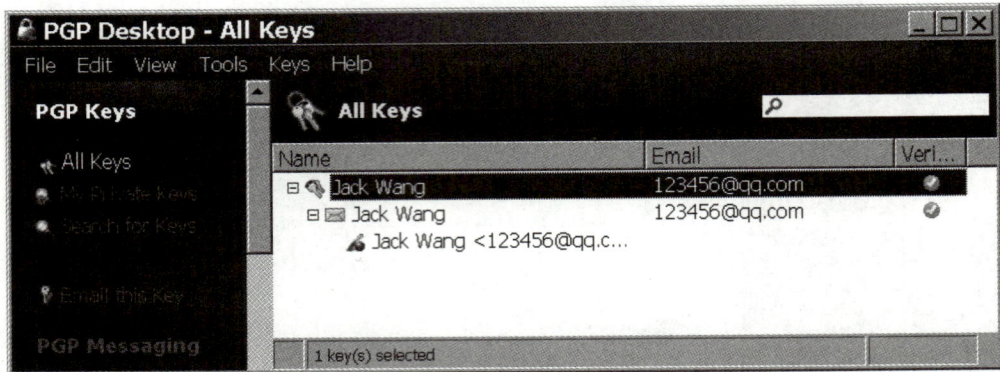

图 4-21　生成的密钥对

双击用户名，可以弹出密钥属性对话框，在其中可以看到该密钥的 ID 号、加密算法、Hash 算法、密钥长度、信任状态等参数，如图 4-22 所示，用户可以对其中的一些参数进行调整。

图 4-22　密钥属性

2. 密钥的导入和导出

生成密钥对后，就可以将自己的公钥导出并分发给其他人。在如图 4-21 所示的界面中，右击要导出的密钥，在弹出的快捷菜单中选择【Export】命令，或者选择【File】菜单中的【Export】菜单项的【Key】子菜单，将自己的密钥导出成扩展名为 ".asc" 的文件，如图 4-23 所示，并将该文件分发给其他人。如果选中【Include Private Key(s)】，表示将私钥也一并导出来。

如果要导入别人的密钥，可以在【File】菜单中选择【Import】菜单项，或者直接将公钥文件拖入 PGP Desktop 界面的【All Keys】窗口中，出现如图 4-24 所示的对话框后，单击【Import】按钮，即可实现密钥的导入。

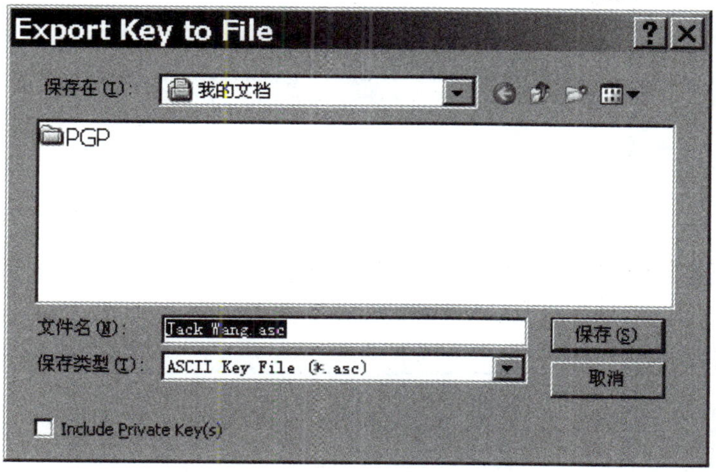

图 4-23　导出密钥

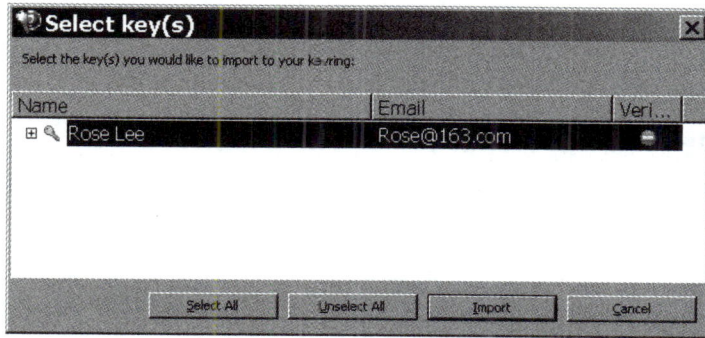

图 4-24　导入密钥

3. 密钥的管理

密钥导入后的界面如图 4-25 所示。新导入的公钥的【Verified】列显示为"⊖"，表示该公钥无效。

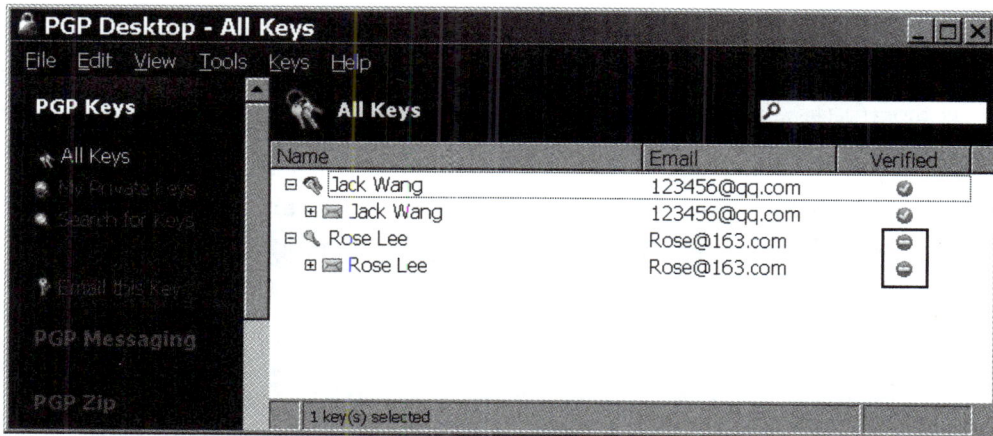

图 4-25　导入的公钥是无效的

要想使这个公钥真正有效，还需要对该公钥进行签名确认，方法如下：

(1) 右击新导入的公钥，在弹出的快捷菜单中选择【Sign】菜单项，打开如图 4-26 所示的对话框。在该对话框中，选中要签名的公钥，并勾选左下角的【Allow signature to be exported. Others may rely upon your signature.】，表示允许导出签名后的公钥，其他人会因为你的签名而信任该公钥，然后单击【OK】按钮。

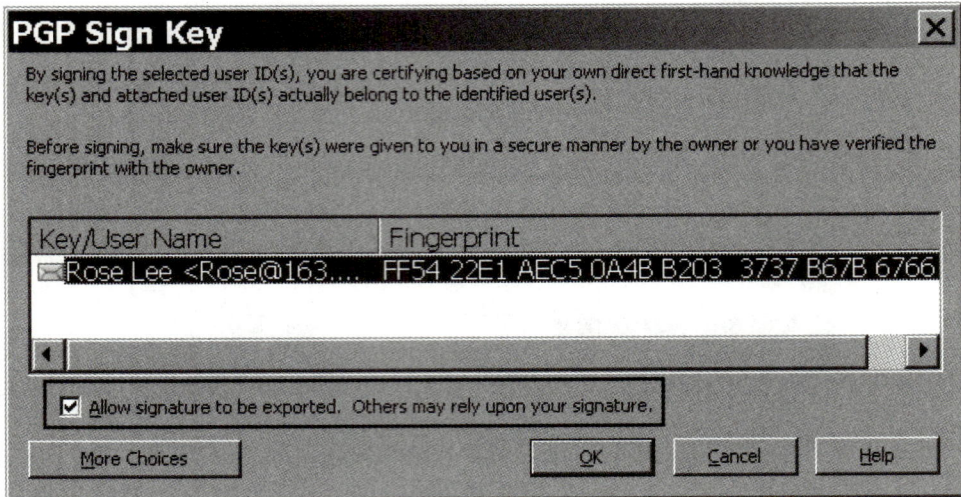

图 4-26　对新导入的公钥签名

(2) 在如图 4-27 所示的对话框中选择签名时使用的私钥，并输入使用私钥的口令后，单击【OK】按钮，即可完成对导入公钥的签名。

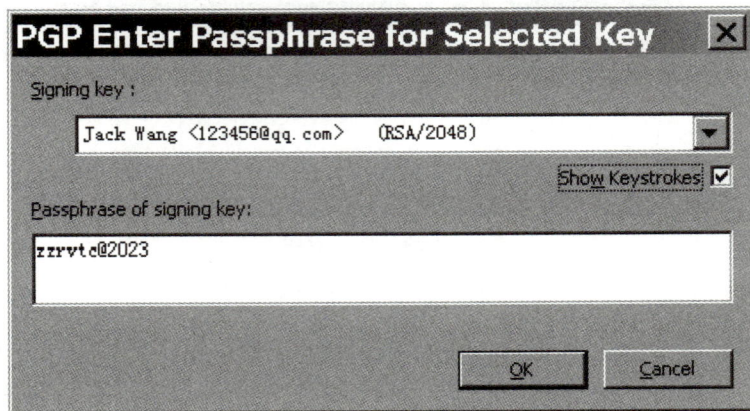

图 4-27　选择签名时使用的私钥

(3) 在如图 4-25 所示的界面中，右击导入的公钥，在弹出的快捷菜单中选择【Key Properties】菜单项，打开密钥属性对话框。如图 4-28 所示，单击【Trust】属性右侧【None】旁边的向下箭头，在下拉菜单中选择【Trusted】，为该公钥赋予完全信任关系。

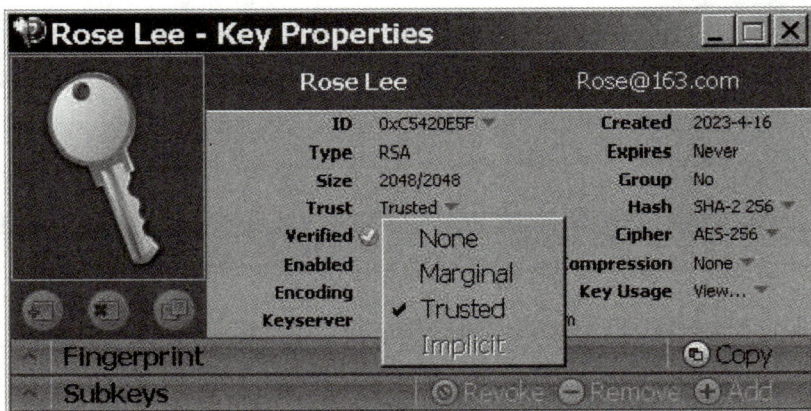

图 4-28　对导入的公钥赋予信任关系

至此，导入的公钥被用户签名并完全信任，用户可以放心地使用该公钥。

4.3.4 文件的加密和解密

1. 文件的加密

PGP 加密系统使用 AES 对称加密算法对文件进行加密，由于所使用的会话密钥是随机生成的，因此需要使用文件接收方的公钥对密钥加密，具体步骤如下。

(1) 右击需要加密的文件 (本例中文件名为 myfile.txt)，在弹出的快捷菜单中选择【PGP Desktop】菜单项的【Secure "myfile.txt" with key】子菜单项，如图 4-29 所示。

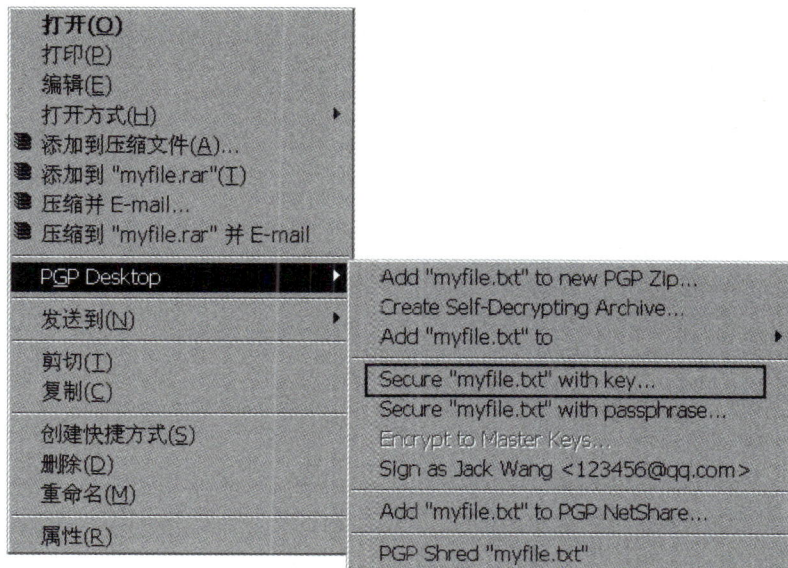

图 4-29 选择 PGP 加密文件子菜单

(2) 在打开的如图 4-30 所示的窗口中，选择加密会话密钥的公钥。单击【Enter the username or email address of a key】下方的下拉列表，在列出的用户名中选择用户。注意，此处选择的用户一定是文件接收方。选好之后，单击右侧的【Add】按钮，用户名会添加到下面的文本框中，如图 4-31 所示。

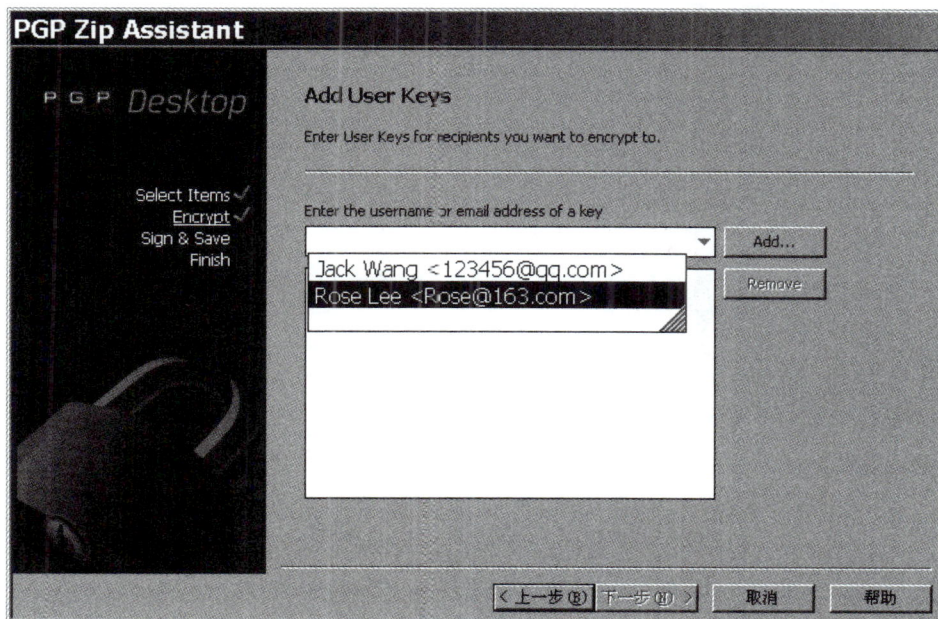

图 4-30 选择加密的公钥

图 4-31　添加加密的公钥

(3) 在如图 4-31 所示的窗口中单击【下一步】按钮，打开如图 4-32 所示的窗口。由于本次不进行签名，所以单击【Signing Key】下方的下拉列表，选择【<none>】。【Save Location】是存放加密文件的位置。完成上述相关操作后，单击【下一步】按钮，即可完成文件的加密。此外，PGP 加密系统还对文件进行了压缩，同时在所选择的文件存储位置上会看到一个扩展名为".pgp"的文件。

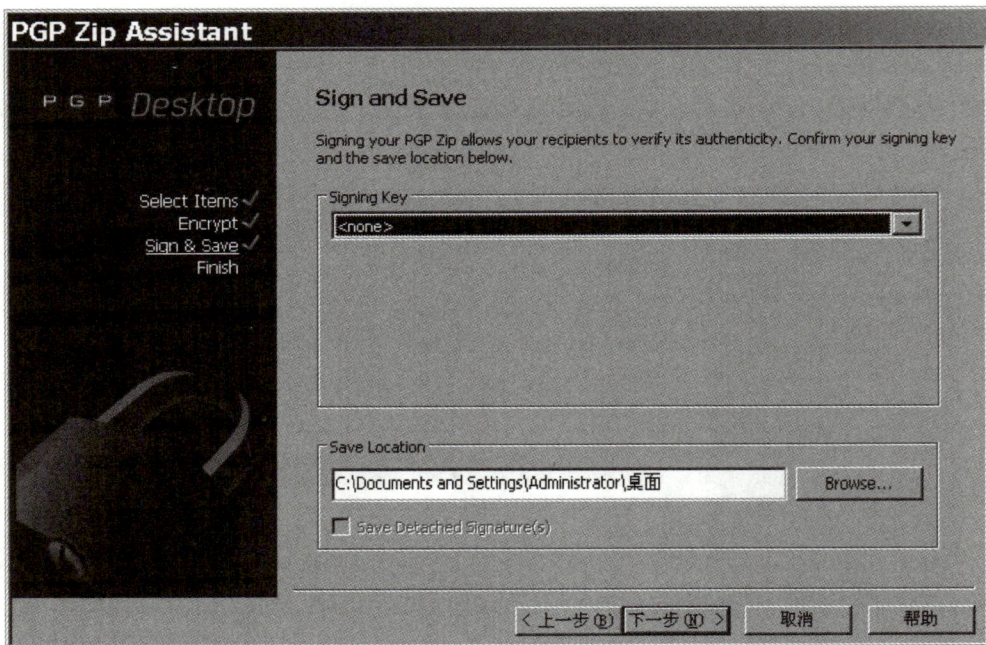

图 4-32　选择存储位置

2. 文件的解密

文件的接收方在接收到加密文件后，若要解密，只需要右击该文件，并在弹出的快捷菜单中选择【PGP Desktop】菜单项的【Decrypt & Verify "myfile.txt.pgp"】，即可得到解密后的原文件。

4.3.5　文件的数字签名

1. 对文件进行数字签名

对文件进行数字签名的操作如下：

(1) 右击需要签名的文件 (本例中文件名为 myfile.txt，签名者为 Jack Wang)，在弹出的快捷菜单中选择【PGP Desktop】菜单项的【Sign as Jack Wang<123456@qq.com>】子菜单项，如图 4-33 所示。

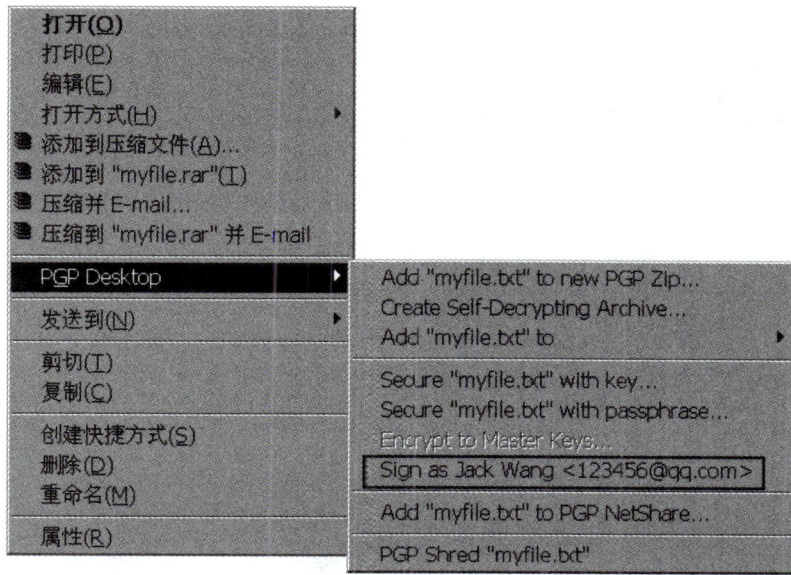

图 4-33　选择 PGP 数字签名子菜单

(2) 打开如图 4-34 所示的界面。其中，单击【Signing Key】下方的下拉列表可以选择签名的用户，默认为当前用户 Jack Wang，【Passphrase】下方的文本框中需要输入使用私钥的口令，而【Save Location】是存储签名文件的位置。最后单击【下一步】，在所选择的文件存储位置上就会看到一个扩展名为 ".sig" 的文件。

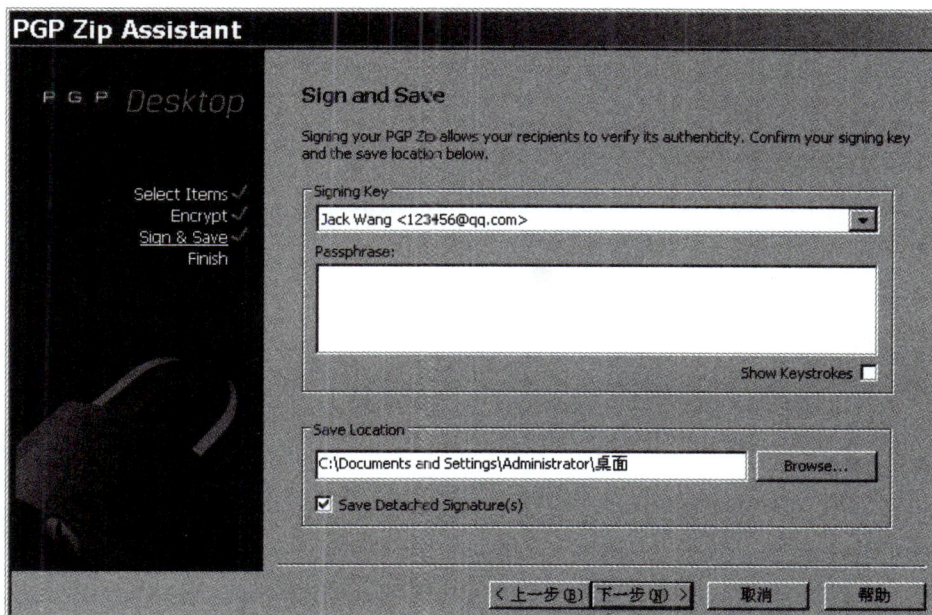

图 4-34　使用私钥进行数字签名

2. 验证数字签名

如果文件接收方要验证数字签名，就需要右击签名文件，并在弹出的快捷菜单中选择【PGP Desktop】菜单项的【Verify "myfile.txt.sig"】，如图 4-35 所示。签名验证成功如图 4-36 的第一行所示，签名验证失败如图 4-36 的第二行所示。

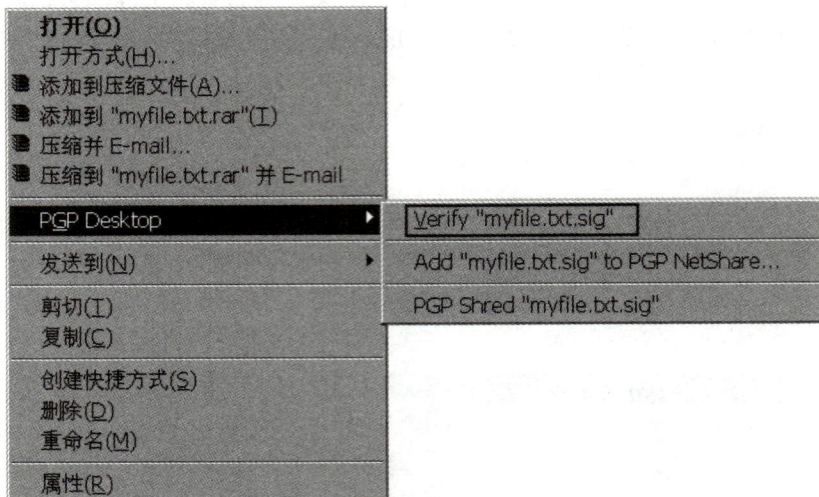

图 4-35　PGP 验证签名子菜单

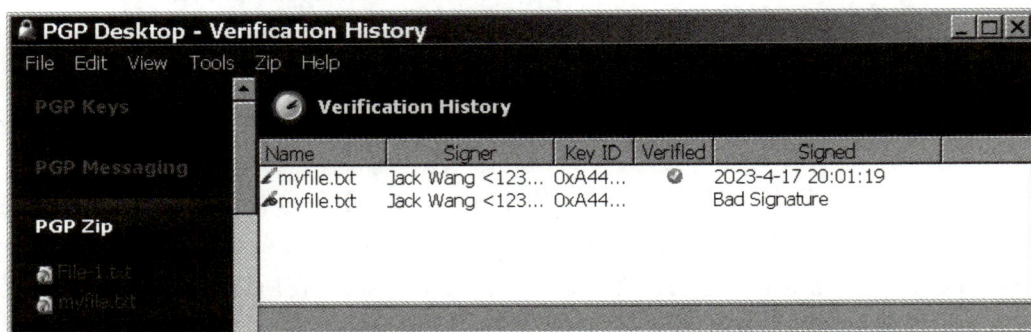

图 4-36　PGP 数字签名验证结果

　　需要特别注意的是，将签名后的"sig"文件传送给文件接收方时，必须将原文件也同时传送给接收方，否则签名验证将无法完成。这是因为 PGP 在签名时是对原始文件的报文摘要进行签名的，文件接收方对签名文件进行验证时，得到的也是一个报文摘要，还要从原始文件生成一个报文摘要，两个摘要进行对比，才能验证签名的结果。

4.4　数 字 证 书

4.4.1　数字证书概述

1. 数字证书的定义

　　数字证书 (Digital Certificate) 是在互联网通信中标志通信双方身份信息的一个数字凭证，可以保证通信中数据的保密性、完整性并能够识别通信者的身份。计算机系统中典型的数字证书如图 4-37 所示。

数字证书

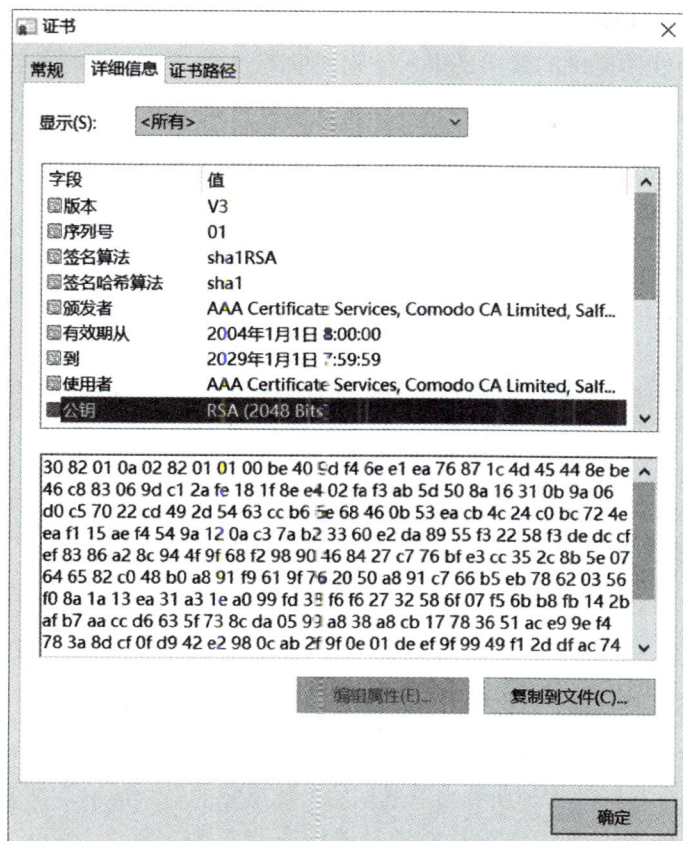

图 4-37 计算机系统中典型的数字证书

目前国际上通用的数字证书是遵循 X.509V3 标准的证书，它通常包括证书的版本、序列号、证书所使用的签名算法、证书的颁发者、证书的有效期、证书拥有者 (或使用者) 的名称及公钥等信息。

2. 数字证书的功能

数字证书可以保证信息的保密性、完整性并实现身份认证，具体如下。

(1) 保密性。数字证书采用公钥密码体制，证书拥有者将自己的公钥放入证书中，传给通信的对方。对方如果要给证书拥有者发送机密消息，可以使用证书中的公钥对消息进行加密，这个消息只有使用证书拥有者的私钥才能解密，而私钥只有证书拥有者才有，这样就能保证通信的保密性。

(2) 身份认证。证书拥有者使用自己的私钥对消息进行签名，而对方通过证书中的公钥来验证签名，这样就可以识别证书拥有者的身份。

(3) 完整性。在签名时要先用报文摘要算法对消息取摘要，根据报文摘要算法的特性可知它完全可以保证数据的完整性。

3. 数字证书的应用场景

数字证书的应用场景主要有以下几个。

1) 网站服务

安全套接层 (Secure Socket Layer，SSL) 协议是 NetScape 公司提出的一种基于 Web 应用的网络安全通信协议。该协议通过在应用程序进行数据交换前交换 SSL 初始握手信息来实现有关安全性的审查。在 SSL 协议中，使用了对称密钥密码 (如 DES 算法) 和公开密钥密码 (主要是 RSA 算法)，并使用了 X.509 数字证书技术，实现了企业对不确定网站的认证与检查，并将网站信息加密传输，可以有效避免恶意网站、钓鱼网站和伪造网站对企业网络和数据造成的损失。

2) 代码签名

代码签名是专为软件提供的数字证书，它对可执行文件或脚本进行数字签名以保障软件的代码完整性和发布者身份真实性，消除软件在安装运行时的"未知发布者"警告，确保软件在从发布者发出后到用户下载使用前未被修改和损坏。

3) 终端安全

随着电子商务在数字化时代的发展和广泛应用，用户终端和数据安全问题也越来越突出。采用数字证书作为终端保护的加密技术，可以防止终端数据信息的损坏和泄露。

4) 邮件安全

利用邮件证书，用户可以加密电子邮件，保护电子邮件在传输和接收过程中的安全性和完整性。拥有邮件证书的人通过使用邮件证书能向邮件接收者证明自己的身份，同时也只有目标对象才能接收邮件，保证邮件不会被他人查看和篡改。

5) 身份认证管理

数字证书具有真实性特点，它可以被用来进行身份认证。由于数字证书加密强度非常高，且数字证书经常被存储于专用的 USB Key 设备，所以其安全性远大于基于口令的身份认证。正确使用数字证书，合理进行身份认证，可以切实保证身份认证管理系统的安全。

4.4.2 证书授权机构 (CA)

1. 证书授权机构的作用

证书授权机构 (Certificate Authority，CA)，又称为认证机构、认证中心，它作为通信中受信任的第三方，负责产生、分配并管理所有参与通信的个体所需的数字证书，是安全通信的核心。

CA 作为受信任的第三方，会对其所颁发的证书进行数字签名。有 CA 签名的数字证书，才会被通信中的实体所信任。

2. CA 的层次结构

广义的 CA 是关于证书管理机构的总称，可以分为三个层次，如图 4-38 所示。第一层为政策批准机构 (Policy Approving Authority，PAA)，负责整个证书体系策略和规范的建立、分布、保持、促进和实施等，设置其下属策略证书中心的标准规范、批准其下属策略证书中心的策略并向其发放证书。第二层为策略证书中心 (Policy Certificate Authority，PCA)，负责为自己管域内的所有 CA 制定操作运行策略，并为其签发公钥证书。第三层是狭义的 CA，负责给终端实体 (End Entity，EE) 发放证书；除此之外，CA 还可给它的下属 CA 以及在线注册中心 (Online Registration Authority，ORA) 发放证书。

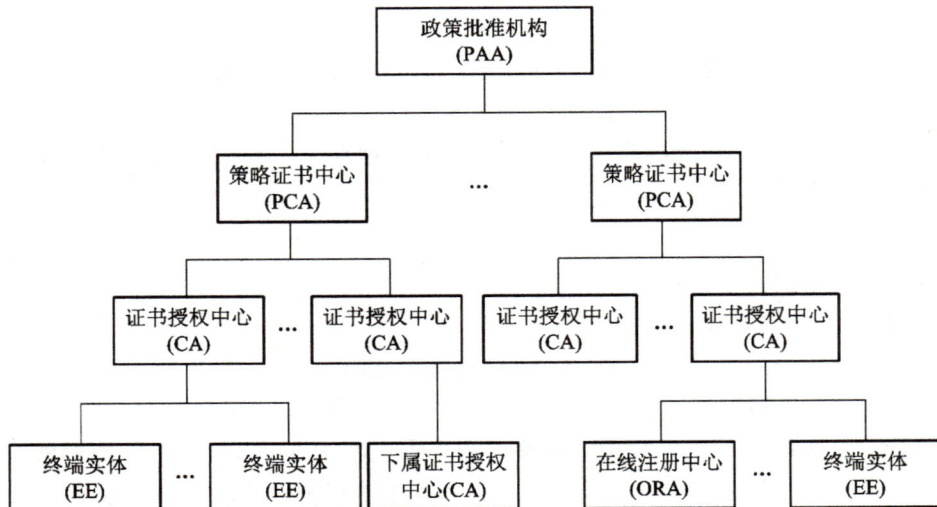

图 4-38　CA 的层次结构

3. 数字证书的管理

数字证书的管理是一个复杂的过程，包括注册机构 (Registration Authority，RA)、业务服务器、证书服务器、数据库服务器，有时候还包括管理终端和审计终端。

证书的申请与发放流程如图 4-39 所示。终端实体用户填写申请表，并将申请材料提交给 RA，RA 在核实用户身份后，会将申请材料提交给 CA 的业务服务器。业务服务器将用户的申请材料提交给证书服务器，由证书服务器为用户创建公钥私钥对，生成数字证书文件并对该证书签名，然后把数字证书发放给用户。用户可以通过在线的方式从业务服务器下载自己的证书，也可以到 CA 机构把证书拷贝走。证书服务器同时会把这个证书和它的密钥保存在数据服务器的证书数据库中。

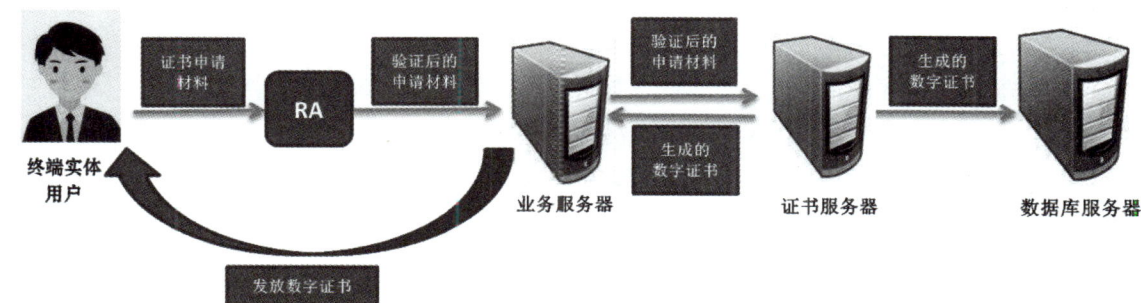

图 4-39　证书的申请与发放流程

用户需要查询、使用或验证某个数字证书时，可向业务服务器提交申请，业务服务器审核申请并确认无误后将申请交给证书服务器，由证书服务器从证书数据库中查询到相应的证书并返回给业务服务器，如图 4-40 所示。

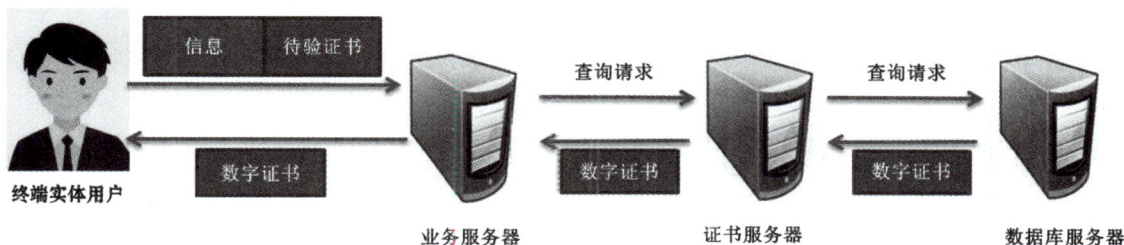

图 4-40　证书的查询和验证流程

4.4.3　公钥基础设施 (PKI)

1. PKI 的定义

公钥基础设施 (Public Key Infrastructure，PKI) 是一种遵循既定标准的通用型安全基础设施，它利用公钥密码体制来实现，并提供安全服务。公钥基础设施能够为所有网络应用透明地提供使用加密和数字签名等密码服务所需要的密钥和证书管理。

具体来说，PKI 就是在相关政策和操作规范指导下，由核心认证机构 CA 来产生数字证书，按一定的安全规则颁发证书，并对其签发的证书进行事后管理的系统。

2. PKI 的基本组件

完整的 PKI 系统必须具有数字证书、认证机构 (CA)、证书资料库、证书吊销列表 (Certificate Revocation List，CRL)/ 在线证书状态协议 (Online Certificate Status Protocol，OCSP)、密钥备份及恢复系统、PKI 应用接口等基本组件。

(1) 数字证书：包含用于签名和加密数据的公钥的电子凭证，是 PKI 的核心元素。

(2) 认证机构 (CA)：数字证书的申请及签发机关，CA 必须具备权威性。

(3) 证书资料库：存储已签发的数字证书和公钥，以及相关证书目录，用户可由此获得所需的其他用户的证书及公钥。

(4) 证书吊销列表 (CRL) / 在线证书状态协议 (OCSP)：CRL 是在有效期内吊销的证书的列表，OCSP 是一个查询证书状态的国际协议。

(5) 密钥备份及恢复系统：为避免因用户丢失解密密钥而无法解密合法数据的情况，PKI 提供备份与恢复密钥的机制，但必须由可信的机构来完成；并且，密钥备份与恢复只能针对解密密钥，签名用的私钥不能做备份。

(6) PKI 应用接口：为各种各样的应用提供安全、一致、可信的方式与 PKI 交互，确保建立起来的网络环境安全可靠，并降低管理成本。

3. PKI 的优势

PKI 作为一种安全技术，已经深入网络的各个层面，这也从侧面反映了 PKI 强大的生命力和无与伦比的技术优势。PKI 的核心是公钥密码技术，这种技术使得网络上的数字签名有了理论上的安全保障。围绕着如何用好这种非对称密码技术，数字证书应运而生，并成为 PKI 中最为核心的元素。PKI 技术主要有以下几点优势。

(1) 采用公开密钥密码技术，能够支持可公开验证并无法仿冒的数字签名，从而在支持可追溯的服务上具有不可替代的优势。这种可追溯的服务也为保证数据的完整性提供了更高级别的担保。数字签名支持公开地进行验证，或者说任意的第三方都可验证，能更好地保护弱势个体，完善网络系统间的信息和操作的可追溯性。

(2) 采用密码技术，可保护信息的机密性。PKI 不仅能够为相互认识的实体之间提供机密性服务，同时也可以为陌生的用户之间的通信提供保密支持。

(3) 数字证书可以由用户独立验证，不需要在线查询，能够保证服务范围无限制地扩张，这使得 PKI 成为一种能够服务庞大用户群的基础设施。PKI 采用数字证书方式进行服务，即通过第三方颁发的数字证书内嵌终端实体的密钥，而不是在线查询或在线分发。这种密钥管理方式突破了安全验证服务必须在线的限制。

(4) PKI 提供证书的撤销机制，从而使得其应用领域不受具体应用的限制。撤销机制提供了在意外情况下的补救措施，在各种安全环境下都可以让用户更加放心。另外，因为有撤销技术，所以不论是永远不变的身份，还是经常变换的角色，都可以得到 PKI 的服务而不用担心被窃后身份或角色永远作废或被他人恶意盗用。为用户提供"改正错误"或"后悔"的途径是良好工程设计中必需的一环。

(5) PKI 具有极强的互联能力。不论是上下级的领导关系，还是平等的第三方信任关系，PKI 都能够按照人类世界的信任方式进行多种形式的互联互通，这使得 PKI 能够很好地服务于符合人类习惯的大型网络信息系统。PKI 中各种互联技术的结合使得建设一个复杂的网络信任体系成为可能。PKI 的互联技术为消除网络世界的信任孤岛提供了充足的技术保障。

4.4.4　Windows 中的数字证书

下面以 Windows 10 操作系统为例，介绍 Windows 中数字证书的使用。

1. 查看数字证书

要查看 Windows 中的数字证书，有很多种方法，这里介绍两种方法。

(1) 如图 4-41 所示，在 Windows 10 自带的 Edge 浏览器中打开设置，在左侧菜单栏中选择

【隐私、搜索和服务】菜单项，右边窗口中找到【安全性】部分，单击【管理证书】选项，打开如图 4-42 所示的证书列表窗口。双击其中的任意一个证书信息，可以看到该证书的具体内容。在其他浏览器中的操作类似。

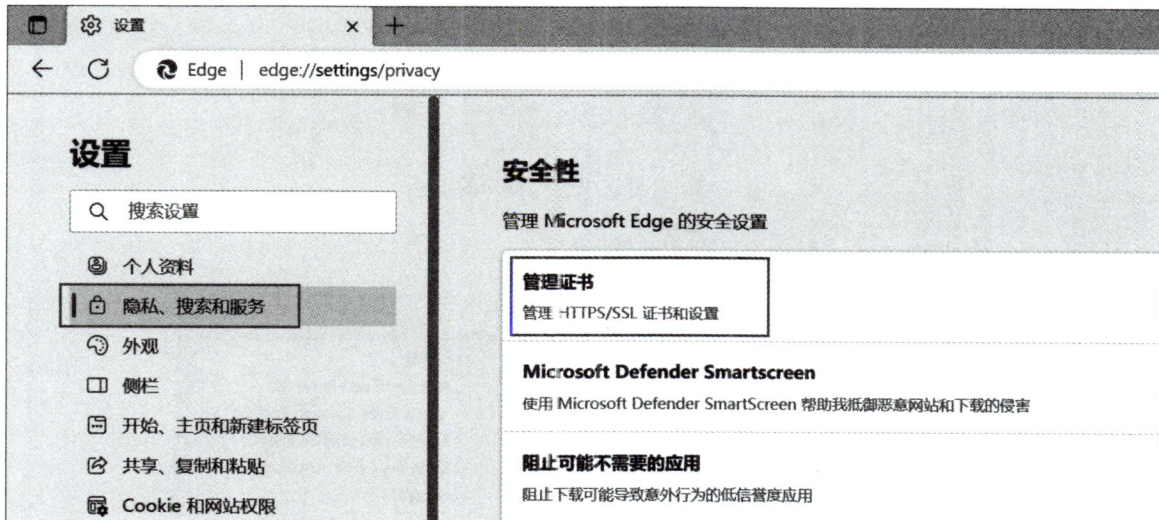

图 4-41　打开证书列表窗口的方法

图 4-42　证书列表窗口

(2) 同时按键盘的【Windows】键和字符【R】键，打开运行对话框。如图 4-43 所示，在其中输入【certmgr.msc】并单击【确定】按钮，即可打开 Windows 的证书管理窗口。如图 4-44 所示，选择左侧窗口的证书类型，在右侧的窗口中即列出该类型下的所有证书，双击任意一个证书，即可查看相应证书的内容。

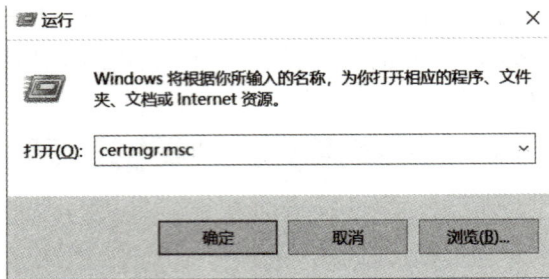

图 4-43　打开证书管理窗口的方法

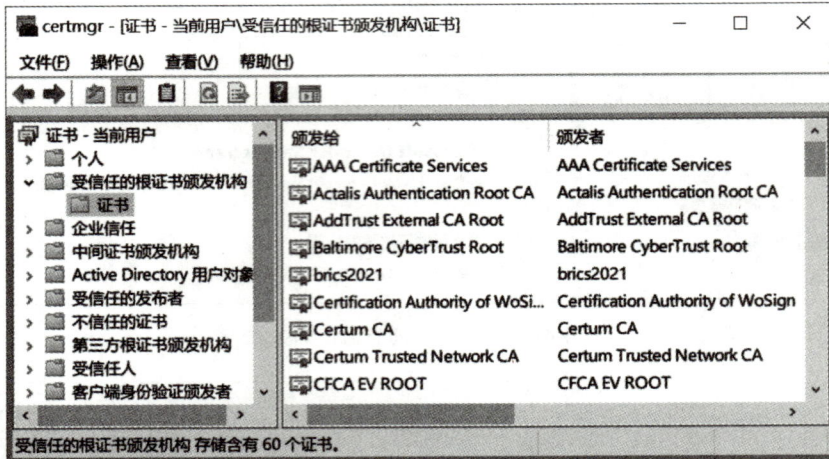

图 4-44　Windows 证书管理窗口

2. 证书的导出

在证书使用过程中，如果需要将证书额外保存，就需要将证书导出。证书的导出方法如下。

(1) 在如图 4-42 所示的证书列表窗口中，选择要导出的证书，并单击【导出】按钮；或者在如图 4-44 所示的证书管理窗口中双击要导出的证书，打开如图 4-37 所示的数字证书窗口，选择【详细信息】选项卡，单击右下角的【复制到文件】按钮。以上两种方法最终都能打开证书导出向导，如图 4-45 所示。

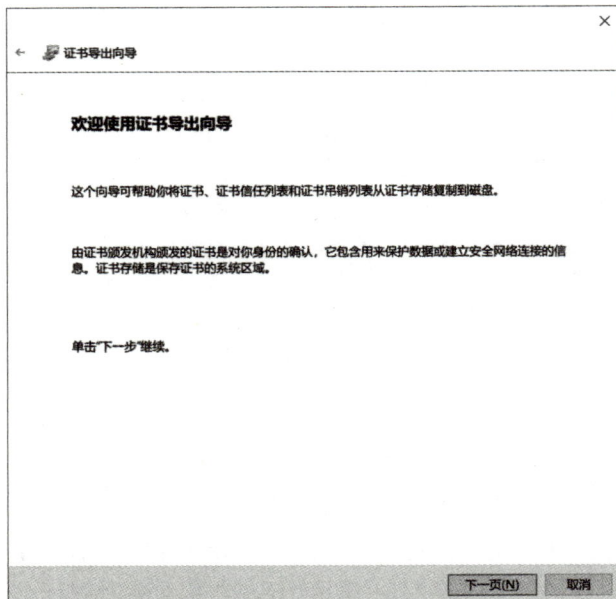

图 4-45　证书导出向导

(2) 在如图 4-45 所示的界面中单击【下一页】按钮，打开如图 4-46 所示的界面，在该界面中根据实际情况选择证书文件导出的格式。

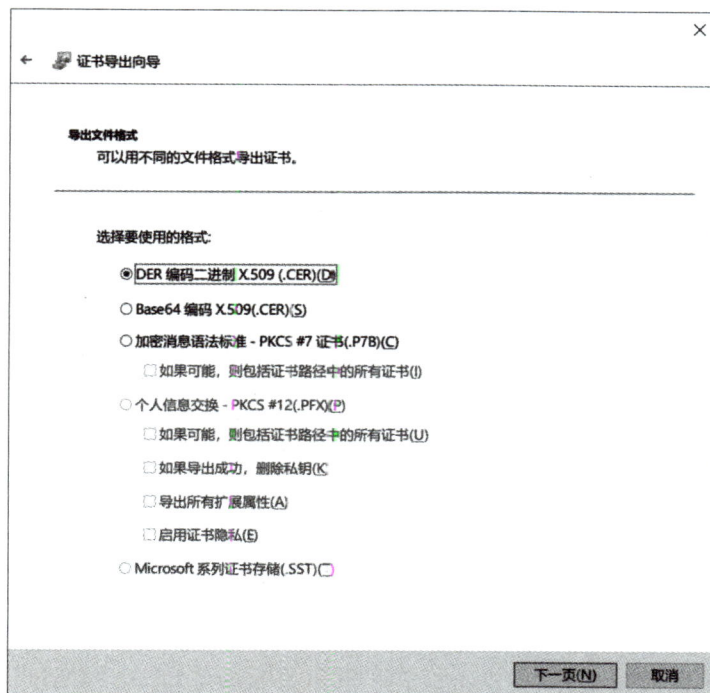

图 4-46　选择证书文件导出的格式

(3) 在如图 4-46 所示的界面中单击【下一页】按钮，打开如图 4-47 所示的界面并单击【浏览】按钮，选择证书文件存放的位置和文件名。

图 4-47　选择证书文件存放的位置和文件名

(4) 在如图 4-47 所示的界面中单击【下一页】按钮，打开如图 4-48 所示的界面，单击【完成】按钮后，会提示【证书导出成功】，在所选择的证书存放位置会看到相应的证书文件。

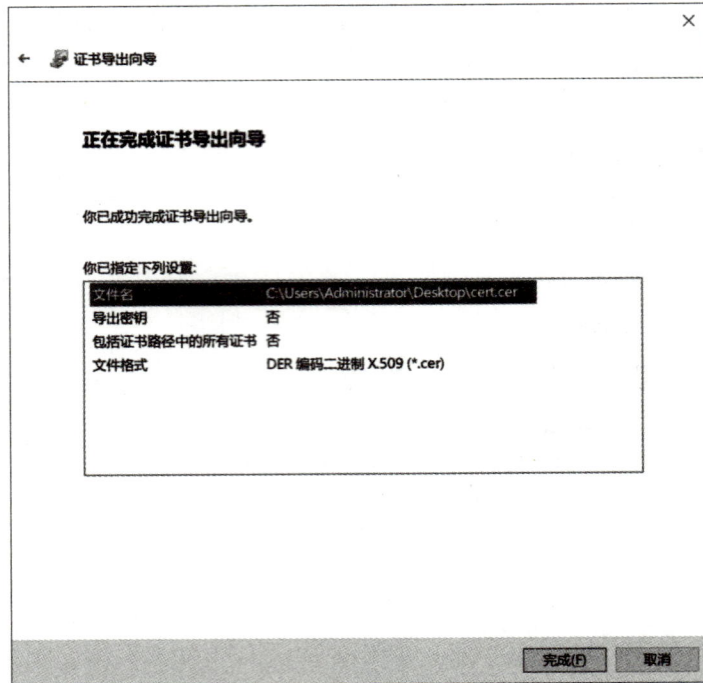

图 4-48　完成证书导出

3. 证书的导入

如果用户更换了电脑，需要将其他电脑导出的证书导入当前的电脑中，则可采用如下证书导入方法。

(1) 双击打开证书文件，如图 4-49 所示，在证书窗口中选择【常规】选项卡，单击下方的【安装证书】按钮，打开证书导入向导 (如图 4-50 所示)。

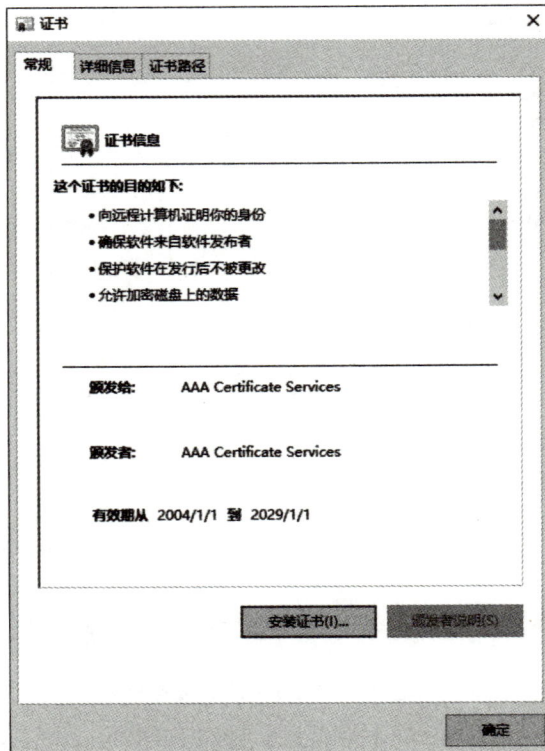

图 4-49　安装证书

图 4-50　证书导入向导

(2) 在如图 4-50 所示的证书导入向导界面中选择存储位置为【本地计算机】，并单击【下一页】按钮。

(3) 在如图 4-51 所示的界面中选择证书在计算机中存储的位置。可以根据实际情况选择具体的存储位置，也可以选择【根据证书类型，自动选择证书存储】选项，然后单击【下一页】按钮。

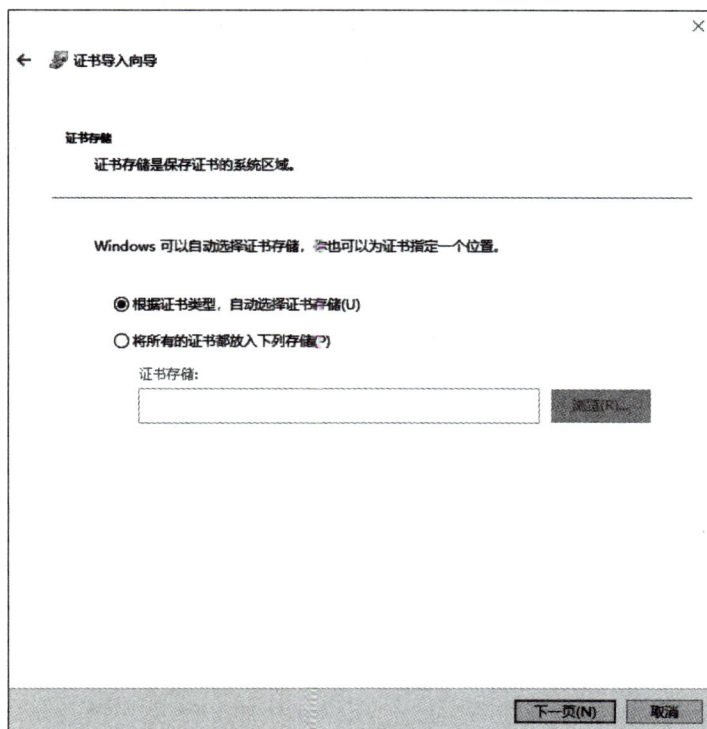

图 4-51　证书存储位置

(4) 如图 4-52 所示的界面会显示当前证书导入的情况，单击【完成】按钮后即可完成证书导入。证书导入成功后会有【导入成功】的提示，如图 4-53 所示。

← 🔏 证书导入向导	×
正在完成证书导入向导	
单击"完成"后将导入证书。	
你已指定下列设置：	
选定的证书存储　由向导自动决定 内容　　　　　证书	
	完成(F)　取消

图 4-52　证书导入信息

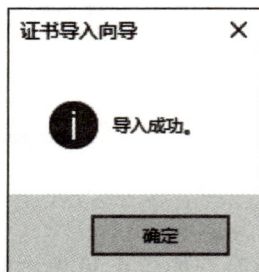

证书导入向导	×
ⓘ 导入成功。	
确定	

图 4-53　证书导入成功

🔴 课程思政

　　我国高度重视密码技术的研究与应用。为保障重要经济系统密码应用安全，提升我国信息安全保障水平，国家密码管理局于 2010 年 12 月 17 日发布了自主研发的 SM2 算法，并要求现有的基于 RSA 算法的电子认证系统、密钥管理系统、应用系统进行升级改造，使用支持 SM2 算法的证书。相比传统的 X.509 证书所使用的 RSA 算法而言，SM2 算法是在椭圆曲线密码理论的基础上改进而来的，其加密强度比 RSA 算法 (2048 位) 更高，传输速度也更快。然而，SM 系列算法在国际上还不是很受认可，目前只有国产浏览器和国产操作系统才能正确识别 SM2 证书。但是，数据安全关乎国家安全，因此我们仍要坚定不移地走科技强国之路，开发好、用好自主知识产权密码，努力建设世界科技强国。

本 章 小 结

　　信息加密技术在信息安全领域的应用主要包括报文鉴别、数字签名和数字证书等。

　　报文鉴别就是验证收到的报文来自真正的发送方且未被篡改的过程，常见的报文鉴别方法有报文加密、报文鉴别码和报文摘要。其中报文摘要是目前最常用的方法，它使用报文摘要算法实现了报文鉴别的不可篡改、不可伪造的目的。典型的报文摘要算法是 MD5 算法。

　　数字签名是附加在报文上的一些数据，用以使报文的接收方确认报文的来源并防止报文被人伪造，也能防止报文发送方对签名的抵赖。数字签名通过非对称密钥密码算法来实现。在实际应用中还可以附带报文摘要以及原报文的加密，这种数字签名的方法可以实现报文的保密性、发送方的身份认证，并且可以保证数据的完整性，还能防止报文发送方对报文发送行为的抵赖。国际数字签名标准是基于 DSA 算法的 DSS。

数字证书是在互联网通信中标志通信双方身份信息的一个数字凭证，可以保证通信中数据的保密性、完整性并能够识别通信者的身份。数字证书的颁发机构叫作 CA。由 CA 产生数字证书，按一定的安全规则颁发证书并对其签发的证书进行事后管理的系统称为 PKI。

课 后 练 习

一、选择题（第 1～8 题为单选题，第 9～10 题为多选题）

1. 身份认证是安全服务中的重要一环，以下关于身份认证叙述不正确的是（　　）。

A. 身份认证是授权控制的基础

B. 身份认证一般不用提供双向的认证

C. 目前一般采用基于对称密钥加密或公开密钥加密的方法

D. 数字签名机制是实现身份认证的重要机制

2. 对消息进行鉴别的一般过程是（　　）。

A. 发送方先对消息进行加密，接收方收到消息后进行解密

B. 发送方先产生消息的鉴别码，接收方收到消息后对鉴别码进行解密

C. 发送方先产生消息的鉴别码，接收方收到消息后重新计算消息的鉴别码，并进行比较

D. 发送方先产生消息的鉴别码，并用该鉴别码对消息进行加密，接收方收到消息后用鉴别码进行解密

3. （　　）类型的加密，使得不同的文档和信息进行运算以后得到一个唯一的 128 位编码。

A. 对称加密　　　　　B. 非对称加密　　　　C. 哈希加密　　　　D. 强壮加密

4. 数字签名最常用的实现方法建立在（　　）基础之上。

A. 公开密钥密码体制和对称密钥密码体制

B. 公开密钥密码体制和单向散列函数

C. 对称密钥密码体制和单向散列函数

D. 混合密码体制

5. 用于实现身份认证的安全机制是（　　）。

A. 数字签名机制　　　　　　　　B. 访问控制机制

C. 数字签名机制和路由控制机制　　D. 路由控制机制

6. 关于 CA 和数字证书的关系，以下说法不正确的是（　　）。

A. 数字证书是保证双方之间通信安全的电子信任关系，由 CA 签发

B. 数字证书一般依靠 CA 中心的对称密钥机制来实现

C. 在电子交易中，数字证书可以用于表明参与方的身份

D. 数字证书能以一种不能被假冒的方式证明证书持有人的身份

7. 以下关于 CA 的说法正确的是（　　）。

A. CA 使用对称密钥的机制实现身份认证

B. CA 只负责签名，不负责数字证书的产生

C. CA 负责数字证书的颁发和管理，并依靠数字证书证明一个用户的身份

D. CA 不用保持中立，可以随便找一个用户来作为 CA

8. 加密工具 PGP 使用的是混合加密体制，其所使用的密码算法有（　　）。

A. RSA 和对称密钥密码算法　　　　B. Diffie-Hellman 和传统密码算法

C. ElGamal 和传统密码算法　　　　D. RSA 和 ElGamal

9. PGP 加密系统可以在多种操作平台上运行，它的主要用途有 (　　)。

A. 加解密数据文件　　　　　　　　B. 加密和签名电子邮件

C. 解密和验证他人的电子邮件　　　D. 硬盘数据保密

10. CA 能提供的证书有 (　　)。

A. 个人数字证书　　　　　　　　　B. SET 服务器证书

C. SSL 服务器证书　　　　　　　　D. 安全电子邮件证书

二、判断题

1. 加密算法的安全强度取决于密钥的长度。　　　　　　　　　　　　　(　　)

2. 数字签名一般采用对称密钥密码算法。　　　　　　　　　　　　　　(　　)

3. 识别数据是否被篡改是通过数据完整性来检验的。　　　　　　　　　(　　)

4. Hash 函数可将任意长度的明文映射到固定长度的字符串。　　　　　(　　)

5. 在实际应用中，不可以将对称密钥密码体制与非对称密钥密码体制混用。(　　)

6. Windows 中的数字证书不可以导出。　　　　　　　　　　　　　　　(　　)

7. 在进行数字签名时，要使用消息接收方的私钥进行签名。　　　　　　(　　)

8. 在非对称密钥密码体制中，消息发送方与接收方使用不同的密钥。　　(　　)

9. 单向散列函数的主要用途是进行文件加密，因此，一个用单向散列函数进行加密的文件很容易通过解密还原出明文。　　　　　　　　　　　　　　　　　　(　　)

三、实践题

1. 请使用 PGP 加密软件生成自己的密钥对，并与同学交换公钥。

2. 请使用 PGP 加密软件对文件 myfile.txt 进行加密和签名后发给与你交换公钥的同学。

3. 请使用 PGP 加密软件对收到的 myfile.txt 文件进行解密和验证签名。

4. 请找到自己电脑上的一个数字证书，将它导出来后发给你的同学。

5. 请将同学发给你的数字证书导入自己的电脑中。

6. 请查阅资料了解我国的 SM 系列加密算法，并谈谈你对践行总体国家安全观的认识。

第 5 章　黑客攻击与防范

随着信息技术的发展，人们共享信息越来越方便，而获取相关信息的技术也越来越便利，网络攻击入门变得更加容易，提升个人信息安全意识、守卫网络安全刻不容缓。本章将介绍网络攻击的一般过程及防范方法，包括黑客攻击概述、信息收集、口令破解、网络嗅探、DoS 攻击、SQL 注入攻击、木马攻击。

基于本章的知识讲解和实验操作范例，读者能够对网络攻击形成具体认识，掌握网络攻击的整体流程，进而增强信息安全意识，加强个人信息安全设置，深刻认识到安全上网的重要性。同时我们要做网络安全的守护者，积极做维护国家和人民权益的红客，而非恶意损害他人权益的骇客，切勿使用其中的技术恶意入侵他人系统。

学习目标

(1) 了解黑客入侵攻击的一般过程。
(2) 掌握信息收集的方法及工具的使用。
(3) 掌握 Windows 系统口令破解的原理及防范。
(4) 掌握 Linux 系统口令破解的原理及防范。
(5) 掌握网络嗅探的原理及防范。
(6) 掌握 DoS 攻击的原理及实现过程。
(7) 会使用 SQL 注入工具进行基本的 SQL 注入。
(8) 掌握木马的工作原理及检测方法。

思政目标

(1) 具有不怕困难、勇于发现、追求卓越的拼搏奋斗精神。
(2) 遵守职业道德规范，严于律己，服务社会。

5.1　黑客攻击概述

5.1.1　黑客的定义

"黑客"一词来自英语"Hacker"，在美国麻省理工学院校园俚语中是"恶作剧"的意思，尤其是那些技术高明的恶作剧。早期的计算机黑客个个都是编程高手，因此，"黑客"是人们对那些编程高手、迷恋计算机代码的程序设计人员的称谓，他们是专门研究、发现计算机和网络漏洞的计算机爱好者。真正的黑客有自己独特的文化和精神，并不破坏其他人的系统，他们崇拜技术，对计算机系统的最大潜力进行智力上的自由探索。

"黑客"伴随着计算机和网络的发展而产生、成长。黑客对计算机有着狂热的兴趣和执着的追求，他们不断地研究计算机和网络知识，发现计算机和网络中存在的漏洞，喜欢挑战高难度的网络系统并从中找到漏洞，然后向管理员提出解决和修补漏洞的方法。

黑客不干涉政治，不受政治利用，他们的出现推动了计算机和网络的发展与完善。黑客所做的不是恶意破坏，他们是一群纵横于网络上的大侠，追求共享、免费，提倡自由、平等。黑客的存在是由于计算机技术的不健全，从某种意义上来讲，计算机的安全需要更多黑客去维护。

但是到了今天，黑客一词已经成为那些专门利用计算机进行破坏或入侵的人的代名词。对这些人的正确叫法应该是"Cracker"，有人也翻译成"骇客"，也正是这些人的出现，使人们把黑客和骇客混为一谈，黑客由此被人们认为是在网络上进行破坏的人。通常，一个黑客即使从意识和技术水平上已经达到黑客水平，也不会声称自己是一名黑客，因为黑客一般是大家公认的，没有自封的，他们重视技术，更重视思想和品质。而对于恶意入侵他人计算机或系统，意图盗取敏感信息的人，更适合的用词是骇客 (Cracker)，而非黑客 (Hacker)。

5.1.2 黑客攻击的动机

按照黑客的动机和行动方式，人们将黑客分为白帽子、灰帽子、黑帽子。

白帽子黑客是指那些专门研究或者从事网络、计算机技术防御的人，他们通常受雇于各大公司，是维护世界网络、计算机安全的主要力量。很多白帽子黑客还会针对产品进行模拟黑客攻击，以检测产品的可靠性。白帽子黑客一般是网络安全攻击与防范的创新者和推动者，他们热衷于探索计算机技术，并出于个人爱好挖掘网络中的漏洞，进而探索、设计、更新系统，他们勇于打破常规技术，精心研究信息安全技术，展现出极高的创新精神。白帽子黑客代表人物有丹尼斯·里奇 (Dennis M. Ritchie)、肯·汤普生 (Ken Thompson)、理查德·马修·斯托曼 (Richard Matthew Stallman)、林纳斯·托瓦兹 (Linus Torvalds) 等。

灰帽子黑客是指那些利用计算机或某种产品系统中的安全漏洞来引起其拥有者对系统漏洞的注意的一类人。灰帽子黑客往往将黑客行为作为一种业余爱好或者是义务来做，希望通过他们的黑客行为对一些网络或者系统漏洞予以警告，以达到警示别人的目的。他们擅长破解现有系统，发现其中的问题和漏洞，但他们的行为毫无恶意。灰帽子黑客代表人物有乔安娜·鲁特克丝卡 (Joanna Rutkowska)、阿德里安·拉莫 (Adrian Lamo)、乔纳森·詹姆斯 (Jonathan James) 等。

黑帽子黑客就是人们常说的"黑客"或"骇客"了。他们往往利用自身技术，在网络上窃取别人的资源或破解收费的软件，以达到获利目的。这些行为破坏了整个市场的秩序，或者泄露了别人的隐私。黑帽子黑客作为破坏者，对于他人资源随意使用，甚至恶意破坏，故意散播蠕虫病毒。随着技术的不断进步，黑客所用手段也越来越先进，这给网络安全带来巨大威胁。黑帽子黑客代表人物有罗伯特·莫里斯 (Robert Morris)、凯文·米特尼克 (Kevin Mitnick) 等。

现在黑客的攻击越来越复杂化、智能化，因为网络上各种攻击工具非常多，可以自由下载，这也使得对某些黑客的技术水平要求越来越低。随着时间的变化，黑客攻击的动机不再像以前那么简单了，并非只是对编程感兴趣，或是为了发现系统漏洞。现在黑客攻击的动机越来越多样化，主要有以下几种。

(1) 贪心：因为贪心而偷窃或者敲诈，这种动机引发了许多金融案件。

(2) 恶作剧：一些黑客会制造一些恶作剧，这是黑客的老传统。

(3) 名声：有些黑客会通过显露其计算机经验和才智来证明自己的能力，进而获得名气。

(4) 报复／宿怨：被解雇、受批评或者被降级的雇员，或者其他认为自己受到不公平待遇的人，会为了报复而进行攻击，而且希望通过这种方法获得他人注意。

（5）无知 / 好奇：一般初学者或者初入行业的人，在不知不觉中会使用攻击工具破坏他人的信息系统。

（6）窃取情报：有些黑客喜欢在网络上监视个人、企业或竞争对手的活动信息及数据文件，以达到窃取情报的目的。

（7）政治目的：一些黑客会出于政治因素而实施网络攻击，如以国家利益为出发点，对其他国家进行监视，或者敌对国之间利用网络进行一些破坏活动，或者个人及组织因对政府不满而进行一些破坏活动。

（8）提升安全：并非所有黑客的行为都是恶意的，比如白帽子黑客攻击或渗透测试就是为了测试漏洞，从而提高系统安全性。因此，白帽子黑客被称为道德黑客。

5.1.3　黑客入侵攻击的一般过程

一次成功的攻击可以归纳为五个基本步骤，但是根据实际情况可以随时调整。归纳起来就是"黑客攻击五部曲"。

黑客攻击的一般步骤

1. 隐藏 IP 地址

黑客要实施攻击且不被发现，必须隐藏踪迹，因此隐藏个人实际 IP 地址是必须做的步骤。如果入侵痕迹被发现，就会很快被追查到。IP 地址是攻击者在网络中的标识，通常隐藏 IP 地址的方法有以下两种：

（1）入侵互联网上的一台计算机（俗称"肉鸡"），并利用这台计算机进行攻击，这样即使被发现了，显示的也是"肉鸡"的 IP 地址。

（2）做多级跳板"Sock 代理"，这样在入侵的计算机上留下的是代理计算机的 IP 地址。

比如在攻击 A 国的站点时，一般选择离 A 国很远的 B 国的计算机作为"肉鸡"或者"代理"，这样的跨国度的攻击一般很难被侦破。

课程思政

2022 年 6 月 23 日，西安市公安局通报西北工业大学邮件系统发现一批钓鱼邮件，内含木马程序，引诱师生点击链接。同时，部分教职工的个人上网电脑中也发现了遭受网络攻击的痕迹。经过调查分析，2022 年 9 月 5 日国家计算机病毒应急处理中心联合 360 公司发布《西北工业大学遭美国 NSA 网络攻击事件调查报告（之一）》，披露整个攻击事件概貌。在针对西北工业大学的网络攻击中，美国 NSA 下属 TAO 使用了 40 余种不同的 NSA 专属网络攻击武器，持续对西北工业大学开展攻击窃密，窃取该校关键网络设备配置、网管数据、运维数据等核心技术数据。通过取证分析，技术团队累计发现攻击者在西北工业大学内部渗透的攻击链路多达 1100 余条、操作的指令序列 90 余个，并从被入侵的网络设备中定位了多份遭窃取的网络设备配置文件、遭嗅探的网络通信数据及口令、其他类型的日志和密钥文件以及其他与攻击活动相关的主要细节。此次网络攻击时间长，隐蔽性强，54 台跳板机和代理服务器主要分布在日本、韩国、瑞典、波兰、乌克兰等 17 个国家，其中 70% 位于中国周边国家，如日本、韩国等。要加强网络安全防范，需要上网人员提高网络安全敏锐觉察性，不断提升网络防范技术，善发现，能防守，会加固，综合保障网络安全。

2. 踩点扫描

踩点就是通过各种途径对所要攻击的目标进行多方面的了解（包括任何可得到的蛛丝马迹，但要确保信息的准确度）。踩点的目的就是探察对方的各方面情况，确定攻击的时机。摸清楚对方最薄弱的环节和守卫最松散的时刻，为下一步的入侵提供良好的策略。

扫描的目的是利用各种工具在攻击目标的 IP 地址或地址段的主机上寻找漏洞，对目标系统进行监听和评估分析。

3. 获得系统或管理员权限

获得系统或管理员权限的目的是连接到远程计算机，对其进行控制，获取操作的最高权限，达到自己的攻击目的。获得系统或管理员权限的方法有：① 通过系统漏洞获得系统权限；② 通过管理漏洞获得管理员权限；③ 通过软件漏洞获得系统权限；④ 通过监听获得敏感信息，进一步获得相应权限；⑤ 通过弱口令获得远程管理员的用户密码；⑥ 通过穷举法获得远程管理员的用户密码；⑦ 通过攻破与目标机有信任关系的另一台机器来得到目标机的控制权；⑧ 通过欺骗获得权限或者采用其他有效的方法。

4. 利用一些方法（如后门、特洛伊木马）来保持访问

后门 (Backdoor) 是指一种绕过安全性控制而获取对程序或系统的访问权的方法。为了长期保持对自己胜利果实的访问权，黑客们会在已经攻破的计算机上种植一些供自己访问的后门。创建后门的主要方法有：① 创建具有特权的虚拟用户账户；② 建立一些批处理文件；③ 安装远程控制工具；④ 安装木马程序；⑤ 安装带有监控机制、能感染启动文件的程序等。

5. 隐藏踪迹

成功入侵之后，一般在对方的计算机上会存储相关的登录日志，这样就容易被管理员发现，因此在入侵完毕后需要清除登录日志以及其他相关的日志。

5.2 信息收集

5.2.1 常用的信息收集命令

攻击者确定攻击目标后，首先要通过网络踩点技术收集该目标系统的相关信息，包括 IP 地址范围、域名信息等；然后通过网络扫描进一步探测目标系统的开放端口、操作系统类型、所运行的网络服务，以及是否存在可利用的安全漏洞等；最后再通过网络查点技术对攻击目标实施更细致的信息探查，以获得攻击所需的更详细的信息，包括用户账号、网络服务类型和版本号等。通过收集这些网络信息，攻击者才能大致了解目标系统的安全状况，从而针对性地寻求有效的攻击方法。攻击者收集的信息越全面越细致，就越有利于入侵攻击的实施。

信息收集方法包括使用命令进行信息收集和使用网络扫描器进行信息收集。常用的信息收集命令有以下几种。

1. ping 命令

ping 命令是网络管理人员最常使用的命令，它用于诊断网络连接故障，主要诊断终端到路由器、路由器到 DNS(域名服务器) 之间的连接状态。它也是攻击者常用的网络命令，攻击者会借助 ping 命令发送特定形式的 ICMP(Internet Control Message Protocol，互联网控制报文协议) 包，以请求主机的回应，进而获得主机的一些属性。它可以试探目标主机是否活动，查询目标主机的机器名，配合 ARP(Address Resolution Protocol，地址解析协议) 命令查询目标主机 MAC(Media Access Control，媒体访问控制) 地址，甚至可以推断目标主机操作系统，还可以进行 DDoS 攻击。

命令格式：ping 参数 目标主机 IP

可选参数如下：

(1) -t：表示不间断地向目标 IP 发送数据包，直到我们强迫其停止 (Ctrl + C)。

(2) -l：定义数据包的大小，默认为 32 字节，利用它可以最大定义到 65 500 字节。结合上面介绍的 -t 参数一起使用，会有更好的效果。

(3) -n：定义向目标 IP 发送数据包的次数，默认为 4 次。

说明：

如果 -t 参数和 -n 参数一起使用，ping 命令就以放在后面的参数为标准。

ping 命令不一定非得 ping IP，也可以直接 ping 主机域名，这样就可以得到主机的 IP。

在计算机的 CMD(Command Prompt，命令提示符) 中可以通过使用"ping/?"命令查找 ping 命令支持的参数，如图 5-1 所示。

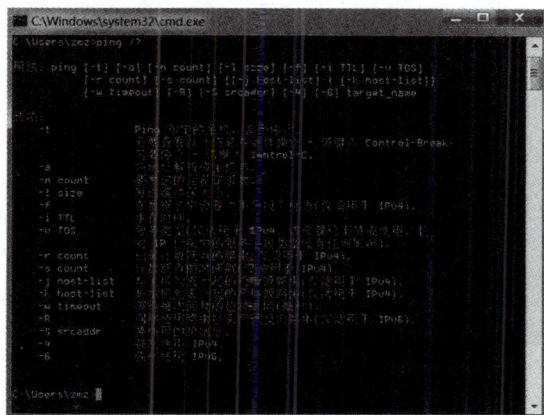

图 5-1　ping 命令参数查询

对于 ping 命令使用的 ICMP，ICMP 回显应答的参数 TTL(Time to Live，生存周期) 在一般缺省情况下可以反映目标主机操作系统类型。不同的操作系统对 ping 的 TTL 返回值不同，具体如表 5-1 所示。

表 5-1　不同的操作系统对 ping 的 TTL 返回值

操 作 系 统	TTL 返回值
Windows 95/98/ME	32
Linux Kernel 2.2X/2.4X，Compaq Tru64 5.0	64
Windows 2000/NT/XP	128
Unix/BSD	250
Free BSD 4X/3.4，Sun Solaris 2.X，Open BSD 2.X，Net BSD，HP UX 10.20	255
—	50

注意：ping 命令不一定完全可靠，当使用 ping 命令而对方没有回显应答时不代表对方主机不存在，TTL 的值在对方的主机里可以修改，这通过注册表编辑器就可以实现。单击【开始】→【运行】，在【运行】对话框中输入【regedit】命令，弹出【注册表编辑器】对话框，展开【HKEY_LOCAL_MACHINE\System\CurrentControlSet\Services\Tcpip\Parameters】，找到【DefaultTTL】，将该值修改为十进制的【255】，重新启动服务器系统后即可。

2. ipconfig 命令

命令格式：ipconfig [/all /renew [adapter] /release [adapter]]

参数说明：

(1) 如果没有参数，那么 ipconfig 实用程序将向用户提供所有当前的 TCP/IP 配置值，包括 IP 地址和子网掩码。

(2) /all：完整显示计算机所有网卡的 IP 配置信息。

(3) /renew [adapter]：更新 DHCP(Dynamic Host Configuration Protocol，动态主机配置协议) 配置参数。该选项只在运行 DHCP 客户端服务的系统上可用。要指定适配器名称，需输入不带参数的 ipconfig 命令显示的适配器名称。

(4) /release [adapter]：发布当前的 DHCP 配置。该选项禁用本地系统上的 TCP/IP，并只在 DHCP 客户端上可用。

ipconfig 命令的应用示例如图 5-2 所示。

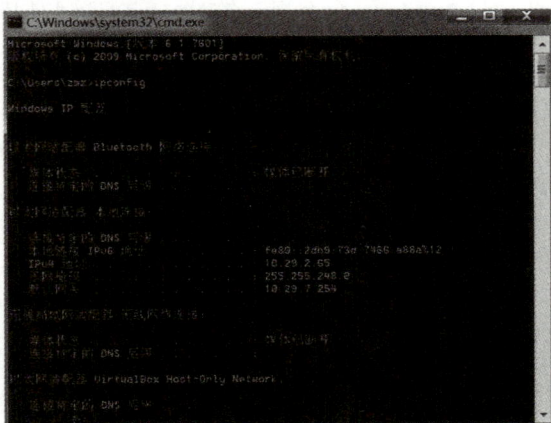

图 5-2　ipconfig 命令的应用示例

3. ARP 命令

ARP 的基本功能就是通过目标设备的 IP 地址，查询目标设备的网卡的物理地址 (MAC 地址)，以保证通信的顺利进行。ARP 命令有以下三种用法：

(1) arp -a [inet_addr][-N if_addr]

(2) arp -s inet_addr   eth_addr [if_addr]

(3) arp -d inet_addr [if_addr]

各参数说明如下：

(1) -a：显示所有接口的当前 ARP 缓存项。要显示指定 IP 地址的 ARP 缓存项，可以使用"inet_addr"代表指定的 IP 地址。要显示指定接口的 ARP 缓存项，可以使用"-N if_addr"参数。此处的"if_addr"代表分配给指定接口的 IP 地址，注意"-N"参数区分大小写。

(2) -s：向 ARP 缓存项中添加可将 IP 地址"inet_addr"解析成物理地址"eth_addr"的静态项目。可使用"if_addr"参数向指定接口的 ARP 缓存表中添加静态 ARP 缓存项，此处的"if_addr"代表分配给该接口的 IP 地址。

(3) -d：删除指定的 ARP 缓存项，此处的"inet_addr"代表 IP 地址。对于指定的接口，要删除表中的某项，可使用"if_addr"参数，此处的"if_addr"代表分配给该接口的 IP 地址。要删除所有项，可使用星号 (*) 通配符代替"inet_addr"。

ARP 命令的应用示例如图 5-3 所示。

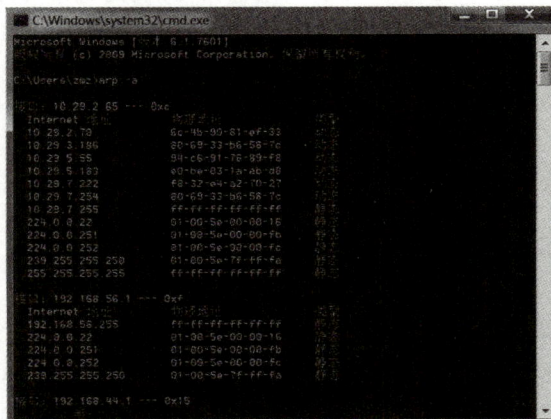

图 5-3　ARP 命令的应用示例

4. tracert 命令

tracert 命令作为一个路由跟踪、诊断实用程序，通过发送 ICMP 回显请求和回显答复消息，产生关于经过每个路由器的命令行报告输出，从而跟踪路径。该程序是网管必备的 TCP/IP 工具之一，经常被用于测试网络的连通性，确定故障位置。

常用命令为 tracert IP/URL，该命令返回到达 IP 地址所经过的路由器列表，URL 表示网址。

tracert 命令的应用示例如图 5-4 所示。

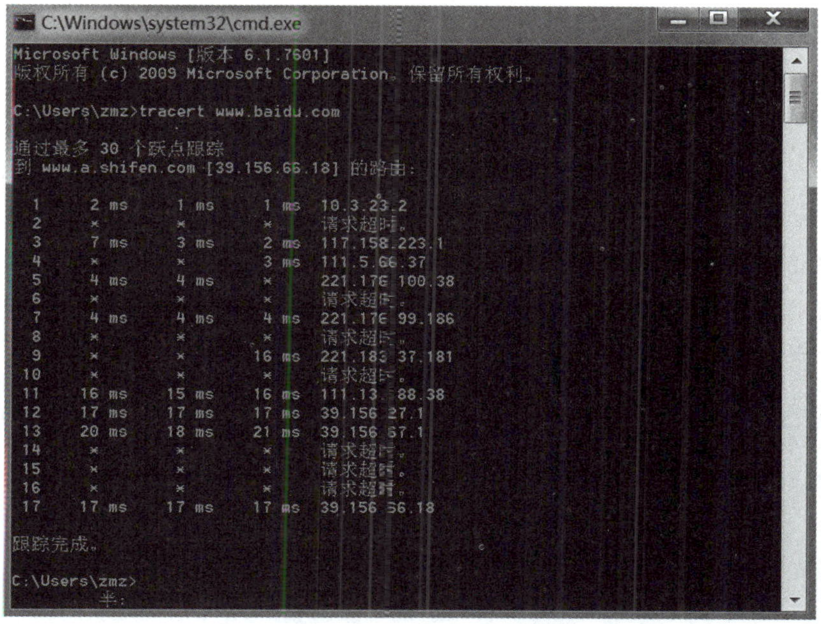

图 5-4　tracert 命令的应用示例

5. route 命令

route 命令用于显示、添加和修改路由表项。

常用命令为 route print，用于显示路由表中的当前项目。

route 命令的应用示例如图 5-5 所示。

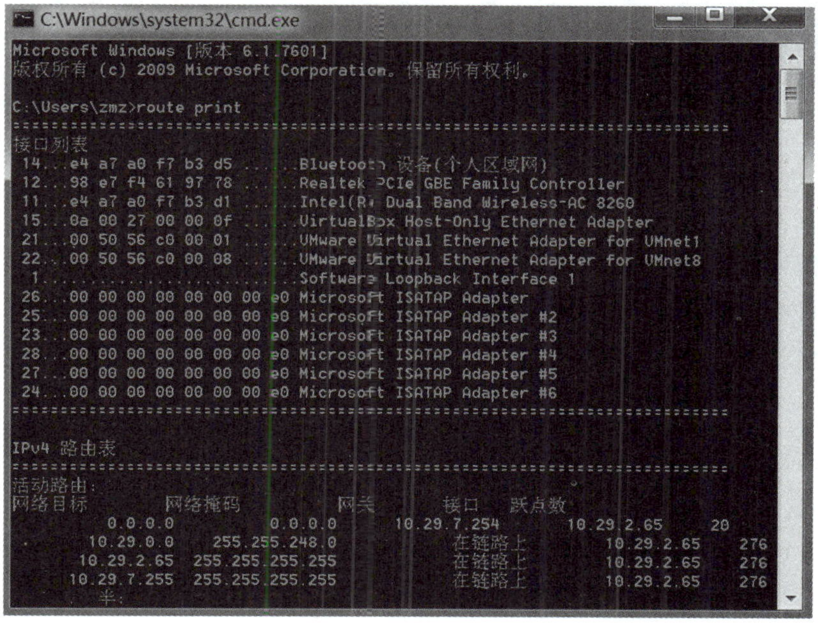

图 5-5　route 命令的应用示例

6. netstat 命令

netstat 命令用于显示与 IP、TCP、UDP 和 ICMP 等协议相关的统计数据，一般用于检验和实时反映本机各端口的网络连接情况。

命令格式：netstat［选项］

常用选项：

(1) -a：显示所有的有效连接信息，包括已建立的连接 (ESTABLISHED)，以及监听连接请求 (LISTENING) 的那些连接。

(2) -s：按照各个协议分别显示其统计数据。

(3) -e：显示关于以太网的统计数据。

(4) -r：显示关于路由表的信息。除显示有效路由外，还显示当前有效的连接。

(5) -n：显示所有已建立的有效连接。

netstat 命令的应用示例如图 5-6 所示。

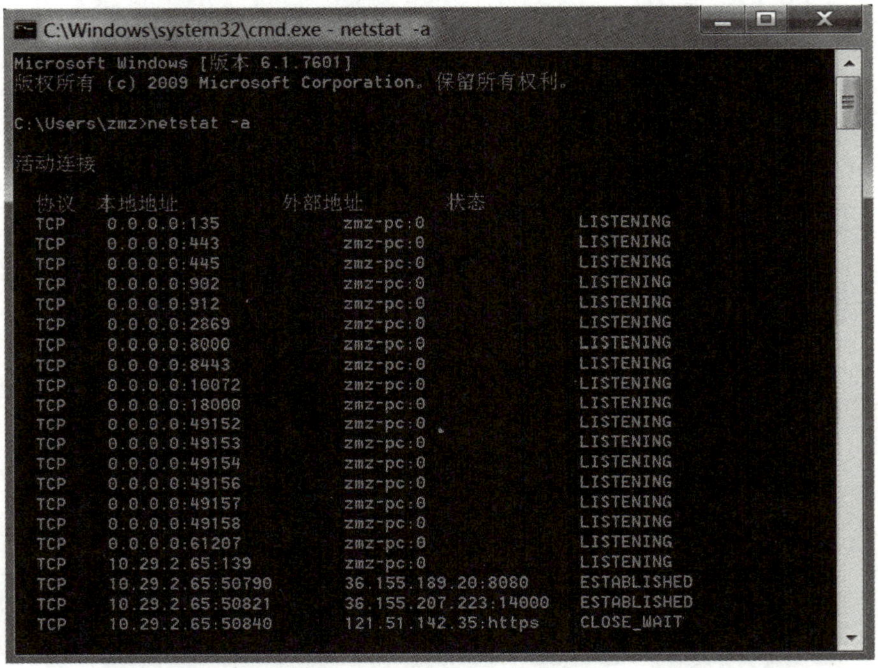

图 5-6　netstat 命令的应用示例

5.2.2　网络信息收集工具

网络扫描作为网络信息收集中最主要的一个环节，其主要目标是探测目标网络，以找出尽可能多的连接目标，然后进一步探测获取目标系统的开放端口、操作系统类型、运行的网络服务、存在的安全弱点等信息。这些工作可以通过 Whois 查询工具和网络扫描器完成。

1. Whois 查询工具

利用 Whois 查询工具可以查询获得目标系统的 DNS、IP 地址等注册登记信息。Whois 查询可以通过 Web 的方式完成，已知 IP 地址可以查询该地址登记的信息，也可以查询该地址的地理位置，或者通过域名查询 IP 地址等信息。

(1) 以 "Hao7188" 网站为例，在浏览器中输入该网站的 URL 地址 https://www.hao7188.com/，在信息查询栏中输入 IP 地址，即可得到相关的查询信息，如图 5-7 所示。

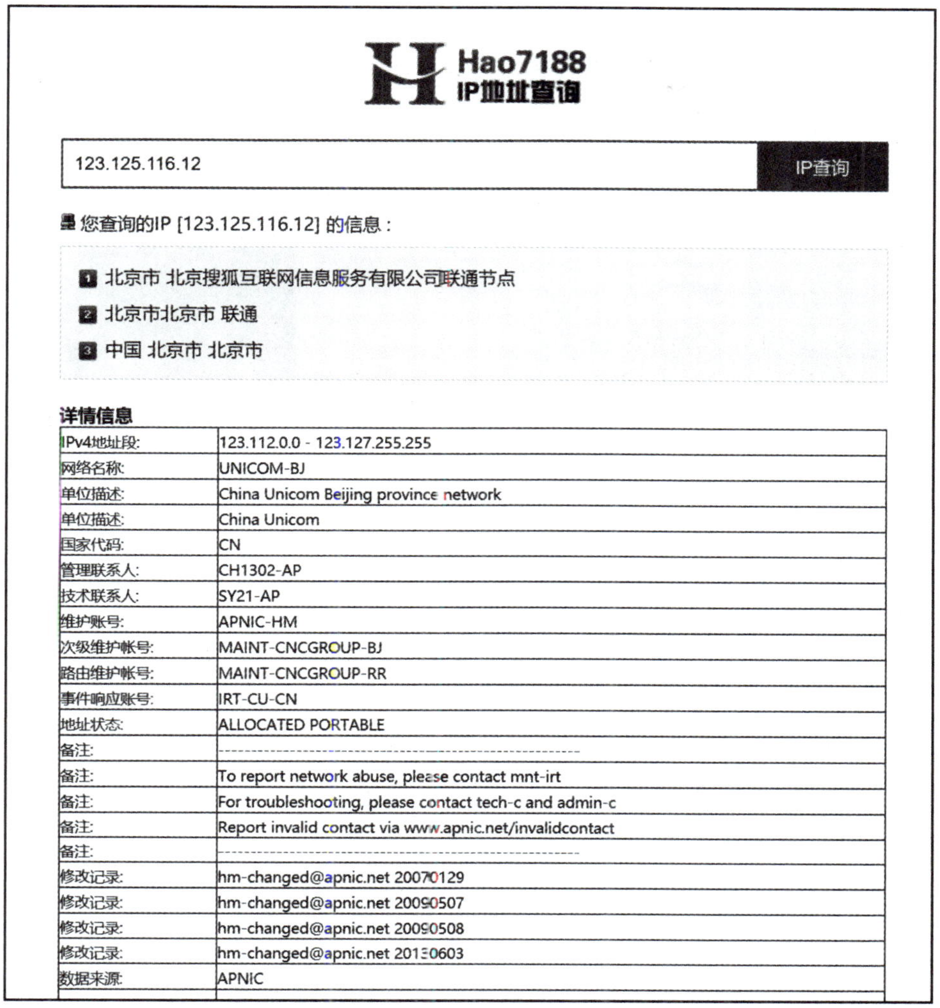

图 5-7　Whois-IP 信息查询

(2) 在浏览器中输入 http://whois.ipcn.org，即可查看 IP 地址的所属位置，如图 5-8 所示。

(3) 以阿里云的 Whois 查询为例查询域名相关信息。在浏览器中输入 https://whois.aliyun.com，在信息查询栏中输入要查询的域名，如 sohu.com，即可查询到域名对应的注册信息，如图 5-9 所示。

图 5-8　Whois-IP 地理位置查询

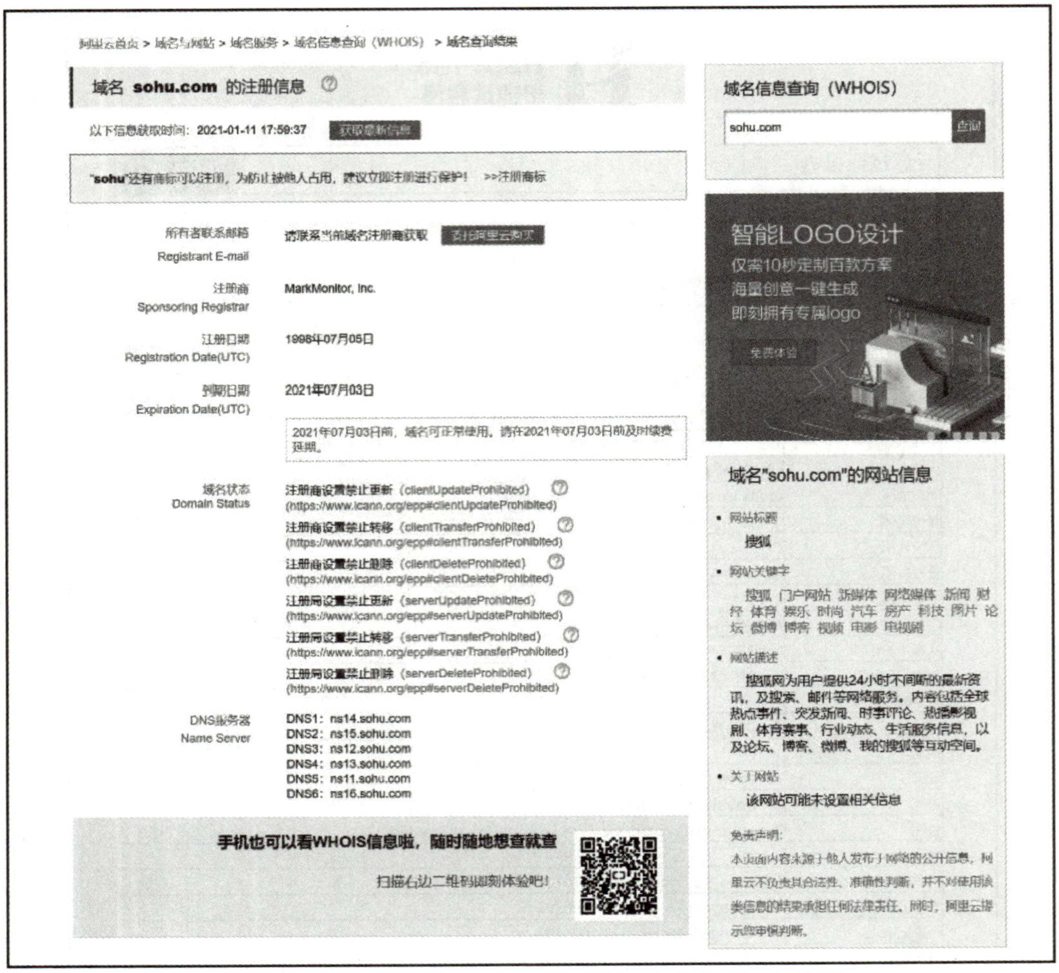

图 5-9　Whois-DNS 查询

2. 扫描器的作用

　　扫描器对于攻击者来说是必不可少的工具，同时也是网络管理员在网络安全维护中的重要工具。扫描器是系统管理员掌握系统安全状况的必备工具，是其他工具所不可替代的。例如，对于系统存在的"ASP 源代码暴露"漏洞，防火墙无法发现这些漏洞，入侵检测系统只有在检测到有人试图获取 ASP 文件源代码时才报警，而通过扫描器，可以提前发现系统的漏洞，打好补丁，做好防范。

　　扫描器的定义比较广泛，不限于一般的端口扫描（端口扫描只是扫描系统中最基本的形态和模块）和针对漏洞的扫描，还可以是针对某种服务、某个协议的扫描。扫描器的主要功能列举如下：

　　(1) 检测主机是否在线。

　　(2) 扫描目标系统开放的端口，有的还可以测试端口的服务信息。

　　(3) 获取目标操作系统的敏感信息。

　　(4) 破解系统口令。

　　(5) 扫描其他软件和系统的敏感信息。如 CGI Scanner 可以扫描 Web 服务器上的 CGI 程序漏洞，ASP Scanner 可以检测和分析 ASP(Active Server Pages) 应用程序的安全漏洞，数据库 Scanner 可以检索和查询数据等。

　　一个优秀的扫描器能检测整个系统各个部分的安全性，获取各种敏感信息，并能试图通过攻击来观察系统反应。扫描的种类和方法不尽相同，有的扫描方式甚至相当怪异，且很难被发觉，却相当有效。

3. 常用的扫描器

目前扫描器种类很多，有的在 DOS(Disk Operating System，磁盘操作系统) 下运行，有的还提供图形用户界面 (Graphical User Interface，GUI)。表 5-2 列出了一些比较知名的扫描软件。

表 5-2　知名的扫描软件

名　　称	所属公司 / 组织 / 个人	特　　点
Nmap	开源软件	用指纹技术扫描目标主机的操作系统类型，用半连接进行端口扫描；但对安装防火墙的主机扫描速度慢
X-sCan	国内安全组织 Xfocus	可以较全面地扫描 cgi 漏洞；但扫描大范围网络时会占用大量的系统资源
Nessus	Tenable Network Security	提供完整的电脑漏洞扫描服务，并随时更新其漏洞数据库，可同时在本机或远端上遥控，进行系统的漏洞分析扫描；但资源占用较大
ISS(Internet Security Scanner)	Internet Security Systems(ISS)	扫描比较全面，扫描报告形式多样，适合不同层次和管理者查看；但扫描速度较慢
ESM(Symantec Enterprise Security Manager)	Symantec	基于主机的扫描系统，管理功能比较强大；但报表功能不完善
流光 (Fluxay)	黑客小榕的作品	扫描 Windows NT 系统用户名和猜测口令，可以扫描 cgi 漏洞；但分析和报告不足
SSS(Shadow Security Scanner)	俄罗斯 Safety Lab	插件比较全面，扫描 Windows NT 系统漏洞比较出色；但资源占用较高，依赖已知漏洞

5.2.3　网络扫描

1. 使用 Nmap 扫描目标系统

目前各种端口扫描器很多，在诸多端口扫描器中，Nmap 是佼佼者，它提供了大量基于 DOS 的命令行选项，还提供了支持 Windows 系统的 GUI，能够灵活地满足各种扫描要求，而且输出格式丰富。

网络扫描　　端口扫描器 Nmap 的使用

Nmap 主要用于网络探测和安全扫描，系统管理者和个人均可使用这个软件扫描大型网络，获取某台主机正在运行及提供的服务等信息。在使用 Nmap 时，需要有 WinPcap 的支持，只有安装 WinPcap 之后，Nmap 才能正常运行。Nmap 可对多种服务进行扫描，如 UDP 扫描、TCP connect() 扫描、TCP SYN(半开扫描)、FTP 代理、反向标志、ICMP、FIN、ACK 扫描、圣诞树 (Xmas Tree)、SYN 扫描和 Null 扫描。

Nmap 支持以下 4 种最基本的扫描方式：

(1) Ping 扫描 (-sP 参数)。

-sP 可以用于查看网络上有哪些主机正在运行。Nmap 会向用户指定的网络内的每个 IP 地址发送 ICMP request 数据包，如果主机正在运行，就会做出响应。需要说明的是，ICMP 包本身是一个广播包，是没有端口概念的，只能确定主机的状态，非常适合于检测指定网段内正在运行的主机数量。Ping 扫描的使用示例如图 5-10 所示。

图 5-10　Ping 扫描的使用示例

注意： 有些站点 (如 microsoft.com) 会阻塞 ICMP echo 请求数据包，个人主机用防火墙也可以挡住 ICMP 包。因此，用 Ping 扫描并不能完全检测出主机状态。

(2) TCP connect() 扫描 (-sT 参数)。

TCP connect() 扫描是最基本的 TCP 扫描方式。connect() 是一种系统调用，由操作系统提供，用来打开一个连接。如果目标端口有程序监听，connect() 就会成功返回，否则这个端口是不可达的。TCP connect() 扫描的使用示例如图 5-11 所示。

图 5-11　TCP connect() 扫描的使用示例

(3) TCP SYN 扫描 (-sS 参数)。

因为不必全部打开一个 TCP 连接，所以 TCP SYN 扫描通常称为半开扫描。其操作原理是，发出一个 TCP 同步包 (SYN)，然后等待回应。如果对方返回 SYN-ACK 回应包，就表示目标端口正在监听；如果返回 RST 数据包，就表示目标端口没有监听程序。如果收到一个 SYN/ACK 包，源主机就会马上发出一个 RST(复位) 数据包，断开和目标主机的连接。TCP SYN 扫描的使用示例如图 5-12 所示。

图 5-12　TCP SYN 扫描的使用示例

(4) UDP 扫描 (-sU 参数)。

UDP 扫描可以用来确定哪个 UDP 端口在主机端开放。其操作原理是，发送零字节的 UDP 信息包到目标机器的各个端口，如果收到一个 ICMP 端口无法到达的回应，就说明该端口是关闭的，否则可以认为该端口是开放的。UDP 扫描的使用示例如图 5-13 所示。

图 5-13　UDP 扫描的使用示例

2. 使用 X-Scan 扫描目标系统

X-Scan 是一款综合扫描器，其扫描范围不限于端口扫描，还能够针对漏洞、某种服务、某个协议等进行扫描，甚至可以对系统密码进行扫描。X-Scan 是国内比较出名的扫描工具，完全免费，无须注册，无须安装，解压缩即可运行，且不需要额外的驱动程序支持。X-Scan 采用多线程方式对指定 IP 地址段 (或单机) 进行安全漏洞检测，支持插件功能，提供了图形界面和命令行两种操作方式。扫描内容包括远程服务类型、操作系统类型及版本、各种弱口令漏洞、后门、应用服务漏洞、网络设备漏洞、拒绝服务漏洞等 20 多个大类。X-Scan 扫描如图 5-14 所示。

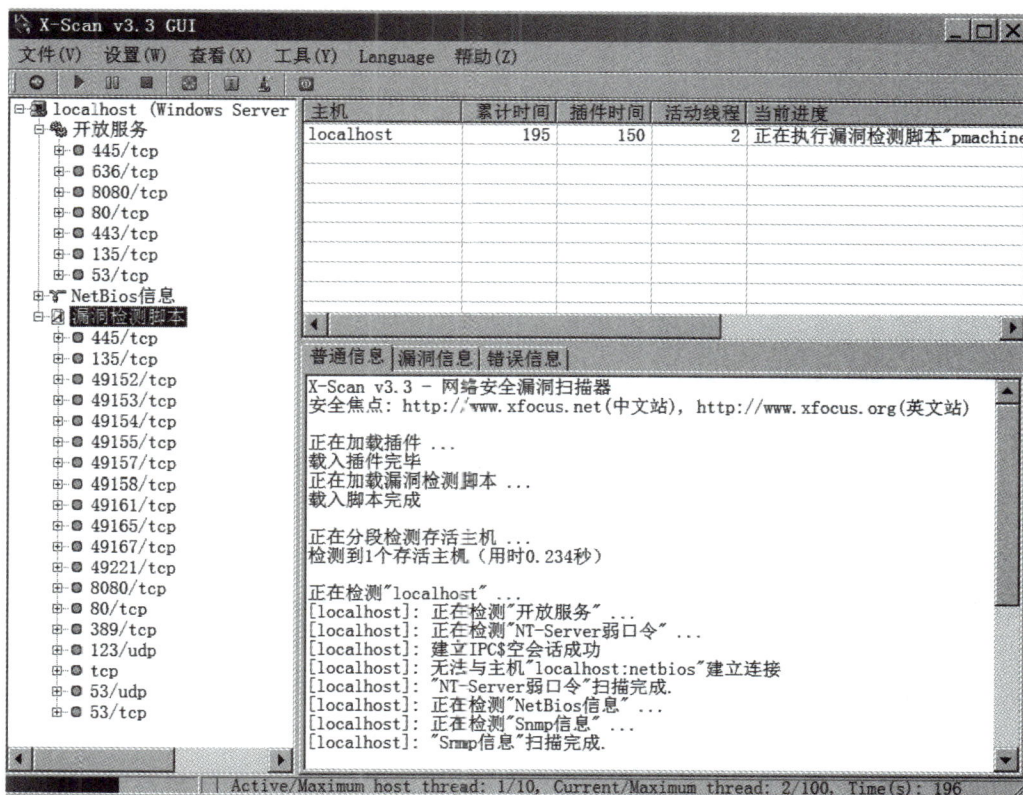

图 5-14　X-Scan 扫描

扫描完成后，X-Scan 会生成一个网页版的检测报告，如图 5-15 所示。

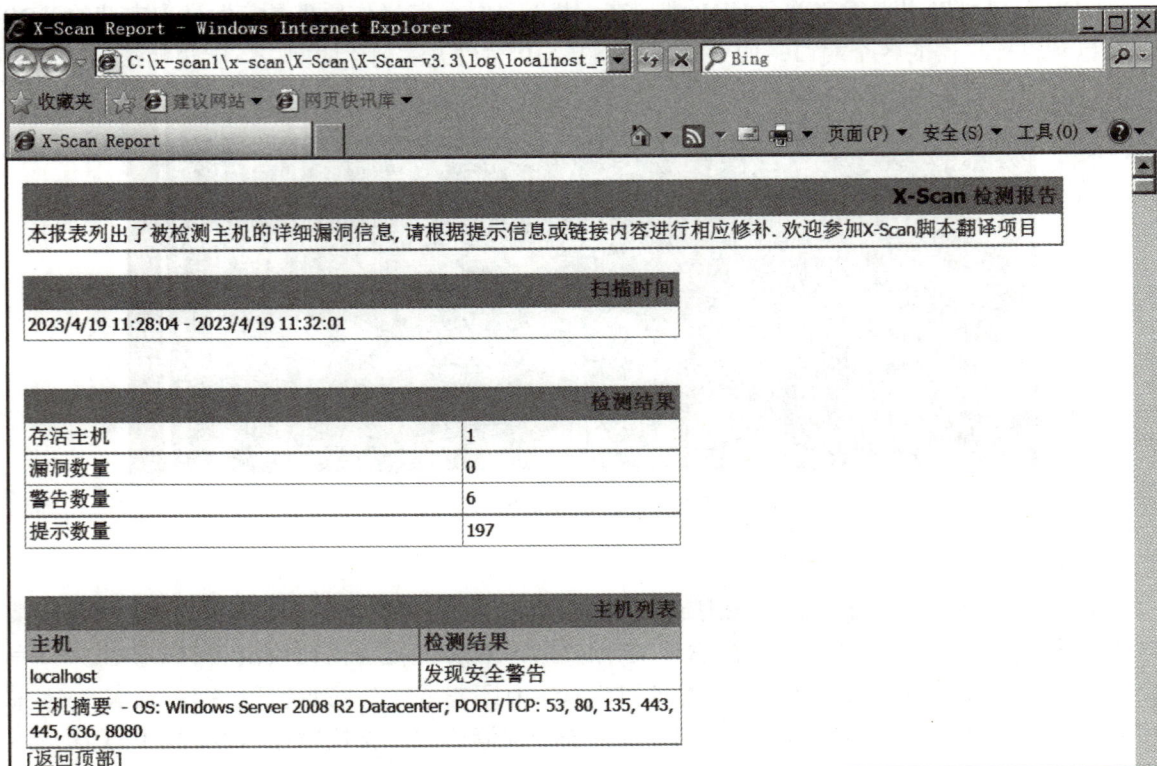

图 5-15　X-Scan 检测报告

5.3 口令破解

5.3.1 口令破解概述

现在几乎所有的系统都通过访问控制来保护自己的数据，访问控制最常用的方法就是口令保护，又称为密码保护。口令是用户最重要的一道防护门，如果口令被破解了，那么用户的信息将很容易被窃取。因此，口令破解也是黑客入侵一个系统时较常用的方法。

口令破解

一般入侵者获取用户密码口令的方法包括暴力破解、Sniffer 密码嗅探、社会工程学以及键盘记录程序等。暴力破解主要是密码匹配的破解方法，最基本的方法有两个，即穷举法和字典法。穷举法即将字符或数字按照穷举的规则生成口令字符串，进行遍历尝试，这种方法的效率很低，在口令稍微复杂的情况下，穷举法的破解速度会很慢。字典法则通过使用口令字典来尝试匹配口令。口令字典是一个很大的文本文件，可以通过自己编辑生成或者由字典工具生成，里面包含了单词或数字的组合。如果密码是一个单词或者是简单的数字组合，那么破解者就可以很轻易地破解密码。

常用的密码破解工具和审核工具有很多，如 Windows 平台的 SMBCrack、L0phtCrack、SAMInside 等。通过这些工具的使用，可以了解口令的安全性。随着网络黑客攻击技术的增强和提高，许多口令都可能被攻击和破译，这就要求用户提高对口令安全的认识。

5.3.2　Windows 系统口令破解

Windows 系统中的用户密码存放在"C:\Windows\System32\config"目录下名为 sam 的文件中，该文件只能被 Windows 系统独占打开。sam 文件中，Windows 系统用户密码的 Hash 值格式如下：

用户名称 :RID:LM-Hash 值 :NTLM-Hash 值

例如：

Administrator:500:96e95ed6bad37454aad3b435b51404ee:64e2d1e9b06cb8c8b05e42f0e6605c74:::

1. 使用 GetHashes 获取 Windows 系统用户密码的 Hash 值

GetHashes 是 InsidePro 公司早期的一款 Hash 密码获取软件，GetHashes 命令的格式如下：

GetHashes [System key file] 或者 GetHashes $Local

在目标主机 cmd 中运行如下命令，获取目标主机的 Hash 值，并将 Hash 值保存在 hashes.txt 文档中，如图 5-16 所示。

图 5-16　获取目标主机的 Hash 值

打开目标主机 C:\GetHashes 目录，查看 hashes.txt 文档，其内容为目标主机中用户密码的 Hash 值，如图 5-17 所示。

图 5-17　目标主机用户密码的 Hash 值

获取 Windows 系统用户密码的 Hash 值后，可以在攻击主机中在线破解。将 LM-Hash 值和 NTLM-Hash 值分别粘贴到网站 www.cmd5.com 的文本框中，选择 Hash 值的类型，单击【查询】，即可得到破解的密码。

在线破解 LM-Hash 值时，由于没有对应的类型选项，所以【类型】选项选择【自动】，结果如图 5-18 所示。

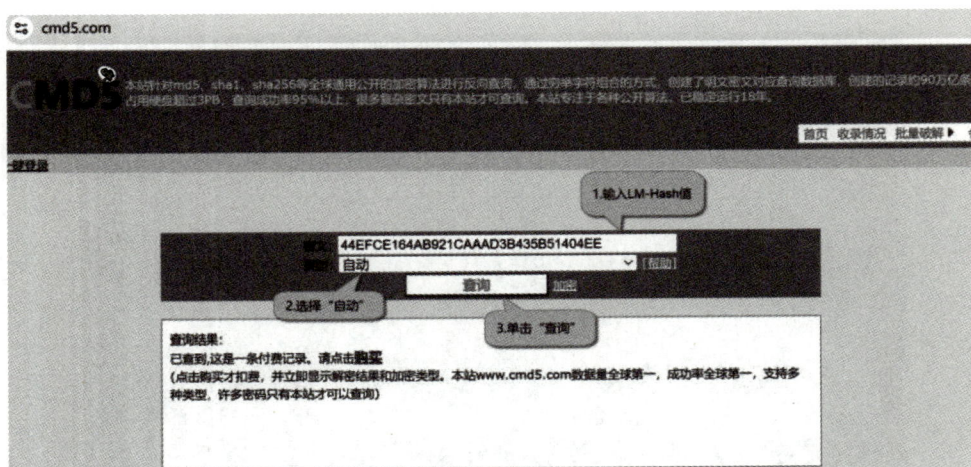

图 5-18　在线破解 LM-Hash 值

在线破解 NTLM-Hash 值时，【类型】选项选择【NTLM】，如图 5-19 所示。

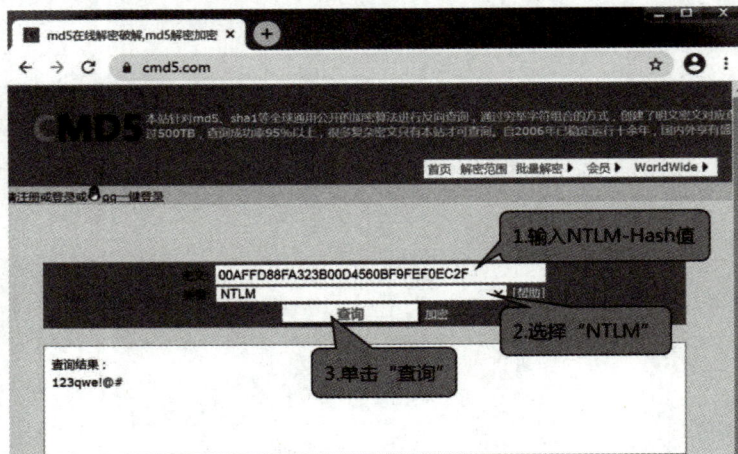

图 5-19　在线破解 NTLM-Hash 值

很多时候，对于比较长且复杂的密码，网站无法破解 Hash 值或者需要付费才能破解。此外，当 LM-Hash 值和 NTLM-Hash 值都存在时，可使用 LM-Hash 值进行破解，破解可能性会增大许多，这是因为 LM-Hash 值较 NTLM-Hash 值更容易破解。

2. 使用 SAMInside 暴力破解 Windows 系统用户密码

使用 GetHashes 获取 Windows 系统用户密码的 Hash 值后，可在 Internet 上在线进行破解。此外，还可以使用 SAMInside、L0phtCrack、Ophcrack 等著名破解工具在本地进行破解。SAMInside 为一款俄罗斯出品的 Windows 密码恢复软件，可以获取 Windows Server 2008 及以下操作系统的用户密码 Hash 值，在获取这些 Hash 值后可以通过彩虹表、字典、暴力破解等方式进行破解，进而获取系统的用户密码。

在获得目标主机的 Hash 值之后，就可以在攻击主机中运行 SAMInside 软件。首先选择【文件】→【从 PWDUMP 导入文件】或【从 *.txt 文件中导入 LM 哈希】或【从 *.txt 文件中导入 NT 哈希】，然后选择第 2 个操作中产生的 hashes.txt，最后选择工具栏中的【服务】→【Brute-force attack】，设置暴力破解密码选项。对于一些简单的密码，SAMInside 很快就能破解完毕，结果如图 5-20 所示。

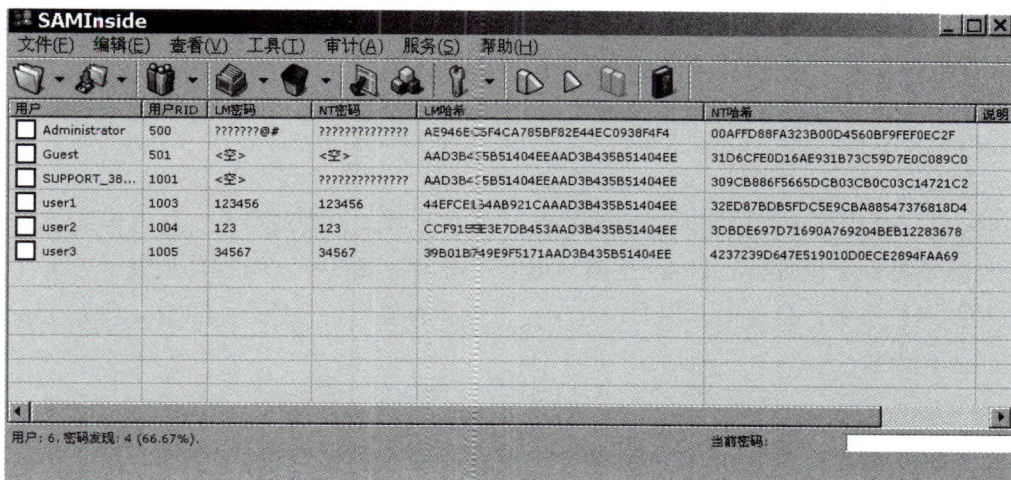

图 5-20　暴力破解密码

3. 使用字典破解 Windows 系统用户密码

采用暴力模式破解用户密码时，破解所需时间较长，如果密码长度大于 14 位，则由于没有 LM-Hash 值，将几乎不可能破解。这时采用字典破解密码是较为可行的，特别是结合了社会工程学的字典。在使用字典破解 Windows 系统用户密码时，其密码能否被破解的关键取决于破解字典是否足够强大。

使用 SAMInside 软件进行字典破解，选择字典攻击，添加字典文件，如图 5-21 所示。字典文件可以自己制作生成，也可以在网上进行下载。

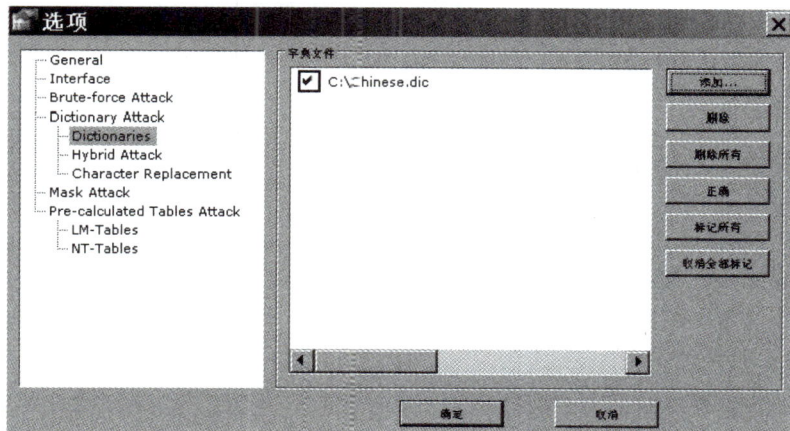

图 5-21　添加字典文件

单击 SAMInside 软件中的【开始】，进行基于字典的密码破解。如果密码是基于所添加的字典文件的，很快就能破解密码，相比暴力破解更加迅速，如图 5-22 所示。

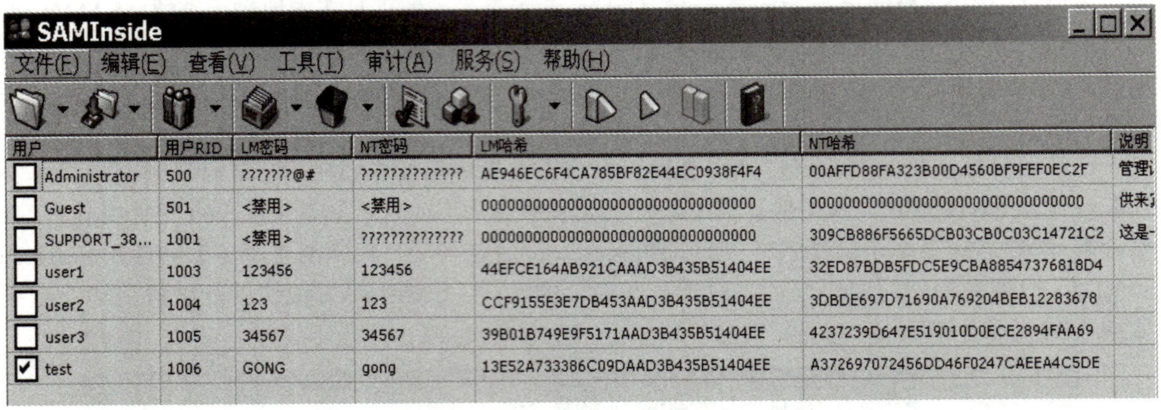

用户	用户RID	LM密码	NT密码	LM哈希	NT哈希	说明
☐ Administrator	500	???????@#	?????????????????	AE946EC6F4CA785BF82E44EC0938F4F4	00AFFD88FA323B00D4560BF9FEF0EC2F	管理
☐ Guest	501	<禁用>	<禁用>	00000000000000000000000000000000	00000000000000000000000000000000	供来
☐ SUPPORT_38...	1001	<禁用>	?????????????????	00000000000000000000000000000000	309CB886F5665DCB03CB0C03C14721C2	这是
☐ user1	1003	123456	123456	44EFCE164AB921CAAAD3B435B51404EE	32ED87BDB5FDC5E9CBA88547376818D4	
☐ user2	1004	123	123	CCF9155E3E7DB453AAD3B435B51404EE	3DBDE697D71690A769204BEB12283678	
☐ user3	1005	34567	34567	39B01B749E9F5171AAD3B435B51404EE	4237239D647E519010D0ECE2894FAA69	
☑ test	1006	GONG	gong	13E52A733386C09DAAD3B435B51404EE	A372697072456DD46F0247CAEEA4C5DE	

图 5-22　基于字典破解密码

5.3.3　Linux 系统口令破解

Linux 是广受欢迎的互联网基础设施之一，具有开源、免费的特点，并有丰富健康的生态环境和社区支持。正因如此，Linux 也成为黑客攻击的重要目标，而且其承载了大量互联网上不可或缺的基础服务，是收集、生产、处理、传输和存储有价值数据的实体。保护 Linux 安全的重要性不言而喻。

1. 使用 john 破解 Linux 系统弱口令

John the Ripper(简称 john) 是一款基于字典攻击的免费的密码破解工具，用于在已知密文的情况下尝试破解出明文，支持目前大多数加密算法，如 DES、MD4、MD5 等。它支持多种不同类型的系统架构，包括 Unix、Linux、Windows、DOS 模式、BeOS 和 OpenVMS，并且大多数系统中的用户口令都是经过加密的，因此 john 可以用来破解系统用户口令。

Kali 中的 john 软件有两种，分别是 john 和 johnny。john 是命令行界面，johnny 是图形用户界面。命令行界面能够实现更多的功能，因此本次任务使用命令行界面，命令格式如下：

```
john [options] [password-files]
```

其中：options 为选项，john 的常用选项如表 5-3 所示；password-files 为要破解的密码文件。

表 5-3　john 的常用选项

选　项	说　明
--single[=SECTION[...]]	简单破解模式，专门针对使用"账号"作为密码的情况
--wordlist[=FILE]	字典破解模式,FILE 指定了字典文件,从 FILE 中读取单词进行破解。后接 "--stdin" 表示从标准输入端读取单词，后接 "--pipe" 表示批量读取，并允许规则
--incremental[=MODE]	增强破解模式，自动尝试将所有可能的字符组合当作密码来破解，即使用穷举法来进行破解。/usr/share/john/john.conf 文件中的 [Incremental:******] 部分定义了许多种 "破解程序模块" MODE，可以选择一种来进行破解
--external=MODE	外部破解模式，让使用者将用 C 语言编写的一些 MODE 挂在 john 里面来使用。MODE 在 /usr/share/john/john.conf 文件中的 [List.External:******] 部分，可以根据需要选择使用

续表

选　项	说　明
--encoding=NAME	输入编码（例如，UTF-3，ISO-8859-1）
--restore[=NAME]	继续上次的破解工作。用户在 john 执行密码破解的过程中，可以按下"Ctrl + C"键中断工作,当前的破解进度会被存放在一个名为 restore 的文件中。使用"--restore"参数可读取上次中断的位置，继续进行破解。如果之前有多个中断，则通过 NAME 加以区分
--session=NAME	设置当前破解进程的名字，以便在使用"--restore"时可以区分不同的破解进程
--status[=NAME]	显示 NAME 所代表的那个破解进程当前的状态
--show[=left]	显示当前已经破解出的密码。如果加上"=left"，则显示当前未破解的密码
--users=[-]LOGIN|UID[...]	只破解某些账号的密码。LOGIN 代表账号名，UID 代表账号的 UID 值，若使用"-"，则代表不破解某些账号的密码
--groups=[-]GID[...]	只破解某些组内账号的密码。若使用"-"，则代表不破解某些组内的账号密码

使用 john 破解 Linux 系统口令的过程如下：

(1) 准备好系统口令文件。把 CentOS 中 /etc/shadow 文件的内容读取到一个 password 文件中，并复制到 Kali 中，如图 5-23 所示。

图 5-23　读取 /etc/shadow 文件

(2) 在 Kali 中准备好口令字典文件 pass.txt，如图 5-24 所示。

图 5-24　口令字典文件

(3) 对口令文件进行破解，如图 5-25 所示。

图 5-25　使用 john 破解 Linux 系统口令

2. 使用 hydra 破解 SSH 口令

hydra 是一个支持多种网络服务的快速网络登录破解工具，常用于 SSH、FTP、POP3、SMB 等密码的渗透测试。

Kali 中的 hydra 软件有两种，分别为 hydra 和 hydra-gtk。hydra 为命令行界面，hydra-gtk 为图形用户界面。命令行界面能够实现更多的功能，因此本次任务使用命令行界面，命令格式如下：

> hydra [options] [service://server[:PORT][/OPT]]

其中：options 为选项，hydra 的常用选项如表 5-4 所示；service 是要破解的服务类型，常见的有 SSH、FTP、POP3、SMB 等；server 是要破解的服务器的 IP 地址或域名；PORT 是服务对应的端口号，如果服务没有使用默认端口号，在此需要指明所使用的端口号；OPT 是可选项，用于一些服务需要的额外参数。

表 5-4　hydra 的常用选项

选　项	说　明
-l LOGIN | -L FILE	使用 LOGIN 所代表的用户名来登录，或者使用 FILE 文件中列出的用户名来登录
-p PASS | -P FILE	使用 PASS 所代表的密码来破解，或者使用 FILE 文件中列出的密码来破解
-C FILE	使用 FILE 文件中的用户名和密码来破解，FILE 文件格式为"用户名：密码"，该选项可以代替 -L 和 -P
-M FILE	FILE 文件列出要攻击的服务器，每行一个服务器，如果需要指明端口号，在服务器名后加"："，再列出端口号
-t TASKS	同时运行的线程数，默认为 16
-w TIME	设置最大超时的时间，单位为 s，默认是 30 s

使用 hydra 破解 SSH 口令的过程如下：

(1) 使用 hydra 破解 SSH 口令时，需准备好用户名文件和口令字典文件，如图 5-26 所示。对于用户名文件，可以使用社会工程学攻击方式对目标主机可能的用户名进行猜测。

图 5-26　用户名文件和口令字典文件

(2) 破解目标主机的 SSH 口令，如图 5-27 所示。经过破解，可得到两个登录 SSH 服务的用户名和口令。

图 5-27　使用 hydra 破解登录 SSH 服务的用户名和口令

5.3.4　口令破解的防范

1. Windows 系统用户密码破解的防范

从黑客破解 Windows 系统用户密码的原理和工具可以得知，设置强度高的密码是防范 Windows 系统用户密码破解的关键。Windows 系统用户密码破解的防范措施如下：

(1) 保证计算机的物理安全，为计算机设置开机登录密码等，尽量不让他人接触到个人计算机，防止他人删除或修改 Windows 系统用户及密码。

(2) 在计算机上安装反病毒软件，防止他人在计算机上植入木马并控制计算机而获取 Windows 系统用户密码的 Hash 值。

(3) 由于 LM-Hash 值比 NTLM-Hash 值要脆弱得多，15 位以下的密码同时具有 LM-Hash 值和 NTLM-Hash 值时，黑客可以通过 LM-Hash 值破解密码。因此，可以修改注册表，只存放 NTLM-Hash 值，在注册表编辑器的 HKEY_LOCAL_MACHINE\SYSTEM\CurrentControlSet\Control\Lsa 下，添加名为【nolmhash】的 DWORD 值并设置为 1，如图 5-28 所示。完成后重新启动计算机使配置生效。

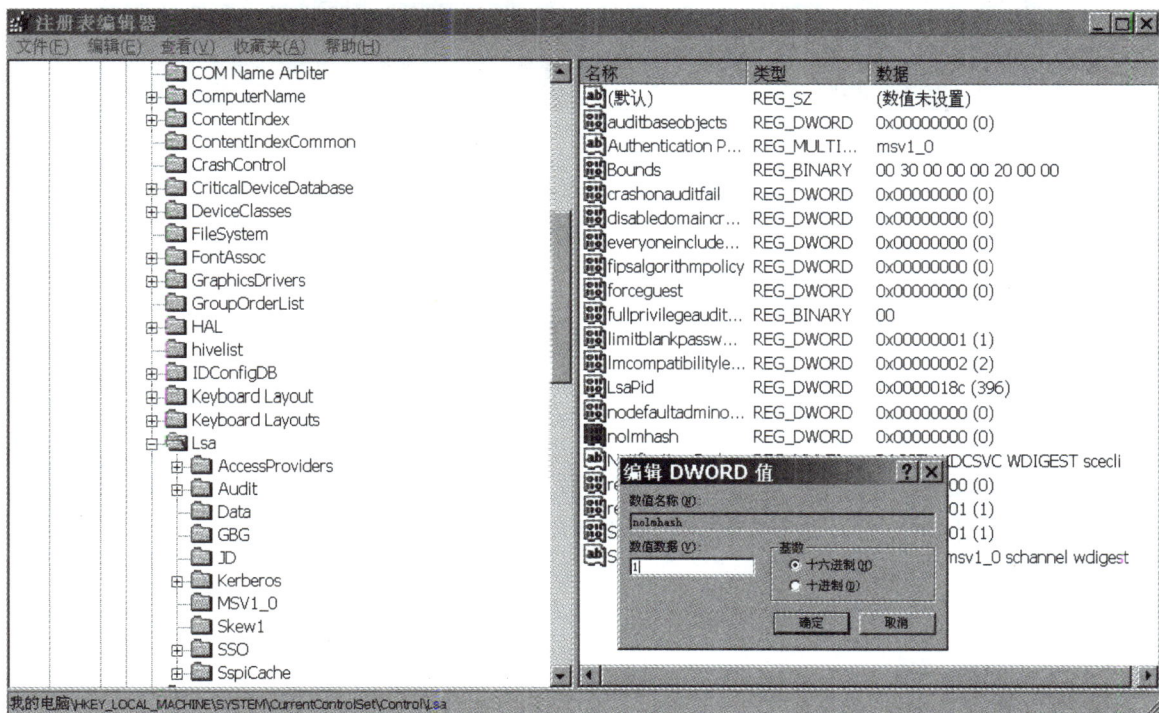

图 5-28　添加名为【nolmhash】的 DWORD 值并设置为 1

(4) 使用满足复杂性要求的密码，密码应包括数字、大小写字母、特殊字符，且数字最好放置在中间，位数为 10 位以上；还要定期更换密码，且避免使用不久前用过的密码。

(5) 如有条件，可以使用 Hash Generator 软件计算出自己所设密码的 NTLM-Hash 值，并使用破解方法进行测试，检查其是否会被破解。

2. Linux 系统口令破解的防范

Linux 系统口令破解的防范可以通过设置系统口令策略来完成，如修改最短口令长度要求、口令老化时间等。例如，Linux 系统默认最短口令长度为 5 个字符，这个长度不足以保证口令的健壮性，可以改为最短为 7 个字符，还可修改口令的最长有效时限为 90 天，口令最短使用时限为 1 天，并且在口令失效前 5 天提醒用户修改口令。具体实现步骤如下：

(1) 查看系统口令策略设置，如图 5-29 所示。

```
[root@CentOS ~]# cat /etc/login.defs|grep PASS
#       PASS_MAX_DAYS   Maximum number of days a password may be used.
#       PASS_MIN_DAYS   Minimum number of days allowed between password changes.
#       PASS_MIN_LEN    Minimum acceptable password length.
#       PASS_WARN_AGE   Number of days warning given before a password expires.
PASS_MAX_DAYS   99999
PASS_MIN_DAYS   0
PASS_MIN_LEN    5
PASS_WARN_AGE   7
```

图 5-29   查看系统口令策略设置

(2) 修改系统口令设置策略。打开 /etc/login.defs 文件，修改内容如图 5-30 所示。

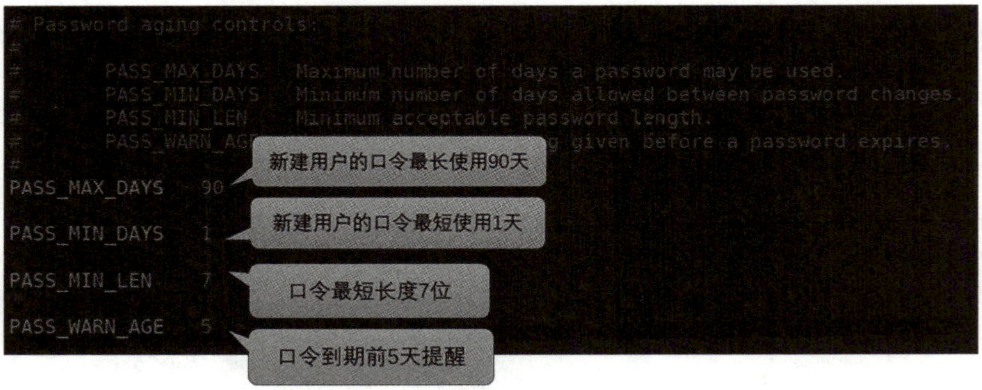

图 5-30   修改系统口令设置策略

5.4   网络嗅探

5.4.1   网络嗅探概述

网络嗅探 (Network Sniffer)，又叫网络监听，是黑客在局域网中常用的一种攻击技术。网络嗅探攻击利用计算机网络接口截获其他计算机的数据报文，并加以分析，从而获得一些敏感信息。网络嗅探软件原来是网络管理员使用的一种工具软件，用来监视网络流量、状态和数据等信息。但在黑客手中，网络嗅探软件则变成了一个攻击工具。

网络嗅探

1. 网络嗅探的基本原理

网络嗅探的基本原理就是让网卡接收一切能接收的数据。

网卡工作在数据链路层，在数据链路层上，数据是以帧 (Frame) 为单位传输的。帧由几部分组成，其中帧头包括数据的目的 MAC 地址和源 MAC 地址。网卡驱动程序将用户要发送的数据以及源 MAC 地址和目的 MAC 地址打包成帧，并将其通过网卡发送到网络中。网络中的其他主机在收到该帧后，根据目的 MAC 地址，判断此帧是否是发给自己的。如果目的 MAC 地址为自己的 MAC 地址，则通知 CPU 接收该帧，否则丢弃该帧。这是一般网卡的工作模式。

网卡还有另一种工作模式，称为"混杂"(Promiscuous) 模式。此时，网卡并不关心所接收到的帧的目的 MAC 地址是否是自己的 MAC 地址，所有帧会被全部接收。这就为网络嗅探提供了便利条件。

网络嗅探能够实现的另一个条件是使网络中的数据全部到达嗅探者的主机。这里分三种情况来讨论。

(1) 共享式网络环境中。如果一个局域网络是一个共享式网络，例如使用集线器 (Hub) 来连接的网络，那么根据共享式网络的工作原理，从一台主机发送的数据包会发往其他所有端口的主机，当然也包括嗅探者的主机，如图 5-31 所示。正常的计算机网卡在接收到目的 MAC 地址不属于自身的数据包后，都会丢弃该数据包。而嗅探者的计算机网卡处于"混杂"模式，因此，在共享式网络中，无须采取特别措施，就能在一台计算机上嗅探到其他计算机上的数据。这种嗅探是被动式的，被嗅探者无法发现。

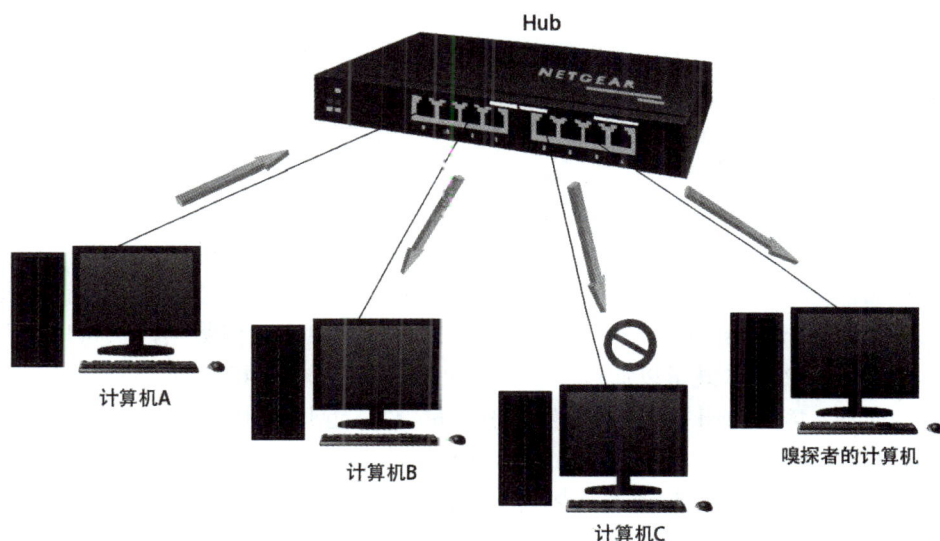

图 5-31　共享式网络环境中的嗅探

(2) 交换式网络环境中。正常情况下，使用交换机组建的网络中，交换机只会把数据帧发往接收者所在的端口，因此，其他端口的主机都无法接收到数据，嗅探者也无法实现嗅探，如图 5-32 所示。

然而，攻击者可以采取一些措施使交换机把数据发往嗅探者的计算机。例如，采用 MAC 泛洪攻击，使得交换机像 Hub 一样工作，这样嗅探者就能够接收到其他端口发过来的数据；也可以使用 ARP 欺骗技术，使得用户主机误以为嗅探者的计算机是网关，从而在需要把数据发往网关时，将数据转发给嗅探者的计算机。

(3) 交换机端口镜像。如果是合法的嗅探，嗅探者是交换机的管理员，则可以在交换机上配置端口镜像，把需要嗅探的端口的数据镜像到嗅探器所在的端口。部署入侵检测系统 (IDS) 时，通常采用的就是端口镜像技术。

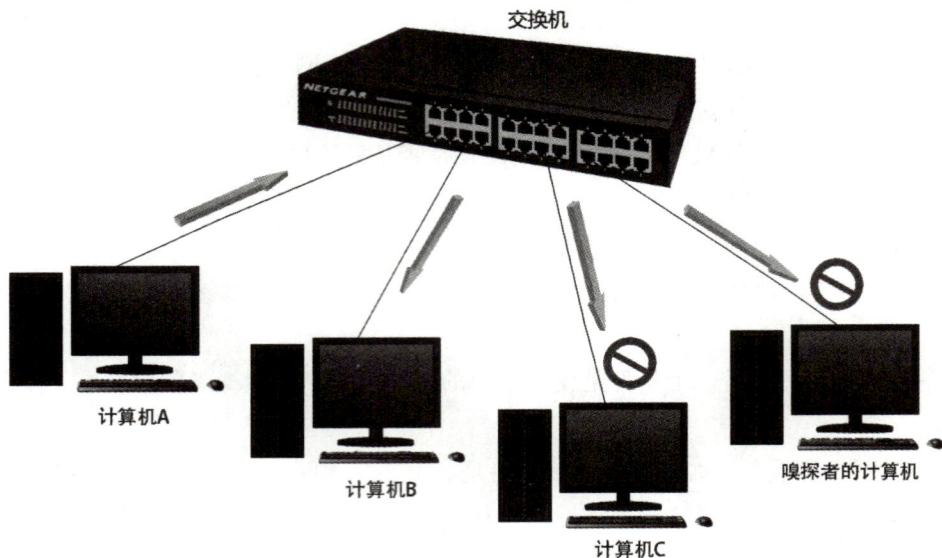

图 5-32　交换式网络环境中的数据传输

2. 网络嗅探工具

硬件的网络嗅探工具一般都比较昂贵，功能非常强大，可以捕获网络上所有的传输，并且可以重新构造各种数据包。软件的网络嗅探工具有 Sniffer Pro、Wireshark、Net monitor 等，其优点是物美价廉，易于学习使用；缺点是无法捕获网络上所有的传输，某些情况下无法真正了解网络的故障和运行情况。下面介绍几种常用的网络嗅探工具。

(1) Sniffer Pro。Sniffer Pro 是美国网络联盟公司出品的网络协议分析软件，支持各种平台，性能优越。Sniffer Pro 可以监视所有类型的网络硬件和拓扑结构，具备出色的检测和分辨能力，能智能地扫描从网络上捕获的信息以检测网络异常现象，应用用户定义的试探式程序自动对每种异常现象进行分类，并给出一份警告、解释问题的性质和提出建议的解决方案。

(2) Wireshark。Wireshark(2006 年夏天之前叫 Ethereal) 是一款开源的网络协议分析器，可以运行在 Linux 和 Windows 上。Wireshark 既可以实时检测网络通信数据，也可以检测其捕获的网络通信数据快照文件；既可以通过图形界面浏览这些数据，也可以查看网络通信数据包中每一层的详细内容。Wireshark 原本是一款网络管理软件，近几年才被黑客利用。

(3) Cain&Abel。Cain&Abel 是一款 Windows 平台口令破解工具。它能通过网络嗅探很容易地恢复多种口令，能使用字典破解加密的口令，能暴力破解口令，支持对 VoIP(IP 电话) 谈话内容进行录音，也可以解码编码化的口令，获取无线网络密钥，恢复缓存的口令，分析路由协议等。Cain & Abel 包含两个程序：Cain 是图形界面主程序，Abel 是后台服务程序。该工具在黑客工具排行榜中名列前茅。

(4) Net monitor。Net monitor 是 Microsoft 自带的网络监视器，可捕获过滤器和触发器、实时监视统计和显示过滤器，包括依据协议属性而进行的过滤。Net monitor 界面与 Sniffer Pro、Wireshark 的界面相似，但其功能远比不上这两者。

(5) EffeTech HTTP Sniffer。EffeTech HTTP Sniffer 是一款针对 HTTP 进行嗅探的 Sniffer 工具，专门用来分析局域网中的 HTTP 数据传输封包，可以实时分析出局域网中所传送的 HTTP 资料封包。这个软件的使用相当简单，只要单击【开始】按钮，就开始记录 HTTP 的请求和回应信息。单击每个嗅探到的信息，就可以查看详细的提交和回应信息。

(6) Iris The Network Traffic Analyzer。Iris The Network Traffic Analyzer 是网络流量分析监测工具，可以帮助系统管理员轻易地捕获和查看用户的使用情况，同时检测到进入和发出的信息流，会自动地进行存储和统计，便于查看和管理。

5.4.2　利用 Wireshark 进行网络嗅探

1. Wireshark 的使用方法

不同版本的 Wireshark 界面略有差别，在此我们以 Wireshark 1.12.4 为例介绍它的使用方法。

(1) 抓取数据包。选择【Capture】菜单中的【Interfaces】菜单项，弹出【Capture Interfaces】对话框，选择此次抓取数据包所使用的网络接口设备 (即网卡)，然后单击【Start】按钮开始抓包，如图 5-33 所示。抓包结束后，单击工具栏中的停止图标可以停止抓包，如图 5-34 所示。

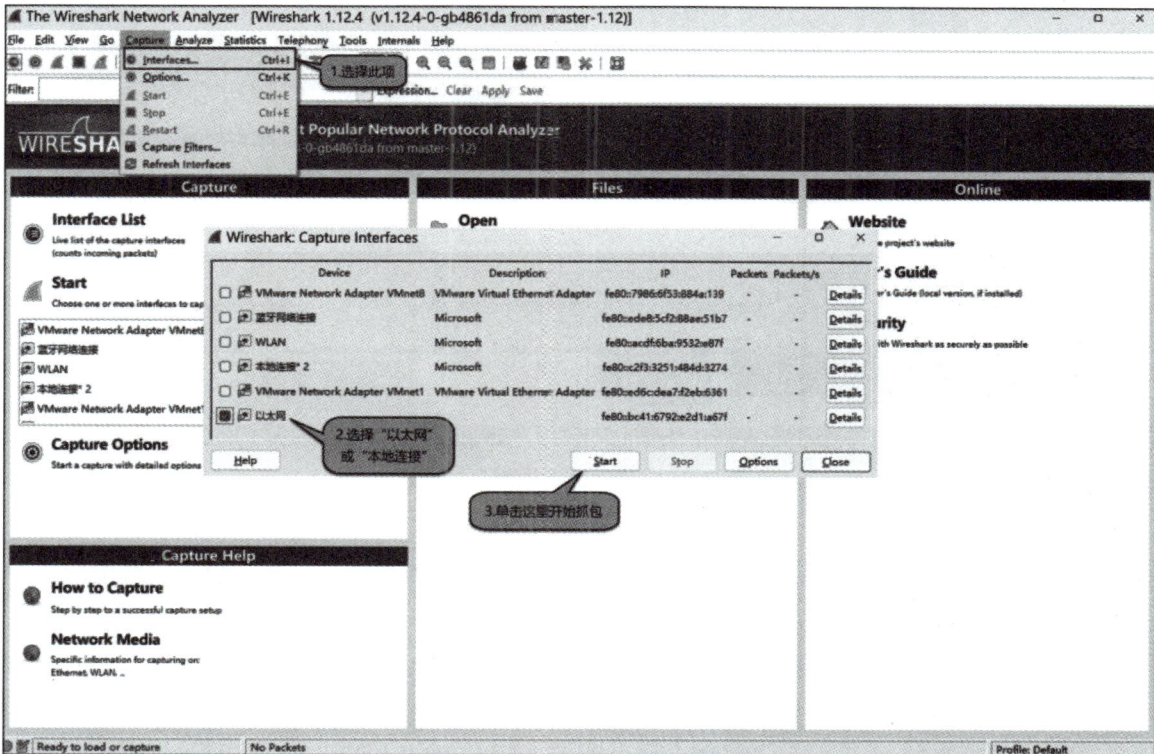

图 5-33　Wireshark 开始抓包

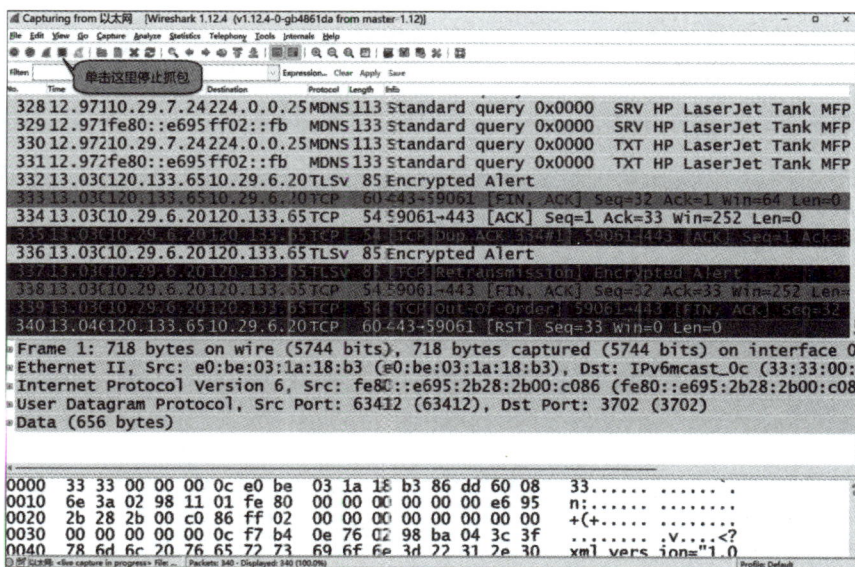

图 5-34　Wireshark 停止抓包

(2) 分析数据包。Wireshark 的数据窗口分为三部分，自上而下分别为数据包统计、协议分析和具体数据,如图 5-35 所示。数据包统计部分中每行代表一个数据包。在进行数据包分析时,在数据包统计部分中选择一个数据包,协议分析部分将列出该数据包的所有协议,自上而下代表每一层的协议。点击其中一层的协议,在具体数据部分将列出该协议的二进制数据。

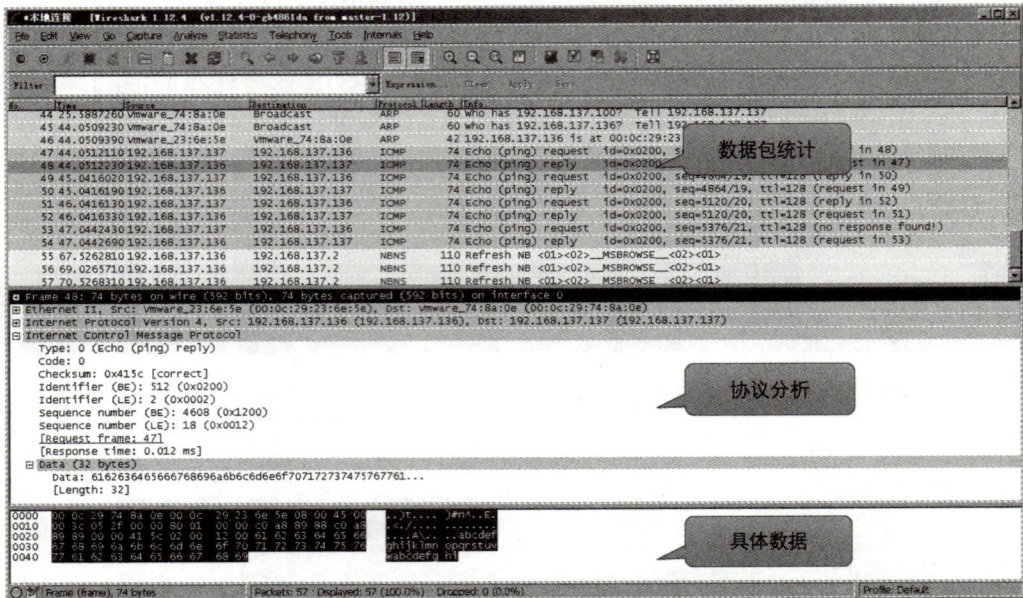

图 5-35 Wireshark 数据包分析

(3) 过滤数据。Wireshark 能够捕捉网络中的所有数据包,大量的数据包反而会影响对特定数据包的分析。因此,如果希望 Wireshark 只捕捉我们想要的数据包,或者想从大量的数据包中找出符合要求的数据包,则需要过滤器。

Wireshark 的过滤器分为捕获过滤器和显示过滤器两种。

① 捕获过滤器。在启动抓包前,设置过滤条件,可以减少捕获数据包的数量。如图 5-36 所示,单击【Capture】菜单的【Options】菜单项,打开【Capture Options】对话框,单击【Capture Filter】按钮选择一些简单的过滤条件,或者在后边的文本框中输入条件表达式来设置过滤条件。

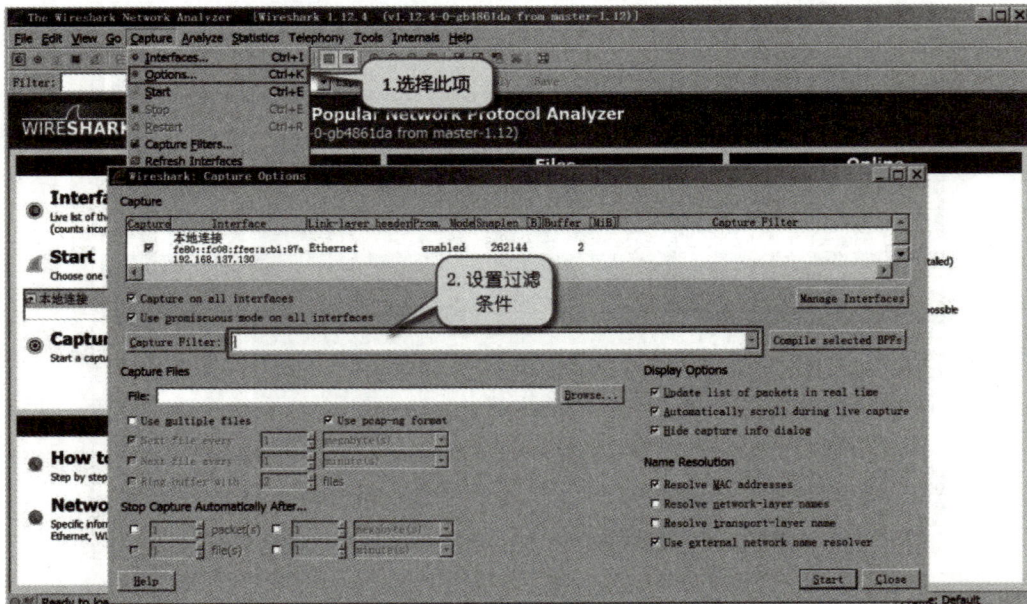

图 5-36 Wireshark 设置过滤条件

捕获过滤器的条件表达式语法格式如下：

Protocol　Direction　Host　Value　Logical operations　Other expression

Protocol(协议) 主要包括 ether、ip、arp、rarp、icmp、tcp、udp 等。

Direction(方向) 主要包括 src、dst、src and dst、src or dst 等。

Host(主机) 主要包括 net、port、host、port range 等。

如果有多个条件表达式，可以使用 Logical operations(逻辑运算符) 将多个表达式连接。Other expression 代表其他的条件表达式，其格式与前面的表达式相同。逻辑运算符主要包括 not、and、or。not 具有最高优先级，or 和 and 具有相同的优先级，运算时从左至右进行。

② 显示过滤器。经过捕获过滤器过滤后的数据还是很复杂，这时可以使用显示过滤器进行更加细致的查找，如图 5-37 所示。它的功能比捕获过滤器更为强大，而且在修改过滤条件时，并不需要重新捕获一次，因为它是在已经捕获的数据中对符合条件的数据进行查找的。

图 5-37　Wireshark 的显示过滤器

显示过滤器使用起来比捕获过滤器更加方便。可以单击【Expression】按钮，打开如图 5-38 所示的【Filter Expression】对话框。在左侧栏中选择要过滤的数据的协议类型，中间栏中选择关系运算符，右边栏根据需要输入相应的值，即可设置过滤条件。

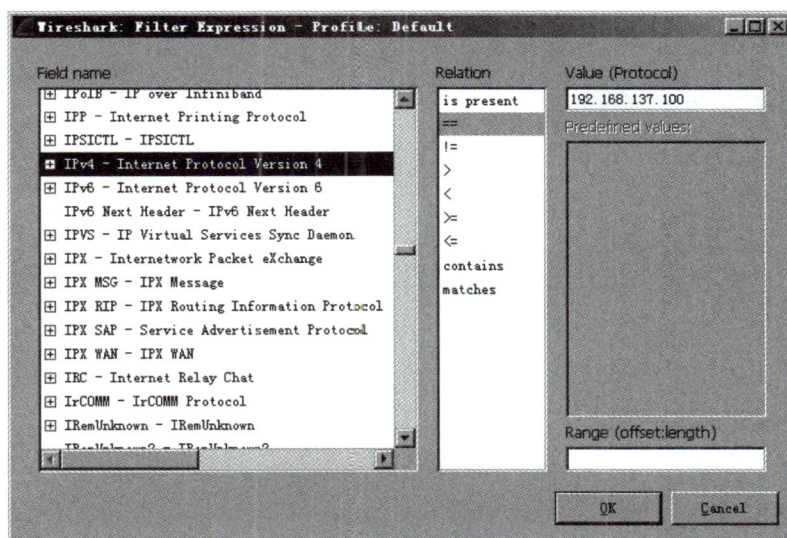

图 5-38　Wireshark 的【Filter Expression】对话框

也可以在【Filter】后面的文本框中输入过滤表达式。显示过滤器的条件表达式语法格式如下：

Protocol.String　Comparison operator　Value　Logical operations　Other expression

Protocol(协议) 包括 OSI 模型第 2 层至第 7 层大量的协议，在【Filter Expression】对话框中可以看到所支持的协议。

String(子串) 是协议所支持的子类，根据协议的不同内容各不相同。在【Filter Expression】

对话框中点击每一个协议左边的【+】号，可以看到其所支持的子类。

Comparison operator(比较操作符)包括"=="">"!="">""<"">="">"<="六种比较运算符和"contains""matches"两种模糊比较运算符。

如果有多个条件表达式，可以使用 Logical operations(逻辑运算符)将多个表达式连接。Other expression 表示其他表达式，其格式与前面的表达式相同。逻辑运算符包括"and"和"or"两种。

如果表达式语法正确，Filter 栏背景色将变为绿色，并在数据窗口显示符合过滤条件的数据包；如果表达式语法错误，Filter 栏背景色将变为红色，并会弹出错误提示信息，数据窗口也不会显示对应条件的数据包。

2. 使用 Wireshark 嗅探用户登录 FTP 服务器的用户名和密码

(1) 在嗅探者的计算机上运行 Wireshark 软件。在打开的 Wireshark 软件中选择【Capture】菜单的【Interfaces】菜单项，如图 5-39 所示。

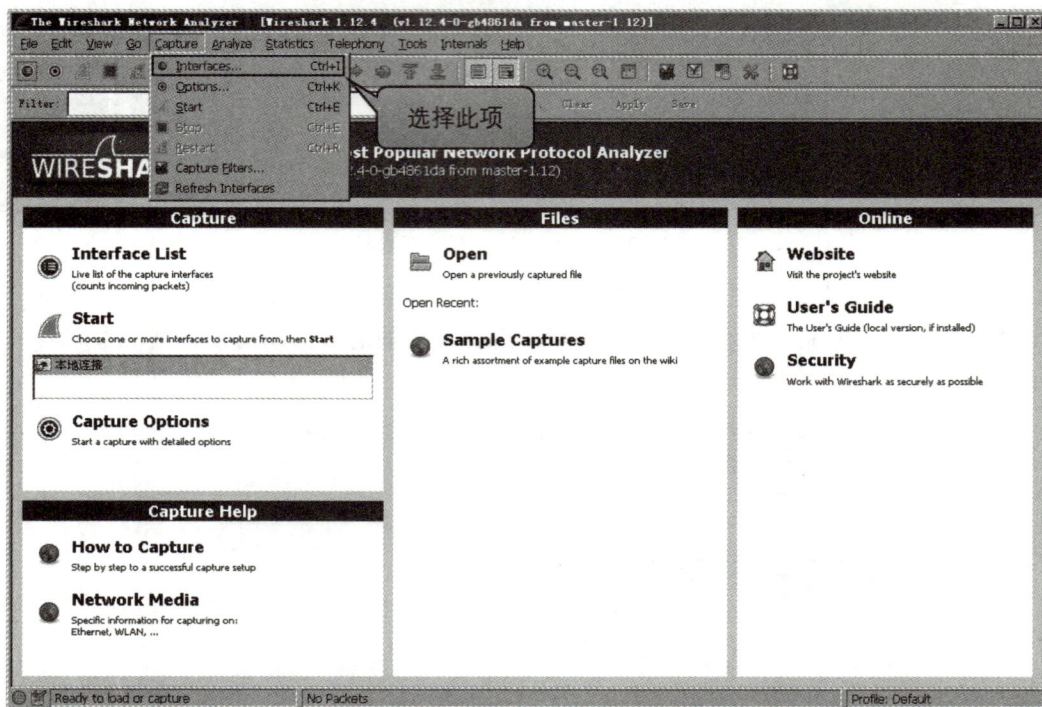

图 5-39　选择【Capture】菜单的【Interfaces】菜单项

(2) 在打开的【Capture Interfaces】对话框中，选择嗅探所使用的网络接口设备(即网卡)，然后单击【Start】按钮开始嗅探，如图 5-40 所示。

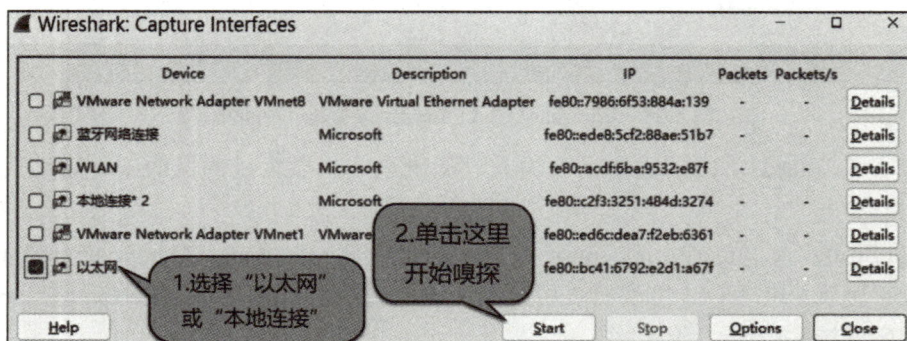

图 5-40　选择嗅探所使用的网卡

(3) 在 FTP 客户端登录 FTP 服务器，如图 5-41 所示。

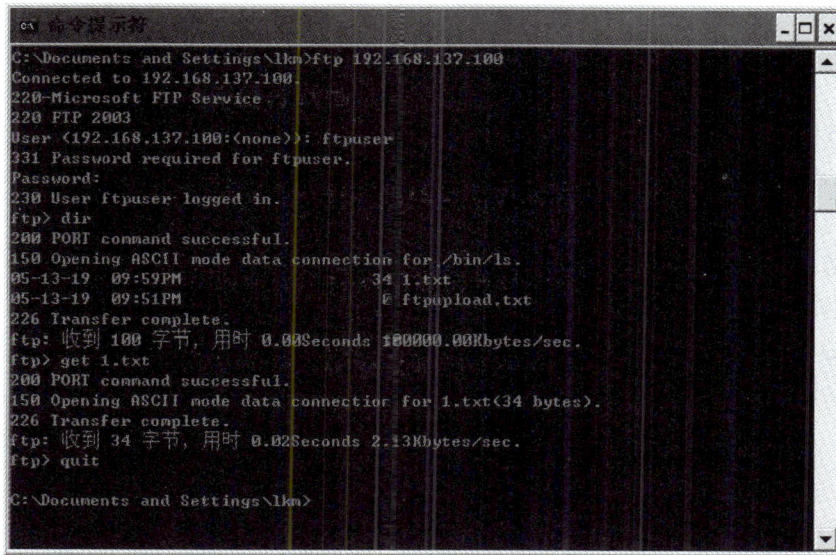

图 5-41　在 FTP 客户端登录 FTP 服务器

(4) 在 Wireshark 中单击停止图标，并开始分析数据包，如图 5-42 所示。

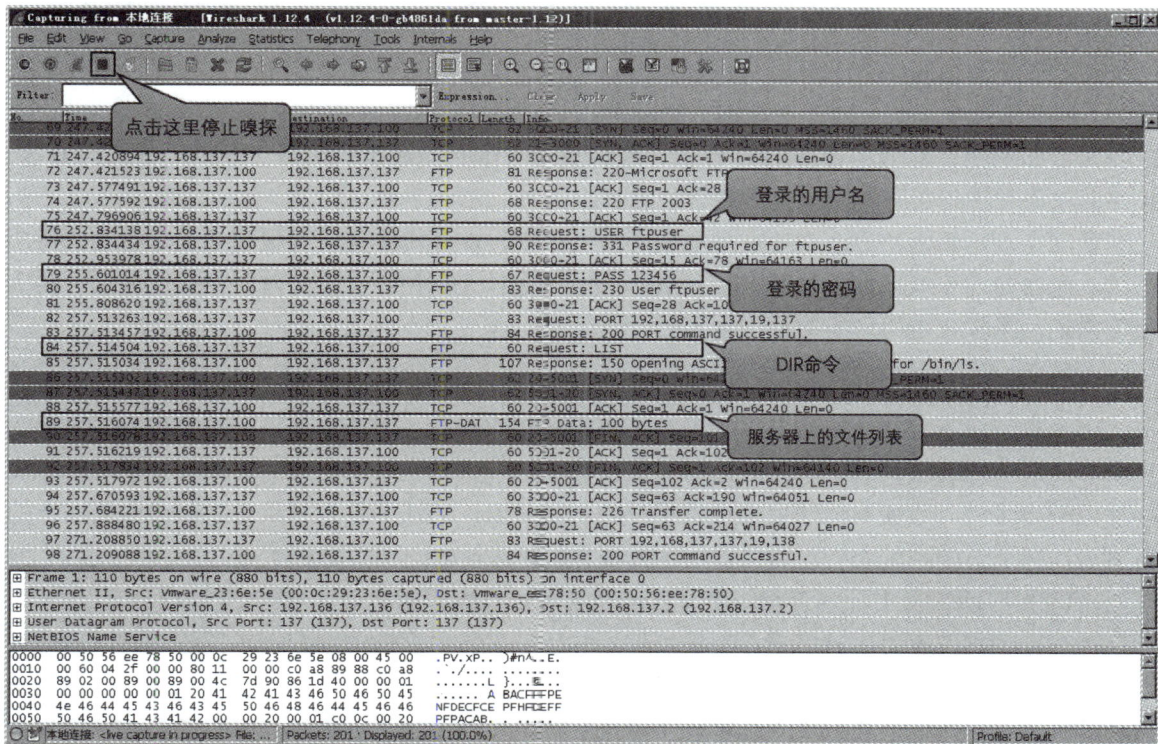

图 5-42　分析数据包

5.4.3　网络嗅探的检测与防范

网络嗅探的一个前提条件是将网卡设置为混杂模式，因此，通过检测网络中主机的网卡是否运行在混杂模式下，可以发现正在进行网络嗅探的嗅探器。著名的黑客团队 L0pht 开发的 AntiSniff 就是一款能在网络中检测与识别嗅探器的工具软件。

为了防范网络嗅探行为，应该尽量避免使用明文传输口令等敏感信息，而是使用网络加密机制，例如用 SSH 协议代替 Telnet 协议。这样就算攻击者嗅探到数据，也无法获知数据的真实信息。

另外，由于在交换式网络中，攻击者除非借助 ARP 欺骗等方法，否则无法直接嗅探到别人的通信数据。因此，可采用安全的网络拓扑，尽量将共享式网络升级为交换式网络，并通过划分 VLAN 等技术手段将网络进行合理的分段，这也是有效防范网络嗅探的措施。

防范网络嗅探的具体措施包括以下几个方面：

(1) 不要使用集线器组建网络。

(2) 在交换机上防范 MAC 泛洪攻击。

(3) 防范中间人攻击。

(4) 企业服务器使用加密协议。在 HTTP 协议、非匿名登录的 FTP 协议上使用 SSL 协议，使用 SSH 协议代替 Telnet 协议。

5.5 DoS 攻击

5.5.1 DoS 攻击概述

1. DoS 攻击的定义

拒绝服务 (Denial of Service，DoS) 攻击从广义上讲可以指任何导致网络设备 (包括服务器、防火墙、交换机、路由器等) 不能正常提供服务的攻击，

DoS 攻击

现在一般指的是针对服务器的 DoS 攻击。这种攻击可能是网线被拔下或者网络的交通堵塞等，最终的结果是正常用户不能使用所需要的服务。

从网络攻击的各种方法和所产生的破坏情况来看，DoS 攻击是一种很简单又很有效的进攻方式。尤其是对于互联网服务提供商 (ISP)、电信部门，还有 DNS 服务器、Web 服务器、防火墙等来说，DoS 攻击的影响都是非常大的。

2. DoS 攻击的目的

DoS 攻击通常是利用传输协议的漏洞、系统存在的漏洞、服务的漏洞，对目标系统发起大规模的进攻，用超出目标处理能力的海量数据包消耗可用系统资源、带宽资源等，或造成程序缓冲区溢出错误，致使其无法处理合法用户的正常请求，无法提供正常服务，最终致使网络服务瘫痪，甚至引起系统死机。这是破坏攻击目标正常运行的一种"损人不利己"的攻击手段。

最常见的 DoS 攻击行为有网络带宽攻击和连通性攻击。网络带宽攻击是指以极大的通信量冲击网络，使得所有可用网络资源都被消耗殆尽，最后导致合法的用户请求无法通过。连通性攻击是指用大量的连接请求冲击计算机，使得所有可用的操作系统资源都被消耗殆尽，最终导致计算机无法再处理合法用户的请求。

黑客使用 DoS 攻击有以下目的：

(1) 让服务器崩溃，致使其他人也无法访问。

(2) 黑客为了冒充某个服务器，就会对其进行 DoS 攻击，使之瘫痪。

(3) 黑客为了启动已安装的木马，需要系统重新启动，而 DoS 攻击可以用于强制服务器重新启动。

3. DoS 攻击的对象与工具

DoS 攻击的对象可以是节点设备、终端设备，还可以是线路。对不同的对象所用的手段不同，例如，针对服务器类的终端设备，可以攻击操作系统，也可以攻击应用程序；对于手机类的产品，可以利用手机软件进行攻击；针对节点设备，如路由器、交换机等，可以攻击系统的协议；针对线路，可以利用蠕虫病毒进行攻击。

随着网络技术的发展，能够连接网络的设备越来越多，DoS 攻击的对象可以是服务器、PC、Pad、手机、智能电视、路由器、打印机、摄像头，同时这些也都能被分布式拒绝服务 (DDoS) 攻击所利用，成为攻击的工具。

4. DoS 攻击事件

DoS 攻击成本低，但攻击性和破坏性却很强。近年来，DoS 攻击的事件层出不穷，影响面广，给相关单位组织及用户带来巨大的不可挽回的损失。

1996 年，第一次 DoS 攻击发生在美国一家互联网服务提供商 Panix。Panix 公司的邮件、新闻、Web 和域名服务器同时遭受了攻击，造成至少 6000 名用户无法接收和发送邮件。攻击的方式很简单，主要是针对 SMTP(简单邮件传输协议) 端口，攻击者不断向服务器发送连接请求，面对每秒发来的 150 个 SYN 数据包，服务器难以负载，从而无法回应正常的用户。此外，攻击者还采用了随机伪造源 IP 的方式，使得来源难以追踪。后来，这两种攻击方式都有了一个闻名于世的名字，SYN Flood 攻击和 IP 欺诈攻击。

根据攻击方法的不同，DDoS 攻击的强度可用 BPS(每秒传送位数)、PPS(每秒传送的数据包数) 或 RPS(每秒的请求数量) 这三种指标来衡量。BPS 旨在耗尽互联网管道，PPS 针对的是数据中心 / 云中的网络设备，而 RPS 针对的是运行 Web 应用的边缘服务器。

美国 CDN 服务商在 2021 年 8 月 19 日报告了一次 DDoS 攻击，其自主边缘 DDoS 保护系统自动检测并缓解迄今为止遇到的最大的 DDoS 攻击，峰值高达每秒 1720 万次请求。Cloudflare 在 2021 年第二季度平均每秒处理 2500 万个 HTTP 请求，而这次攻击达到了每秒 1720 万次请求的峰值，该攻击几乎是之前记录的 DDoS 攻击的三倍。

Google Cloud 于 2020 年 10 月报告了一次攻击。2017 年 9 月，Google 服务遭受了一次大规模的 DDoS 攻击，规模达到 2.54 Tbps。攻击者向 18 万个暴露的 CLDAP(Connectionless Lightweighted Directory Access Protocol，单机轻量级目录访问协议)、DNS 和 SNMP(Simple Network Management Protocol，简单网络管理协议) 服务器发送虚假请求，后者将响应发送给 Google。这次攻击并非一个孤立的事件，攻击者在之前六个月内已对 Google 的基础设施发动了多次 DDoS 攻击。

5. DoS 攻击原理

DoS 攻击就是想办法让目标机器停止提供服务或资源访问，这些资源包括磁盘空间、内存、进程甚至网络带宽，从而阻止正常用户的访问。

DoS 攻击的方式有很多种，根据其攻击的手法和目的不同，有以下两种不同的存在形式。

(1) 以消耗目标主机的可用资源为目的，使目标服务器忙于应付大量非法的、无用的连接请求，占用了服务器所有的资源，造成服务器对正常的请求无法再作出及时响应，从而形成事实上的服务中断。这是最常见的拒绝服务攻击形式之一。这种攻击主要利用网络协议或者系统的一些特点和漏洞进行攻击，主要的攻击方法有死亡之 Ping、SYN Flood、UDP Flood、ICMP Flood、Land、Teardrop 等。

(2) 以消耗服务器链路的有效带宽为目的，攻击者通过发送大量的有用或无用数据包，将整条链路的带宽全部占用，从而使合法用户请求无法通过链路到达服务器，例如蠕虫对网络的影响。具体的攻击方式很多，如发送垃圾邮件，向匿名 FTP 塞垃圾文件，把服务器的硬盘塞满，合理利用策略锁定账户。一般服务器都有关于账户锁定的安全策略，某个账户连续 3 次登录失败，那么这个账号将被锁定。破坏者通常会伪装一个账号，不停地进行错误的登录，使这个账号被锁定，从而造成正常的合法用户不能使用这个账号登录系统。

常见的 DoS 攻击有以下几种：

(1) 死亡之 Ping。

死亡之 Ping(Ping of Death) 是最古老、最简单的拒绝服务攻击，这种攻击会发送畸形的、超大尺寸的 ICMP 数据包，如果 ICMP 数据包的尺寸超过 64 KB 上限，主机就会出现内存分配错误，导致 TCP/IP 堆栈崩溃，致使主机死机。

此外，向目标主机长时间、连续、大量地发送 ICMP 数据包，最终也会使系统瘫痪。大量的 ICMP 数据包会形成 "ICMP 风暴"，使目标主机耗费大量的 CPU 资源。

正确地配置操作系统与防火墙、阻断 ICMP 及任何未知协议，都可以防止此类攻击。

(2) SYN Flood 攻击。

SYN Flood 攻击利用的是 TCP 缺陷。通常一次 TCP 连接的建立包括 3 个步骤：客户端 (发送方) 发送 SYN 包给服务器 (接收方)；服务器分配一定的资源并返回 SYN/ACK 包，等待连接建立的最后的 ACK 包；最后客户端发送 ACK 报文。整个过程如图 5-43 所示。

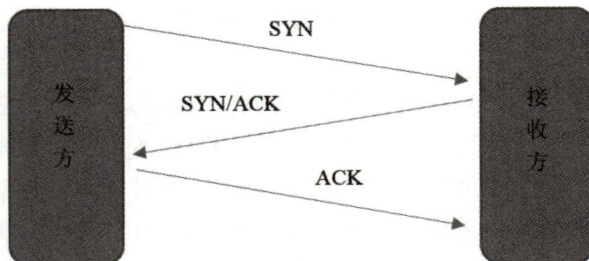

图 5-43　TCP 建立连接的 3 个步骤

攻击的过程就是疯狂地发送 SYN 报文，而不返回 ACK 报文。当服务器未收到客户端的确认包时，规范标准规定必须重发 SYN/ACK 请求包，一直到超时，才将此条目从未连接队列删除。SYN Flood 攻击会耗费 CPU 和内存资源，导致系统资源占用过多，没有能力响应其他操作，或者不能响应正常的网络请求。

(3) Land 攻击。

Land 攻击是打造一个特别的 SYN 包，包的源 IP 地址和目标 IP 地址都被设置成被攻击的服务器地址。这时将导致服务器向自己的地址发送 SYN/ACK 消息，结果这个地址又发回 ACK 消息，并创建一个空连接，每一个这样的连接都将保留直到超时。

不同的系统对 Land 攻击的反应不同，许多 UNIX 系统会崩溃，而 Windows NT 会变得极其缓慢。有人专门用 Land 攻击对某种路由器进行了测试，结果发现，当对 23 端口进行攻击时，路由器不能连到本地网或外网。路由器前面面板上的灯也停止了闪烁，用 Ping 没有响应，Telnet 命令也无效。此时，唯一的选择便是硬重启。

(4) Teardrop 攻击。

Teardrop 攻击是一种基于 UDP 的畸形报文攻击。在网络传输过程中，由于不同链路的最大传输单元可能不同，较大的 IP 数据包会被分割成多个较小的片段 (Fragment) 进行传输，因此攻击者可以发送多个数据片段，且将 "片段偏移量" 设置为错误的数值，以此来实现攻击。例如，第一个数据片段的偏移量为 0，长度为 N，第二个数据片段的偏移量小于 N。为了合并这些数据片段，TCP/IP 堆栈会分配超乎寻常的巨大资源，从而造成系统资源的缺乏甚至机器的重新启动。

对于 Land 攻击、Teardrop 攻击的防范，需要及时对系统打最新的补丁。

(5) CC 攻击。

前面几种 DoS 攻击是针对 TCP/IP 协议的，而 CC(Challenge Collapsar) 攻击则与它们不同。Collapsar(黑洞) 是绿盟科技的一款抗 DDoS 产品，在对抗拒绝服务攻击的领域内具有比较高的影响力和口碑。因此，此攻击名为 Challenge Collapsar，表示要向黑洞发起挑战。

CC 攻击跟普通的 DoS 攻击本质上是一样的，都是以消耗服务器资源为目的。目前看来，针对 Web 应用程序比较消耗资源的地方进行疯狂请示，如论坛中的搜索功能，如果不加以限制，任由人搜索，普通配置的服务器在几百个并发请求下，MySQL 服务性能就会下降很多。CC 攻击正是充分利用了这个特点，模拟多个用户不停地访问那些需要大量数据的操作，从而耗费了 CPU 大量的时间。

5.5.2 SYN 攻击

1. SYN Flood 攻击

SYN Flood 攻击实现起来非常简单，网上有大量现成的 SYN Flood 攻击工具，如 xdos、Pdos、SYN-Killer 等。这里介绍一下使用 HUC SYN 工具进行 SYN Flood 攻击。

HUC SYN 工具是一款命令格式的软件，命令格式如下：

syn 源 IP 源端口 目的 IP 目的端口

使用 HUC SYN 工具对目标系统进行 DoS 攻击测试，过程如下：

(1) 将 HUC SYN 工具复制到磁盘的根目录下，在命令提示符下切换至 HUC SYN 软件所在目录，并发起 SYN Flood 攻击，如图 5-44 所示。

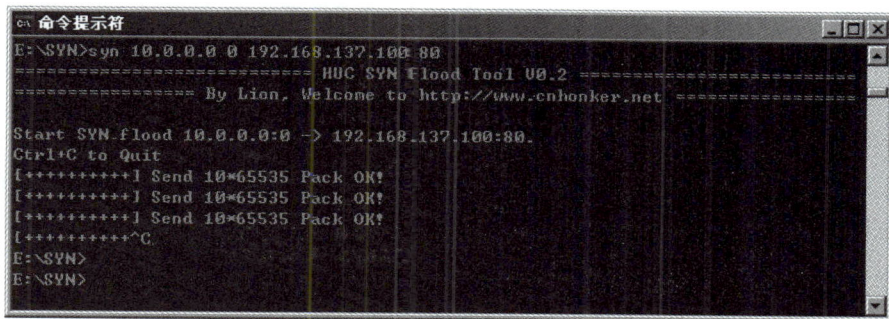

图 5-44 使用 HUC SYN 工具进行 SYN Flood 攻击

(2) 在被攻击端使用 Wireshark 抓包工具，可以看到大量的 SYN 数据包，如图 5-45 所示。

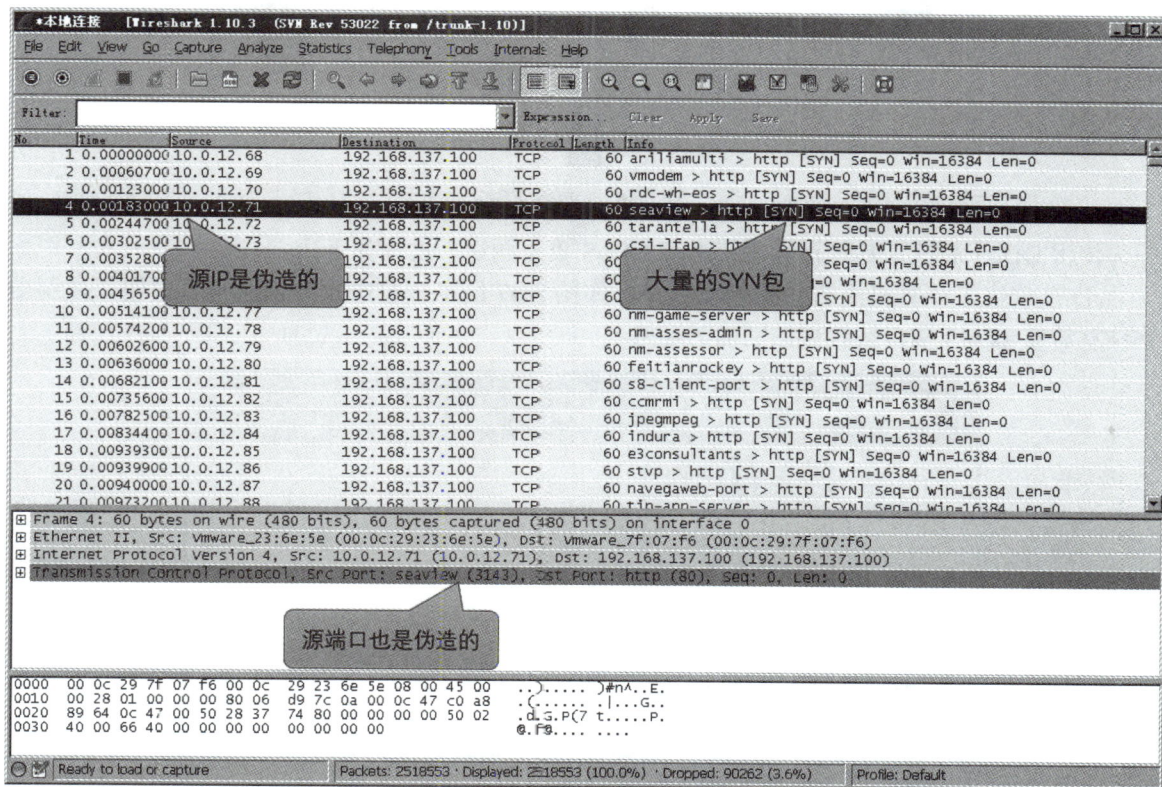

图 5-45 在被 SYN Flood 攻击的计算机上抓包

2. SYN Flood 攻击的防范

由于 SYN Flood 攻击通常和 IP 欺骗结合使用，因此追踪攻击是一件很困难的事。虽然不让攻击者发起攻击不太可能，但是我们可以采取措施，当 SYN Flood 攻击发生时不至于使得服务器无法接收正常用户的 TCP 连接。SYN Flood 攻击的防范如下：

(1) 给系统及时打补丁。实际上现在大多数操作系统已经实现了抵御 SYN Flood 攻击的功能，如 Windows XP 系统装上 SP3，Windows7 装上 SP1 以及 Windows Server 2003 和 2008 装上 SP2，都能抵御 SYN Flood 攻击。

(2) 在网络入口安装防火墙。现在大多数的防火墙都有抵御 DoS 攻击的功能。因此，只要在网络入口处安装具有防 DoS(包括 DDoS) 攻击的防火墙，就可以很好地保护网络中的服务器不受 DoS 攻击。

5.5.3　DDoS 攻击

分布式拒绝服务 (Distributed Denial of Service，DDoS) 攻击是一种基于 DoS 的特殊形式的攻击，是一种分布、协作的大规模攻击方式，主要攻击比较大的站点，如商业公司、搜索引擎和政府部门的站点。

目前，由于服务器的运算能力不断增强，单台计算机采用 SYN Flood 攻击对拥有高带宽连接、高性能设备的网站服务器影响不大。于是 DDoS 攻击者借助数百台甚至数千台被植入攻击守护进程的主机 (这些主机通常被称为肉鸡或僵尸) 同时发起攻击，如图 5-46 所示。这种攻击对网络服务提供商的破坏力是巨大的。

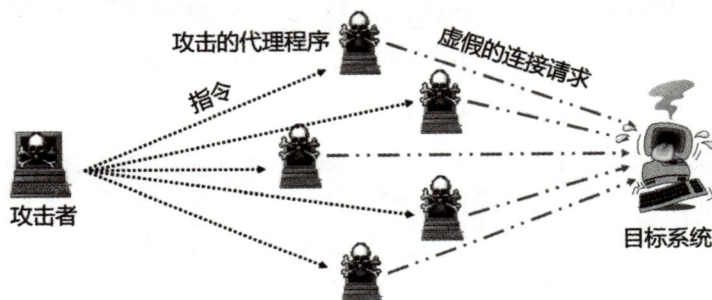

图 5-46　DDoS 攻击

使用 DDoS 测试工具对目标系统进行 DDoS 攻击测试，过程如下：

(1) 在攻击者计算机上启动控制端软件。如图 5-47 所示，单击【开始监听】按钮，控制端软件默认在 12345 端口接收被控制端的连接。

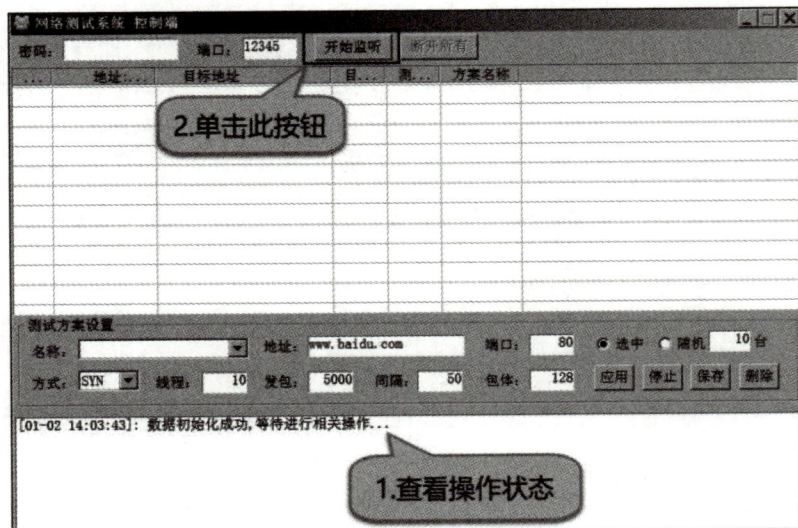

图 5-47　DDoS 测试工具控制端

(2) 在被控制端启动 DDoS 测试工具的服务端。如图 5-48 所示，在【地址】文本框中输入控制端 IP 地址，端口和控制端的端口应保持一致，然后单击【连接】按钮。如果需要服务端开机运行并自动连接控制端，则选中【开机运行】和【开机连接】复选框，并单击【保存】按钮。

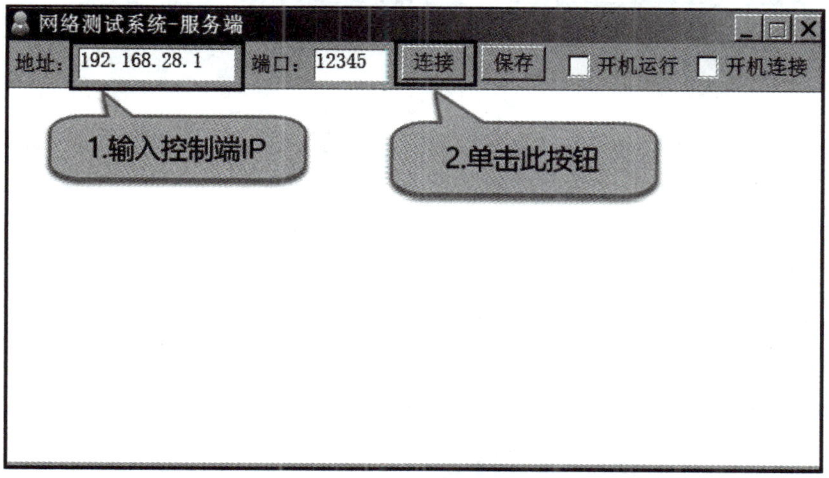

图 5-48 DDoS 测试工具服务端

(3) 在服务端单击【连接】后，控制端会看到已经连上的服务端的 IP 地址和状态。要想控制这些服务端发起 DDoS 攻击，就勾选上这些服务端。在控制端下方的【测试方案设置】中，【名称】为本次 DDoS 攻击测试的名字，【地址】为被攻击系统的 IP 地址，【端口】为被攻击的端口号，【方式】为相应的攻击方式，最后单击【应用】按钮，即可控制服务端向被攻击者发起 DDoS 攻击，如图 5-49 所示。在被攻击的计算机上使用抓包软件进行抓包，可以看到大量的 SYN 请求包，如图 5-50 所示。

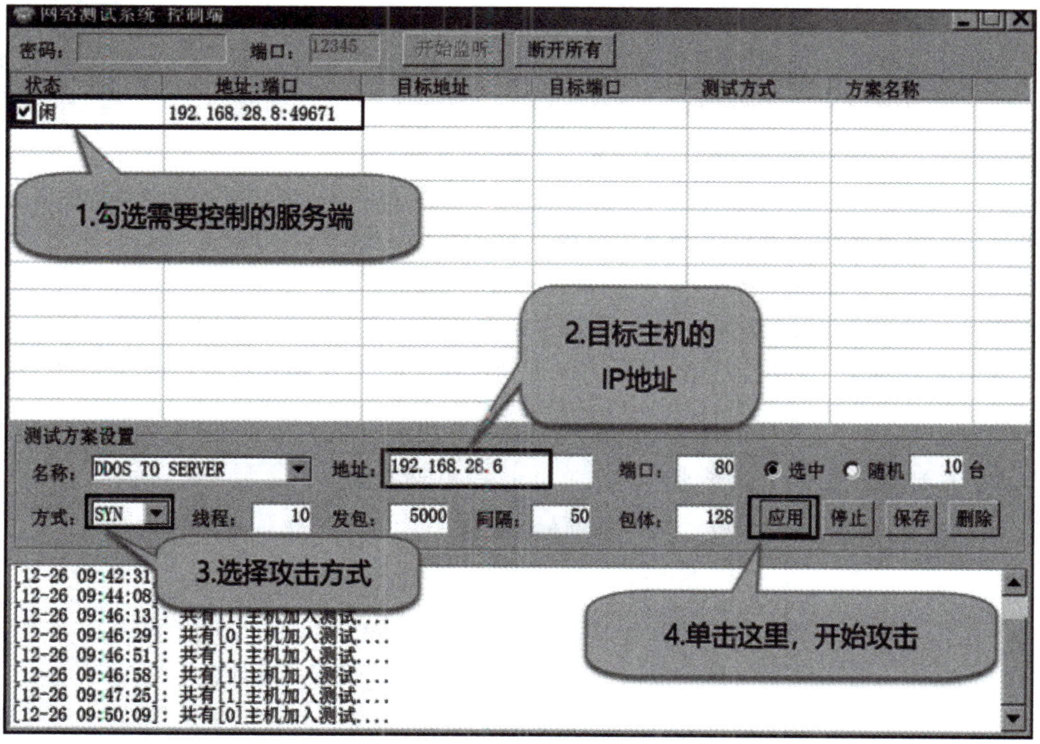

图 5-49 进行 SYN 泛洪 DDoS 攻击

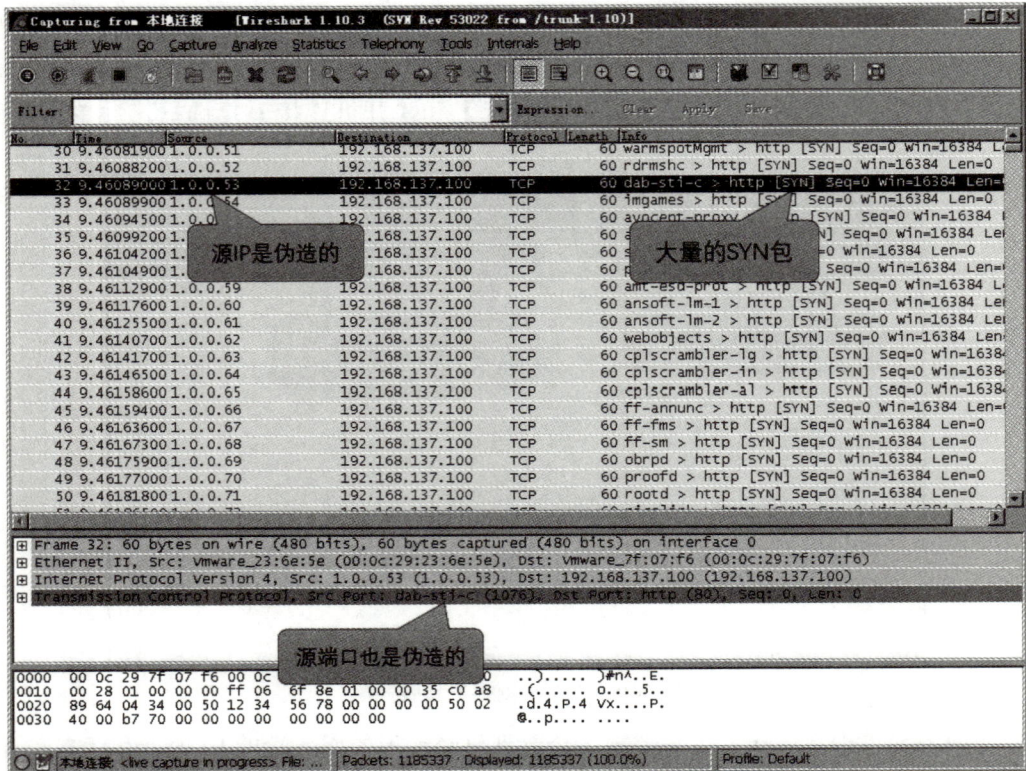

图 5-50　在被 DDoS 攻击的计算机上抓包

5.6　SQL 注入攻击

5.6.1　SQL 注入攻击概述

1. SQL 注入攻击的基本原理

SQL 注入攻击是指攻击者把恶意 SQL 命令插入 Web 表单的输入域或页　　SQL 注入攻击
面请求的查询字符串中，并且插入的恶意 SQL 命令会导致原有 SQL 语句的作用发生改变，从而达到欺骗服务器执行恶意 SQL 命令的一种攻击方式。

在网站应用中，当用户查询某个信息或者进行订单查询等业务时，用户提交相关查询参数，服务器接收到参数后进行处理，再将处理后的参数提交给数据库进行查询。之后，将数据库返回的结果显示在页面上，这样就完成了一次查询过程。标准的 Web 网站数据库查询过程如图 5-51 所示。

图 5-51　Web 网站数据库查询过程

SQL 注入漏洞产生的原因是用户提交了非法的参数。如果用户提交的数据中，不仅包含正常的查询信息，而且在查询信息后面拼接了其他查询语句，恰好服务器没有对用户输入的参数进行有效过滤，那么数据库就会根据用户提交的语句进行查询，返回更多的信息。

本任务的目标网站 index.php 页面可实现用户信息查询的功能。当用户访问此页面时，可

输入用户名并提交查询。系统会将用户提交的用户名对应的"用户 ID""用户名""注册时间"展示出来。其代码如下：

```
<html>
<h2>SQL 注入测试环境 </h2>
请输入用户名：
<form method="GET">
<input type="text" name="uname" size="45" >
<br>
<input type="submit" value=" 提交 " style="margin-top:5px" >
</form>
<?php
    $db=mysqli_connect("localhost","root","root","user");
    if(!$db)
    {
        echo " 数据库连接失败 ";
        exit();
    }
    if(isset($_GET['uname']))
    {   $name=$_GET['uname'];
        $sql="select * from userinfo where name='".$name."'";
        echo " 当前的查询语句是："".$sql."<br><br>";
        $result=mysqli_query($db,$sql);

        while($row=mysqli_fetch_array($result))
        {
            echo " 用户 ID："".$row['ID']."<br>";
            echo " 用户名："".$row['name']."<br>";
            echo " 注册时间："".$row['logintime']."<br>";
        }
    }
    mysqli_close($db);
?>
</html>
```

以查询"Mike"为例，其页面访问结果如图 5-52 所示。

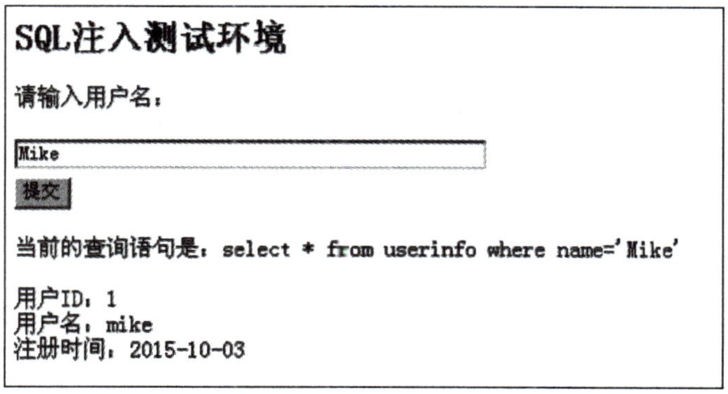

图 5-52　查询用户"Mike"的结果

该页面作为一个 SQL 注入攻击的测试环境，为了让用户更清楚地了解后台查询数据库的 SQL 语句是如何构成的，特意在网页中将该 SQL 语句显示出来，正常的网站是不会显示该语句的。通过该语句，我们可以看到，用户输入的用户名"Mike"会作为查询的条件拼接成 SQL 语句的一部分。因为在后台程序中有这样两条语句：

```
$name=$_GET['uname'];
$sql="select * from userinfo where name=' ".$name." ' ";
```

其中，第一条语句是获得文件框中用户输入的内容，并存放到 $name 这个变量中；第二条语句是将 $name 变量拼接到 SQL 语句中，并将该语句传递给 $sql 变量以方便后续的执行。于是，如果用户输入的是"Mike"，则该语句实际上就是：

```
$sql="select * from userinfo where name=' Mike' ";
```

那么如果别有用心的用户不按要求输入正常的用户名，而是输入了别的信息，又会有怎样的结果呢？如图 5-53 所示。

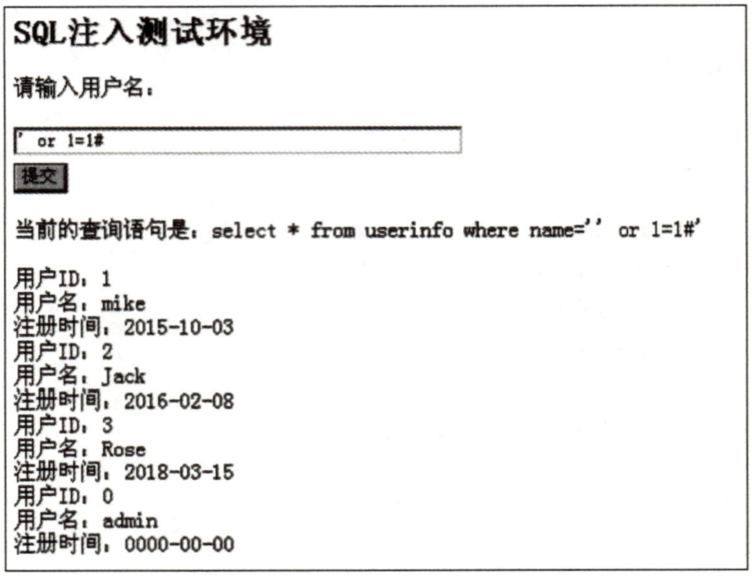

图 5-53　用户输入非正常信息的查询结果

从图 5-53 中我们可以看到，在用户输入了"'or 1=1#"这个非正常的用户名后，系统不仅没有提示输入错误，反而将数据库中所有用户的信息都显示出来。原因在于，当用户输入的信息存入 $name 变量后，由该变量拼接成的 SQL 语句如下：

```
$sql="select * from userinfo where name=' ' or 1=1# ";
```

该 SQL 语句的查询条件变成了"name=' ' or 1=1"，虽然"name=' '"这个条件并没有给出要查询的用户的名字，但是"1=1"这个条件恒为真，并且这两个条件之间的"or"连接符表示的是逻辑"或"的关系，即只要有一个条件为真，该条件即为真。因为"1=1"这个条件恒为真，所以"name=' ' or 1=1"这个查询条件就为真，就可以进行数据库的查询。既然没有给出要查询的用户的名字，数据库就把所有的数据都显示出来。这其实就是我们通常所说的"拖库攻击"。

通过上面的例子，我们可以看到，网站程序对用户输入的信息没有做安全性检查，而是将用户的输入信息直接拿来拼接成 SQL 语句进行数据库的查询，从而暴露了数据库的信息。这就是 SQL 注入攻击的原理。

SQL 注入攻击已经多年蝉联 Web 网站高危漏洞的前三名。SQL 注入会直接威胁网站数据的安全，因为它可实现任意数据查询，严重时会发生"拖库"的高危行为。更有甚者，如果数据库开启了写权限，攻击者可利用数据库的写功能及特定函数，实现木马自动部署、系统提权等后续攻击。

2. SQL 注入攻击的分类

从攻击手段的角度，SQL 注入攻击通常会根据攻击是否使用工具分为以下两种：

(1) 使用工具发起的攻击。常见的 SQL 注入攻击工具有 "啊 D" "Havji" "SQLmap" "Pangolin" 等，这些工具用法简单，能提供清晰的 UI 界面，且自带扫描功能，可自动寻找注入点，自动查表名、列名、字段名，并可直接注入，可查到数据库的信息。

(2) 手工发起的攻击。这种攻击又称为手工注入，就是利用攻击者的知识、技术和经验，通过在交互点手工输入命令的方式来完成查找注入点、确定回显位及字段数、注入并获取数据的完整流程。

在注入过程中，根据前台的数据是否回显，可以将手工注入分为回显注入和盲注。

回显注入的特点是当用户发起查询请求后，服务器将查询结果返回到页面中进行显示。典型场景为查询某篇文章、查询某个信息等。

盲注的特点是服务器接收到用户发起的请求 (不一定是查询) 后在数据库进行相应操作，并根据返回结果执行后续流程。在这个过程中，服务器并不会将查询结果返回到页面进行显示。典型场景为在用户注册时，只提示用户名是否被注册，并不会返回数据。

3. SQL 注入漏洞测试流程

SQL 注入攻击的首要目标是获取后台数据库中的关键数据。因此，无论是使用工具攻击还是手工注入，漏洞测试的流程都大致相同，具体如下：

(1) 判断 Web 系统使用的编程语言，查找注入点。就是看某个页面是否存在可实现 SQL 注入攻击的入口，如此次任务网页中输入用户名的文本框就是注入点。

(2) 判断数据库类型。在实际应用中，SQL 注入漏洞产生的原因千差万别，这与所用的数据库架构、版本均有关系。目前数据库可以分为关系型数据库 (如 Oracle、MySQL、SQL Server、Access 等) 和非关系型数据库 (如 MongoDB 等)。因此，在实施 SQL 注入攻击测试之前要先确定数据库的类型，这样才可以有针对性地进行攻击测试。

(3) 判断数据库中表及相应字段的结构。要想获得数据库中的关键数据，就需要对数据库的结构非常清楚，这样才能知道所需要的关键数据在哪个表的哪些字段中。

(4) 构造注入语句，得到表中的关键数据内容。

(5) 后续攻击。所获得的关键数据内容往往包含后台管理员的账号和密码，这样就能登录网站的后台，再结合其他漏洞，上传 WebShell 并保持持续连接，或者进一步提权得到服务器的系统权限。

5.6.2　使用 SQLMap 进行 SQL 注入攻击

SQLMap 是一个开源的渗透测试工具，它可以自动检测和利用 SQL 注入漏洞并接管数据库服务器。它具有强大的检测引擎，同时有众多功能，包括数据库指纹识别、从数据库中获取数据、访问底层文件系统以及在操作系统上外带连接执行命令。下载 SQLMap 软件的官方网站为 https://sqlmap.org/，可以根据操作系统需求，下载 .zip 文件或 .tar.gz 文件，然后进行解压缩和安装。

使用 SQLMap 工具对目标网站进行 SQL 注入攻击测试的操作步骤如下：

(1) 确定目标网页的 URL 地址。通过正常输入用户名访问页面，我们可以得到该页面的 URL 地址，如图 5-54 所示。

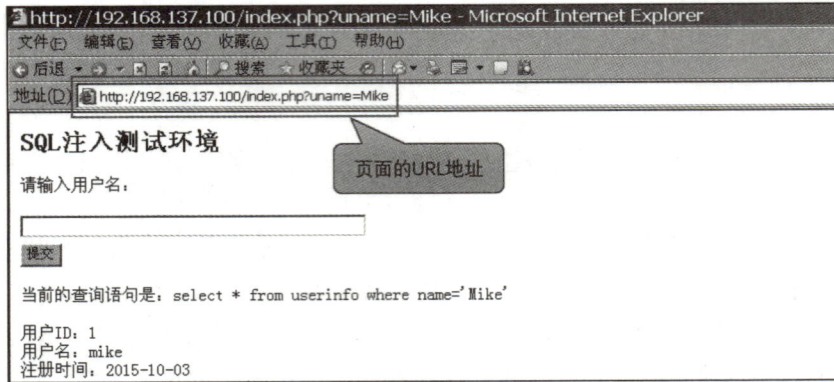

图 5-54　获得目标网页的 URL 地址

(2) 使用 SQLMap 测试该页面是否存在注入点，如图 5-55、图 5-56 所示。命令格式如下：

sqlmap -u "UR"

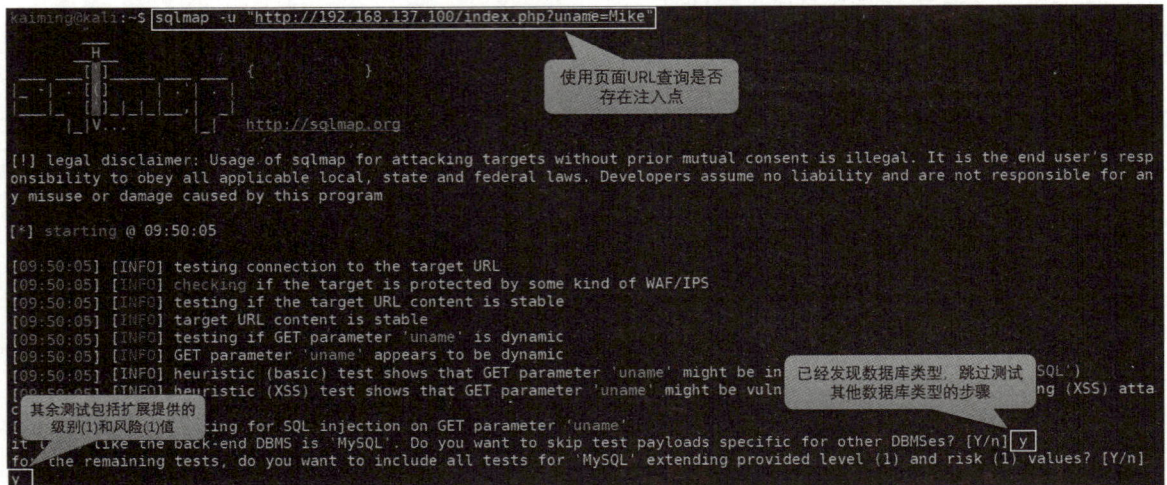

图 5-55　使用 SQLMap 测试是否存在注入点（一）

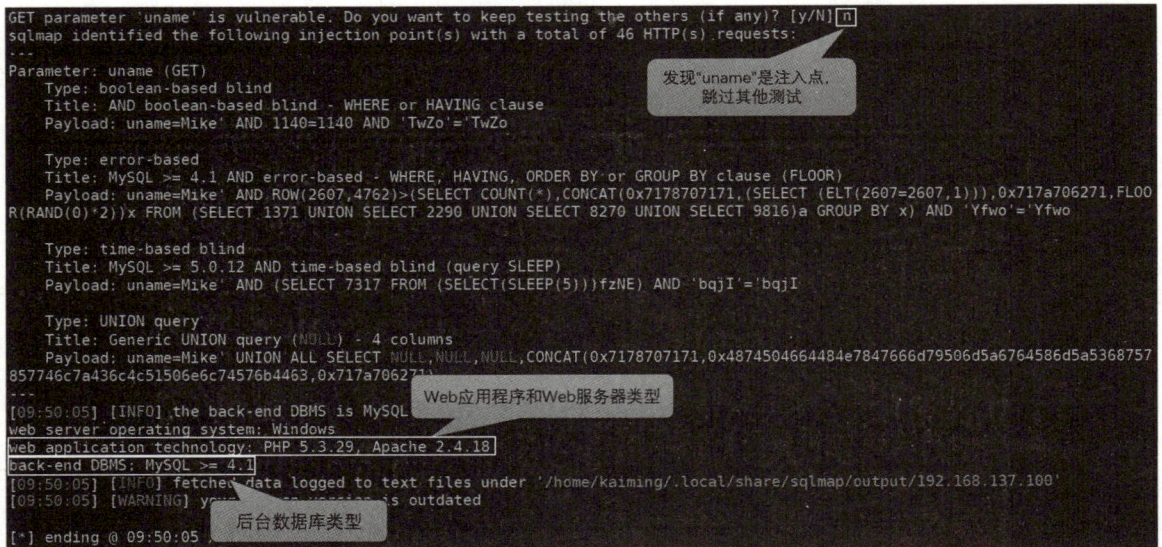

图 5-56　使用 SQLMap 测试是否存在注入点（二）

在测试的过程中如果发现了可能的数据库类型，会询问是否跳过测试其他数据库类型的步骤。为提高测试的效率，我们选择 y(是)。同时还会询问在接下来的测试中是否包含针对相应数据库扩展提供的级别和风险值，同样选择 y(是)。在测试的最后，如果发现了一个注入点，会询问是否还要测试其他的注入点。一般情况下，只需要一个注入点即可。因此，我们就不再测试其他的注入点，选择 n(否)。

(3) 获取该网站的后台数据库名，如图 5-57、图 5-58 所示。命令格式如下：

sqlmap -u "URL" --current-db

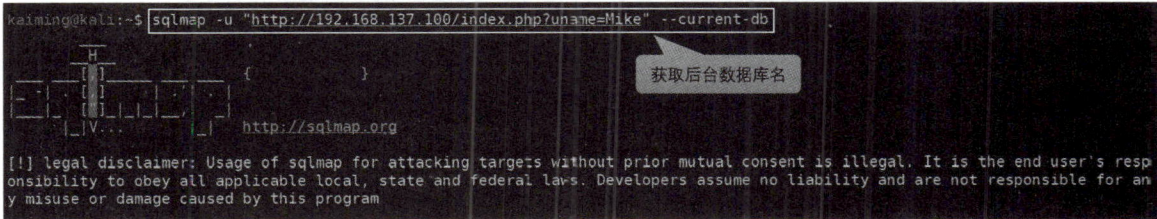

图 5-57　获取后台数据库名 (一)

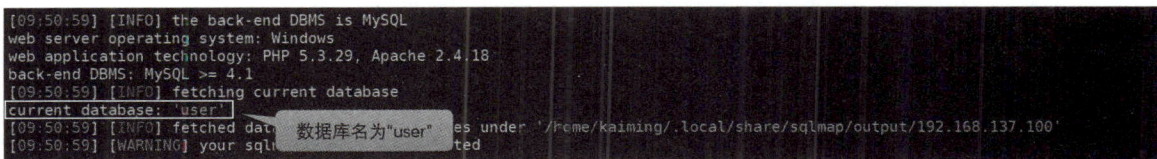

图 5-58　获取后台数据库名 (二)

(4) 获取数据库中的表名，如图 5-59、图 5-60 所示。命令格式如下：

sqlmap -u "URL" -D 数据库名 --tables

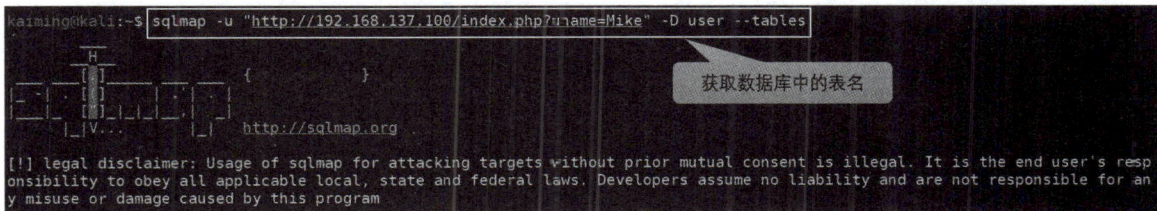

图 5-59　获取数据库中的表名 (一)

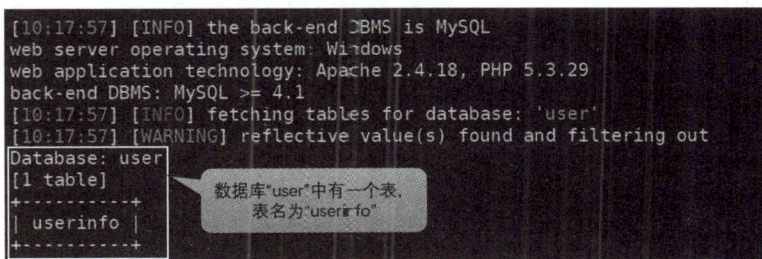

图 5-60　获取数据库中的表名 (二)

(5) 获取表中的字段名，如图 5-61、图 5-62 所示。命令格式如下：

sqlmap -u "URL" -D 数据库名 -T 表名 --columns

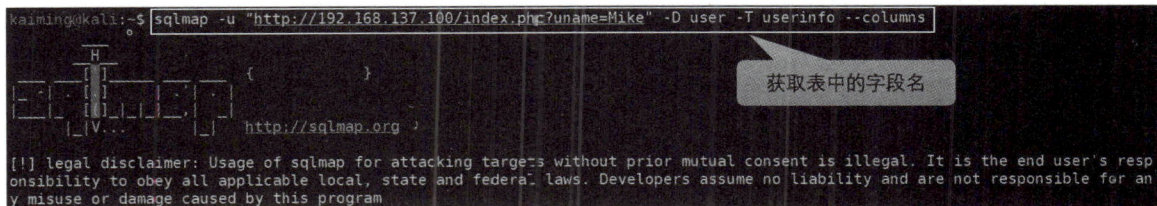

图 5-61　获取表中的字段名 (一)

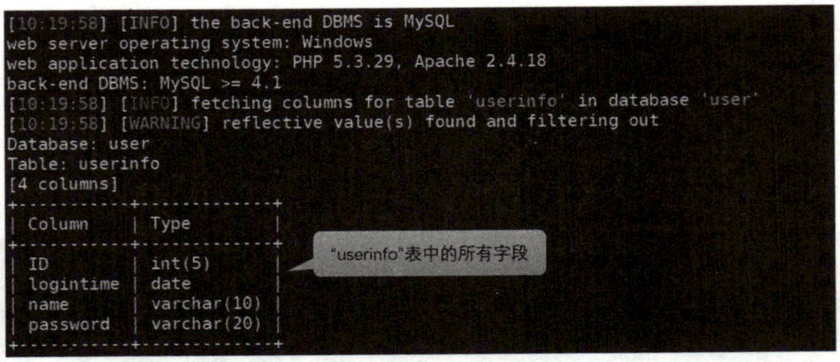

图 5-62　获取表中的字段名（二）

(6) 获取关键字段的数据。数据库中最关键的字段是 "name" 和 "password"，因此，我们就获取这两个字段的数据值，如图 5-63、图 5-64 所示。命令格式如下：

sqlmap -u "URL" -D 数据库名 -T 表名 -C 字段 1，字段 2，… --dump

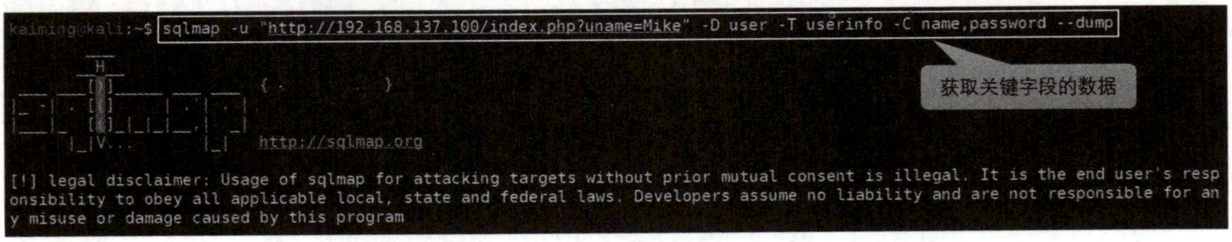

图 5-63　获取关键字段的数据（一）

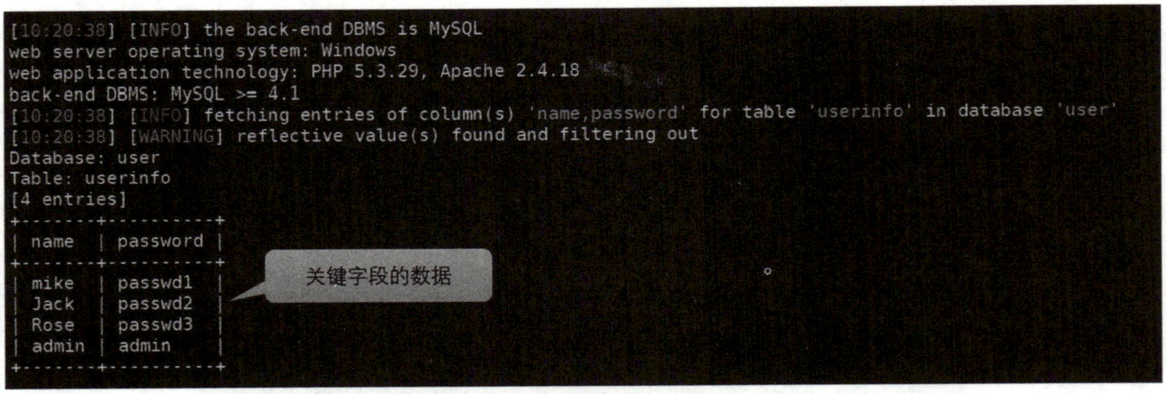

图 5-64　获取关键字段的数据（二）

注意： 如果平时已使用过 Kali 系统，系统中已经安装了 SQLMap 软件，则可以直接使用。

5.6.3　SQL 注入攻击的防范

在存在 SQL 注入攻击的情况下，如果数据库中采用明文存放用户名和密码，则即使再复杂的密码也无法阻止密码的破解。但是如果采用 MD5 加密，则设置满足复杂性要求的密码即可减少被破解的可能。不过，防止 SQL 注入攻击的根本措施是在程序中对用户的输入进行检测。总的来说有以下几点：

Web 攻击防护实例

(1) 要对用户的输入进行安全性检查，包括对输入数据的类型、长度进行检查，将非法关键字加入黑名单进行过滤，对诸如单引号、双引号、反斜线 (\) 等符号进行转义。

(2) 不要使用动态拼接 SQL 语句，可以使用参数化的 SQL 语句或者直接使用存储过程进行数据查询。

(3) 不要使用管理员权限的数据库连接，为每个应用使用单独的权限有限的数据库连接。

(4) 应用的异常信息应该给出尽可能少的提示，最好使用自定义的错误信息对原始错误信息进行包装，把异常信息存放在独立的表中。

5.7　木马攻击

5.7.1　木马概述

1. 木马的工作原理

木马攻击

木马又称特洛伊木马，名称来源于古希腊神话"木马屠城"。希腊人派大军围攻特洛伊城，久久无法攻下。于是有人献计制造一个高二丈的大木马，让精兵藏匿于巨大的木马中，大部队假装撤退而将木马摒弃于特洛伊城下。城中士兵得知解围的消息后，遂将"木马"作为奇异的战利品拖入城内，全城饮酒狂欢。到午夜时分，全城军民尽入梦乡，藏于木马中的将士打开城门，四处放火，城外埋伏的士兵涌入，部队里应外合，攻下了特洛伊城。

网络攻防中的木马指的是攻击者编写的一段恶意代码，它可以潜伏在被攻击者的计算机中。攻击者通过这个代码可以远程控制被攻击者的计算机，以窃取计算机上的信息或者操作计算机。从本质上讲，木马也是病毒的一种，因此很多用户也把木马称为病毒。

木马通常有两个可执行程序：一个是客户端，即控制端（攻击者）；另一个是服务端，即被控制端（被攻击者）。攻击者将服务端木马程序植入被攻击者的计算机中，然后利用客户端远程控制被攻击者的计算机。被攻击者的计算机运行了木马程序的服务端以后，计算机就会有一个或几个端口被打开，攻击者可以利用这些打开的端口进入被攻击者的计算机系统中。

这种攻击以"里应外合"的方式工作，服务端程序通过打开特定的端口进行监听，这些端口好像"后门"一样，所以，也有人将特洛伊木马称为后门工具。攻击者所掌握的客户端程序向该端口发出请求，木马便与其连接起来。攻击者也可以使用控制器进入计算机，通过客户端程序命令达到控制服务端的目的。木马的一般工作模式如图 5-65 所示。

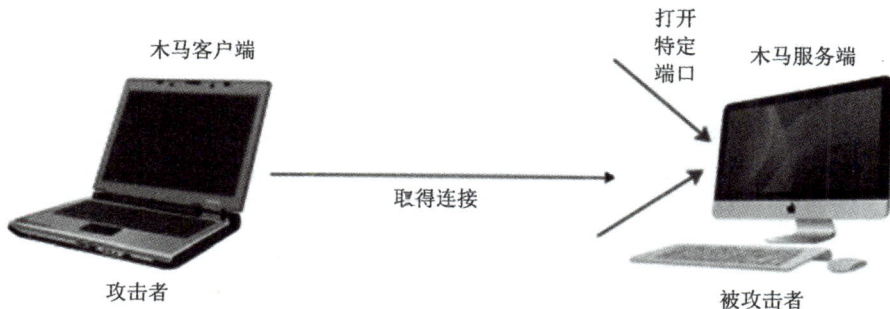

图 5-65　木马的一般工作模式

2. 木马的特征

木马的特征如下。

(1) 隐蔽性：如同其他所有的病毒一样，木马必须隐藏在系统中。

(2) 自动运行性：计算机系统启动时木马会自动运行。

(3) 能自动打开特别的端口：木马程序潜入计算机后，会打开 TCP/IP 协议的某些端口，等待控制端进行连接，从而实现远程控制的目的。现在的木马还会主动连接到控制端。

(4) 功能的特殊性：很多木马的功能十分特殊，除普通的文件操作外，有些木马具有搜索 Cache 中的口令、设置口令、扫描目标计算机的 IP 地址、进行键盘记录、远程操作注册表、锁定鼠标、打开摄像头等功能。

3. 木马的发展

木马程序技术的发展可以说非常迅速。至今木马程序已经经历了以下六代的改进。

第一代，即最原始的木马程序，主要进行简单的密码窃取，通过电子邮件发送信息等，其具备木马最基本的功能。

第二代，在技术上有了很大的进步，功能和隐匿性大大增强，冰河是中国木马的典型代表之一。

第三代，主要在数据传递技术方面有所改进，出现了 ICMP 等类型的木马，利用畸形报文传递数据，增加了杀毒软件查杀识别的难度。

第四代，在进程隐藏方面有了很大改动，采用内核插入式的嵌入方式，利用远程插入线程技术，嵌入 DLL(Dynamic Link Library，动态链接库) 线程，或者挂接 PSAPI(Process Status API，进程状态应用程序编程接口)，实现木马程序的隐藏，甚至在 Windows NT/2000 下，都达到了良好的隐藏效果。灰鸽子和蜜蜂大盗是比较出名的 DLL 木马。

第五代，驱动级木马。驱动级木马多数都使用了大量的 Rootkit 技术来达到深度隐藏的效果，并深入内核空间内，感染后针对杀毒软件和网络防火墙进行攻击，可将系统 SSDT(System Services Descriptor Table，系统服务描述符表) 初始化，导致杀毒防火墙失去效力。有的驱动级木马可驻留 BIOS(Basic Input/Output System，基本输入输出系统)，并且很难查杀。

第六代，随着身份认证 USB Key 和杀毒软件主动防御的兴起，黏虫技术类型和特殊反显技术类型木马逐渐开始系统化。前者主要以盗取和篡改用户敏感信息为主，后者以动态口令和硬证书攻击为主。PassCopy 和暗黑蜘蛛侠是这类木马的代表。

4. 木马的种类

木马可以分为以下几种。

(1) 破坏型木马：其功能就是破坏并且删除文件，其可以自动删除计算机上的 DLL、INI、EXE 文件。

(2) 密码发送型木马：可以找到隐藏密码并把它们发送到指定的信箱。有人喜欢把自己的各种密码以文件的形式存放在计算机中，认为这样方便；还有人喜欢用 Windows 提供的密码记忆功能，这样就不必每次输入密码了。但是许多木马软件可以找到这些文件，并把它们发送到黑客手中。还有些木马软件长期潜伏，记录操作者的键盘操作，从中寻找有用的密码。

(3) 远程访问型木马：应用最广泛的是特洛伊木马，只需有人运行服务端程序，黑客知道了这些服务端的 IP 地址后，就可以实现远程控制。

(4) 键盘记录木马：这种特洛伊木马记录受害者的键盘敲击并且在 LOG 文件中查找密码。

(5) DoS 攻击木马：黑客入侵一台计算机并种上 DoS 攻击木马后，该计算机就会变成黑客进行 DoS 攻击的助手，即充当为肉鸡。

(6) 代理木马：黑客在入侵的同时需掩盖自己的踪迹，谨防别人发现自己的身份，因此黑客会给被控制的肉鸡种上代理木马，让其变成攻击者发动攻击的跳板。通过代理木马，攻击者可以隐蔽自己的踪迹。

(7) 程序杀手木马：木马的功能虽然形形色色，不过要在被攻击者的计算机上发挥作用，还需要过反病毒软件这一关才行。程序杀手木马的功能就是关闭对方计算机上运行的反病毒软件，让病毒更好地发挥作用。

(8) 反弹端口型木马：防火墙对于连入计算机的连接往往会进行非常严格的过滤，但是对于从计算机连出的连接却疏于防范。于是与一般的木马相反，反弹端口型木马的服务端（被控制端）使用主动端口，客户端（控制端）使用被动端口。木马服务端定时检测控制端的存在，发现控制端上线就会立即主动连接控制端。

5. 木马的工作过程

不论哪种木马，黑客进行网络入侵时，从过程上看大致都可以分为 5 个步骤。

(1) 配置木马。

一般来说，一个设计成熟的木马都有木马配置程序，从具体的配置内容看，主要是为了实现以下两个功能。

一是木马伪装。木马配置程序为了在服务端尽可能隐藏好，会采用多种伪装手段，如修改图标、捆绑文件、定制端口、自我销毁等。

二是信息反馈。木马配置程序会根据信息反馈的方式或地址进行设置，如设置信息反馈的邮件地址、IRC 号、ICQ 号等。

(2) 传播木马。

配置好木马后，就要传播出去。木马的传播方式主要有以下四种。

一是控制端通过 E-mail 将木马程序以附件的形式夹在邮件中发送出去，收信人只要打开附件就会感染木马。

二是软件下载，一些非正规的网站以提供软件下载为名义，将木马捆绑在软件安装程序上，下载后，只要运行这些程序，木马就会自动安装。

三是通过 QQ 等通信软件进行传播。

四是通过病毒的夹带把木马传播出去。

(3) 启动木马。

木马程序传播给对方后，接下来是启动木马。一种方式是被动地等待木马程序运行，另一种方式是等待捆绑木马的程序运行，这两种是最简单的木马启动方式。大多数木马首先将自身复制到 Windows 的系统文件夹中，如 C:\Windows 或 C:\Windows\System32 目录下，然后写入注册表启动组，设置好木马的触发条件，这样木马的安装就完成了。一般系统重新启动时木马就可以启动，然后木马打开端口，等待连接。

(4) 建立连接。

一个木马连接的建立必须满足两个条件：一是服务端已安装了木马程序，二是控制端、服务端都要在线。在此基础上控制端可以通过木马端口与服务端建立连接。控制端可以根据提前配置的服务器地址、定制端口来建立连接；或者是用扫描器，根据扫描结果检测哪些计算机的某个端口开放，从而知道该计算机里某类木马的服务端在运行，然后建立连接；或者根据服务端主动发回来的信息知道服务端的地址、端口，然后建立连接。

(5) 远程控制。

前面的步骤完成之后，就可以对服务端进行远程控制，实现窃取密码、操作文件、修改注册表、锁住服务端及操作系统等。

5.7.2　冰河木马

1. 冰河木马的简介

"冰河木马"属于第二代木马，开发于 1999 年，在设计之初，开发者的本意是编写一个功能强大的远程控制软件。但一经推出，冰河木马就依靠其强大的功能成为黑客们发动入侵的工具，并结束了国外木马一统天下的局面，成为国产木马的标志。虽然冰河木马现在已经过时，但学习木马防范的初学者有必要体验一下冰河木马的使用。冰河木马的服务端程序为 G_server. exe，客户端程序为 G_client.exe，默认连接端口为 7626。一旦运行 G_server.exe，那么该程序就会在 "C：/Windows/system" 目录下生成 Kernel32.exe 和 sysexplr.exe，并删除自身。Kernel32. exe 在系统启动时自动加载运行，sysexplr.exe 和 txt 文件关联。即使用户删除了 Kernel32.exe，但只要打开 txt 文件，sysexplr.exe 就会被激活，它将再次生成 Kernel32.exe，于是冰河又回来了。

2. 冰河木马的攻击过程

冰河木马的攻击过程具体如下。

(1) 配置冰河木马的服务端。在攻击者的计算机上运行冰河木马的客户端程序 G_client.exe，如图 5-66 所示。

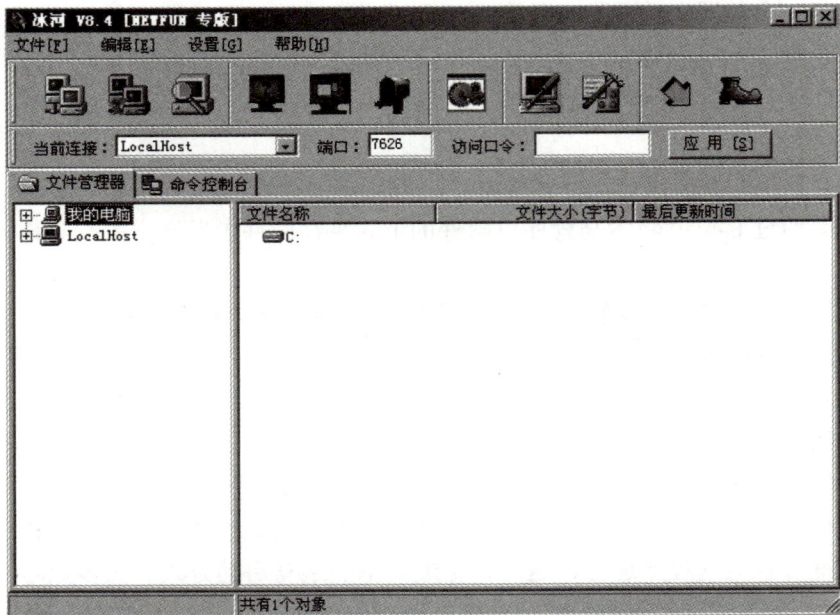

图 5-66　冰河木马的客户端程序运行界面

(2) 在图 5-66 所示界面中，选择【文件】→【配置服务端程序】，打开【服务器配置】对话框，选择【基本设置】选项卡进行设置，如图 5-67 所示。

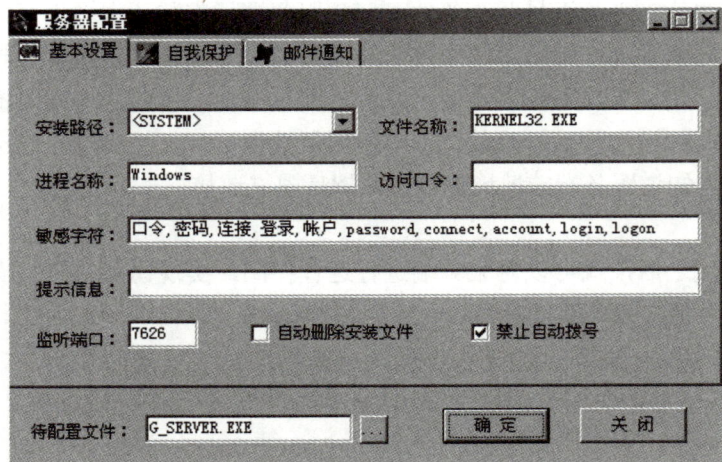

图 5-67　【基本设置】选项卡

(3) 在【服务器配置】对话框中选择【自我保护】选项卡进行设置，如图 5-68 所示。

图 5-68　【自我保护】选项卡

(4) 在【服务器配置】对话框中选择【邮件通知】选项卡进行设置，如图 5-69 所示。

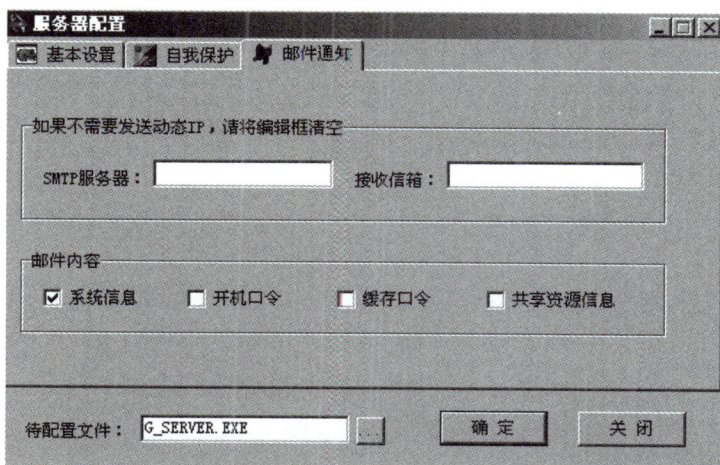

图 5-69　【邮件通知】选项卡

设置好木马的各个选项后，单击【确定】按钮，完成对 G_client.exe 的配置。

(5) 可以采用社会工程学、挂马等手段，诱使被攻击者的计算机运行 G_server.exe。

(6) 在图 5-66 所示界面中，右击【我的电脑】，在弹出的菜单中选择【添加】，打开【添加计算机】对话框，如图 5-70 所示。在【显示名称】一栏中输入一个名称，以便区分不同的被攻击者；在【主机地址】一栏中输入服务端的 IP 地址；在【访问口令】一栏中输入配置服务端时输入的口令；在【监听端口】一栏中输入配置服务端时设置的端口。配置完成后，单击【确定】按钮。

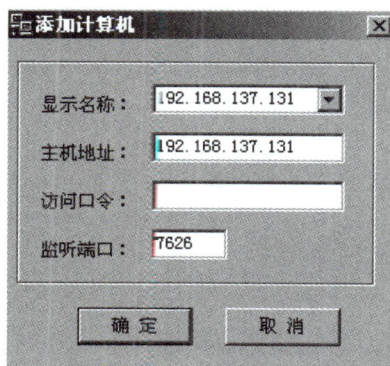

图 5-70　添加服务端计算机

(7) 单击图 5-66 所示界面中已连接电脑的 IP 地址前面的【+】号，展开 C 盘目录，若能够显示被攻击者计算机 C 盘文件，则表示攻击者已成功连接到被攻击者，如图 5-71 所示。

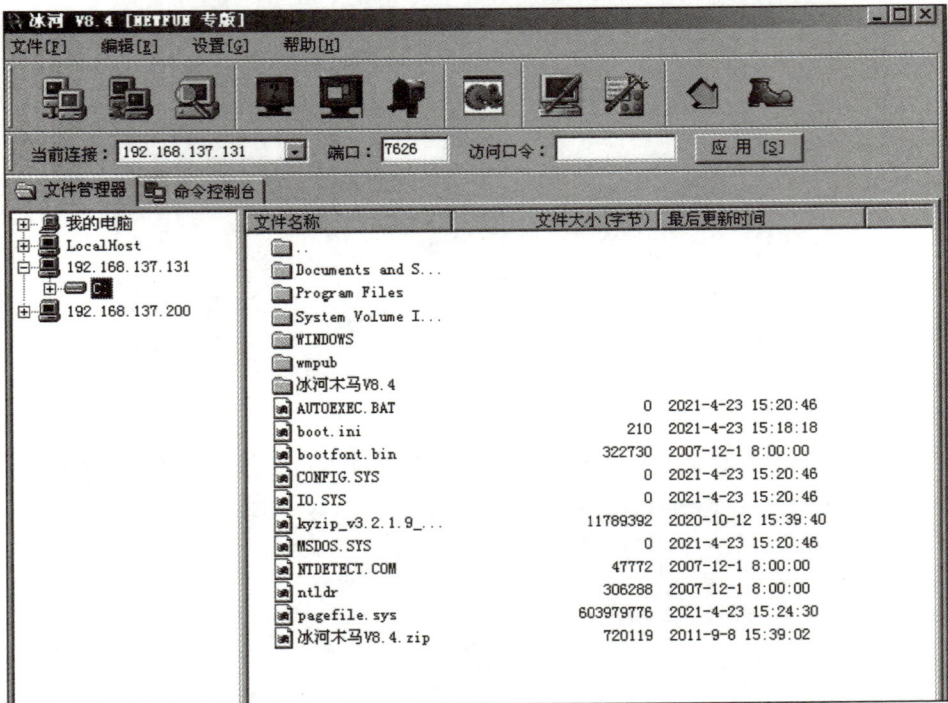

图 5-71　攻击者成功连接被攻击者

(8) 在图 5-71 所示界面的右侧空白处右击鼠标，弹出菜单后即可对服务端计算机的文件夹及文件进行操作，如复制、文件查找、新建文件夹等，如图 5-72 所示。当右击文件时，可以对文件进行复制、删除、文件下载、打开、查看等操作，如图 5-73 所示。

图 5-72　攻击者对被攻击者硬盘的操作

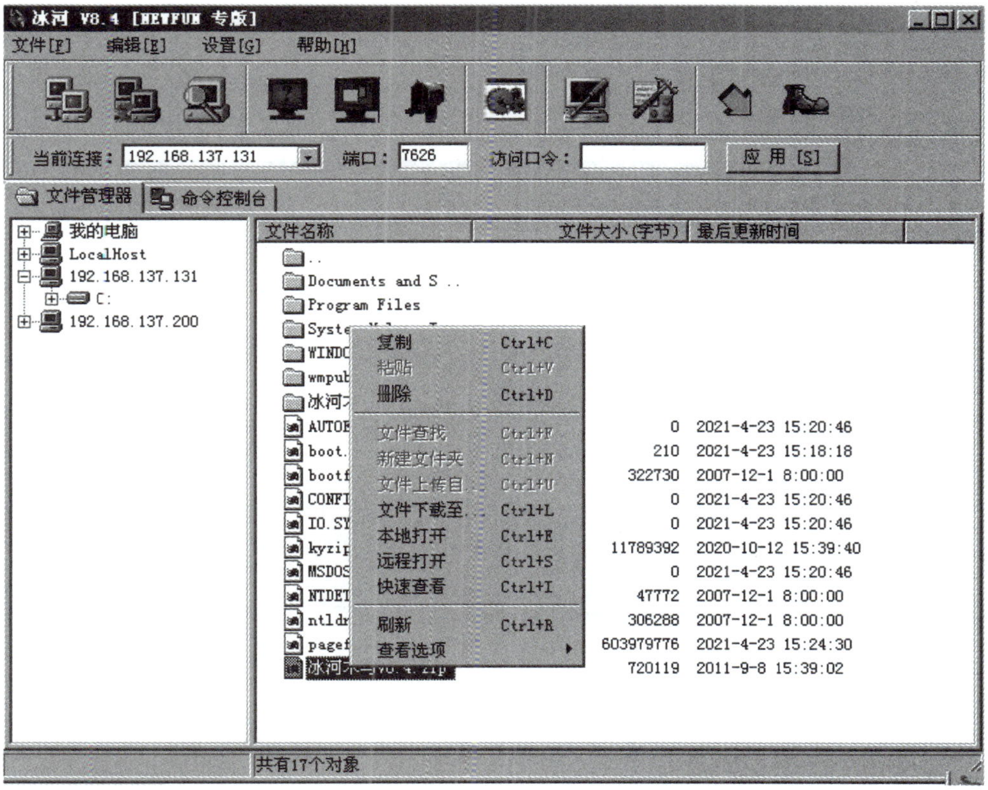

图 5-73　攻击者对被攻击者文件的操作

(9) 在图 5-71 所示界面中,单击【命令控制台】选项卡,展开【口令类命令】,如图 5-74 所示。

图 5-74　口令类命令

(10) 在【命令控制台】选项卡中,展开【控制类命令】,如图 5-75 所示。

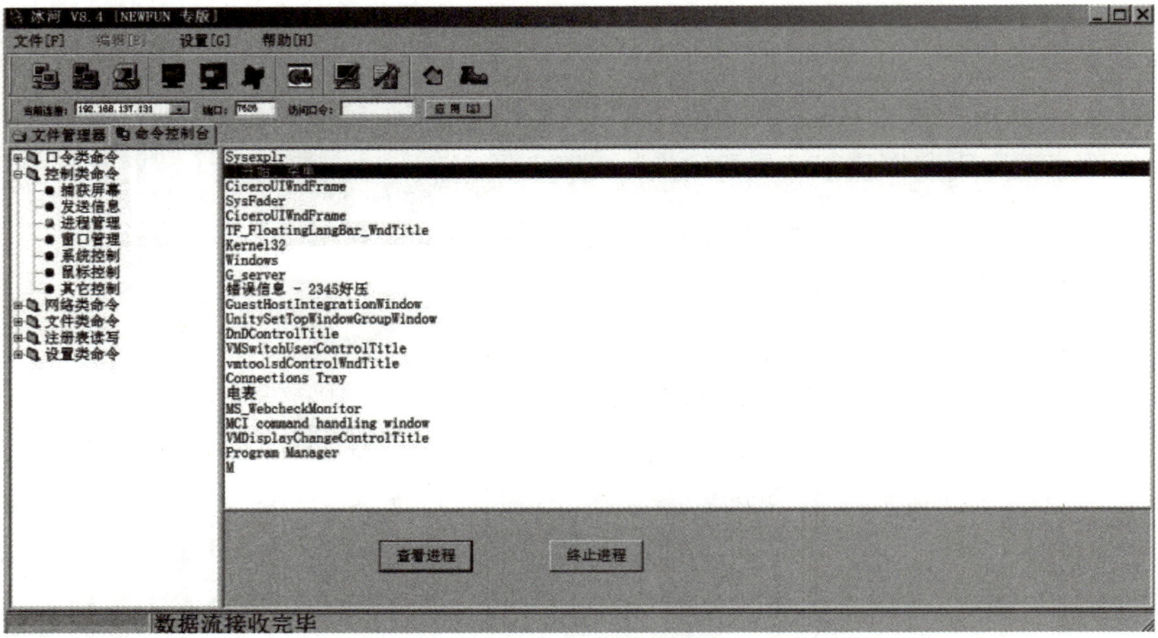

图 5-75   控制类命令

控制类命令有捕获屏幕、发送信息、进程管理、窗口管理、系统控制、鼠标控制、其它控制等。在【进程管理】中，单击【终止进程】按钮可以终止选定的进程。

(11) 在【命令控制台】选项卡中，展开【网络类命令】，如图 5-76 所示。

图 5-76   网络类命令

网络类命令有创建共享、删除共享、网络信息。

除此之外，【命令控制台】还有【文件类命令】、【注册表读写】、【设置类命令】，读者可以自行点击查看，进行实验和使用。

3. 冰河木马的缺陷

冰河木马的功能比较全面，但是冰河木马有一个比较大的局限性，被攻击者的计算机运行木马服务端后，攻击者在客户端上可以手动添加计算机，可是若攻击者不知道被攻击者的 IP 地址，则无法添加服务端。虽然在冰河木马中提供了搜索功能，如图 5-77 所示，单击【自动搜索】工具按钮，弹出【搜索计算机】对话框，设置好搜索参数后，单击【开始搜索】按钮即可搜索服务端 IP。但是，在茫茫大海似的网络中，搜索冰河服务端也是一件纯粹靠运气的事情。如果服务端采用私有网络的 IP 地址，或者是在防火墙的保护之内，控制端将无法搜索或者连接到服务端。基于以上原因，反弹木马应运而生。

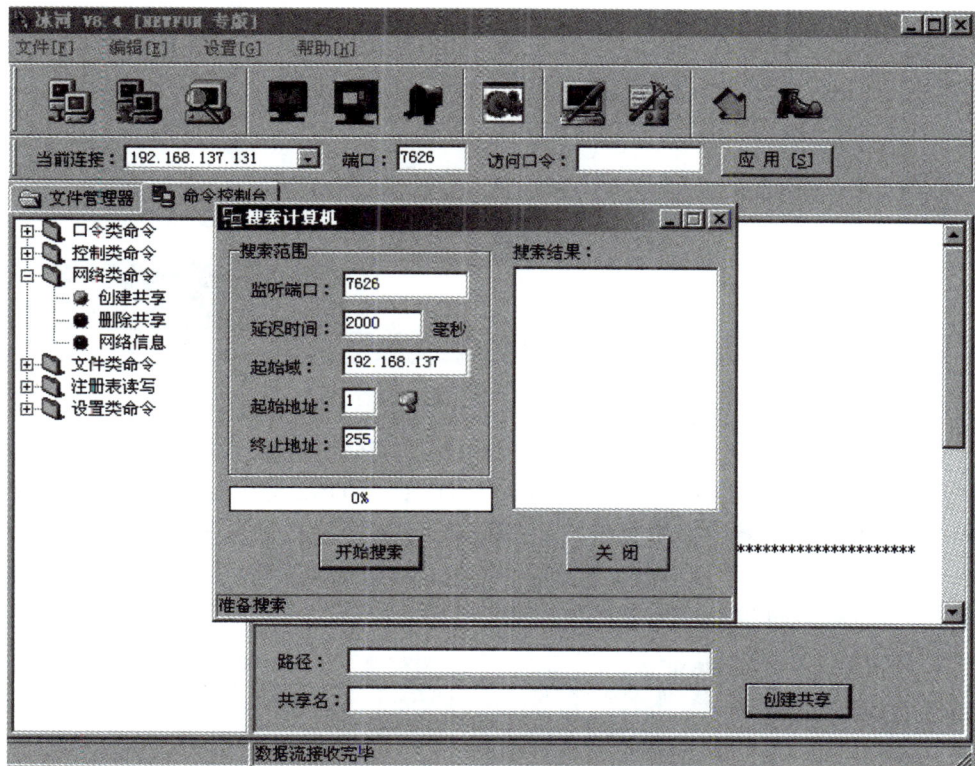

图 5-77　【搜索计算机】对话框

5.7.3　灰鸽子木马

1. 灰鸽子木马简介

灰鸽子木马属于反弹木马的一种。防火墙可以阻挡非法的外来连接请求，从而防范冰河木马这样的木马，但是再坚固的防火墙也不能阻止内部计算机对外的连接。反弹木马服务端在被攻击者的计算机上启动后，服务端主动从防火墙的内侧向木马控制端发起连接，从而突破防火墙的保护。反弹木马还有一个优点，服务端运行后会主动连接控制端，攻击者只要开启控制端，坐等服务端的连接就行了，而无须像使用冰河木马一样盲目地搜索服务端。

2. 灰鸽子木马的攻击过程

灰鸽子木马的攻击过程具体如下。

(1) 配置灰鸽子木马的服务端。在攻击者的计算机上启动灰鸽子木马的控制端软件，如图 5-78 所示。

图 5-78   灰鸽子木马控制端运行界面

　　(2) 在图 5-78 所示界面中,单击【配置服务程序】工具按钮,弹出【服务器配置】对话框。单击【自动上线设置】选项卡,设置【IP 通知 http 访问地址、DNS 解析域名或固定 IP 地址】为攻击者计算机的 IP 地址;设置生成服务端的上线图像,图标最好具有诱惑性,方便实行攻击;设置【上线分组】为自动上线主机;在【连接密码】选项中可以设置控制端连接服务端的密码,也可以不设置。设置结果如图 5-79 所示。

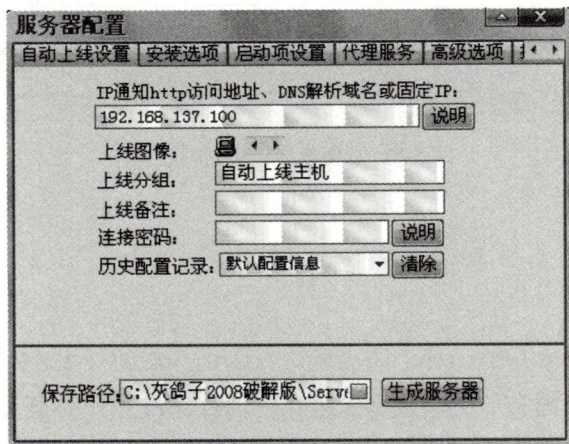

图 5-79   选择生成服务器的自动上线设置

　　(3) 在图 5-79 所示对话框中,可以配置被攻击者安装服务端时的安装选项、启动项设置、代理服务、高级选项、插件功能。如打开【安装选项】选项卡,可以选择【程序安装成功后提示安装成功】,选中后,安装服务端后会有提示,为了保持隐蔽性,不建议选择;可以选择【安装成功后自动删除安装文件】,选中后,在服务端成功安装后,将会删除服务端程序;还可以选择【程序运行时在任务栏显示图标】,选中后,在服务端运行时会在窗口右下角显示服务端图标,这样就没有了隐蔽性,一般不推荐使用。设置结果如图 5-80 所示。

图 5-80　选择生成服务器的安装选项

(4) 打开【高级选项】选项卡，可以根据需要选择【使用 IEXPLORE.EXE 进程启动服务端程序】或者【隐藏服务端进程】。由于两项设置只支持 Win2000/xp 系统，因此在其他系统上使用该软件时可以取消这两项设置。为了保护木马服务端程序不被杀毒软件查杀，可以选择【使用 UPX 加壳】进行木马免杀。配置结果如图 5-81 所示。

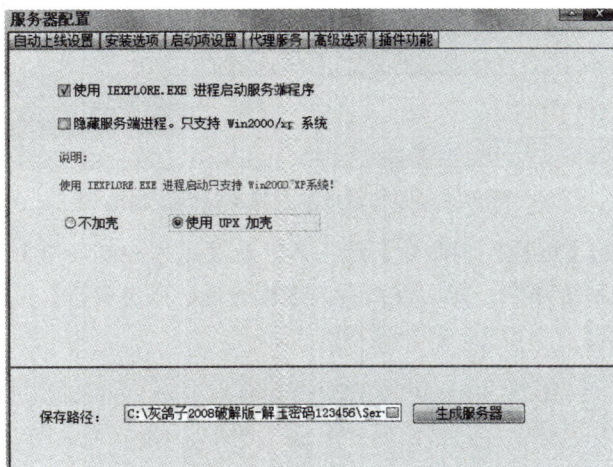

图 5-81　选择生成服务器的图标信息

关于【启动项设置】、【代理服务】、【插件功能】等工具的功能，读者可以自行点击查看，进行实验和使用。

(5) 服务器配置信息完成后，单击图 5-81 右下角的【生成服务器】按钮，即可在保存路径中生成服务端程序，如图 5-82 所示。

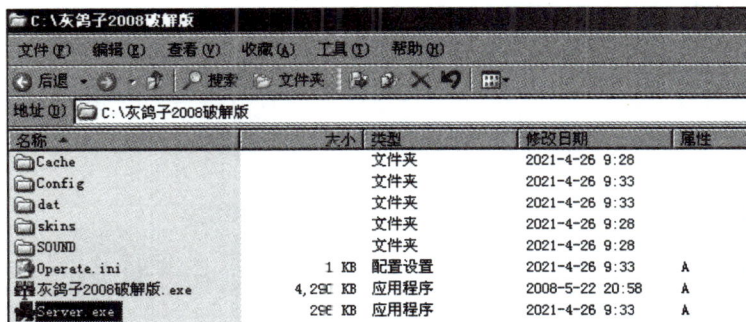

图 5-82　生成服务端程序

（6）可以采用社会工程学、挂马等手段，诱使被攻击者在计算机上运行服务端程序。服务端程序运行后，将自动删除软件。

（7）一旦被攻击者运行服务端程序后，在攻击者的控制端【文件管理器】→【自动上线主机】可以看到已经自动连接到控制端的计算机 192.168.137.131，展开目录，可以查看被攻击者计算机硬盘上的数据，如图 5-83 所示。

图 5-83　服务端成功反弹连接到控制端

（8）选择图 5-83 中的【远程控制命令】选项卡，在【远程控制命令】界面中，可以远程操作服务端计算机，如进行系统操作、剪切板查看、进程管理、服务管理、共享管理、代理服务、插件管理，如图 5-84 所示。

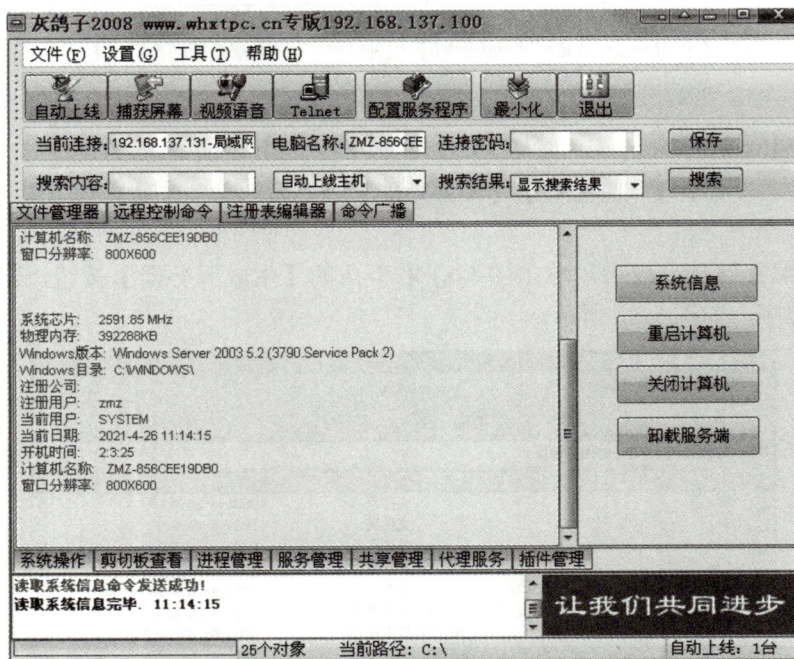

图 5-84　服务端【远程控制命令】界面

(9) 单击工具栏的【捕获屏幕】选项，可以远程查看被攻击者计算机屏幕，并可以传送鼠标和键盘操作、全屏显示、保存或录制屏幕、发送组合键等，如图 5-85 所示。

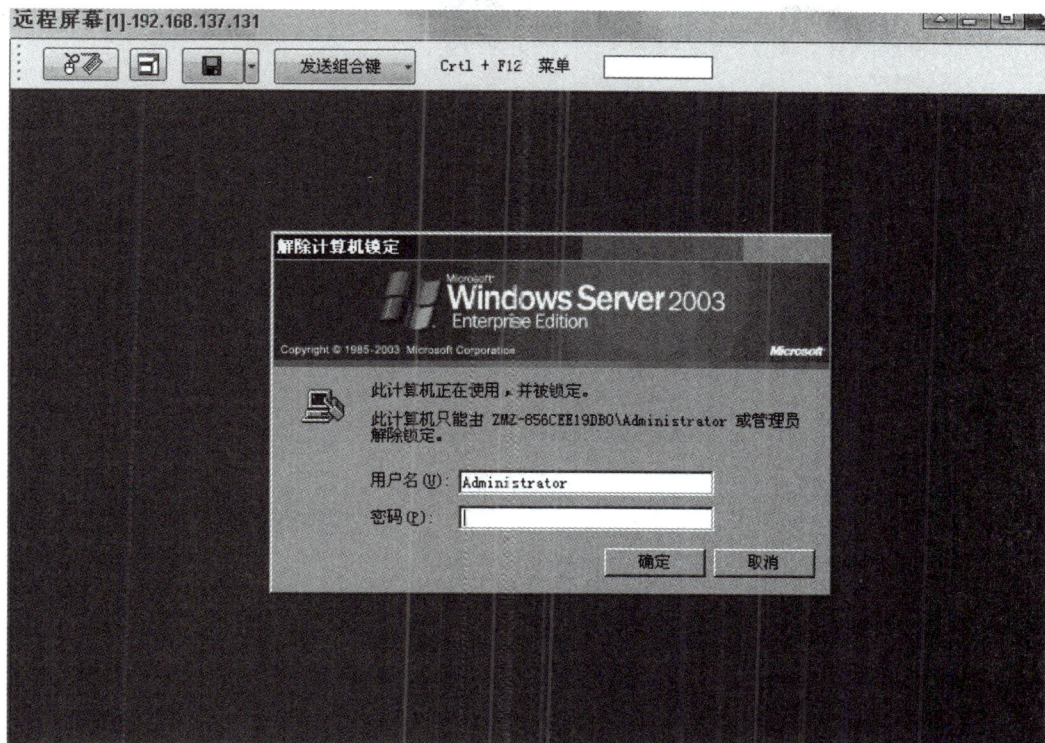

图 5-85　使用【捕获屏幕】选项远程查看被攻击者计算机屏幕

(10) 单击工具栏的【视频语音】选项，可以对被攻击者进行视频监控、语音监听、语音发送，并保存接收到的语音，如图 5-86 所示。

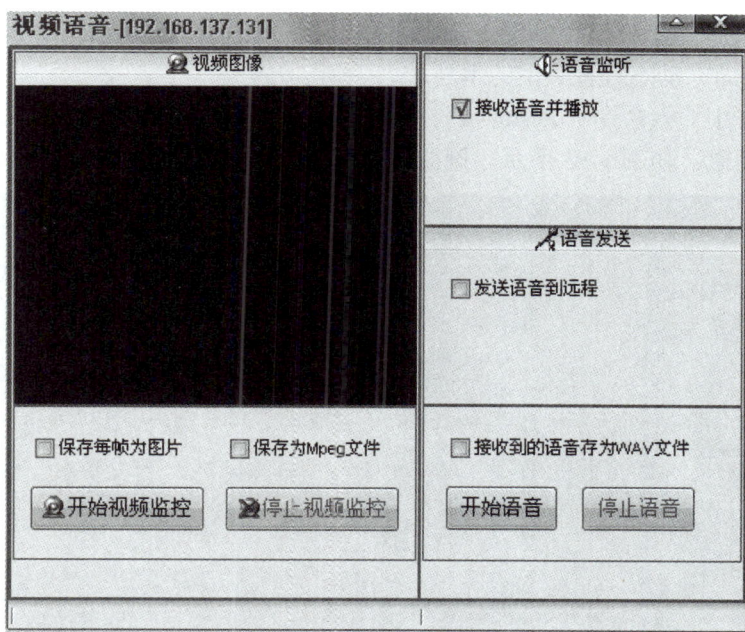

图 5-86　使用【视频语音】选项监视被攻击者

(11) 选中图 5-83 中已经成功连接的服务端，单击工具栏的【Telnet】选项，打开 Telnet 窗口，则在窗口中可以远程执行命令，如图 5-87 所示。

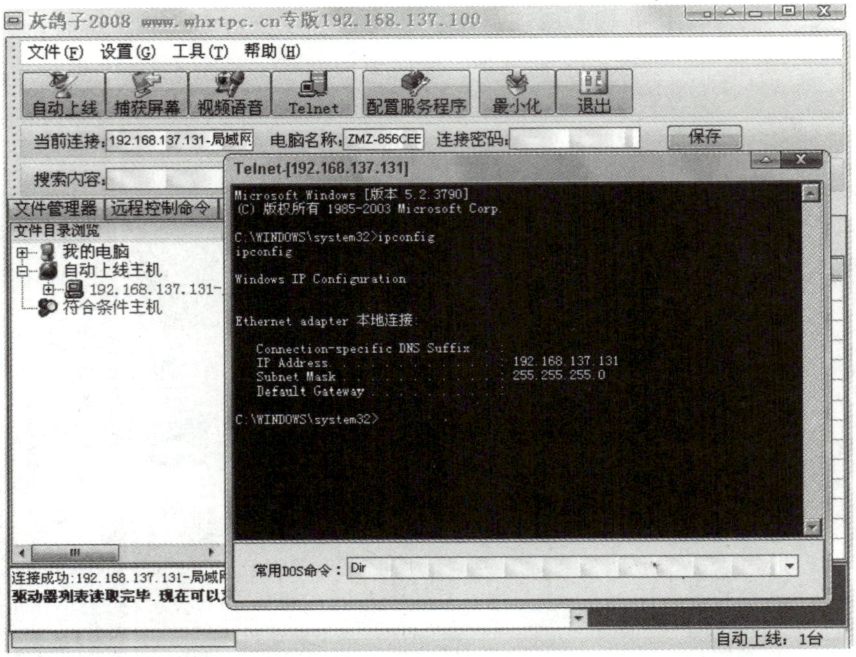

图 5-87　使用【Telnet】选项远程控制被攻击者

5.7.4　木马的检测与防范

1. 木马的检测

在上网过程中和正常使用计算机时，可能会遇到计算机速度明显发生变化、硬盘在不停地读写、鼠标不受控制、键盘无效、一些窗口在未得到允许的情况下被关闭、新的窗口被莫名其妙地打开。这一切不正常现象都可能是木马客户端在远程控制计算机，可以通过以下方法进行检测。

1) 查看端口

木马启动后自然会打开端口，因此可以通过检查端口的情况来查看有无木马，但是这种方法无法查出驱动程序 / 动态链接类型的木马。

在命令提示符中输入命令"netstat -a"，查看当前系统中开启的端口，以及当前正在活动的网络连接的详细信息，如图 5-88 所示。例如，7626 端口打开，可能有冰河木马。

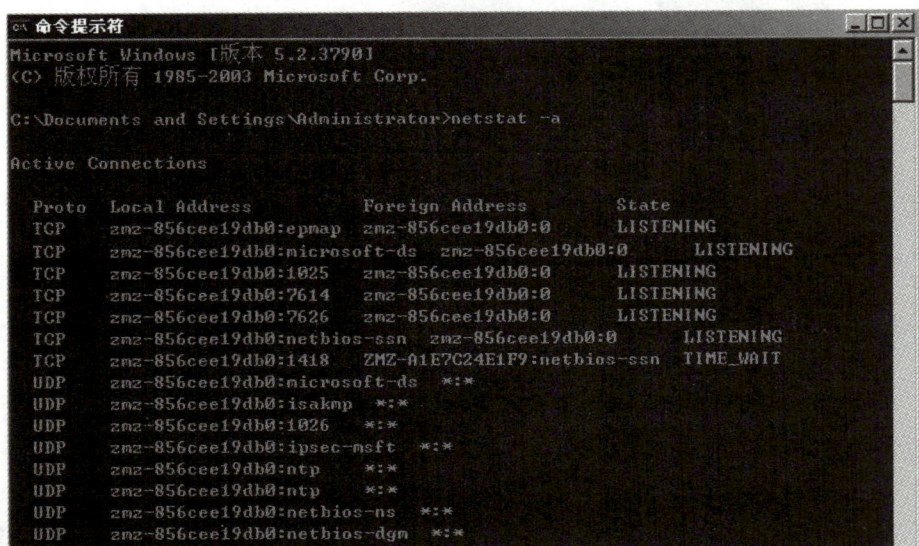

图 5-88　使用 netstat 命令查看端口状态

2) 检查注册表

木马可以通过注册表进行启动，因此通过检查注册表可以发现木马在注册表中留下的痕迹，如图 5-89 所示。具体来说，可以关注注册表中的【HKEY_LOCAL_MACHINE\software\microsoft\windows\Current\Version\Runservices】。另外还可以在【HKEY_CURRENT_USER\software\microsoft\windows\Current\Version\Run】中查看这些键值中有没有不熟悉的文件，一般扩展名为 exe，如 netspy.exe 或其他可疑的文件名，如果有，可能就是木马。

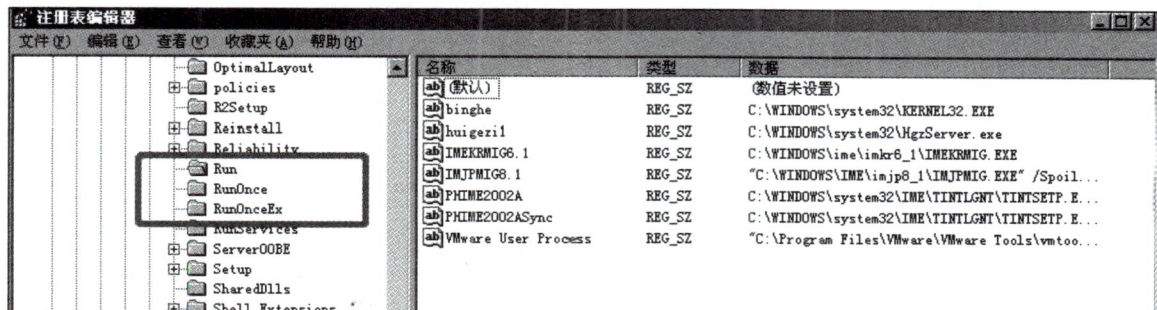

图 5-89　木马在注册表中的位置

3) 检查 DLL 类木马

DLL 类木马，是嵌入型的木马，典型的 DLL 嵌入型木马有灰鸽子、波尔等。其工作原理是替换在 SYSTEM32 目录下负责网络通信的 DLL 文件，以达到控制电脑的目的。DLL 类木马在进程中看不到，可以借助一些工具如 IceSword(冰刃)查出 DLL 类木马。图 5-90 所示为 IceSword 软件工作界面。

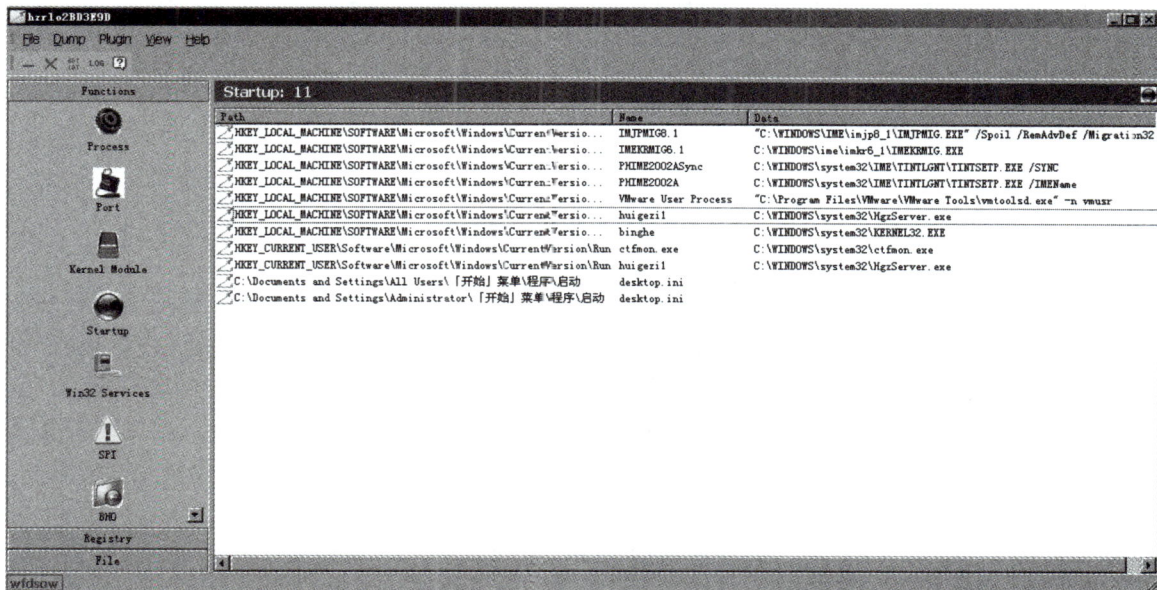

图 5-90　IceSword 软件工作界面

2. 木马的防御与清除

1) 软件的下载

木马一般都是通过 E-mail 和文件下载传播的，因此，要提高防范意识，不要打开陌生人发送的邮件中的附件。另外，建议大家到正规网站下载软件，这些网站的软件更新快，并且大部分都经过了测试，可以放心使用。假如需要下载一些非正规网站上的软件，注意不要在在线状态下安装软件，一旦软件中含有木马程序，就有可能导致系统信息的泄露。

对于实验中使用的软件，建议在物理主机上安装虚拟机，将软件放置在虚拟机中进行实验，以防木马入侵物理主机。

2) 病毒查杀

一旦发现了木马，最简单的方法就是使用杀毒软件。现在国内的杀毒软件都推出了清除某些特洛伊木马的功能，如金山毒霸、瑞星、360 安全卫士等，可以不定期地在脱机的情况下进行检查和清除。另外，有的杀毒软件还提供网络实时监控功能。这一功能可以在黑客从远端执行用户机器上的文件时提供报警或使得执行失败，使黑客向用户机器上传可执行文件后无法正确执行。

新的木马不断出现，旧的木马变种也很快，有些需要手动查找并清除，有些木马程序有隐藏属性，必须在 Windows 窗口中选择【查看】→【文件夹选项】→【查看】→【隐藏文件】→【显示所有文件】命令，才能看到木马程序。由于木马种类繁多，各有特点，删除方法也不尽相同，因此需要根据每种木马的情况具体分析清除方法。

3) 日常防范

(1) 及时升级浏览器，安装反病毒软件、修复系统漏洞，及时更新病毒库。

(2) 不下载来历不明的文件，更不要运行这些文件。

(3) 不浏览身份不明的网站，特别注意浏览网页时不安装不明的程序。

(4) 收到来历不明的邮件后直接删除，不要打开或运行邮件中的文件。

(5) 和他人进行网络聊天时，不打开来历不明的链接。

课程思政

2020 年 10 月 14 日习近平总书记在深圳经济特区建立 40 周年庆祝大会上指出，要深入开展群众性精神文明创建活动，广泛开展社会公德、职业道德、家庭美德、个人品德教育，不断提升人民文明素养和社会文明程度。职业道德在信息安全领域尤为特殊重要，信息安全专业人员作为上网活动的参与者和建设者，要严守职业道德规范红线，用好信息安全技术这把双刃剑，做好网络安全建设的守护者。

本 章 小 结

信息安全是相对的，不是绝对的，信息安全是不能一劳永逸的。只有不断地加强信息安全建设，才能维护好清朗网络空间。了解黑客入侵的技术及相关原理和方法，有助于网络维护人员有针对性地开展测试和填补漏洞。黑客入侵攻击一般是从踩点、扫描、信息收集开始的，所以尽可能地减少系统中的漏洞，能有效减少被入侵攻击的可能。网络嗅探是在网络中监听其他人的数据包，从而获得一些敏感信息；DoS 攻击能够破坏服务访问，可使得网络系统连接失败，正常用户无法获得正常服务；SQL 注入攻击可以获取 Web 网站中的重要信息；木马种类繁多、攻击方法多样，会对个人信息、系统等造成损害。除了这些常见的黑客攻击方法，还有众多的攻击方法未在书中列出，需要读者自行拓宽知识面，继续深入研究。

课 后 练 习

一、选择题（第 1～5 题为单选题，第 6～7 题为多选题）

1. 网络攻击的发展趋势是（　　）。

A. 黑客技术与网络病毒日益融合　　B. 攻击工具日益先进

C. 病毒攻击　　　　　　　　　　　D. 黑客攻击

2. 拒绝服务攻击 (　　)。

A. 是用超出被攻击目标处理能力的海量数据包消耗可用系统、带宽资源等方法的攻击

B. 全称是 Distributed Denial of Service

C. 拒绝来自一个服务器所发送回应请求的指令

D. 入侵控制一个服务器后远程关机

3. SQLMap 是一款 (　　) 工具。

A. 数据库查询　　　　　　　　　B. 信息探测

C. SQL 注入　　　　　　　　　　D. SQL Server 组件

4. 网络嗅探是指 (　　)。

A. 远程观察一个用户的计算机　　B. 监视网络的状态、传输的数据流

C. 监视 PC 系统的运行情况　　　D. 监视一个网站的发展方向

5. 死亡之 Ping 属于 (　　)。

A. 冒充攻击　　　　　　　　　　B. 拒绝服务攻击

C. 重放攻击　　　　　　　　　　D. 篡改攻击

6. 以下能够有效防范密码被破解的方式有 (　　)。

A. 定期更换密码　　　　　　　　B. 减小密码历史周期

C. 重新设置密码安全策略　　　　D. 使用密码破解软件尝试破解自己的密码

7. 以下属于木马入侵常见方法的是 (　　)。

A. 捆绑欺骗　　　　　　　　　　B. 邮件冒名欺骗

C. 危险下载　　　　　　　　　　D. 文件感染

E. 打开邮件中的附件

二、填空题

1. 从攻击手段的角度，SQL 注入攻击可以分为 _____、_____。

2. 黑客对目标系统进行踩点扫描，主要是为了对目标系统进行 _____ 和 _____。

3. 常见的 DoS 攻击有 _____、_____、_____、_____、_____。

4. 木马具有 _____、_____、_____、_____ 的特征。

5. 常用的网络信息收集工具有 _____、_____、_____。

三、实践操作题

1. 在 Windows 系统中安装 Nmap 工具，对网络中的主机目标进行扫描。

2. 查找生成字典文件的工具，并使用生成的字典破解 Windows 系统用户密码。

3. 查找 Cain&Abel 工具的使用方法，对网络数据进行监听。

4. 使用杀毒软件，对个人计算机系统进行木马查杀。

第6章　网络安全产品

随着计算机网络的快速发展，针对计算机网络的安全威胁层出不穷。为确保局域网的安全，必须在网络中加筑安全屏障，于是保护网络安全的产品开始出现，并随着网络所面临安全问题的变化而不断演进。本章将对防火墙、入侵检测系统、入侵防御系统、上网行为管理设备以及虚拟专用网络等常见网络安全产品加以介绍。

通过学习本章内容，读者能够对网络安全防护产品有总体的认知，掌握常见网络安全产品的工作原理及基本的使用场景，进一步增强文化自信，传承和发展中华优秀传统文化，强化创新意识，努力走自主创新之路。

学习目标

(1) 了解防火墙的概念、分类及结构。
(2) 理解入侵检测系统的概念及工作原理。
(3) 理解入侵防御系统的概念和工作原理。
(4) 理解入侵检测系统和入侵防御系统的区别及部署方式。
(5) 理解上网行为管理的功能和部署方式。
(6) 了解虚拟专用网络的概念、分类及产品。

思政目标

(1) 增强文化自信，为传承和发展中华优秀传统文化贡献力量。
(2) 树立创新意识，坚持走自主创新之路。

6.1　防火墙

6.1.1　防火墙概述

1. 防火墙的定义

防火墙 (Firewall) 是网络边界控制的主要设备，是局域网安全的第一道屏障，对网络安全起着至关重要的作用。

防火墙的本义是一种建筑结构。古代建筑使用木制结构居多，为防止发生火灾时蔓延到其他房屋，人们将坚固的石块堆砌在房屋周围作为屏障，这种防护构筑物就被称为"防火墙"。

防火墙的定义与分类

网络安全中的防火墙引用了古代"防火墙"的寓意。国家标准 GB/T 20281—2006《信息安全技术 防火墙技术要求和测试评价方法》给出的防火墙定义是：防火墙是指设置在不同网络（如可信任的企业内部网络和不可信的公共网络）或网络安全域之间的一系列部件的组合。在逻辑上，防火墙是一个分离器，是一个限制器，也是一个分析器，能有效地监控流经防火墙的数据，保证内部网络和隔离区的安全。

防火墙既可以是硬件，也可以是软件，还可以是软硬件的组合。不管防火墙是何种形式，它本质上是一种访问控制机制，防火墙必须具备以下三方面的基本特性：

(1) 内部网络和外部网络之间的所有数据流都必须经过防火墙。内部网络被认为是安全的和可信赖的，而外部网络（通常是 Internet）被认为是不安全的和不可信赖的。防火墙通常部署在内部网络和外部网络之间。这是防火墙所处的网络位置的特性，也是防火墙能够实现其功能的前提。因为只有当防火墙成为内、外部网络之间通信的唯一通道，才可以全面、有效地保护企业内部网络不受侵害。设置防火墙的目的就是在网络连接之间建立一个安全控制点，通过允许、拒绝或重新定向经过防火墙的数据流，实现对进、出内部网络的服务及访问的审计和控制。

(2) 只有符合安全策略的数据流才能通过防火墙。防火墙最基本的功能是根据企业的安全策略控制（允许、拒绝、监测）出入网络的信息流，确保网络流量的合法性，并在此前提下将网络流量快速地从一条链路转发到另外的链路上。防火墙访问控制策略示意图如图 6-1 所示。

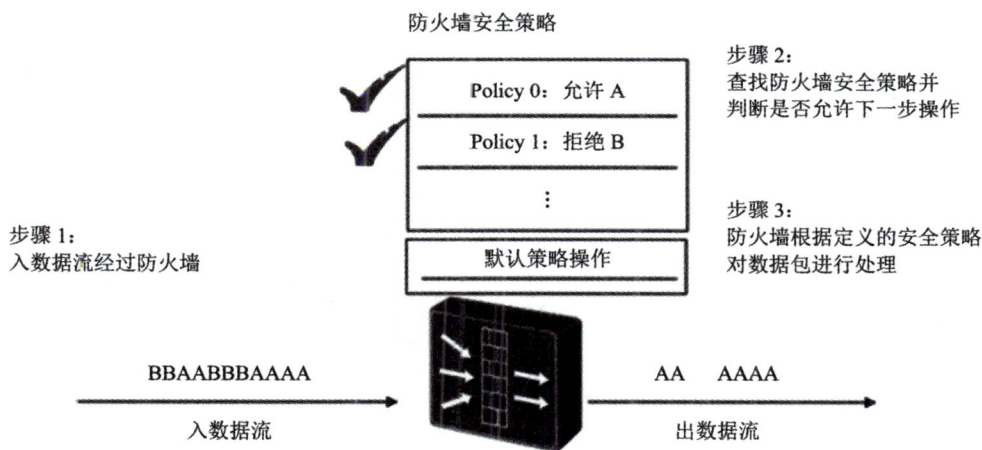

图 6-1 防火墙访问控制策略

(3) 防火墙自身应具有非常强的抗攻击免疫力。这是防火墙担当企业内部网络安全防护重任的先决条件。防火墙处于网络边缘，就像一个边界卫士一样，每时每刻都要面对黑客的入侵，这就要求防火墙自身要具有非常强的抗击入侵的本领。

课程思政

马头墙是赣派建筑、徽派建筑的重要特色，如图 6-2 所示。在聚族而居的村落中，民居建筑密度较大，不利于防火的矛盾比较突出。火灾发生时，火势容易顺房蔓延。而在居宅两山墙顶部砌筑的高出屋面的马头墙，则可以应对村落房屋密集情况下的防火、防风需求，在相邻民居发生火灾时，起着隔断火源的作用。久而久之，就形成一种特殊风格了。而在古代，徽州男子十二三岁便背井离乡踏上商路，马头墙是家人们望远盼归的物化象征，看到这种错落有致、黑白辉映的马头墙，也会使人得到一种明朗素雅和层次分明的韵律美的享受。这种兼具功能性、艺术性与情感文化的建筑是我国古代人民智慧的结晶。我们应该为我们具有这样的优秀民族文化而感到骄傲，进一步增强文化自信，并为传承和发扬中华优秀传统文化作出自己应有的贡献。

图 6-2　马头墙建筑

2. 防火墙的部署位置及功能

1) 防火墙的部署位置

一个典型的局域网络应用防火墙的拓扑结构如图 6-3 所示。在这样的拓扑结构中，网络被分为三个区域，相应的防火墙的部署位置也不尽相同。

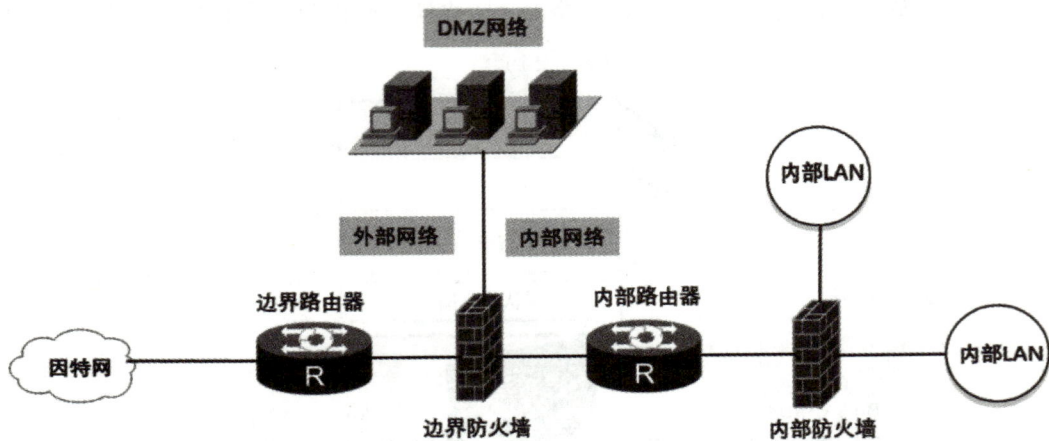

图 6-3　防火墙部署位置

(1) 外部网络区域。外部网络区域包括互联网的主机 (服务器等) 和网络设备，此区域为防火墙不可信任的公共网络。该区域部署的防火墙处于内部网络与外部网络的边界，将对所有外部访问内部的通信数据流按预先设置的规则进行监控、审核和过滤，不符合规则的通信数据流将被拒绝通过，从而起到对内部网络的保护作用。

(2) 非军事区 (Demilitarized Zone，DMZ)。DMZ 是从内部网络中划分出的一个小区域，专门用于放置既需要被内部网络访问又需要提供公众服务的服务器，如企业的 WEB 服务器、邮件服务器、FTP 服务器、DNS 服务器等。此区域由于需要提供对外服务，故防火墙设置的保护级别较低。

(3) 内部网络区域。内部网络区域是防火墙主要需要保护的对象，包括内部网络中所有核心设备，如服务器、路由器、核心交换机及用户个人电脑。内部网络有可能包括不同的安全区域，具有不同等级的安全访问权限。虽然内部网络区域和 DMZ 都属于内部网络的一部分，但在防火墙的设置中它们的安全级别和策略是不同的。

2) 防火墙的功能

在图 6-3 中，部署了两种类型的防火墙，其中一类是边界防火墙，另一类是内部防火墙，两种类型的防火墙的功能是不一样的。

(1) 边界防火墙。边界防火墙处于外部不可信网络和内部可信网络之间，控制来自外部不可信网络对内部可信网络的访问，防范来自外部网络的非法攻击；同时，保证 DMZ 中服务器的相对安全性和使用便利性。目前实际应用场景中用得最多的防火墙就是边界防火墙。边界防火墙的主要功能有以下几方面：

① 创建一个阻塞点。防火墙在内部网络和外部网络之间建立一个检查点，要求内、外部网络所有的通信流量都要通过这个检查点。一旦这个检查点清楚地被建立，防火墙设备就可以监视、过滤和检查所有进出网络的流量。该检查点在网络安全领域中被称为"阻塞点"。通过强制所有进出流量都通过该检查点，网络管理员可以集中在较少的地方来实现安全管理。

② 隔离不同网络，防止内部信息的外泄。这是防火墙最基本的功能，它通过隔离内、外部网络来确保内部网络的安全，也限制了局部重点或敏感网络安全问题对全局网络造成的影响。信息泄露是大家普遍非常关心的网络安全问题，内部网络中一个不引人注意的细节可能包含了有关安全问题的线索而引起攻击者的兴趣，甚至因此暴露了内部网络的某些安全漏洞。使用防火墙就可以隐藏局域网内部细节，防止内部信息外泄。

③ 强化安全策略。以防火墙为中心的安全方案配置，能将所有安全配置（如设置口令、加密、身份认证、审计等）应用在防火墙上。与将网络安全问题分散到各个主机上相比，防火墙的集中安全管理更加经济、高效。各种安全措施的有机结合，更能有效地对网络安全性能起到加强作用。

④ 有效地审计和记录内、外部网络上的活动。防火墙可以对内、外部网络的访问进行监控审计。如果所有的访问都经过防火墙，那么防火墙就能通过日志记录下这些访问，同时也能提供网络使用情况的统计数据。当发生可疑操作时，防火墙能进行适当的报警，并提供网络是否受到攻击的详细信息。这为网络管理人员提供了非常重要的安全管理信息，可以使网络管理人员清楚局域网是否能够抵挡攻击者的探测和攻击，并且清楚防火墙的防控是否有效。

(2) 内部防火墙。内部防火墙处于内部不同等级的安全域之间，起到隔离内部网络关键区域、子网或用户的目的。内部防火墙的主要功能有以下几方面：

① 可以精确制定每个用户的访问权限，保证内部网络用户只能访问必要的资源。

② 可以记录网段间的访问信息，及时发现误操作和来自内部网络其他网段的攻击行为。

③ 通过集中的安全策略管理，使每个网段上的主机不必再单独设立安全策略，降低了人为因素导致产生网络安全问题的可能性。

6.1.2　防火墙的基本结构

由于用户的网络安全需求不同，防火墙的结构也有所不同，通常防火墙的结构有屏蔽路由器防火墙、堡垒主机防火墙、屏蔽主机防火墙和屏蔽子网防火墙四种。

1. 屏蔽路由器防火墙

屏蔽路由器防火墙是最早的防火墙结构方案，它不是采用专用的防火墙进行设备部署的，而是在原有的包过滤路由器上进行包过滤设置，又称为包过滤路由器防火墙。这种防火墙的结构如图 6-4 所示。

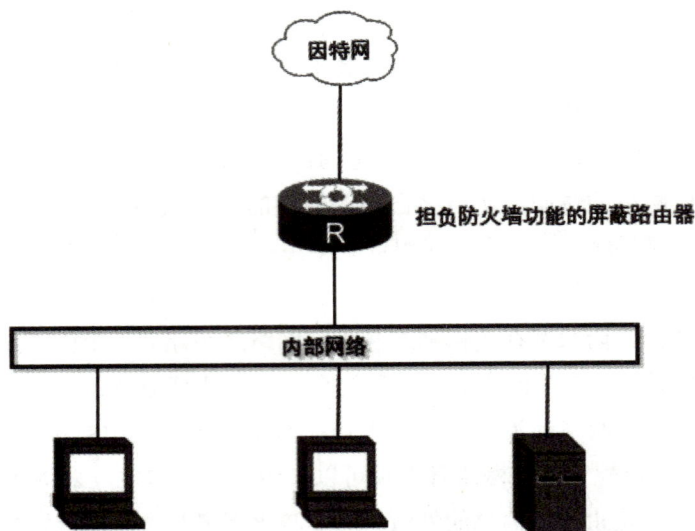

图 6-4　屏蔽路由器防火墙结构示意图

　　在屏蔽路由器防火墙结构中，内部网络的所有出入数据流量都必须通过屏蔽路由器，路由器审核每个数据包，依据过滤规则决定允许或拒绝数据包。

2. 堡垒主机防火墙

　　堡垒主机防火墙用一台特殊主机来实现，这台主机又被称为堡垒主机。这台主机拥有两个不同的网络接口，一端接外部网络，另一端连接需要保护的内部网络，故又称为双宿主主机。此主机上运行着防火墙软件，可以转发应用程序、提供服务等。这种防火墙的结构如图 6-5 所示。

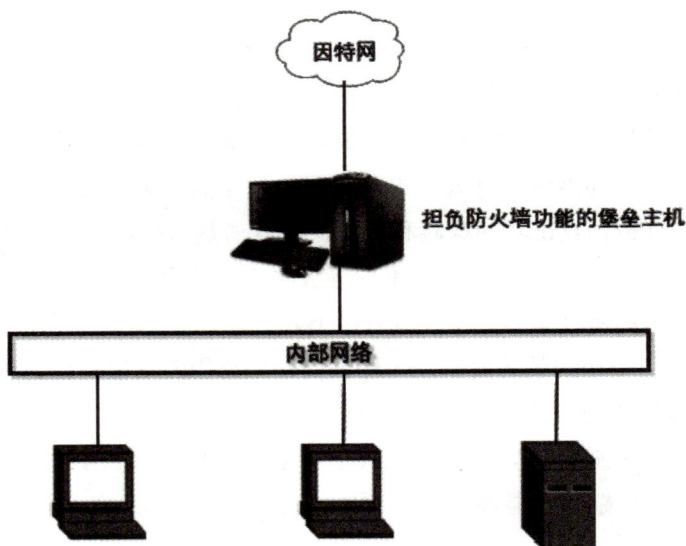

图 6-5　堡垒主机防火墙结构示意图

　　堡垒主机防火墙结构比屏蔽路由器防火墙结构更好，因为堡垒主机的系统软件可用于维护系统日志、硬件复制日志和远程日志，这对日后的安全检查很有用。但这不能帮助管理员确认哪些主机可能已被黑客入侵。

　　堡垒主机防火墙的最大特点是 IP 层的通信是被阻止的，两个网络之间的通信是靠应用层数据共享或应用层代理服务来实现的。该结构还应用于对多个内部网络或网段的安全防护，即一个堡垒主机可以同时连接一个外部网络和多个内部网络，此时，堡垒主机上需安装多个网卡。

　　堡垒主机是隔开内部网络和外部网络的唯一屏障，如果入侵者得到了堡垒主机的访问权，就能迅速控制内部网络，因此堡垒主机上只能安装最少的服务，并设置较低的权限，以免被攻击者控制后对内部网络造成较大的危害。

此外，堡垒主机的角色决定了其性能非常重要，否则将影响外部用户对内部网络的访问。

3. 屏蔽主机防火墙

屏蔽主机防火墙由屏蔽路由器和堡垒主机组成，是上面两种防火墙结构的组合，如图 6-6 所示。

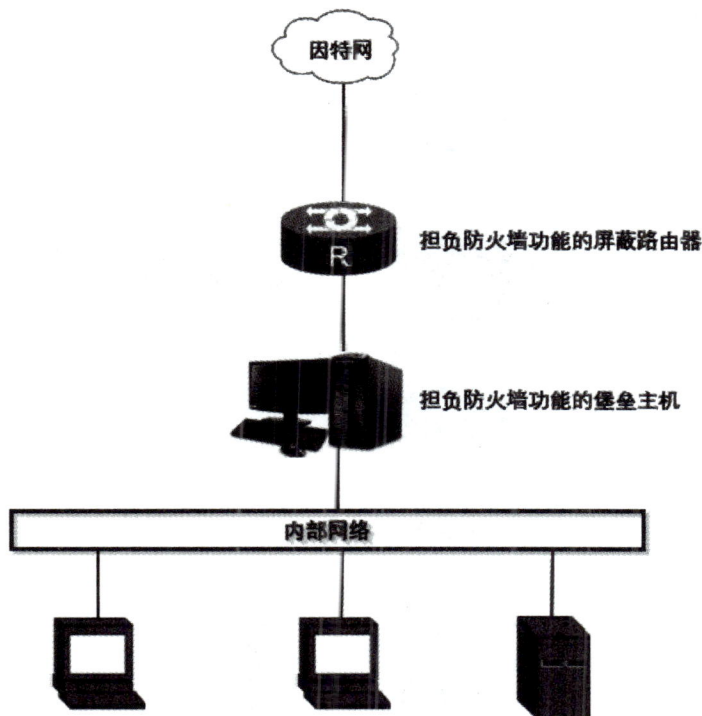

图 6-6　屏蔽主机防火墙结构示意图

屏蔽主机防火墙使用一个屏蔽路由器，屏蔽路由器至少有一条路径，分别连接到非信任的网络和堡垒主机上。屏蔽路由器为堡垒主机提供基本的过滤服务，所有的 IP 数据包只有经过屏蔽路由器过滤后才能到达堡垒主机。

堡垒主机同样可以连接多个内部网络，只需安装多个网卡即可。

外部网络的数据包经过路由器过滤后，还必须到堡垒主机上进行进一步检查。堡垒主机不仅可以使用网络层策略，还可以使用应用层的功能对发来的数据包进行检查，允许或者拒绝数据包进入内部网络。

屏蔽主机防火墙结构的安全等级比屏蔽路由器防火墙更高，因为它实现了网络层和应用层两个层次的安全，入侵者在进入内部网络之前必须渗透两种不同的安全系统。

屏蔽主机防火墙的屏蔽路由器存在一些问题，主要表现在如下三个方面：

(1) 屏蔽路由器成为安全关键点，也可能成为网络流量的瓶颈。

(2) 屏蔽路由器是否正确配置是防火墙安全与否的关键。屏蔽路由器的路由表必须正确防护，避免入侵者的修改。

(3) 应禁止 ICMP 重新定向，以避免入侵者利用路由器对错误 ICMP 重定向消息的应答面攻击网络。

此外，在屏蔽主机防火墙结构中，堡垒主机也有被绕过的可能，一旦堡垒主机被攻破，内部网络将被完全暴露。

4. 屏蔽子网防火墙

屏蔽子网防火墙使用一个或多个屏蔽路由器和堡垒主机，同时在内、外部网络之间建立一个被隔离的子网，两个分组过滤路由器放在子网的两端，在子网内构成一个 DMZ，这是当前应用最广泛的防火墙结构。屏蔽子网防火墙的结构如图 6-7 所示。

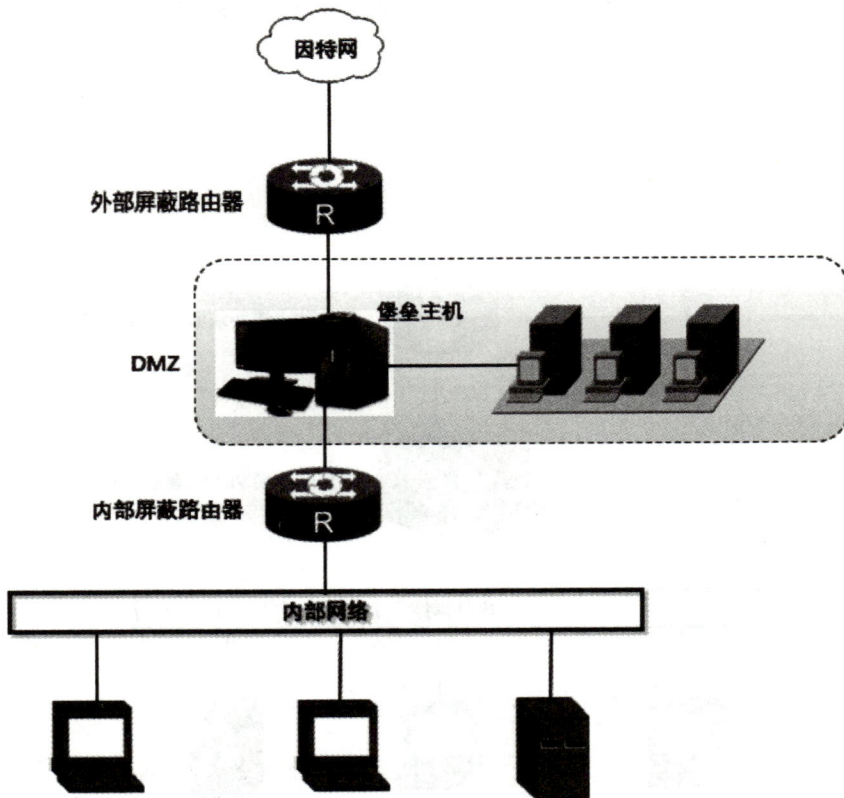

图 6-7　屏蔽子网防火墙结构示意图

屏蔽子网防火墙结构中存在三道防线。外部屏蔽路由器用于管理所有外部网络对 DMZ 的访问，它只允许外部访问堡垒主机或 DMZ 中对外开放的服务器，并防范来自外部的网络攻击。内部屏蔽路由器位于 DMZ 与内部网络之间，提供第三层防御，它只接收来自堡垒主机的数据包，管理 DMZ 到内部网络的访问，只允许内部网络访问 DMZ 网络中的堡垒主机或服务器。

这种防火墙系统的安全性很好，不管是外部网络访问内部网络的流量，还是内部网络访问外部网络的流量，都必须经过 DMZ 子网并接受检查。

此外，堡垒主机上可运行代理服务，是最容易受到入侵的。但在屏蔽子网防火墙结构中，即使堡垒主机被控制，在内部屏蔽路由器的保护下，可以通过屏蔽子网结构来保证内部可信网络的安全。当然，屏蔽子网防火墙结构也存在以下两点不足：

(1) 比其他结构所花的代价更高。

(2) 堡垒主机的配置更加复杂。

6.1.3　防火墙的分类

目前市场上的防火墙产品非常多，划分的标准也比较杂，下面是几种常见的分类方法。

1. 按防火墙的物理特性分类

按防火墙的物理特性不同，可以将防火墙分为硬件防火墙和软件防火墙。

1) 硬件防火墙

硬件防火墙与我们平时所看到的路由器、交换机一样，都属于硬件产品。它在外观上和路由器、交换机相似，只有少数几个接口，分别用于连接内、外部网络和 DMZ。

2) 软件防火墙

随着防火墙应用的逐步普及和计算机软件技术的发展，为了满足不同层次用户对防火墙技术的需求，许多网络安全软件厂商开发出了基于纯软件的防火墙，俗称"个人防火墙"。之所以说它是"个人防火墙"，是因为它安装在主机中，只对一台主机进行防护，而不是对整个网络进行防护。比如 360 防火墙就是比较常见的免费的软件防火墙。收费的软件防火墙也有很多，如卡巴斯基、诺顿和迈克菲等。

另外，在一些操作系统中也内嵌有防火墙模块，如 Linux 操作系统中就有 Firewalld 模块，它可以实现防火墙的功能，用于保护 Linux 服务器，也可以单独用作保护网络的防火墙。

2. 按防火墙的技术分类

防火墙技术虽然出现了许多，但总体来讲可分为包过滤型和应用代理型两大类。

1) 包过滤型防火墙

包过滤型防火墙工作在 OSI 参考模型的网络层和传输层，它根据数据包头源地址、目的地址、端口号和协议类型等标志确定是否允许数据包通过。只有满足过滤条件的数据包才会被转发到相应的目的地，其余数据包则被丢弃。

包过滤方式是一种通用、廉价和有效的安全手段。之所以通用，是因为它并没有针对各个具体的网络服务采取特殊的处理方式，也就是说它适用于所有网络服务；之所以廉价，是因为大多数路由器都提供数据包过滤功能，这类防火墙多数也是由路由器集成的；之所以有效，是因为它在很大程度上满足了绝大多数企业的安全要求。

2) 应用代理型防火墙

应用代理型防火墙工作在 OSI 参考模型的最高层，即应用层。其特点是完全"阻隔"了网络通信数据流，通过对每种应用服务编制专门的代理程序，实现监视和控制应用层通信数据流的作用。应用代理型防火墙采取的是一种代理机制，它可以为每一种应用服务建立一个专门的代理，所以内、外部网络之间的通信不是直接的，而是都需先经过代理服务器审核，通过后再由代理服务器代为连接，根本没有给内、外部网络计算机任何直接会话的机会，从而避免了入侵者使用数据驱动类型的攻击方式入侵内部网络。

3. 按防火墙的部署位置分类

按防火墙的部署位置不同，可以将防火墙分为边界防火墙、混合防火墙和个人防火墙三大类。

1) 边界防火墙

边界防火墙是传统的防火墙，它位于内、外部网络的边界，所起的作用是对内、外部网络实施隔离，保护内部网络。这类防火墙一般都是硬件防火墙，价格较贵，性能较好。

2) 混合防火墙

混合防火墙可以说就是"分布式防火墙"或者"嵌入式防火墙"，它是一整套防火墙系统，由若干个软、硬件组件组成，分布于内、外部网络边界和内部各主机之间，既对内、外部网络之间的通信进行过滤，又对网络内部各主机间的通信进行过滤。它属于最新的防火墙技术之一，性能最好，价格也最贵。

3) 个人防火墙

个人防火墙安装于单台主机中，防护的也只是单台主机。这类防火墙应用于个人计算机，一般为软件防火墙，价格最便宜，性能也最差。

4. 按防火墙的性能分类

按防火墙的性能不同，可以将防火墙分为百兆级防火墙、千兆级防火墙、万兆级防火墙和十万兆级防火墙等几类。

WAF 的功能
及部署方式

6.1.4 下一代防火墙

1. 下一代防火墙出现的背景

1) 网络发展的趋势让传统防火墙方案失效

近几年来，越来越多的网络安全事件告诉我们，网络安全风险比以往更加难以察觉。随着网络安全形势逐渐恶化，网络攻击愈加频繁，传统防火墙安全方案已不再适应互联网的发展，这主要体现在以下几个方面：

(1) 网络中大量的新应用建立在 HTTP/HTTPS 标准协议之上。

(2) 许多威胁依附在应用之中传播肆虐。

(3) 75% 以上的攻击来自应用层。

(4) 攻击的多样化、黑客平民化。

传统的防火墙也存在着一些缺陷：

(1) 基于包头信息做检测，对包的内容无法检测，无法分辨应用及其内容。

(2) 不能区分用户并针对不同用户设置不同的安全策略。

(3) 无法分析记录用户的行为。

因此，适应互联网发展的下一代防火墙的出现势在必行。

2) "补丁式"设备堆叠的防火墙替代方案管理复杂

传统防火墙功能上的缺失使得企业在网络安全建设的时候针对现有的多样化攻击类型采取了补丁式的设备堆叠方案，以"防火墙 (FW) + 入侵防御系统 (IPS) + 反病毒设备 (AV) + Web 应用防火墙 (WAF) + ……"的形式形成了"串糖葫芦"式部署，如图 6-8 所示。这种方式在一定程度上能弥补传统防火墙功能单一的缺陷，对网络中存在的各类攻击形成了似乎全面的防护。但在这种环境中，管理人员通常会遇到如下的困难：

(1) 多种设备堆砌，投资高，功能上有重合。

(2) 设备多，线路多，维护成本高。

(3) 数据报文要反复封装和发送，运行效率低，就像机场安检排长队一样。

(4) 维护复杂，设备独立管理，安全风险无法分析。

图 6-8　补丁式设备堆叠

此外，设备之间是割裂的，难以对安全日志进行统一分析；有攻击才能发现问题，在没有攻击的情况下，就无法看到业务漏洞，但这并不代表业务漏洞不存在；即使发现了攻击，也无法判断业务系统是否真正存在安全漏洞，还是无法指导客户进行安全建设。

大部分客户无法部署所有设备，所以还是会存在短板；即使全部部署，这些设备也不会对服务器和终端向外主动发起的业务流进行防护，在面临新的未知攻击的情况下缺乏有效防御措施，仍旧存在被绕过的风险。

3) 统一威胁管理性能不佳

2004 年，IDC 公司提出了统一威胁管理 (Unified Threat Management，UTM) 的概念。其理念是将防火墙、入侵检测与防御、反病毒、反垃圾邮件等多个功能模块集中在一台设备中，从而达到统一防护、集中管理的目的。这无疑给网络安全管理者们提供了更新的思路。事实证明，在国内市场，UTM 产品确实得到了用户认可，IDC 统计数据显示 2009 年 UTM 市场增长迅速，但 2010 年 UTM 的增长率同比有明显的下降。这是因为 UTM 设备仅将防火墙、入侵检测与防御、反病毒、反垃圾邮件等功能模块进行简单的整合，传统防火墙安全与管理上的问题依然存在，比如缺乏对 WEB 服务器的有效防护等。另外，UTM 开启多个模块时是串行处理机制，一个数据包先经过一个模块处理一遍，再重新经过另一个模块处理一遍，即一个数据包要经过多次拆包，多次分析，这也使得性能和效率难以令人信服。因此 UTM 安全设备只适合在中小型局域网中使用，而在大于 1000 人以上规模的大型局域网中使用的效果就十分不理想。

2. 下一代防火墙的定义

随着用户安全需求的不断增加，下一代防火墙必将集成更多的安全特性来应对众多的攻击行为和业务流程的变化。著名市场分析咨询机构 Gartner 于 2009 年发布的一份名为 *Defining the Next-Generation Firewall* 的文档，给出了下一代防火墙 (Next-Generation Firewall，NGFW) 的定义：NGFW 是一个线速 (Wire-speed) 网络安全处理平台，定位于宏观意义的防火墙市场。

NGFW 在功能上至少应当具备以下五个属性。

(1) 拥有传统防火墙所提供的所有功能。

(2) 支持与防火墙自动联动的集成化入侵防御系统。

(3) 根据识别库进行可视化应用识别、控制。

(4) 具有智能防火墙，当防火墙检测到攻击行为时自动添加安全策略。

(5) 具有高性能，包括高可用性和高扩展性。

下一代防火墙将是融合了以上五个属性的综合网络安全处理平台。

3. 下一代防火墙的功能

不同公司生产的下一代防火墙的功能略有差别。下面以深信服科技股份有限公司的下一代应用防火墙 (Next-Generation Application Firewall，NGAF) 为例来说明下一代防火墙的功能。

1) 可视的网络安全情况

NGAF 可以根据应用的行为和特征实现对应用的识别和控制，而不仅仅依赖于端口和协议，摆脱了过去只能依靠 IP 地址来控制的缺陷，即使加密过的数据流也能应付自如。NGAF 应用可视化引擎能识别 1200 多种应用及其 2700 多种应用动作，还可以与多种认证系统 (如 AD、LDAP、Radius 等)、应用系统 (如 POP3、SMTP 等) 无缝对接。网络应用、业务和终端安全、智能用户身份识别、用户与应用的访问控制策略、基于用户的流量管理等均实现了可视化。

2) 强化的应用层攻击防护

强化的应用层攻击防护体现在以下两个方面：

(1) 基于应用的深度入侵防御。NGAF 的灰度威胁关联分析引擎具有 4000 多条漏洞特征、3000 种 Web 应用威胁特征，可以全面识别各种应用层和内容级别的单一安全威胁。

(2) 强化的 Web 攻击防护。Web 攻击防护措施包括防 SQL 注入攻击、防 XSS 跨站脚本攻击、防 CSRF 攻击等，并获得了 OWASP(Open Web Application Security Project，开放 Web 应用程序安全项目) 组织颁发的产品测试 4 星评级证书。

3) 独特的双向内容检测技术

NGAF 具备完整的数据链路层到应用层 (L2～L7) 的安全防护功能，如网页防篡改、敏感信息防泄露、应用层协议内容隐藏等功能。

4) 智能的网络安全防御体系

NGAF 基于时间周期的安全防护设计提供事前风险评估及策略联动功能。通过端口、服务、应用扫描帮助用户及时发现端口、服务及漏洞风险，并通过模块间智能策略联动及时更新对应的安全风险的安全防护策略的风险评估。

5) 更高效的应用层处理能力

为了实现强劲的应用处理能力，NGAF 抛弃了 UTM 多引擎、多次解析的架构，而采用了更为先进的一体化单次解析引擎，将漏洞、病毒、Web 攻击、恶意代码 / 脚本、URL 库等众多应用层威胁统一进行检测匹配，从而提升了工作效率，实现了万兆级的应用安全防护能力。

6.2　入侵检测系统与入侵防御系统

6.2.1　入侵检测系统概述

IDS 入侵检测

随着计算机网络的发展，针对网络、主机的攻击与防御技术也在不断发展，但防御相对于攻击而言总是被动和滞后的，尽管采用了防火墙等安全防护措施，但这并不意味着系统就完全得到了保护。各种软件系统的漏洞层出不穷，在一种新的漏洞的发现或新攻击手段的出现与防护手段采用之间，总会有一个时间差，而且网络的状态是动态变化的，使得系统易受到攻击者的破坏和入侵，因而产生了入侵检测系统。入侵检测系统从计算机网络系统中的若干关键点收集信息，并分析这些信息，检查网络中是否有违反安全策略的行为，发现攻击企图或攻击之后，及时采取适当的响应措施。

1. 入侵检测系统的定义

入侵检测技术又称为网络实时监控技术，是指通过硬件或软件对网络上的数据流进行实时的检查，并与系统中的入侵特征数据库进行比较，一旦发现有被攻击的迹象，立刻根据用户所定义的动作作出反应，如切断网络连接，或者通知防火墙系统对访问控制策略进行调整，将入侵的数据包过滤掉等。

入侵检测技术是一种主动保护自己免受攻击的网络安全技术。入侵检测技术作为防火墙的合理补充，能够帮助系统应付网络攻击，扩展系统管理员的安全能力 (包括安全审计、监视、攻击识别和响应)，提高信息安全基础结构的完整性。入侵检测被认为是防火墙之后的第二道安全闸门，在不影响网络性能的情况下能对网络进行检测。

使用入侵检测技术的软件和硬件的组合便是入侵检测系统 (Intrusion Detection System，IDS)。

2. 入侵检测系统的架构

根据通用入侵检测框架 (Common Intrusion Detection Framework，CIDF) 的定义，入侵检测系统通常由以下四个组件构成，如图 6-9 所示。

1) 事件产生器 (Event Generator)

事件产生器的任务是从入侵检测系统外的整个计算环境中获得事件，并将这些事件转化成 CIDF 的 GIDO(Generalized Intrusion Detection Object，统一入侵检测对象) 格式传送给其他组件。事件产生器是所有 IDS 所必需的，同时也是可以重用的。

2) 事件分析器 (Event Analyzer)

事件分析器从其他组件处接收 GIDO 数据，进行进一步的分析，并产生新的 GIDO 再传送给其他组件。事件分析器可以是一个轮廓描述工具，统计性地检查现在的事件是否可能与以前某个事件来自同一个时间序列；也可以是一个特征检测工具，用于在一个事件序列中检查是否有已知的滥用攻击特征；此外，事件分析器还可以是一个相关器，观察事件之间的关系，将有联系的事件放在一起，以利于以后的进一步分析。

3) 响应单元 (Response Unit)

响应单元是对分析结果作出反应的功能单元，它可以终止进程、重置连接、改变文件属性等，也可以只进行简单的报警。

4) 事件数据库 (Event Database)

事件数据库是存放各种中间数据和最终数据的地方的统称，它可以是复杂的数据库，也可以是简单的文本文件。

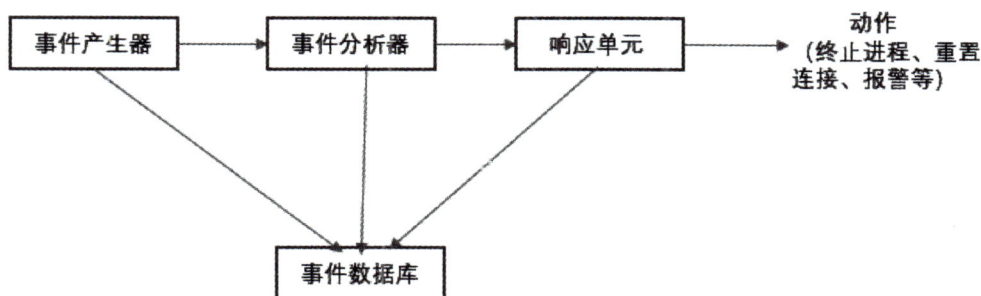

图 6-9　IDS 的架构

3. 入侵检测的过程

入侵检测的过程可分为信息收集、信息分析和结果处理三个部分。

1) 信息收集

入侵检测的第一步是信息收集，收集内容涵盖系统、网络、数据及用户活动的状态和行为。通常由放置在不同网段的传感器或不同主机的代理来收集信息，收集途径包括系统和网络日志文件、网络流量、非正常的目录和文件变化及非正常的程序执行等。

2) 信息分析

收集到的有关系统、网络、数据及用户活动的状态和行为等的信息，被送到驻留在传感器中的检测引擎进行分析，分析手段一般有如下两种。

(1) 误用检测。将收集到的信息与已知的网络入侵和系统误用模式数据进行比较，从而发现违背安全策略的行为。该方法的一大优点是只需收集相关的数据，可显著减轻系统负担，并且技术已相当成熟，检测准确度和效率都很高。但是，该方法的缺点是需要不断地升级以应对不断出现的黑客攻击方法，且不能检测到未出现的黑客攻击手段。

(2) 异常检测。假定所有入侵行为都与正常行为不同。先定义系统在正常条件下的资源与设备利用情况的数值，建立正常活动模型，然后再将系统在运行时的此类数值与事先定义的原有正常指标相比较，从而得出是否有攻击现象发生。异常检测采用的方法是统计分析方法。对于网络流量，可以使用统计分析的方法进行监控，这样可防止 DDoS 攻击等的发生。异常检测的优点是能发现新的入侵；缺点是对于正常活动模型未定义的操作均视为异常操作，误报率较高。

3) 结果处理

当检测到入侵时，控制台按照预先定义的告警响应措施，重新配置路由器或防火墙，终止进程、切断连接、改变文件属性，或者只是简单发布告警信息。

综合以上过程，可知入侵检测的流程如图 6-10 所示。

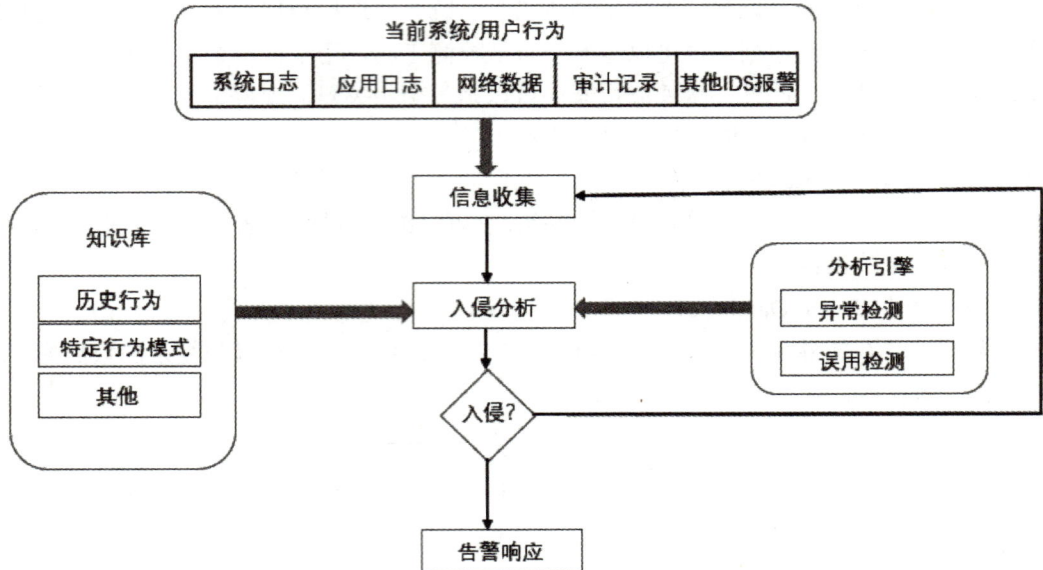

图 6-10　入侵检测的流程

6.2.2　入侵检测系统的分类

入侵检测系统根据其检测数据的来源可分为两类：基于主机的入侵检测系统 (HIDS) 和基于网络的入侵检测系统 (NIDS)。

1. 基于主机的入侵检测系统

基于主机的入侵检测系统 (Host-based Intrusion Detection System，HIDS) 安装在被保护的主机上，通常用于保护运行关键应用的服务器，如图 6-11 所示。它通过监视与分析主机的审计记录、系统调用、端口调用和日志文件等来检测入侵行为。

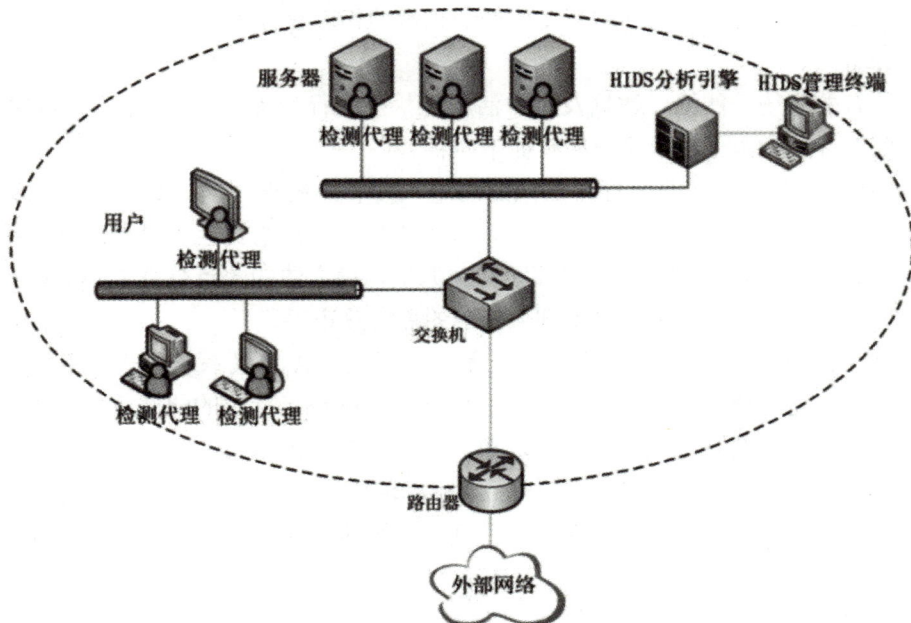

图 6-11　HIDS

基于主机的入侵检测系统具有以下优点：

(1) 基于 IDS 含有的已发生事件信息，可以确定攻击是否成功；

(2) 能够检查到基于网络的入侵检测系统检查不出的攻击；

(3) 能够监视特定的系统活动；

(4) 适用于被加密的和交换的环境；

(5) 可实现近于实时的检测和响应；

(6) 不要求额外的硬件设备；

(7) 成本低廉。

基于主机的入侵检测系统具有以下缺点：

(1) 降低应用系统的效率；

(2) 会带来一些额外的安全问题；

(3) 依赖于服务器固有的日志与监视能力；

(4) 全面部署代价较大，用户只能选择保护部分重要主机，那些未安装 HIDS 的主机将成为保护的盲点；

(5) 除了监测自身的主机以外，不监测网络上的情况。

2. 基于网络的入侵检测系统

基于网络的入侵检测系统 (Network-based Intrusion Detection System，NIDS) 一般安装在需要保护的网段中，利用网络侦听技术实时监视网段中传输的各种数据包，并对这些数据包的内容、源地址、目的地址等进行分析和检测，如图 6-12 所示。如果发现入侵行为或事件，NIDS 就会发出警报甚至切断网络连接。

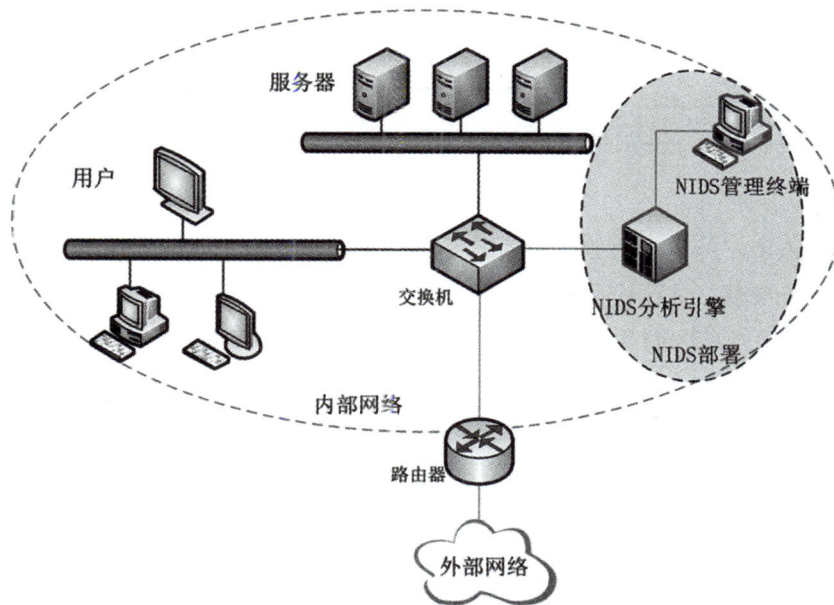

图 6-12　NIDS

基于网络的入侵检测系统有如下优点：

(1) 可检查所有包的头部，从而发现恶意的和可疑的行动迹象；

(2) 借助正在进行的网络通信实时检测攻击行为，所以攻击者无法转移证据；

(3) 具有操作系统无关性；

(4) 安装简便。

基于网络的入侵检测系统有如下缺点：

(1) 监测范围有局限性，NIDS 只能检测与其直接相连的网段的通信，不能检测不同网段的数据包，而安装多台 NIDS 将会大大增加成本；

(2) 通常采用特征检测的方法，可以检测出普通的攻击，很难检测一些复杂的攻击；

(3) 对大量的数据进行分析时，会影响系统的性能和响应速度；

(4) 处理加密的数据会比较困难。

6.2.3 入侵防御系统概述

1. 入侵防御系统的工作原理

随着网络应用的普及，网络入侵事件不断增加，黑客的攻击水平也在不断提高。传统的防火墙可以拦截低层攻击行为，但对应用层的深层攻击行为无能为力；旁路部署的 IDS 可以作为防火墙的有益补充，及时发现那些穿透防火墙的深层攻击行为，但很可惜的是无法实时阻断；防火墙和 IDS 的联动，理论上可以提高防护效果，但由于缺少统一的接口规范，加上越来越频发的"瞬间攻击"，IDS 与防火墙的联动在实际应用中的效果并不显著。因此，在 IDS 的基础上发展了一个新的网络安全产品——入侵防御系统 (Intrusion Prevention System，IPS)，其工作原理如图 6-13 所示。

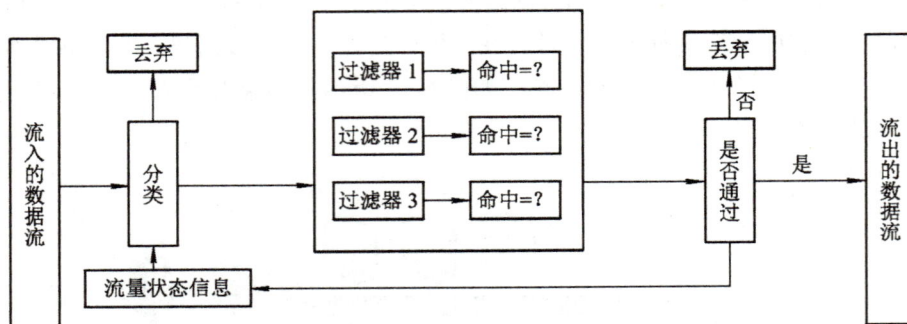

图 6-13　IPS 工作原理

入侵防御系统是一种主动的、积极的入侵防范和组织系统，它部署在网络的进出口处，通过监视网络或系统资源，寻找违反安全策略的行为或攻击迹象。当它检测到攻击企图后，会自动地将攻击数据包丢掉或阻断攻击源。IPS 的检测功能类似于 IDS，但不同的是，IPS 检测到攻击后会采取行动阻止攻击。

IPS 是通过直接嵌入网络流量中实现主动防御的，即通过一个网络端口接收来自外部系统的流量，经过检查并确认其中不包含异常活动或可疑内容后，再通过另一个端口将它传送到内部系统中。通过这个过程，有问题的数据包以及所有来自同一数据流的后续数据包，都将在 IPS 设备中被清除掉。

IPS 拥有众多过滤器，能够防止各种攻击。所有流经 IPS 的数据包都会被分类，分类的依据是数据包中的报头信息，如源 IP 地址和目的 IP 地址、端口号和应用域。每种过滤器负责分析相对应的数据包。通过检查的数据包可以继续前进，包含恶意内容的数据包就会被丢弃，被怀疑的数据包需要接受进一步的检查。

IPS 具有自学习和自适应能力，当新的攻击手段被发现后，能根据所在网络的通信环境和被入侵的情况，分析和抽取新型攻击特征并更新特征库，从而制定新的安全防御策略，创建新的过滤器来加以阻止。

2. 入侵防御系统的分类

入侵防御系统也有两种主要的实现方式：基于主机的入侵防御系统 (HIPS) 和基于网络的入侵防御系统 (NIPS)。

1) 基于主机的入侵防御系统

基于主机的入侵防御系统 (Host-based Intrusion Prevention System，HIPS) 通过在主机 / 服务器上安装软件代理程序，防止网络攻击 / 入侵操作系统以及应用程序，防止服务器的安全弱点被不法分子利用。HIPS 可以根据自定义的安全策略以及分析学习机制来阻断对服务器、主机发起的恶意入侵。它可以阻断缓冲区溢出、改变登录口令、改写动态链接库以及其他试图从操作系统中夺取控制权的入侵行为，整体提升主机的安全水平。

2) 基于网络的入侵防御系统

基于网络的入侵防御系统 (Network-based Intrusion Prevention System，NIPS) 通过检测流经的网络流量，提供对网络系统的安全保护。由于它采用在线连接方式，因此一旦辨识出入侵行为，NIPS 就可以去除整个网络会话，而不仅仅是复位会话。同样由于实时在线，NIPS 需要具备很高的性能，以免成为网络的瓶颈，因此 NIPS 通常被设计成类似于交换机的网络设备，提供线速吞吐速率以及多个网络端口。NIPS 的部署如图 6-14。

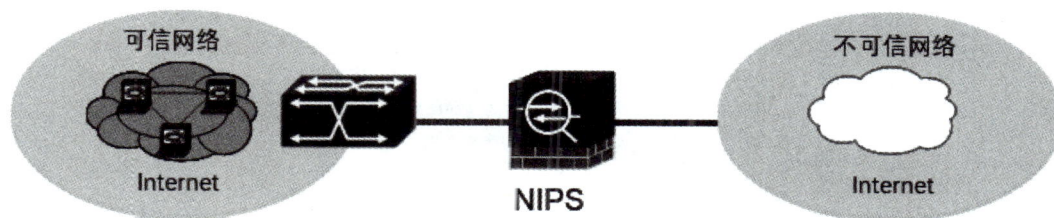

图 6-14　NIPS 的部署

NIPS 必须基于特定的硬件平台才能实现千兆级网络流量的深度数据包检测和阻断功能。这种特定的硬件平台通常可以分为三类：第一类是网络处理器 (网络芯片)，第二类是专用的 FPGA 编程芯片，第三类是专用的 ASIC 芯片。

6.2.4　入侵检测系统与入侵防御系统的区别

IDS 是一种旁路侦测系统，它可以不间断地检测网络中的数据，同时判断其中是否具有威胁，以便向网络管理员报警，类似于摄像头。它的任务就是帮助网络管理员了解网络系统运行的情况，却不会采取任何措施。IPS 则增加了主动阻断入侵的功能，IPS 在检测到入侵行为之后，会主动采取措施。这样看来，IPS 似乎可以完全取代 IDS。其实并不然，它们是独立的两个产品。

从它们的发展趋势看，IDS 和 IPS 分属不同的两个阵营：IDS 帮助用户更清楚地了解自己的网络系统，用户用 IDS 的检测与监控功能能够即时了解自身的网络状况，并根据提供的数据资料来改善风险，它属于风险管理类安全产品；IPS 是在分析整个网络系统的基础上安装在网络中的重要关口，它对恶意攻击行为进行检测和防御，属于风险控制类安全产品，如图 6-15 所示。

从用户方面看，由于应用领域的不同，对于安全的要求程度有高有低。如果说 IT 风险影响应用的程度并不大，那么只需要部署 IDS 就能满足安全需求；对于风险管理要求不高，只关注风险控制的应用场景，只需要部署 IPS 即可满足需求；而对于一些同时关注风险管理和风险控制的高风险的应用场景，则需要同时部署 IDS 和 IPS，如图 6-16 所示。

图 6-15 IDS 和 IPS 的区别（一）

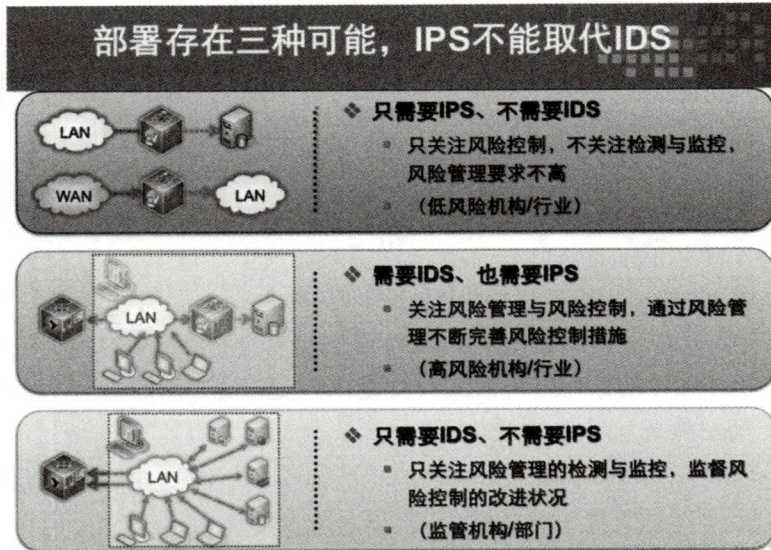

图 6-16 IDS 和 IPS 的区别（二）

另外，IDS 和 IPS 的部署方式也不同，如图 6-17 所示。IDS 是旁路安装，是安全检测、监控分析类产品。IPS 是串行链路安装，是网关控制类产品，主要聚焦于串行线路上的入侵防御。前者侧重管理，后者侧重控制。

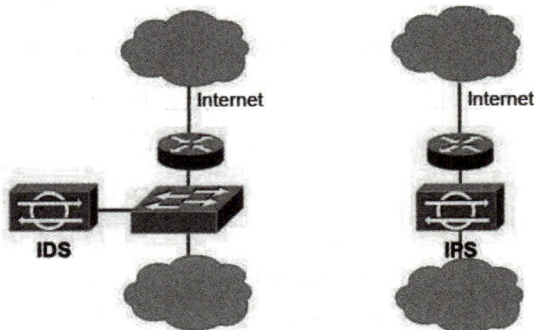

图 6-17 IDS 和 IPS 的部署

6.3　上网行为管理设备

6.3.1　上网行为管理的基本概念

随着计算机、宽带技术的迅速发展，网络办公日益流行，互联网已经成为人们工作、生活、学习过程中不可或缺的工具。但是，在享受互联网带来的便捷性的同时，企业普遍存在着电脑和互联网络滥用的严重问题。员工非工作上网现象越来越突出，网上购物、在线聊天、在线欣赏音乐和电影、P2P 工具下载等与工作无关的行为占用了有限的带宽，严重影响了正常的工作效率。同时网络中也存在很多的不安全因素，如赌博网站、色情网站、反动论坛等。对用户的上网行为缺乏监管，还可能发生信息泄露和违法事件，给企业带来损失。为了对网络使用进行管控，满足国家《网络安全法》的要求，需要在网络中部署上网行为管理设备。该设备可对网络中的用户、流量及行为做到可视、可控。

上网行为管理是指帮助互联网用户控制和管理对互联网的使用，包括网页访问过滤、网络应用控制、带宽流量管理、信息收发审计、用户行为分析等内容。

上网行为管理产品是专用于防止非法信息恶意传播，避免国家机密、商业信息、科研成果泄露的产品；并且可实时监控、管理网络资源使用情况，提高整体工作效率。上网行为管理产品适用于需实施内容审计与行为监控、行为管理的网络环境，尤其是按等级进行计算机信息系统安全保护的相关单位或部门。

上网行为管理

6.3.2　上网行为管理的功能

1. 上网人员管理

(1) 上网身份管理：利用 IP/MAC 识别方式、用户名 / 密码认证方式、与已有认证系统的联合单点登录方式准确识别，确保上网人员的合法性。

(2) 上网终端管理：检查主机的注册表 / 进程 / 硬盘文件的合法性，确保接入企业网的终端 PC 的合法性和安全性。

(3) 移动终端管理：检查移动终端识别码，识别智能移动终端的类型 / 型号，确保接入企业网的移动终端的合法性。

(4) 上网地点管理：检查上网终端的物理接入点，识别上网地点，确保上网地点的合法性。

2. 上网浏览管理

(1) 搜索引擎管理：利用搜索框关键字的识别、记录、阻断技术，确保上网搜索内容的合法性，避免不当关键词的搜索带来的负面影响。

(2) 网址 URL 管理：利用网页分类库技术，对海量网址进行提前分类识别、记录、阻断，确保上网访问的网址的合法性。

(3) 网页正文管理：利用正文关键字识别、记录、阻断技术，确保所浏览正文的合法性。

(4) 文件下载管理：利用文件名称 / 大小 / 类型 / 下载频率的识别、记录、阻断技术，确保网页下载文件的合法性。

3. 上网外发管理

(1) 普通邮件管理：通过对 SMTP 数据中的收发人 / 标题 / 正文 / 附件 / 附件内容的深度识别、记录、阻断，确保外发邮件的合法性。

(2) WEB 邮件管理：通过对 WEB 方式的网页邮箱的收发人／标题／正文／附件／附件内容的深度识别、记录、阻断，确保外发邮件的合法性。

(3) 网页发帖管理：通过对 BBS 等网站的发帖内容的标题、正文关键字进行识别、记录、阻断，确保外发言论的合法性。

(4) 即时通信管理：通过对微信、钉钉、QQ、SKYPE、雅虎通等主流 IM 软件的外发内容关键字进行识别、记录、阻断，确保外发言论的合法性。

(5) 其他外发管理：通过对 FTP、Telnet 等传统协议的外发信息的内容关键字进行识别、记录、阻断，确保外发信息的合法性。

4. 上网应用管理

(1) 上网应用阻断：利用不依赖端口的应用协议库进行应用的识别和阻断。

(2) 上网应用累计时长限额：针对每个或多个应用分配累计时长，一天内累计使用时间达到限额将自动终止访问。

(3) 上网应用累计流量限额：针对每个或多个应用分配累计流量，一天内累计使用流量达到限额将自动终止访问。

5. 上网流量管理

(1) 上网带宽控制：为每个或多个应用设置虚拟通道上限值，对于超过虚拟通道上限的流量进行丢弃。

(2) 上网带宽保障：为每个或多个应用设置虚拟通道下限值，确保为关键应用保留必要的网络带宽。

(3) 上网带宽借用：当有多个虚拟通道时，允许满负荷虚拟通道借用其他空闲虚拟通道的带宽。

(4) 上网带宽平均：为每个用户平均分配物理带宽，避免单个用户的流量过大而抢占其他用户带宽。

6. 上网行为分析

(1) 上网行为实时监控：对网络当前速率、带宽分配、应用分布、人员带宽、人员应用等进行统一展现。

(2) 上网行为日志查询：对网络中的上网人员／终端／地点、上网浏览、上网外发、上网应用、上网流量等行为日志进行精准查询，精确定位问题

7. 上网隐私保护

(1) 日志传输加密：管理者采用 SSL 加密隧道方式访问设备的本地日志库、外部日志中心，防止黑客窃听。

(2) 管理三权分立：内置管理员、审核员、审计员账号。管理员无日志查看权限，但可设置审计员账号；审核员无日志查看权限，但可在审核审计员权限的合法性后开通审计员权限；审计员无法设置自己的日志查看范围，但可在通过审核员的权限审核后查看规定的日志内容。

(3) 精确日志记录：所有上网行为可根据过滤条件进行选择性记录，不违规不记录，最小程度记录隐私。

8. 设备容错管理

(1) 死机保护：当设备带电死机或断电时，可切换至透明网线模式，确保网络传输不受影响。

(2) 一键排障：网络出现故障后，按下一键排障物理按钮可以直接定位故障是否由上网行为管理设备引起，缩短网络故障定位时间。

(3) 双系统冗余：提供硬盘＋Flash 卡双系统，互为备份，单个系统故障后依旧可以保持设备正常使用。

9. 风险集中告警

(1) 告警中心：所有告警信息可在告警中心页面集中展示。

(2) 分级告警：针对不同等级的告警进行区分排列，防止低等级告警淹没关键的高等级告警信息。

(3) 告警通知：告警可通过邮件、语音提示方式通知给管理员，便于快速发现告警风险。

6.3.3　上网行为管理设备的部署模式

上网行为管理设备可以工作在不同的模式，在不同模式下支持的功能也各不相同，设备以何种方式部署需要综合用户具体的网络环境和功能需求而定。上网行为管理设备常用的部署模式有三种：路由 / 网关模式、网桥模式和旁路模式。

1. 路由 / 网关模式

设备以路由 / 网关模式部署时，上网行为管理设备的工作方式与路由器相当，其具备基本的路由转发及网络地址转换 (Network Address Translation，NAT) 功能。一般是把设备放在内网网关出口的位置，代理局域网上网；或者把设备放在路由器后面，再代理局域网上网。一般客户想用上网行为管理设备替换原有部署的防火墙或路由器，或者是客户在规划新网络建设时会将上网行为管理设备部署为路由 / 网关模式。这种模式下支持上网行为管理设备所有的功能，包括防火墙、NAT、路由、流量控制 / 带宽管理、上网行为管理、内容过滤、用户访问控制、数据中心、统计报告、安全扩展功能、VPN、DHCP 等。如果需要使用 NAT、VPN、DHCP 等功能，则 AC(Access Controller，接入控制器) 必须以路由模式部署，其他工作模式没有这些功能。路由 / 网关部署模式如图 6-18 所示。

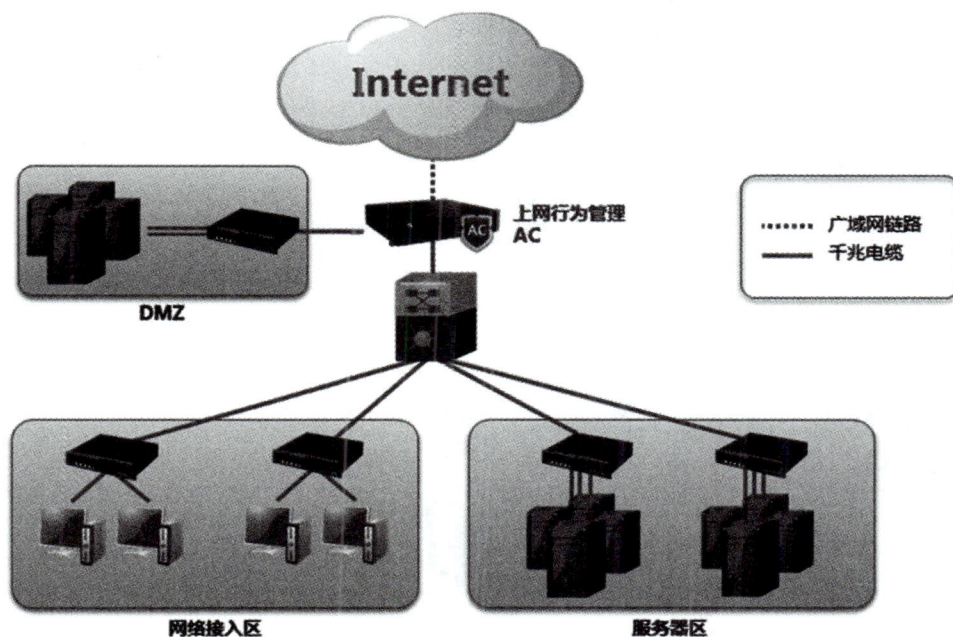

图 6-18　路由 / 网关部署模式

2. 网桥模式

设备以网桥模式部署时对客户原有的网络基本没有改动。对客户来说，上网行为管理设备就是个透明的设备，当因为上网行为管理设备自身的原因而导致网络中断时，开启硬件 bypass(旁路) 功能，即可恢复网络通信。网桥模式部署时 AC 不支持 NAT(代理上网和端口映射）、VPN、DHCP 等功能，除此之外上网行为管理设备的其他功能（如 URL 过滤、流控等）均可实现。特别地，网桥模式部署时上网行为管理设备支持硬件 bypass 功能（其他模式部署均没有硬件 bypass）。网桥部署模式如图 6-19 所示。

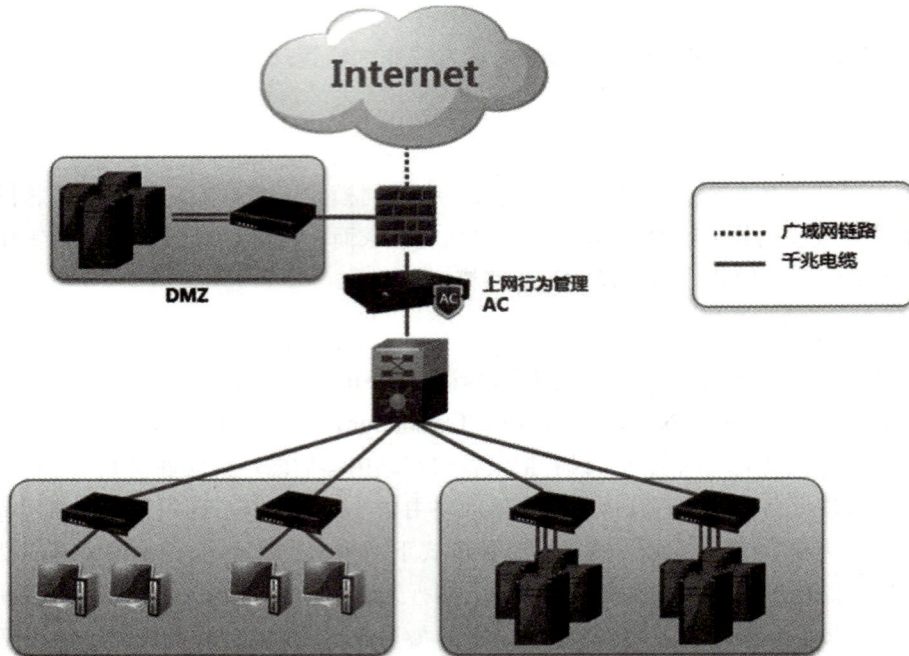

图 6-19　网桥部署模式

3. 旁路模式

旁路模式主要用于实现审计功能，完全不需要改变用户的网络环境，其通过把上网行为管理设备的监听口接在交换机的镜像口或者集线器上，实现对上网数据的监控。这种模式对用户的网络环境完全没有影响，即使宕机也不会对用户的网络造成中断。旁路模式只用于上网行为的审计和基于 TCP 应用的控制，对基于 UDP 的应用无法控制，并且不支持流量管理、NAT、VPN、DHCP 等功能。旁路部署模式如图 6-20 所示。

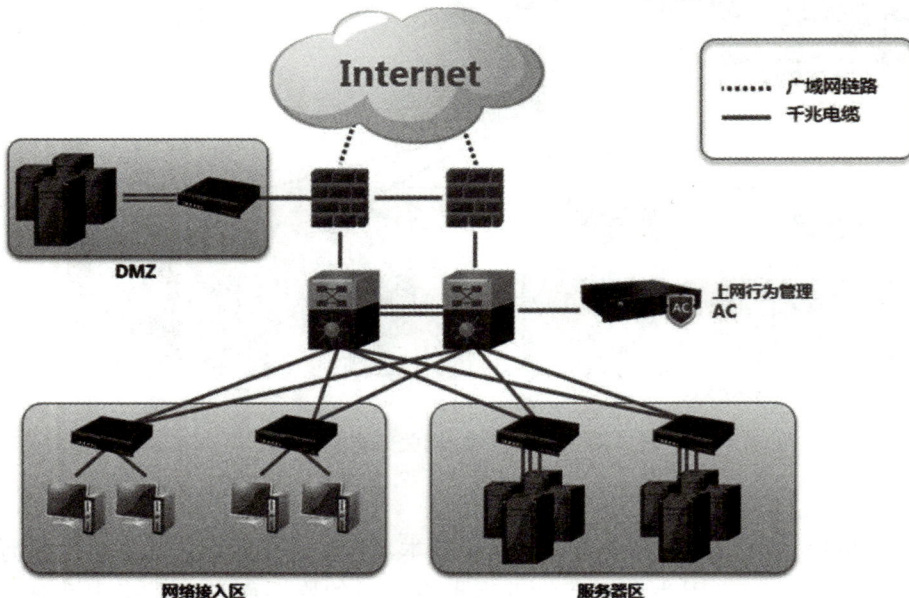

图 6-20　旁路部署模式

6.4 　虚拟专用网络(VPN)

6.4.1　VPN 产生的背景

随着网络访问的复杂性和多样性的发展，在使用 Internet 作为基本传输媒体时，存在一些安全风险。如数据在传输的过程中可能会泄露，数据在传输的过程中可能失真，数据的来源可能是伪造的；而租用网络专线不仅成本高，而且专用链路的利用率也比较低。

VPN 技术

虚拟专用网络 (Virtual Private Network，VPN) 是企业的内部网络在 Internet 上的扩展，可以帮助企业的远程用户、分支机构和合作伙伴之间建立安全的网络连接，确保数据传输安全，并具有成本低、扩展灵活等优势。VPN 的出现基于以下背景。

1. 网络互联应用的强烈需求

在现代企业发展过程中，随着业务规模的扩大，越来越多的组织单位希望将业务迁移到网络平台，规范业务运作流程，提高业务运作效率，这对网络的互联提出越来越高的要求。

Internet 的本质特征是"网络之网"，为各种基于网络互联的应用需求提供了良好的基础。但是 Internet 是一个开放网络，没有严格的管理体制来约束网络中的应用，从而使得网络环境中存在大量互不了解的用户和可能的恶意系统。

因此，如何规避身份认证单一、数据易被窃听、恶意访问无法追踪等安全风险实现整网安全，如何应对访问速度慢、建设成本高、变更不灵活等挑战实现高效互联要求，是企业发展中不可避免的关键问题。

2. 采用专用网络实现互联的网络结构存在的缺点

专用网络是指网络基础设施和网络中的信息资源属于单个组织并由该组织对网络实施管理的网络结构，它通过 NAT 实现内部网络和公共网络互联互通。图 6-21 是一个采用专用网络实现网络互联的网络结构。

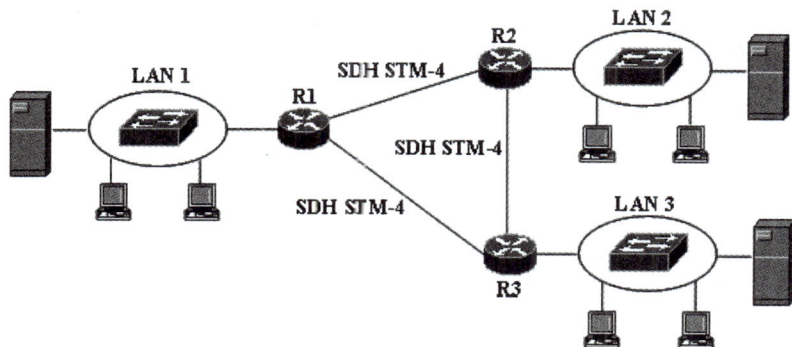

图 6-21　专用网络结构

图 6-21 中，各个内部网络 LAN1、LAN2 和 LAN3 通过同步数字体系 (Synchronous Digital Hierarchy，SDH) 实现互联，互联在一起的内部网络视为一个整体，就像是一个由专用物理链路互联多个子网构成的企业网。属于不同内部网络的终端之间直接可以通过本地 IP 地址相互通信，网络独占 SDH 同步传输模块 (Synchronous Transfer Module，STM) 提供的点对点专用链路带宽 STM-4(速率为 622.080 Mbps)。

专用网络结构在实际操作过程中会出现一些问题：一是远距离 SDH 专用链路的租用费用

极其昂贵；二是 SDH 专用链路两端的互联设备属于不同的因特网服务提供商 (Internet Service Provider，ISP)，如一端为重庆的 ISP1，另一端为巴黎的 ISP2，ISP 之间的协商过程将是一个漫长、复杂的过程；三是内部网络间数据传输的间歇性和突发性特点，使用专用网络结构会导致链路的利用率很低。

3. 采用公共网络实现互联的网络结构存在的缺点

为解决上述问题，可以改用数据交换网络实现内部网络间的互联，如采用公共网络 Internet。Internet 是全球最普及、最方便接入的网络，处于全球任何地区的内部网络都可以很方便地接入 Internet，并通过 Internet 实现相互通信。公共网络结构如图 6-22 所示。

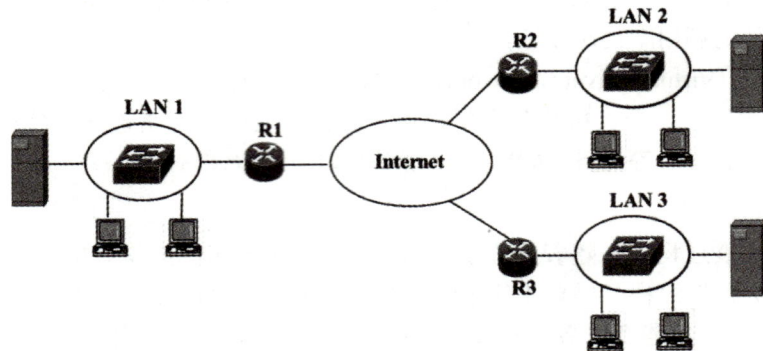

图 6-22   公共网络结构

Internet 采用分组交换方式，通信费用比 SDH 的点对点专用链路便宜很多，而且，它往往采用按流量计费或包月计费，适合传输突发性、间歇性数据的应用环境。

企业通过如图 6-22 所示的公共网络结构来连接分支机构的方式具有如下缺点：一是网络层协议必须统一，如当跨越 Internet 进行通信时，企业分支间若使用 IPX 协议，则通信过程无法完成；二是必须使用统一的路由策略，如企业内部网络和公共网络运行相同的路由协议，相互交换路由信息，这会导致企业内部网络路由信息泄露问题；三是必须使用同一公网 IPv4 地址空间，这将最终导致公网 IPv4 地址的匮乏。

综上所述，单独采用以上两种网络结构，均无法保障企业内部网络数据传输的带宽和数据传输的安全。很显然，需要一种既通过公共的分组交换网络 (如 Internet) 实现企业内部网络的互联，又使其具有专用链路的带宽和数据安全保证的组网技术。VPN 技术正是在这样的社会需求背景之下产生的。

6.4.2   VPN 的定义及通信过程

1. VPN 的定义

VPN 是指依靠 ISP 或其他网络服务提供商，在公共网络中建立的仅在逻辑上存在的"受保护"的连接，如图 6-23 所示。VPN 能够利用 Internet 或其他公共互联网络基础设施，提供与专用网络等同的功能和安全保障，犹如将用户的数据放在一个临时的、安全的隧道中传输，但此过程对用户是透明的。

如果对 VPN 这个术语进行拆分，可以将其理解为网络允许两个设备间进行连接。这两个设备可以是同一局域网中的计算机，也可以是通过广域网连接的计算机。在这两种情况下，网络都可以在两台设备之间提供基本的连接。VPN 中的字母"V"指的是虚拟，如在上海的一个用户可以连接到 Internet，在重庆的另一个用户也可以连接到 Internet(相当于在重庆和上海之间的公网上开辟了一条隧道)，此时在两台设备之间可以建立一个逻辑网络或虚拟网络。VPN 中的字母"P"指的是专用，如重庆和上海的两个用户之间通过安全机制建立的虚拟网络只能是这两个用户可以使用的专用网络（相当于在公网上开辟的隧道只能被特定的用户使用）。VPN 提供了以下 4 个方面的优点。

(1) 使用加密技术防止数据被窃听。

(2) 使用数据完整性验证防止数据被破坏或篡改。

(3) 使用身份认证机制确认通信双方身份，防止数据被截获或回放。

(4) 只要通信双方能连接到 Internet，就可以在通信双方之间建立逻辑上的 VPN 连接，增强了网络连接的扩展性，降低了网络通信的成本。

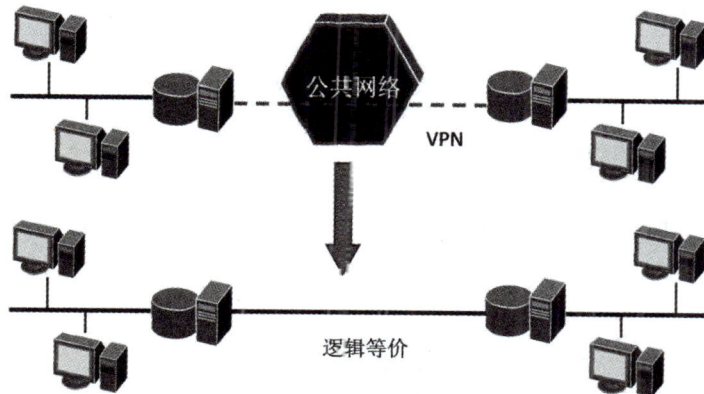

图 6-23　VFN 定义示意图

2. VPN 的通信过程

在如图 6-24 所示的网络中，支持协议 B 的两个网络相互之间没有直接的广域网连接，而是要通过一个支持协议 A 的网络来进行互联，但它们之间仍然需要相互通信。直接在支持协议 A 的网络上传输协议 B 的数据报是不可能的，因为协议 A 不能识别协议 B 的数据报，这就需要使用 VPN 技术。要实现 VPN，根据前面的讨论，通常需要借助某种类型的隧道机制，因此 PC 机 A（简称 PCA）和 PC 机 B（简称 PCB）的通信需要通过隧道技术跨越运行协议 A 的网络才能进行。PCA 向 PCB 发送数据报并确保该数据报成功到达 PCB 的通信过程如下：

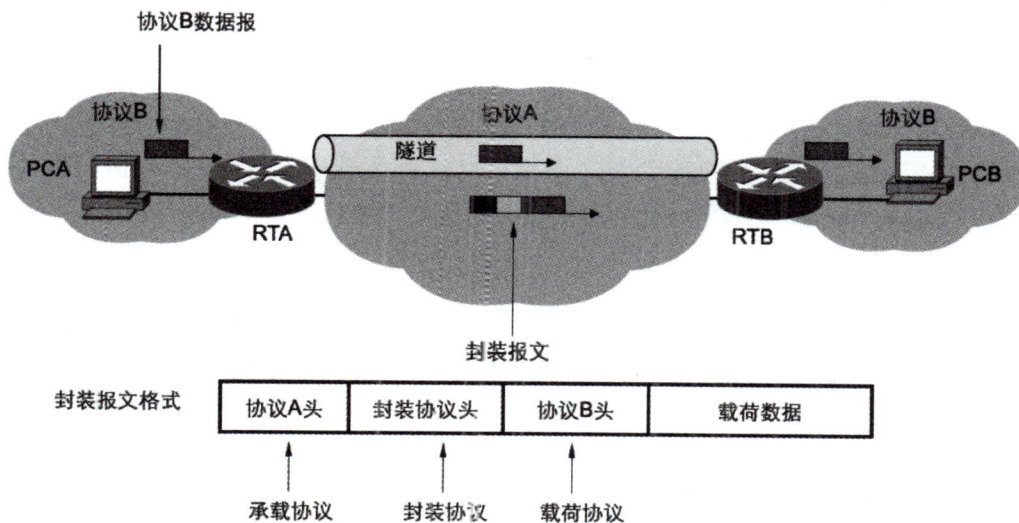

图 6-24　VPN 通信过程

(1) PCA 发送协议 B 数据报。

(2) 数据报到达隧道端点设备 RTA，RTA 将其封装成协议 A 数据报后通过支持协议 A 的网络进行传输，最终发送给隧道的另一端点设备 RTB。

(3) 隧道终点设备将协议 A 数据报解开，获得协议 B 数据报，发送给 PCB。

在这种情况下，协议 A 称为承载协议，协议 A 的数据报称为承载协议报；协议 B 称为载荷协议，协议 B 的数据报称为载荷协议报；而决定如何实现隧道的协议称为隧道协议。为了便于标识承载协议报中封装的载荷协议报，需要在承载协议头和载荷协议头之间加入一个新的协议头，即封装协议头。

6.4.3 VPN 的分类

根据不同的划分标准，VPN 可以按以下几个标准进行分类划分。

1. 按隧道协议分类

1) 第 2 层隧道协议

(1) PPTP(Point-to-Point Tunneling Protocol，点对点隧道协议)：这是一种基于 IPSec 的 VPN 协议，主要用于网络间的 VPN 连接，保护数据的安全性和完整性，但不支持加密传输。

(2) L2TP(Layer 2 Tunneling Protocol，第二层隧道协议)：这是一种基于 TCP/IP 协议栈的 VPN 协议，主要用于建立基于客户端 / 服务器的 VPN 连接，支持加密传输和用户身份验证等功能。

2) 第 3 层隧道协议

IPSec(Internet Protocol Security，互联网安全协议)：这是一种基于 IP 协议的 VPN 协议，提供网络通信的加密、认证、完整性保护等功能，适用于建立网络层到应用层的 VPN 连接。

3) 其他隧道协议

(1) SSL VPN(Secure Sockets Layer VPN，安全套接层 VPN)：这是一种基于 SSL 协议的 VPN 协议，提供应用层数据传输的安全保护，支持加密传输和用户身份验证等功能。

(2) OpenVPN：这是一种开源的 VPN 协议，支持加密传输和多协议 VPN 连接，适用于建立跨越不同网络的 VPN 连接。

2. 按应用分类

按应用分类，VPN 可分为站点到站点 VPN 和远程访问 VPN 两种类型。

1) 站点到站点 VPN

站点到站点 VPN 是指在两个或多个不同地理位置的网络之间创建的 VPN 连接，站点间的流量通常是指局域网之间 (LAN to LAN，L2L) 的通信流量。L2L VPN 多用于总公司与分公司、分公司之间在公网上传输重要业务数据。如图 6-25 所示，对于两个局域网的终端用户来说，VPN 网关中间的网络是透明的，就好像两个局域网是通过一台路由器连接的。总公司的终端设备通过 VPN 连接访问分公司的网络资源，数据报封装的 IP 地址均为公司内网地址 (一般为私有地址)，对数据包进行的再次封装过程，客户端是全然不知的。

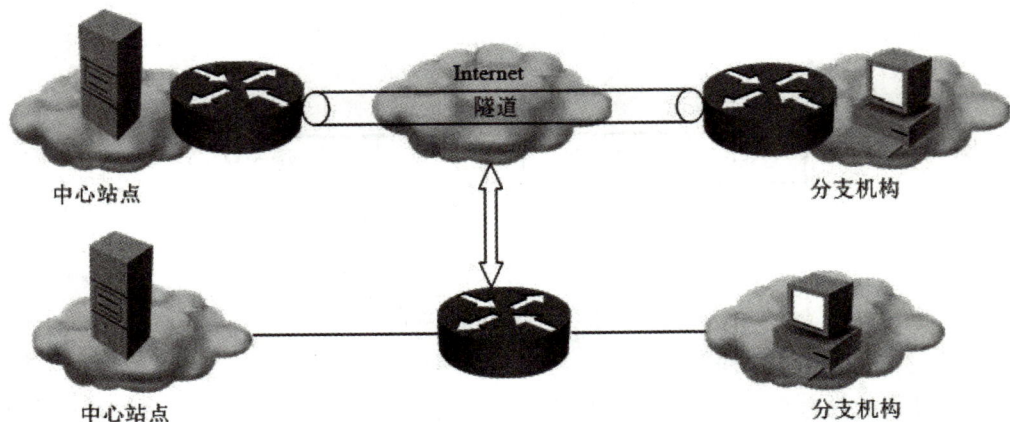

图 6-25　站点到站点 VPN

2) 远程访问 VPN

远程访问 VPN 通常用于单用户设备与 VPN 网关之间的通信连接，单用户设备一般为一台 PC 或智能终端设备等。如图 6-26 所示，当远端的移动用户与总公司的网络实现远程访问 VPN 连接后，就好像成为总公司局域网中一个普通用户，不仅使用总公司网段内的 IP 地址访问公司资源，而且因为其使用隧道模式，真实的 IP 地址被隐藏起来，实际公网通信的一段链路对于远端移动用户而言就像是透明的。

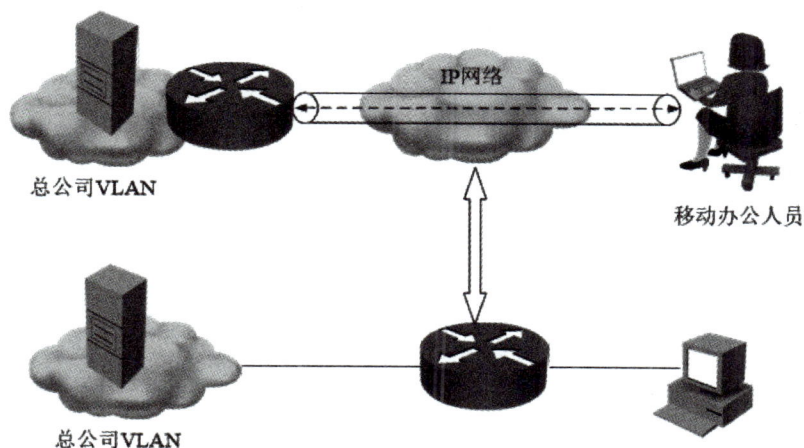

图 6-26　远程访问 VPN

6.4.4　VPN 的产品形态

VPN 产品有多种类型，如操作系统自带的 VPN、软件 VPN、集成 VPN 和硬件 VPN 等。企业和个人可结合自身的 VPN 需求，选择合适的 VPN 产品进行 VPN 服务部署。

1. 操作系统自带的 VPN

Windows 和 Linux 操作系统都可实现 VPN 功能。Windows 家族 Windows Server 系列产品都支持 VPN 服务，可以实现 PPTP/L2TP VPN，并且配置管理较为简单。要实现 VPN 连接，需要企业内部网络中配置一台基于 Windows Server 的 VPN 服务器，VPN 服务器一方面连接企业内部专用网络，另一方面要连接到 Internet，如图 6-27 所示。也就是说，VPN 服务器必须拥有一个公用的 IP 地址。

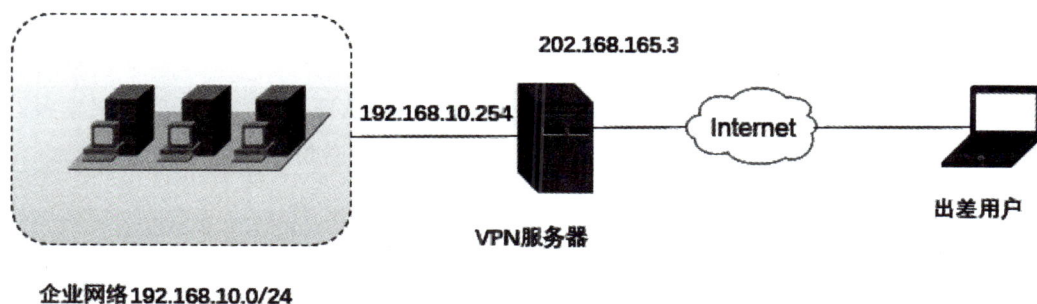

图 6-27　操作系统自带的 VPN

Linux 操作系统和 Windows 一样都支持 VPN 服务，它们之间的区别在于，在配置管理 VPN 时，Windows 使用图形化界面方式，Linux 支持图形化界面和文本工具修改配置文件的方式，并且 Linux 客户端中的 VPN 连接设置相较 Windows 客户端设置要更复杂。

2. 软件 VPN

操作系统自带的 VPN 功能相对简单，可以用在要求相对较低的场合。而在要求比较高的一些场合，可使用专门的软件 VPN 来实现 VPN 功能。

1) OpenVPN

OpenVPN 是一个基于 OpenSSL 的开源加密隧道构建工具，可以在 Internet 中实现 SSL VPN 安全连接。使用 OpenVPN 的好处是安全、易用和稳定，且认证方式灵活，具备实现 SSL VPN 解决方案的完整性，并且可以应用于 Linux、Mac OS 及 Windows 等各种操作系统平台。

OpenVPN 借助 OpenSSL 库来加密数据与控制信息，提供可选的数据报 HMAC 功能以提高连接的安全性，还使用 OpenSSL 的硬件加速来提高 OpenVPN 的性能。另外，OpenVPN 提供了预共享密钥、PKI 证书和用户 / 口令等多种身份验证方式。

2) VNN

VNN(Virtual Native Network) 是能够让处于任意不同物理位置的主机进行快速安全连接的点对点 VPN 产品。

起初，VNN 只是一个虚拟网络平台，能稳定可靠地将散落世界各地的电脑连起来，并为每台电脑分配一个静态全局的 IPv4 地址，从而把所有局域网应用和传统 C/S、B/S 应用透明地移植到任意的网络拓扑环境中。

随着 VNN 的发展，其虚拟局域网的核心功能变得更加安全、高速、稳定，网络适应性进一步提升。此外，VNN 软件也开始内置一些充分利用 P2P 访问的应用，这些应用包括面向企业的应用集中发布平台、远程视频监控、自动批量大文件和文件夹传送、跨运营商网络访问加速，以及面向个人的远程桌面、文件快递等。

3. 集成 VPN

业界著名的网络设备提供商生产的路由器、防火墙等，一般都集成了 VPN 功能，企业可以基于这些硬件设备来部署 VPN。

4. 硬件 VPN

硬件 VPN 指的是专门实现 VPN 功能的硬件产品，有的生产商把硬件 VPN 也叫作 VPN 网关。目前，硬件 VPN 产品的生产厂商有深信服、华为、华三、天融信等。这些 VPN 产品在性能、功能、管理、价格等方面存在较大的差异，因此在部署 VPN 服务时，应根据用户的需求，选择合适的 VPN 产品。

6.4.5 VPN 的安全技术

VPN 技术非常复杂，它涉及通信技术、密码技术和现代认证技术，是一门交叉学科。VPN 的安全技术主要包括：隧道技术、加密技术、密钥管理技术、身份认证技术等。

1. 隧道技术

VPN 技术的基本原理其实就是隧道技术。这里的隧道类似于火车的轨道、地铁的轨道，从 A 站点到 B 站点是直通的，不会堵车。对于乘客而言，就是专车。隧道技术是指在隧道的两端运用封装以及解封装技术，在公共网络上建立一条数据通道，使用这条通道对数据报文进行安全可靠的传输，如图 6-28 所示。

从图 6-28 中可以看到，原始报文在隧道的一端进行封装，封装后的数据在公共网络上传输，在隧道另一端进行解封装，从而实现了数据的安全传输。

隧道是由隧道协议形成的，隧道协议负责数据的封装和解封装。主要隧道协议有 GRE、PPTP、L2TP、IPSec 等。

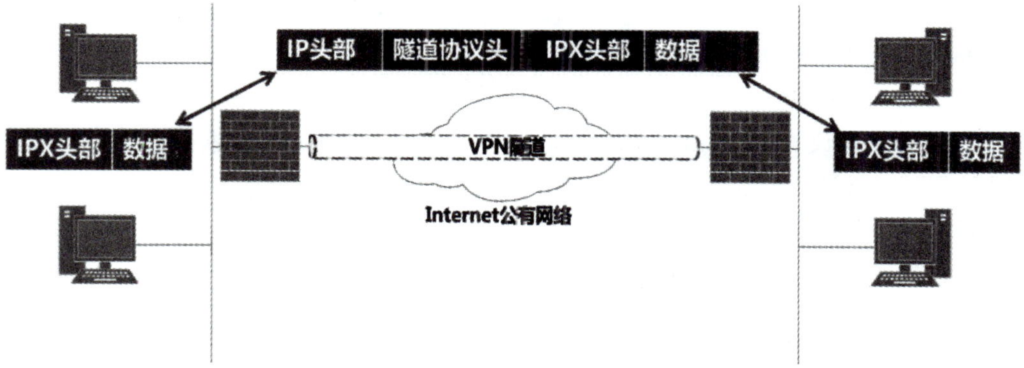

图 6-28　隧道技术

2. 加密技术

为了保证重要数据在公共网络上传输时的安全，VPN 采用了加密机制。加解密技术在数据通信中是一项较成熟的技术。下面介绍 VPN 常用的一些加密算法。

1) 对称加密算法

对称加密算法是最常见的 VPN 隧道加密算法之一。它使用相同的密钥对数据进行加密和解密，加密和解密过程速度快。其中代表性的算法有 DES、3DES 和 AES。DES 是一种较早出现的加密算法，由于密钥长度较短，已逐渐被 3DES 和 AES 所取代。3DES 在 DES 的基础上进行了三次加密，提高了安全性，但加密和解密过程速度慢。AES 是一种更为高级的加密算法，提供了 128 位、192 位和 256 位三种密钥长度，安全性和性能较好。

2) 非对称加密算法

非对称加密算法使用公钥和私钥进行加密和解密。公钥可以被任何人获得，而私钥只能由密钥的所有者持有。RSA 算法是一种常见的非对称加密算法，它的安全性较高，但在处理大量数据时效率较低。

3) 混合加密算法

混合加密算法将对称加密算法和非对称加密算法结合起来使用，兼具了两种算法的优点。在 VPN 隧道中，TLS/SSL 协议常用于建立安全连接，在传输数据时使用对称加密算法进行加密。同时，使用非对称加密算法对对称密钥进行加密和解密，以保证密钥交换的安全性。混合加密算法在安全性和性能方面取得了一定的平衡。

4) 哈希算法和消息认证码算法

在 VPN 中哈希算法用于生成消息摘要，以确保数据的完整性。常见的哈希算法有 MD5 和 SHA-1，它们能够快速计算出固定长度的摘要。而消息认证码 (MAC) 算法则通过附加密钥来提供数据完整性和身份验证，常见的 MAC 算法有 HMAC(基于哈希算法的消息认证码) 算法。哈希算法和 MAC 算法在 VPN 隧道中发挥着重要的作用，确保数据在传输过程中不被篡改。

不同的加密算法各有优劣，适用于不同的需求和场景。在实际应用中，应根据安全性要求、性能需求和密钥管理等方面的考虑，选择适合的加密算法来保护数据的安全传输。

3. 密钥管理技术

密钥管理技术的主要任务是确保在公共数据网中安全地传输密钥而不被盗取。它涵盖了密钥从产生到销毁的各个方面，具体涉及管理体制、管理协议，以及密钥的产生、分配、更换和注入等。VPN 中常用的密钥管理算法是 Diffie-Hellman 算法，简称 DH 算法。

4. 身份认证技术

认证 (Authentication) 又称鉴别或确认，它是证实某个人或某事物是否名副其实或者有效的一个过程。通过对用户的身份进行认证，确保接入内部网络的用户是合法用户，而非恶意用户。不同的 VPN 技术能提供的用户身份认证方法不同。

1) PAP 认证

密码口令验证协议 (Password Authentication Protocol，PAP) 属于两次握手认证协议，在链路首次初始化时，被认证端 (被验证方) 首先发起认证请求，向认证端 (验证方) 发送用户名和密码信息进行身份认证。密码口令以明文发送，所以安全性较低。PAP 支持单向认证和双向认证。其认证过程如图 6-29 所示。

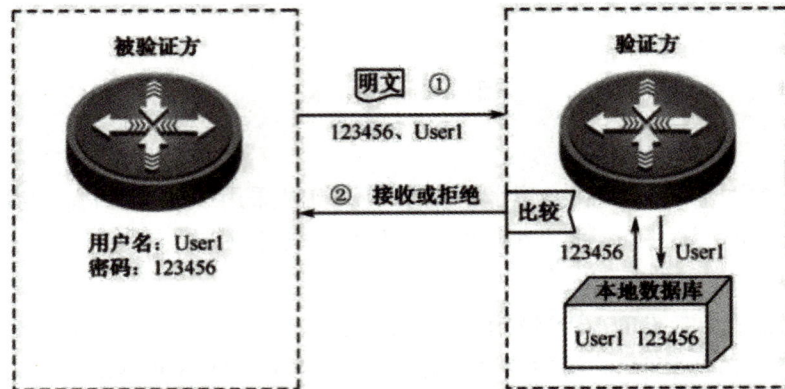

图 6-29　PAP 认证

2) CHAP 认证

挑战握手认证协议 (Challenge Handshake Authentication Protocol，CHAP) 通过三次握手验证被认证端的身份，这一过程在初始链路建立时完成。为了进一步提高安全性，在链路建立之后还会进行周期性验证。CHAP 认证比 PAP 认证更安全，因为 CHAP 认证不在线路上发送明文，而是发送经过 MD5 算法加密的随机数序列。CHAP 支持单向认证和双向认证。其认证过程如图 6-30 所示。

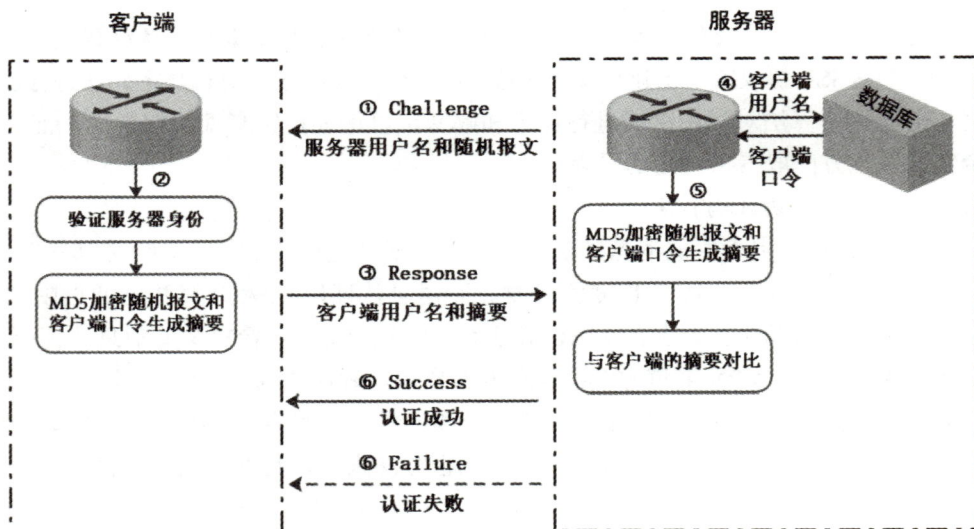

图 6-30　CHAP 认证

3) RADIUS

远程用户拨号认证 (Remote Authentication Dial In User Service，RADIUS) 由 RFC 2865、RFC 2866 定义，是应用最广泛的 AAA(Authentication(认证)、Authorization(授权)、Accounting(计费)) 协议。RADIUS 采用 C/S 结构，它的客户端最初就是网络接入服务器 (Net Access Server，

NAS)，任何运行 RADIUS 客户端软件的计算机都可以成为 RADIUS 的客户端。RADIUS 协议认证机制灵活，可以采用 PAP、CHAP 或者 Unix 登录认证等多种方式。其主要认证过程如图 6-31 所示。

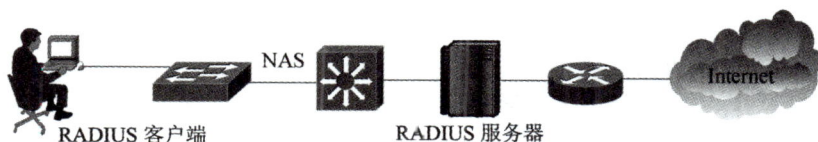

图 6-31　RADIUS 认证

(1) RADIUS 客户端用户输入用户名、口令等信息到客户端，或者与 NAS 服务器建立连接。

(2) NAS 服务器产生一个"接入请求"报文并发送到 RADIUS 服务器，其中包括用户名、口令、客户端 (即 NAS)ID 和用户访问端口 ID，口令经过 MD5 进行加密。

(3) RADIUS 服务器通过查询认证数据库对 RADIUS 客户端用户进行认证。

(4) 若认证成功，RADIUS 服务器向 RADIUS 客户端或 NAS 发送允许接入包，否则发送拒绝接入包。

(5) 若 RADIUS 客户端或 NAS 接收到允许接入包，则为用户建立连接，并对用户进行授权和提供服务；若接收到拒绝接入包，则拒绝用户的连接请求，并结束协商过程。

课程思政

2018 年 4 月 16 日，美国商务部下令拒绝中国中兴通讯的出口特权，禁止美国公司向中兴通讯出口电讯零部件产品，期限为 7 年。

2018 年 4 月 20 日，中兴通讯发布关于美国商务部激活拒绝令的声明，称在相关调查尚未结束之前，美国商务部工业与安全局执意对公司施以最严厉的制裁，对中兴通讯极不公平，不能接受！

2018 年 5 月，中兴通讯公告称，受拒绝禁令影响，本公司主要经营活动已无法进行。

2018 年 5 月 22 日，双方针对解决中兴的争议问题达成大致框架方案，协议将解除美国公司向中兴销售零部件和软件的禁令。

2018 年 6 月 7 日，美国商务部长罗斯宣布与中国中兴通讯公司达成新和解协议。美国商务部公布了对中兴通讯的处罚通告：① 新缴纳 10 亿美元的罚金，同时在第三方账户存放 4 亿美元保证金，加上之前的 8.92 亿罚金，累计罚款总额 22.92 亿美金。② 中兴通讯相关公司必须在 30 天内更换全部董事会和管理层。③ 中兴通讯必须聘请美国商务部挑选的合规团队对企业进行监督，为期 10 年。④ 此次为暂停，未来 10 年美国随时有权利重新激活禁令。

这是何等的不平等条约。但中兴通讯由于高度依赖美国的零部件和软件，被迫接受这种条款。也因为美国商务部制裁事件，中兴通讯公司当年的公司利润大跌。曾经每年可以获取几十亿盈利的中兴通讯公司，在 2018 年的利润变成了负 65 亿。

美国用一个理由就几乎整垮了当时中国第二大通信设备厂商中兴通讯。

美国制裁中兴事件给了我们深刻的教训，不掌握核心技术就会受制于人，早晚会被卡脖子，掌握核心科技才是发展的关键。

走自主创新之路，并非易事。但"路虽远行则将至，事虽难做则必成"。新时代的我们要发扬"自力更生、艰苦奋斗"精神，在我国走向科技强国的路上，飞扬青春，贡献自己的力量。

本 章 小 结

防火墙是网络边界控制的主要设备，是网络安全的第一道控制大门。防火墙最基本的功能是根据安全策略控制出入网络的信息流，确保网络流量的合法性。根据网络安全需求，防火墙部署时采用不同的方式，通常防火墙的部署结构有屏蔽路由器防火墙、堡垒主机防火墙、屏蔽主机防火墙和屏蔽子网防火墙四种。防火墙的分类方法有很多，按防火墙的物理特性可以分为硬件防火墙、软件防火墙，按防火墙技术可以分为包过滤型防火墙、应用代理型防火墙，按防火墙的部署位置可以分为边界防火墙、混合防火墙、个人防火墙等。下一代防火墙是一款可以全面应对应用层威胁的高性能防火墙。

入侵检测系统 (IDS) 从计算机网络系统中的若干关键点收集信息，并分析这些信息，检查网络中是否有违反安全策略的行为，发现攻击企图或攻击之后，及时采取适当的响应措施。入侵检测系统由事件产生器、事件分析器、响应单元、事件数据库四部分组成。IDS 可分为基于主机的入侵检测系统 (HIDS) 和基于网络的入侵检测系统 (NIDS)。入侵防御系统 (IPS) 的检测功能类似于 IDS，但不同的是，IPS 检测到攻击后会采取行动阻止攻击。IPS 是一种主动的、积极的入侵防范系统。

上网行为管理是指帮助互联网用户控制和管理对互联网的使用，包括网页访问过滤、网络应用控制、带宽流量管理、信息收发审计、用户行为分析等。上网行为管理设备常用的部署模式有路由模式 / 网关模式、网桥模式和旁路模式。

VPN 是指依靠 ISP 或其他网络服务提供商，在公共网络中建立的仅在逻辑上存在的"受保护"的连接。按隧道协议分类，VPN 可分为 PPTP VPN、L2TP VPN、IPSec VPN、SSL VPN、Open VPN。按应用分类，VPN 可分为站点到站点 VPN、远程访问 VPN。VPN 的产品形态有操作系统自带的 VPN、软件 VPN、集成 VPN 和硬件 VPN。实现 VPN 的主要安全技术有隧道技术、加密技术、密钥管理技术、身份认证技术等。

课 后 练 习

一、单选题

1. 防火墙主要用于 (   )。

A. 内部网安全　　　B. 因特网安全　　　C. 边界安全　　　D. DMZ 安全

2. 用户创建了一个子网，子网中的主机是公司的 FTP、WEB 和邮件服务器。此子网需要连接到防火墙上，该子网通常被称作 (   )。

A. 一个堡垒　　　B. 一个 DMZ　　　C. 防火墙　　　D. 一个电路级代理

3. 屏蔽路由器是 (   )。

A. 实现 VPN 功能，有一个接口连接公共网络的路由器

B. 实现过滤功能，有一个接口连接公共网络的路由器

C. 实现 NAT 的单宿主堡垒主机

D. 实现 NAT 的双宿主堡垒主机

4. 以下四种防火墙实现方式中，(   ) 是最安全的。

A. 屏蔽路由器　　　　　　　　B. 单宿主堡垒主机

C. 双宿主堡垒主机　　　　　　D. 屏蔽子网

5. 下列关于防火墙的叙述中，不正确的是 (   )。

A. 防火墙可以提高网络的安全性

B. 软件防火墙价格相对便宜，因此个人用户多使用这类防火墙

C. 防火墙可以完全确保网络的安全

D. 防火墙无法完全确保网络的安全

6. 防火墙对数据包进行包过滤检查时，不可以进行过滤的是（　　）。

A. 源和目的地址　　　　　　　　B. 源和目的端口

C. IP 协议号　　　　　　　　　　D. 数据包的内容

7. 当检测到恶意流量时，IDS 会（　　）。

A. 阻止或拒绝所有流量　　　　　B. 仅丢弃被识别的恶意数据包

C. 报警并记录　　　　　　　　　D. 将恶意流量路由到蜜罐

8. IDS 的部署方式是（　　）。

A. 在线部署　　　　B. 单臂部署　　　　C. 旁路部署　　　　D. 双臂部署

9. 以下选项中不属于 IDS 与 IPS 的区别的是（　　）。

A. 入侵防御系统在入侵检测的基础上还实现了防护的功能

B. 入侵防御系统必须分析实时数据，而入侵检测系统可以基于历史数据做事后分析

C. 入侵检测系统一般通过端口镜像进行旁路部署，而入侵防御系统一般要串联部署

D. 入侵检测系统和入侵防御系统是信息安全的防御技术

10. 关于 IPS 的说法中，错误的是（　　）。

A. IPS 一般以在线方式部署在网络关键处

B. IPS 是一种基于应用层检测的设备

C. IPS 与 IDS 的一个重要区别是 IPS 可以主动防御攻击

D. IPS 可以防范所有攻击，不需要升级特征库

11. 以下关于 VPN 的说法正确的是（　　）。

A. VPN 指的是用户自己租用的线路与公共物理网络上完全隔离的、安全的线路

B. VPN 指的是用户通过公用网络建立的临时的、安全的连接

C. VPN 不能做到信息验证和身份认证

D. VPN 只能提供身份验证、不能提供加密数据的功能

12. 某公司员工在酒店房间使用笔记本电脑访问公司网络，可使用（　　）类型的 VPN。

A. 点对点 VPN　　　B. 拨号 VPN　　　C. PPP VPN　　　D. 远程访问 VPN

13.《中华人民共和国网络安全法》是在（　　）年发布的。

A. 1986　　　　　　B. 1994　　　　　　C. 2016　　　　　　D. 2017

14. VPN 中的（　　）部分提供了专用的特性。

A. 数据完整性　　　B. 机密性　　　　　C. 反重放保护　　　D. 认证

15. 以下选项中（　　）不是关于 VPN 的描述。

A. VPN 的实施需要租用专线，以保证信息难以被窃听或破坏

B. VPN 需要提供数据加密、信息认证和访问控制

C. VPN 的主要协议包括 IPSec、PPTP/L2TP、SSL 等

D. VPN 的实质是在共享网络环境下建立的安全"隧道"连接，数据可以在"隧道"中传输

二、判断题

1. 包过滤又称"报文过滤"，是防火墙最传统、最基本的过滤技术。　　　　（　　）

2. IDS 通常以在线模式部署。　　　　　　　　　　　　　　　　　　　　（　　）

3. GRE VPN 可以对传输的数据进行加密。　　　　　　　　　　　　　　（　　）

4. IPS 和 IDS 最大的区别是，IPS 阻止恶意数据通过，而 IDS 允许恶意数据通过。（　　）

5. 防火墙缺省的处理动作是拒绝数据包通过。　　　　　　　　　　　　　（　　）

6. 如果入侵者来自防火墙内部网络，则防火墙无法进行防范。　　　　　　（　　）

7. 软件防火墙的使用比硬件防火墙更灵活，安全性也比硬件防火墙更高。　（　　）

三、简答题

1. VPN 是什么？ VPN 有哪些优点？

2. 防火墙的基本结构主要有哪些？

3. IDS 和 IPS 的主要区别有哪些？

4. 上网行为管理的功能有哪些？

四、拓展题

1. 上网查阅资料，了解防火墙的主要品牌及性能参数。

2. 上网查阅资料，了解上网行为管理产品的主要品牌及功能指标。

3. 上网查阅资料，了解 VPN 设备的主要品牌和性能参数。

4. 上网查阅资料，了解华为第一台数字程控交换机的诞生历程，学习前辈吃苦耐劳、勇于拼搏的精神品质。

第7章 计算机病毒

计算机病毒给社会信息化的发展带来了很多问题，每年因为计算机病毒造成的直接、间接经济损失超过百亿美元。但同时，它也催生出了一个新兴的产业——信息安全产业，反病毒软件、防火墙、入侵检测系统、网络隔离、数据恢复技术等信息安全技术也已被大众所知。同时，越来越多的企业加入信息安全领域，同层出不穷的黑客和病毒制造者做着顽强的斗争，使很多企业和个人用户免遭侵害，在很大程度上缓解了计算机病毒造成的巨大破坏。

本章全面地介绍计算机病毒的基本概念、生命周期、发展历程及特征，并将目前发现的计算机病毒加以分类，总结出每一类病毒的共性和特征，提出具有针对性的防范建议，帮助大家更好地认识计算机病毒。

学习目标

(1) 了解什么是计算机病毒。
(2) 了解计算机病毒的特征。
(3) 掌握计算机病毒的分类方法。
(4) 了解计算机病毒的防治方法。

思政目标

(1) 践行合作共赢、开放包容的共同体理念，实现全人类的共同繁荣与安全。
(2) 构建反病毒领域的人类命运共同体。

7.1 计算机病毒概述

7.1.1 计算机病毒的基本概念

计算机病毒的名称是从生物医学上的病毒概念引申而来的。与生物病毒不同的是，计算机病毒并不是天然存在的，它是别有用心的人利用计算机软、硬件所固有的安全上的缺陷有目的地编制而成的。

计算机刚刚诞生时就有了计算机病毒的概念。1949年，计算机之父冯·诺依曼在《复杂自动机组织论》中定义了计算机病毒的概念，即一种"能够实现复制自身的自动机"。1960年，在美国约翰·康维编写的"生命游戏"程序中，首次实现了程序自我复制技术。他编写的游戏程序运行时，屏幕上有许多"生命元素"图案在运动变化。当这些元素过于拥挤时会因缺少生存空间而死亡；如果元素过于稀疏则会由于相互隔绝而失去生命支持系统，进而导致死亡；只有处于合适环境的元素才能非常活跃，它们能够自我复制并进行传播。在 20 世纪 70 年代，美国作家雷恩所著的《P1 的青春》一书中构思了一种能够自我复制、利用通信进行传播的计算机程序，并称之为计算机病毒。

1983 年计算机病毒首次被官方确认，到 1987 年，计算机病毒才开始受到世界范围内的普遍重视。我国于 1989 年在计算机领域发现病毒。至今，全世界已发现病毒 30 多万种，而且这个数字还在高速增长。病毒的形式层出不穷，编程技术越来越高，令人防不胜防。特别是互联网在人们日常生活、学习和工作中的广泛应用，使得各种病毒异常活跃，其中常见的病毒有逻辑炸弹、蠕虫、木马程序等。

从广义上讲，凡是人为编制的、干扰计算机正常运行并造成计算机软硬件故障，甚至破坏计算机数据的可自我复制的计算机程序或指令集合都可能为计算机病毒。

7.1.2　计算机病毒的生命周期

每一个计算机病毒都有一个完整的生命周期，即从生成到完全根除，包括开发期、传染期、潜伏期、发作期、发现期、分析期和消亡期。下面介绍计算机病毒生命周期的各个时期。

1. 开发期

制造一个病毒需要具备计算机编程语言的知识。理论上来说，会计算机编程知识的人都可以制造一个病毒。通常，计算机病毒是一些试图传播计算机病毒和破坏计算机的个人或组织制造的。一般来说病毒的设计可分为功能设计和入侵设计两部分，前者是为了实现病毒制造者预设的攻击破坏功能，后者是为了实现病毒的入侵、复制、传播、隐藏、触发等病毒行为功能。

2. 传染期

在病毒编写完成后，病毒的编写者会将病毒进行复制并确认其已被传播出去，此时病毒便进入了传染期。常用的传播手段是感染一个流行的程序，然后再将其放到访问频繁的介质上，如 BBS 站点、校园网和其他大型网络当中，以达到分发其复制副本的目的。

3. 潜伏期

病毒是自然复制和传播的，这一般需要一定的时间。在激活之前，病毒隐藏得越好，越可以更多地实现复制或入侵宿主。一个设计良好的病毒可以在激活前的很长一个时期实现潜伏，从而为自己争取到充足的传播或复制时间，这时病毒的危害仅仅是传播和暗中占据存储空间。

4. 发作期

带有破坏机制的病毒会在满足某一特定条件时发作。一旦满足触发条件，比如遇到某个日期或用户采取某种特定行为，病毒就会被激活。这时病毒运行功能模块，实现病毒制造者要达到的目的，如破坏系统、破坏文件、拒绝服务等。

5. 发现期

通常情况下，一个病毒进入发作期并产生了相应的影响后，就会有被发现的风险。但这并不是绝对的，随着反病毒技术的发展，病毒可能在潜伏期就被检测到并被隔离起来，这使得病毒直接跳过发作期而到了发现期；也可能由于病毒制造者的设计技术高超，即使系统遭到病毒攻击，人们也无法查杀到病毒，这时也不能认为病毒进入了发现期。一般来说，根据病毒特征，借助工具扫描并捕捉到病毒特征代码后，这些信息会被反馈给计算机安全研究机构或反病毒厂家，随后病毒被通报和描述给反病毒研究工作者，这一阶段被称为病毒的发现期。

6. 分析期

在这一阶段，反病毒人员或组织根据新发现病毒的类型和功能，判定它的危害程度和后果，并制定针对性的反病毒策略。一般会根据病毒特性进行命名并将其发布在反病毒工具数据库中，修改他们的反病毒工具软件以使其可以检测到新发现的病毒，并执行对应的反病毒策略。当然，这个阶段的长短取决于反病毒人员或组织的技术素质和病毒的类型。

7. 消亡期

理论上来说，若是所有计算机用户都能精准执行反病毒策略，则病毒就可以被彻底扫除，但事实上这种条件很难达到。但当某种病毒在分析期已经有了确切的防护策略，并在很长时间里不再是一个重要的威胁时，我们就认为该病毒进入了消亡期。消亡期的病毒存在变异情况，一般发生变异的病毒将根据相关规则进入新的生命周期。

7.1.3　计算机病毒的发展历程

计算机病毒经历了以下几个发展阶段。

计算机病毒的
起源和发展

1. 初始发展阶段

20 世纪 60 年代初，在美国的贝尔实验室里，三个年轻人编写了一个名为"磁心大战"的游戏，这就是"病毒"的雏形。玩这个游戏的两个人编制了许多能复制自身并可保存在磁心存储器中的程序，然后发出信号；双方的程序在指令控制下就会竭力去消灭对方的程序；在预定的时间内，谁的程序繁殖得多，谁就得胜。由于这种自我复制需要在特定的受控环境下进行，因此还不能称为真正意义上的病毒，但其基本行为已经和后来的计算机病毒非常相似了。

20 世纪 60 年代末，在 Univac 1108 系统上首次出现了和现代病毒本质上一样的程序，即"Pervading Animal"，它可以将程序附着到其他程序的后面。20 世纪 70 年代初在 Tenex 操作系统中出现了一种叫"爬行者"的程序，这种程序可以通过网络进行传播。为了应对这个烦人的程序，人们针对性地开发出了 Reeper(清除者) 程序，这被认为是第一款反病毒程序。

2. 正式定义阶段

从 20 世纪 80 年代开始，电脑在发达国家开始普及，病毒对计算机系统的困扰也日趋明显。1983 年 11 月，在国际计算机安全学术研讨会上，美国计算机专家首次将病毒程序在 VAX/750 计算机上进行了实验，世界上第一个官方认定的计算机病毒就这样诞生了。事实上，同一时期的计算机病毒由于计算机行业的发展已经变得十分复杂了。IBM 公司的 PC 系列微机因为性能优良、价格便宜逐渐成为全球微型计算机市场上的主要机型，但是 IBM PC 系列微型计算机也因自身的弱点，尤其是磁盘操作系统 (DOS) 的开放性，成为病毒的主要攻击对象。

3. 全球流行阶段

20 世纪 80 年代中期，开始出现对存储系统产生破坏功能的病毒程序，典型代表是"Brain(大脑)"病毒，主要针对 5.25 英寸的软盘引导区进行攻击。事实上，这个病毒是巴基斯坦两个以编写软件为生的兄弟为了打击那些盗版软件的使用者而设计出的病毒。但由于当时人们对病毒缺乏认识，该病毒很快在世界范围内传播开来，成为最早在全球流行的计算机病毒。

1987 年是世界范围内计算机病毒大爆发之年，世界各地的计算机用户几乎同时发现了形形色色的计算机病毒。面对计算机病毒的突然袭击，众多计算机用户甚至是专业人员都感到惊慌失措。

1988 年针对苹果操作系统的计算机病毒开始出现并发作，3 月 2 日这天受感染的苹果计算机都停止了工作，只显示"向所有苹果计算机的使用者宣布和平的信息"。这一年的 11 月 2 日，美国康奈尔大学 23 岁的研究生罗伯特·莫里斯制作了第一个蠕虫病毒，并将其投放到互联网上，致使计算机网络中的 6000 多台计算机受到感染，许多联网计算机被迫停机，直接经济损

失达 9600 万美元。

1989 年全世界的计算机病毒攻击十分猖獗，其中"米开朗基罗"病毒给许多计算机用户造成了极大损失。1988 年至 1989 年，中国也陆续发现了源自新西兰的能感染硬盘和软盘引导区的 Stoned(石头) 病毒，该病毒体代码中有明显的标识"Your PC is now Stoned！"或"LEGALISE MARIJUANA！"。这种病毒又被称为"大麻"病毒。

20 世纪 90 年代初，感染文件的病毒开始出现。典型代表有"Jerusalem(黑色星期五)""Yankee Doole""Liberty""1575""1465""2062""4096"等，这些病毒主要感染 .COM 和 .EXE 文件。这类病毒修改了部分中断向量表，使被感染的文件增加了字节数。因为这类病毒代码主体没有加密，因此容易被查出和清除，人们可以使用 Debug 类型的工具追踪它们。但 Yankee Doole 病毒具有一旦被追踪就会转移位置的抵抗功能。

4. 与反病毒斗法阶段

随着反病毒技术的发展，一些能对自身进行简单加密的病毒相继出现，典型的代表有"1366 (DaLian)""1741(Dong)"等病毒。这些病毒加密的目的主要是防止被追踪或掩盖有关特征等。例如，当内存感染了 1741 病毒时，即使用 DIR 命令列出目录表，病毒也会掩盖被感染文件所增加的字节数，使字节数看起来很正常。后来又出现了引导区、文件型的"双料"病毒，这类病毒既能感染磁盘引导区，又能感染可执行文件。

1991 年发现了首例可以突破防护的网络计算机病毒"GPI"，它突破了 NOVELL 公司的 Netware 网络安全机制。同年，在海湾战争中，美军第一次将计算机病毒用于战争，在空袭巴格达的过程中，成功地破坏了对方的指挥系统，使之瘫痪。

1992 年以后，黑客们开始加强病毒的感染能力，典型代表包括 DIR2-3、DIR2-6 和 New DIR2 病毒等，它们都具有极强的感染能力。这些病毒初期没有任何表现，但会直接修改系统关键中断的内核，修改可执行文件的首簇数，将文件名与文件代码主体分离。如果系统被这类病毒感染，刚开始就像什么都没发生一样，但当你用无病毒的文件去覆盖有病毒的文件时，就会引发灾难性后果，系统中所有被感染的可执行文件内容都被刚覆盖进去的文件内容所替代。

5. 自动生产阶段

1995 年，出现了一个更危险的信号，人们通过对众多病毒的剖析，发现部分病毒好像出自一个家族，其"遗传基因"相同，简单地说，就是"同族"病毒。然而这些病毒并不是简单地通过修改部分代码而产生的"变形"病毒，而是由病毒生产软件自动产生的。终于在 1996 年下半年，中国发现了"G2""IVP""VCL"三种"病毒生产机"软件，不法之徒可以利用它们编出千万种新病毒。目前国际上已有上百种"病毒生产机"软件。

危机一个接一个地出现，Windows 操作系统的发展也使病毒种类发生了变化。病毒的种类越来越多，传染和攻击的手法越来越高超。一种流传到中国的"子母弹"病毒 Demiurg 被发现，该病毒被激活后，会像"子母弹"一样分裂出多种类型的病毒来分别攻击并感染计算机内不同类型的文件。该病毒可感染的文件类型比较多，它既可以感染 DOS 可执行程序、批处理文件、Windows 的可执行程序，也可以感染 Excel 97、Excel 2000 文件。

6. 多路径攻击阶段

1997 年被公认为是计算机反病毒界的"宏病毒"年。"宏病毒"主要感染 Word、Excel 文件等，自 1996 年 9 月开始在中国出现并逐渐流行。Word 宏病毒早期是用一种专门的 Basic 语言编写的程序，后来改用 Visual Basic 编写。与其他计算机病毒一样，它能对用户系统中的可执行文件和数据文本类文件造成破坏。常见的宏病毒有 Twno.1(台湾一号)、Setmd、Concept、

Mdma 等。

1998 年 2 月,"梅丽莎"病毒席卷欧美大陆。这是全球范围内最大的一次病毒浩劫,也是最大的一次网络蠕虫大泛滥。同年,中国台湾省的陈盈豪编写出了破坏性极大的 Windows 恶性病毒 CIH-1.2 版,此病毒悄悄地潜伏在网上一些供人下载的软件中,并定于每年的 4 月 26 日发作、破坏。此病毒在后续几年多次爆发,给人们造成重大的经济损失。

2000 年,拒绝服务 (Denial of Service) 病毒在世界范围内进行攻击,致使雅虎、亚马逊书店等主要网站服务瘫痪。同年,附着有"I Love You"字样的以电子邮件形式传播的 Visual Basic 脚本病毒广泛传播,使不少用户明白了小心处理可疑电子邮件的重要性。同年 8 月,首个运行于 Palm 作业系统的木马 (Trojan) 程序"自由破解 (Liberty Crack)"也终于出现。这个木马程序以破解 Liberty(一个运行于 Palm 作业系统的 Game boy 模拟器) 作为诱饵,致使用户会在无意中把这个病毒通过红外线资料交换或以电子邮件的形式在无线网中进行传播。

2002 年,多变的混合式病毒"求职信 (Klez)",以及"FunLove"病毒席卷全球。"求职信"是典型的混合式病毒,它除了会像传统病毒一般感染计算机档案,同时也拥有蠕虫 (Worm) 及木马程序的特征。它利用微软邮件系统自动运行附件的安全漏洞,耗费大量的系统资源,从而造成计算机运行缓慢直至瘫痪。该病毒除了将电子邮件作为传播途径,还可通过网络传输和计算机硬盘共享传播病毒。

2003 年,冲击波 (Blaster) 病毒于 8 月开始爆发,它利用了微软操作系统 Windows 2000 及 Windows XP 的安全漏洞,取得了完整的使用者权限,可在目标计算机上执行任意程序代码,并通过互联网继续攻击网络上仍存有此漏洞的计算机。由于防毒软件不能过滤这种病毒,因此该病毒迅速蔓延至多个国家,造成大批计算机瘫痪和网络连接速度减慢。

继冲击波病毒之后,第六代的"大无极 (SOBIGF)"计算机病毒肆虐,并通过电子邮件扩散。这种病毒不但会伪造寄件人身份,根据计算机通讯录内的资料,发出大量以"Thank you!""Re:Approved"等为主旨的电子邮件,还可以使感染病毒的计算机自动下载某些网页,使病毒编写者有机会窃取计算机用户的个人及商业资料。

2004 年,"MyDoom""网络天空 (NetSky)"及"震荡波"(Sasser) 病毒出现。MyDoom 病毒于 2004 年 1 月下旬出现,它利用电子邮件作为传播媒介,以"Mail Transaction Failed""Mail Delivery System""Server Report"等作为邮件标题,诱使用户打开带有病毒的附件。受感染的计算机除了会自动转发病毒邮件,还会在计算机系统开启一道后门,供黑客进行网络攻击。该病毒还会对一些著名网站 (如 SCO 及微软) 进行分布式拒绝服务攻击 (DDoS),其变种还会阻止染毒计算机访问一些著名的防毒软件厂商网站。由于 MyDoom 病毒可在 30 s 内发出 100 封电子邮件,因此曾令许多大型企业的电子邮件服务被迫中断。在计算机病毒史上,其传播速度创下了新纪录。

根据瑞星公司的统计数据,2008 年截获的新病毒样本是往年同期的 12.16 倍,其中利用"网页挂马"所传播的木马、后门等病毒占据 90% 以上。盗号木马、Rootkits 驱动、木马下载器等新型病毒数量大幅增长,黑客"犯罪图财"的特征非常明显。从木马病毒的编写、传播到出售,整个病毒产业链已经完全互联网化,这是导致病毒数量激增和危害加剧的根本原因。

2009 年,病毒传播途径仍然以网页挂马为主。挂马者主要以微软以及其他第三方软件漏洞为攻击目标,如 Flash 等第三方软件的漏洞等。在 2009 年各种病毒的比例中,木马仍占首要位置,所占比例为 66%,蠕虫病毒占 12%,后门程序占 8%,Windows 病毒占 9%,而广告程序、漏洞攻击代码、脚本病毒以及寄生虫病毒则占余下的 5%。

7. 现代发展阶段

2010 年至今,在病毒与反病毒技术的对抗过程中,病毒技术的发展又出现新的特点。

第一，病毒行为趋于"操作合法化"，即利用看似"合法化"的操作实现病毒行为。例如，修改用户 IE 浏览器首页的病毒，会让计算机不断访问黑客指定页面，为黑客赚取大量金钱。典型的病毒代表是"流氓主页木马"，该病毒会生成一个与正常 IE 浏览器图标一模一样的 IE 快捷方式，并通过修改快捷方式的方法来修改用户的默认首页。病毒制作者采用这种看似"正常操作的方法"躲避杀毒软件，使多数杀毒软件对此无能为力。随着此类病毒的不断变种，互联网上通过修改快捷方式、文件默认关联、软件图标等方式，引导网民访问恶意网站的病毒已经越来越多，一些安全软件对如此频繁的变化甚至难以有效应对。

第二，病毒利用创建假桌面或模拟假关机等方式，切断杀毒软件与用户之间的交互，从而使杀毒软件失效。通常杀毒软件在拦截或查杀病毒的时候需要一个与用户交互的平台，而这个平台就是用户的计算机桌面。当一个病毒运行后，杀毒软件进行拦截，不论是按照默认设置还是弹出窗口提示，都是基于计算机桌面的。如果这个桌面没有了，所有的这些拦截就无法生效，也就是说杀毒软件没有用了。典型病毒代表是"桌面闪客病毒"，该病毒运行后会自己建立一个桌面并把用户正常桌面替换，从而使杀毒软件失效。

第三，"特种木马"在网络中肆虐。这种类型的木马病毒会将 U 盘中的文档复制到计算机中，然后通过整个局域网传播，将文档复制到网络中的每一台机器上，并发送给黑客，从而使国家机密或企业内部重要文档遭到泄露。

课程思政

从计算机病毒的发展历程可以看出，反病毒事业从来都不是某一个人、某一家公司甚至某一个国家独立完成的，特别是在如今全球互联网迅速发展的背景下，加强国际间的反病毒合作，共同提升网络安全能力，已成为国际社会的共识。

早在 2012 年 11 月，习近平总书记在中共第十八次代表大会上就明确提出要倡导"人类命运共同体"意识，其中强调了在数字化时代，必须加强国际合作，共同应对网络犯罪、网络攻击及网络间谍行为等网络安全威胁，这体现了我国国家领导人在网络安全领域高瞻远瞩、开放包容的政治担当。十余年来，中国政府、企业和学术团体在反病毒领域内作出卓越贡献，为国际反计算机病毒事业提供了全面而深入的支持，用实际行动践行了人类命运共同体理念。我们作为未来信息安全行业的从业者，要继续继承和发扬合作共赢、开放包容的人类命运共同体理念，实现全人类的共同繁荣与安全。

7.2　计算机病毒的特征

按照目前信息安全领域的普遍观点，可总结出计算机病毒的六大特征：传染性、破坏性、潜伏性及可触发性、非授权性、变异性、不可预见性。

计算机病毒的
特征和分类

7.2.1　传染性

传染性是计算机病毒最重要的特征，是判断一段程序代码是否为计算机病毒的依据。在生物界，病毒通过传染从一个生物体扩散到另一个生物体。在适当的条件下，它可大量繁殖，并使被感染的生物体表现出病症甚至死亡。同样，计算机病毒也会通过各种渠道从已被感染的计算机扩散到未被感染的计算机，造成被感染的计算机工作失常甚至瘫痪。与生物病毒不同的是，计算机病毒是一段人为编制的计算机程序代码，病毒程序一旦侵入计算机系统并得以执行，就会搜寻其他符合其传染条件的程序或存储介质，确定目标后再将自身代码

插入其中，达到自我繁殖的目的，然后通过自我复制迅速传播。

只要一台计算机感染病毒，如不及时处理，病毒就会在这台计算机上迅速扩散。计算机病毒可以从一个程序传染到另一个程序，从一台计算机传染到另一台计算机，从一个计算机网络传染到另一个计算机网络，从而在各个系统上传染、蔓延，同时使被传染的计算机程序、计算机、计算机网络成为计算机病毒的生存环境及新的传染源。由于目前计算机网络日益发达，因此计算机病毒可以在极短的时间内通过网络传遍世界。

正常的计算机程序一般是不会将自身的代码强行连接到其他程序之上的，而病毒却能使自身的代码强行传染到一切符合其传染条件的未受到传染的程序之上。计算机病毒可通过各种可能的渠道（如 U 盘、计算机网络）去传染其他的计算机。当你在一台计算机上发现了病毒时，曾在这台计算机上用过的 U 盘往往已经感染上了病毒，而与这台计算机联网的其他计算机也许也已感染上了该病毒。是否具有传染性是判别一个程序是否为计算机病毒的最重要的条件。

一般来说，正常的程序是由用户调用，再由系统分配资源，从而完成用户交给的任务的，其目的对用户来说是可见的、透明的。而病毒具有正常程序的一切特性，它隐藏在正常程序中，当用户调用正常程序时窃取系统的控制权，先于正常程序执行，病毒的动作、目的对用户来说是未知的，是未经用户允许的。

近年来随着互联网的迅速发展，人们在工作和生活中也越来越依赖网络，不仅是个人用户，各类组织、政府机构的信息传递也是通过网络完成的。

目前，蠕虫类病毒可以说是传播速度最快、传播范围最广的病毒。该病毒利用电子邮件 (E-mail) 来传播，这种传播方式不仅传播范围广，而且传播的速度也非常快。此外，此类病毒通常会盗取计算机中所保存的邮件地址信息，然后大量复制自身并向这些地址发送带毒邮件。因此，蠕虫病毒有时又被称为 "E-mail" 病毒。"梅丽莎" "SirCam" "Nimda" "求职信" 等病毒也是通过这种方式传播的，它们的传播速度和范围是非常惊人的，24 小时之内便可通过 E-mail 传遍全世界。而且 "Nimda" 和 "求职信" 病毒不仅可以通过邮件传播，还可以通过局域网文件共享和操作系统的漏洞等多种方式进行传播，传播能力更强。

7.2.2 破坏性

计算机病毒造成的最显著的后果是破坏信息系统，使其无法正常工作。无论是占用大量系统资源导致计算机无法正常使用，还是破坏文件、删除或锁定用户数据，甚至毁坏计算机硬件，都会影响用户正常使用计算机。

病毒的破坏方式是多种多样的。例如，"Happy Time"（欢乐时光）病毒在发作时会删除文件，并启动大量的病毒进程，导致计算机系统资源的严重缺乏直至计算机无法工作。还有破坏并且覆盖文件的 CIH 和 "求职信" 病毒，发作时会用垃圾代码来覆盖用户的文件，这种破坏造成的危害比简单的删除或格式化硬盘更为严重，往往可以造成不可修复的破坏，这也反映出病毒编制者的险恶用心。有的病毒还以恶作剧的形式破坏系统，如 "旋转" 病毒，该病毒在发作时会高速地横向或纵向旋转用户的计算机桌面，使计算机使用者无法进行任何操作。

一些病毒程序不具有严重的破坏性，或不会直接对计算机系统进行破坏。比如，某些病毒运行后会在屏幕上出现一些可爱的卡通形象，或演奏一段音乐，可以把网页上弹出广告及小游戏看作是这一类病毒。但是，这并不代表其没有危害性。这类病毒有可能占用大量的系统资源，导致系统无法正常使用。

绝大多数病毒会直接对系统造成破坏，比如 "WYX 病毒"。该病毒是典型的引导区病毒，其发作时会改写计算机硬盘引导扇区的信息，使系统无法找到硬盘上的分区。由于硬盘上的所有数据都是通过硬盘分区表和文件分配表来确定的，因此如果计算机硬盘上的这些重要信息丢失或发生错误，不但用户无法正常访问硬盘上的所有数据，甚至在开机时，计算机会显示找不到引导信息，出现硬盘没有分区等错误信息提示，从而给我们的工作、生活造成很大的损失。

7.2.3 潜伏性及可触发性

计算机病毒具有依附于其他媒体而寄生的能力，我们把这种媒体称为计算机病毒的宿主。依靠病毒的寄生能力，病毒传染合法的程序和系统后，不会立即发作，即病毒具有潜伏性。病毒的生命周期中潜伏期是一个重要的时期，为病毒的复制和传播提供时间条件。通常，病毒的潜伏性越好，它在系统中存在的时间也就越长，病毒传染的范围也越广，其危害性也越大。

然而仅仅只有潜伏性还不能完成病毒的传播、复制和发作。病毒作为可执行程序，一般在满足某些条件时开始执行相应步骤，这就是病毒的可触发性。如"PETER-2"在每年 2 月 27 日会提三个问题，答错后会将硬盘加密；著名的"黑色星期五"每逢 13 号的星期五发作。

计算机病毒一般都有一个或者几个触发条件。一旦满足其触发条件或者激活病毒的传染机制，就会进行传染或者激活病毒的表现部分或破坏部分。触发的实质是一种条件的控制，病毒程序可以按设计者的要求，在一定条件下实施攻击。这个条件可以是键入特定字符、使用特定文件、某个特定日期或特定时刻，或者病毒内置的计数器达到一定次数等。

7.2.4 非授权性

一般来说，正常的程序由系统用户通过调用启动执行，再由系统分配 CPU、内存等资源，从而完成用户程序的功能。这一过程中虽然大多数操作对用户来说是透明的，但肯定符合用户的安全权限策略。而计算机病毒虽然具有正常程序的一切特性，但它的执行权限一般需要通过条件触发或欺骗用户等手段得以实现。有的病毒隐藏在正常程序中，当用户调用正常程序时实现执行，有的甚至可以窃取系统的控制权，但归根结底病毒的执行不是用户的真实意愿，其动作、目的对用户来说是未知的，是未经用户授权允许的。

7.2.5 变异性

和自然界中的病毒一样，计算机病毒具有变异性特征，在其发展过程中，同一种病毒可能会因病毒制造者的目的不同、感染对象不同或反病毒措施的进化而产生变种。其本质是因为病毒是一段可执行的程序，程序内容在同一框架下被制造者编辑，从而产生不同的执行结果。

病毒制造机的出现，使得病毒的变异呈现自动化、程序化的特征。有的病毒可根据宿主环境的不同产生变异，这大大增加了反病毒的难度，对信息系统造成更严重的破坏，有的时候甚至会超出病毒制造者自己的预想。为了把握病毒的变异规律，人们根据自然界病毒的命名法则，对计算机病毒进行命名，以便从病毒的名称可以快速分清病毒的变异路径，从而高效地采取针对性的反病毒措施。

7.2.6 不可预见性

病毒具有种类繁多、传播范围广、变异类型多等特征属性，从对病毒分析检测的角度来看，病毒的行为具有不可预见性。这就给病毒的防治带来巨大的困难，因为无法准确预见疑似病毒程序的行为，就无法做到精确防护。目前，人们依据病毒的一些共性操作（如驻留内存、修改中断等行为）来判定程序是否为病毒。但一些正常程序可能会借鉴病毒的相关技术，这就会造成误杀；而有些病毒会将程序架构伪装成正常程序，从而逃避反病毒软件的查杀；此外，新型病毒可能有别于已知的病毒行为，使得杀毒软件难以识别。这些结果都是由于病毒的不可预见性造成的，而随着病毒制作技术的提高，病毒的更新始终领先于反病毒技术的更新。

7.3 计算机病毒的分类及命名规则

人们一般会根据病毒的一些特点对病毒进行分类，根据病毒类型特点对病毒进行命名，并采用有针对性的反病毒实施策略，这也是目前病毒防治的基本原则。病毒的分类方法有很多种，需要说明的是，同一种病毒可能因为具备多种特征，在不同的分类条件下，隶属关系可能会产生交叉或变更。

7.3.1 按照攻击行为特征分类

病毒的行为特征是指病毒发作时的工作过程和工作原理。病毒攻击宿主的方式多种多样，有通过改变数据破坏文件的，有通过改变系统注册表变更系统设置的，也有给病毒制作者提供入侵后门的，等等。通过分析病毒的行为特征，可以有效地采取相应的反病毒措施，而且根据病毒的行为分类后可以批量地处理相同行为的计算机病毒。

1. 宏病毒

感染 Word、Excel 文件宏的病毒被称为宏病毒。Office 文件是一种复合型文本文件，可以将文字、图片甚至视频集合在一起进行编辑，因此其文档或模板中会附加控制文件操作的程序代码，这些代码被称为宏。宏病毒就是一种寄存在文档或模板的宏中的计算机病毒，一般用 BASIC 语言编写。一旦打开被感染的文档，宏病毒就会被激活并转移到计算机上，然后驻留在 Normal 模板 (Office 文档的母版) 上。此后，所有自动保存的文档都会"感染"上这种宏病毒，而且如果其他用户打开了感染了病毒的文档，宏病毒也会转移到该用户的计算机上。当病毒的触发条件满足时，宏病毒就会开始对宿主进行破坏。

与当时已经流行十几年的其他病毒类型相比，宏病毒作为"后起之秀"，在短短两年左右的时间内就占了全部病毒数量的 80% 以上。另外，宏病毒还可衍生出各种变形变种病毒，这种"父生子，子生孙"的传播方式令许多系统防不胜防，这也使宏病毒成为威胁计算机系统的又一"杀手"。

2. 蠕虫病毒

一般认为，蠕虫是一种通过网络传播的恶性病毒，它具有病毒的一些共性，如传播性、隐蔽性及破坏性等。与此同时，它还具有一些自己的特征，如不利用文件寄生 (有的只存在于内存中)，对网络造成拒绝服务，以及和黑客技术相结合等。在产生的破坏性上，蠕虫病毒也不是普通病毒所能比拟的，特别是网络的发展使得蠕虫病毒可以在短短的时间内蔓延整个网络，造成网络瘫痪。

网络中的蠕虫病毒作为对互联网的危害较为严重的一种计算机病毒，其破坏力和传染性不容忽视。与传统病毒不同，蠕虫病毒以计算机为载体，以网络为攻击对象，而且具有可复制自身的功能。蠕虫的传播无须用户操作，也不必利用"宿主"程序或文件，它可潜入用户的系统并允许其他人远程控制用户的计算机。蠕虫病毒可自动向电子邮件地址簿中的所有联系人发送自己的副本，那些联系人的计算机也将执行同样的操作，结果会造成多米诺骨牌效应，消耗内存或网络带宽，导致用户计算机系统崩溃，使商业网络和整个 Internet 的速度减慢。

蠕虫病毒的传播方式是多种多样的。有一些蠕虫病毒利用操作系统的漏洞主动进行攻击，如

"红色代码"和"尼姆达"等；有一些蠕虫病毒通过电子邮件、恶意网页的形式迅速传播，如"爱虫"病毒和"求职信"病毒等。这类病毒自从 2001 年大规模出现并迅速充斥人们的视野后就已经被反病毒产品生产厂商所重视，但直到 2011 年，对于计算机系统和网络而言，蠕虫病毒仍然是仅次于木马病毒的第二大威胁因素。

3. 特洛伊木马病毒

特洛伊木马病毒表面上是正常的软件，但实际上却是在计算机系统内实现外部控制权限的后门。特洛伊木马病毒能够导致系统操作权限或敏感信息的安全防护无效化，严重破坏计算机系统的安全性。特洛伊木马病毒可以以电子邮件附件、下载包、更新包等链接形式出现，电子邮件附件或其他链接包含的附件声称是安全合法的程序软件，但实际上可能是一些试图改变系统设置、建立登录后门、禁用反病毒软件、关闭防火墙软件等的病毒。一旦用户打开了这类来源看似合法的程序，特洛伊木马病毒便会趁机传播。特洛伊木马病毒常常包含在免费下载软件中，因此切勿从不信任的来源下载软件。

7.3.2　按照传播行为特征分类

切断病毒的传播路径是反病毒策略中重要的一环，因此根据病毒传播行为进行分类也有利于高效地制定通用的反病毒措施。病毒按照传播行为特征一般分为本地存储介质传播的病毒和网络传播的病毒。

1. 本地存储介质传播的病毒

本地存储介质传播的病毒是指借助可移动存储设备（如软盘、光盘、U 盘、存储卡等），随着用户数据的复制进行传播的病毒。早期的网络还不发达，计算机之间的数据传递很大程度上依靠这些可移动存储设备，所以当时的病毒设计常常考虑这种传播方式。虽然现如今网络发展迅速，但在病毒框架不变的情况下，病毒依然可能是通过本地存储介质进行传播的。

2. 网络传播的病毒

随着网络技术的升级，病毒在设计时也会与时俱进。网络传播的病毒即利用网络通道进行传播的病毒，这类病毒不再依托可移动存储设备，而是通过网络协议进行网络通信传播。这类病毒的传染能力更强，破坏性更大，很可能造成全球范围内的病毒危机，也是现代病毒常采用的病毒类型。网络传播一般会依托一些网络通信应用，如电子邮件、QQ 等。

7.3.3　按照宿主文件类型分类

信息系统的一切基础都是数据，而数据一般是以文件为基础单位存储的，因此大多数病毒的感染对象也是文件。根据病毒寄生对象的文件类型可将计算机病毒划分为三种，即引导型病毒、文件型病毒和混合型病毒。

典型病毒案例

1. 引导型病毒

引导型病毒是早期流行的病毒类型，一般是通过本地介质进行传播的，主要通过软盘在 DOS 操作系统里传播。引导型病毒发作时，会用病毒全部或部分取代正常的磁盘引导记录，而将正常的引导记录隐藏在磁盘的其他地方。由于引导区是磁盘能够正常使用的先决条件，因此，这种病毒在运行的一开始（如系统启动）就能获得控制权。由于病毒隐藏在磁盘的第一扇区，因此它可以在系统文件装入内存之前先进入内存，从而获得对系统控制台的完全控制。一些简单的引导型病毒会直接将磁盘引导区内存储的许多重要信息进行破坏，导致存储设备不能正常使用。已知的引导型病毒较多，典型代表有"大麻"和"小球"病毒。

引导型病毒按其寄生对象的不同又可分为两类，即 MBR（主引导区）病毒和 BR（引导区）

病毒。MBR 病毒又称为分区病毒，它将病毒寄生在硬盘分区主引导程序所占据的硬盘 0 头 0 柱面第 1 个扇区中，典型的病毒有"大麻 (Stoned)""2708"等。BR 病毒将病毒寄生在硬盘逻辑 0 扇区或软盘逻辑 0 扇区（即 0 面 0 道第 1 个扇区）中，典型的病毒有"Brain""小球"病毒等。

2. 文件型病毒

文件型病毒通常感染扩展名为 COM、EXE、DRV 等的可执行文件。它的工作原理是将自身复制到目标文件中，当运行被病毒感染的文件时，即可把文件型病毒引入内存。大多数文件型病毒都会把它们自己的程序码复制到其宿主的开头或结尾处，这会使已感染病毒的文件的长度变长，这也给反病毒软件提供了识别此类型病毒的特征。但也有部分病毒直接改写"受害文件"的程序码，使得感染病毒后的文件的长度仍然维持不变。

文件型病毒又可细分为源码型病毒、嵌入型病毒和外壳型病毒。源码型病毒是用高级语言编写的，需要经过汇编后，才能执行病毒程序。因此这类病毒的宿主对象必须是代码型文件，这样可以得到相应编辑器的汇编操作，若不进行汇编，则病毒无法传染扩散。这类病毒的优点是设计编写简单，缺点是执行条件苛刻，有效传播对象少。嵌入型病毒是嵌入在程序中的病毒，它只针对某个具体程序起作用，如 dBASE 病毒。外壳型病毒是结构最简单，也是目前最流行的文件型病毒，这类病毒寄生在宿主程序的前面或后面，并修改程序的第一个执行指令，使病毒先于宿主程序执行，从而随着宿主程序的使用而传染扩散。

保守地讲，计算机系统文件类型在 300 种以上。若按扩展名来说，截至目前能被病毒感染的文件包括 EXE、COM、DLL、SYS、VXD、DRV、BIN、OVL、386、HTM、FON、DOC、DOT、XLS、XLT、VBS、VBE、JS、JSE、CSS、WSH、SCT、HTA、HTT、ASP、ZIP、ARJ、CAB、RAR、ZOO、ARC、LZH、PKZIP、GZIP、PKPAK、ACE 文件等。虽然被感染的对象文件的表现形式不一样，但从本质上讲，病毒感染的都是文件的程序指令代码部分。与引导型病毒不同的是，文件型病毒不但可以感染 DOS 系统文件，还可以感染 Windows 系统、OS/2 系统和 Macintosh 系统的文件。

3. 混合型病毒

混合型病毒又称综合型或复合型病毒，同时具备引导型和文件型两类病毒的特征。这类病毒既感染磁盘引导区，又感染可执行文件。这类病毒有极强的传染性，清除难度更大，并且常常因为杀毒不彻底而造成"病毒杀不死"的假象，令普通计算机用户谈毒色变。

对染有混合型病毒的计算机，如果只清除了文件上的病毒而没有清除硬盘引导区的病毒，系统引导时还会将病毒调入内存，从而重新感染文件；如果只清除了引导区的病毒，而没有清除可执行文件上的病毒，那么当执行带毒文件时，就又会感染硬盘引导区。

7.3.4　计算机病毒的命名规则

为了更精准地查杀病毒，现行的杀毒软件在病毒分类的基础上，对病毒的名称进行了标准化的命名，这样通过病毒名称就可以自动采取相应的反病毒措施。下面介绍其中一种命名规则，以此让大家能够理解病毒命名的重大意义。

在该命名规则中，病毒名称由主行为类型、子行为类型、宿主文件类型、主名称、版本信息和主名称变种号 6 个字段组成，其中字段之间使用"."分隔。

1. 主行为类型

主行为类型标识某种病毒最显著的攻击行为特征。一个病毒可能包含多种攻击行为类型特征，这种情况下可以根据每种攻击行为类型的危害级别，确定危害级别最高的作为病毒的主行为类型。其中危害级别是指对病毒所在计算机的危害程度。

下面列举了几种常见的病毒主行为类型。

1) Backdoor(后门)

危害级别：1。

说明：在用户不知道、不允许的情况下，在被感染的系统上以隐蔽的方式运行，可以对被感染的系统进行远程控制，而且用户无法通过正常的方法禁止其运行。"后门"其实是木马的一种特例，它与木马之间的区别在于"后门"可以对被感染的系统进行远程控制(如文件管理、进程控制等)。

2) Worm(蠕虫)

危害级别：2。

说明：利用系统的漏洞、外发邮件、共享目录、可传输文件的软件(如 MSN、QQ、Fetion 等)、可移动存储介质(如 U 盘、移动硬盘)等方式传播自己的病毒。

3) Trojan(木马)

危害级别：3。

说明：在用户不知道、不允许的情况下，在被感染的系统上以隐蔽的方式运行，而且用户无法通过正常的方法禁止其运行，这种病毒通常含有利益目的。

4) Virus(感染型病毒)

危害级别：4。

说明：指将病毒代码附加到被感染的宿主文件(如 PE 文件、DOS 下的 COM 文件、VBS 文件、具有可运行宏的文件)中，使病毒代码在被感染的宿主文件运行时取得运行权的病毒。

5) Harm(破坏性程序)

危害级别：5。

说明：指那些既不会传播也不感染，但运行后直接破坏本地计算机(如格式化硬盘、大量删除文件等)，导致本地计算机无法正常使用的程序。

6) Dropper(释放病毒的程序)

危害级别：6。

说明：指不正常的安装或自解压程序，其运行后会释放病毒并将它们运行。

7) Hack(黑客工具)

危害级别：无定义。

说明：指可以在本地计算机上通过网络攻击其他计算机的工具。

8) Binder(捆绑病毒的工具)

危害级别：无定义。

2. 子行为类型

除主行为类型外，病毒可能包含多种子行为类型，子行为一般包括病毒的传播行为、触发行为或辅助的攻击行为类型。当出现多种子行为时，需要根据该病毒的主行为类型，确定危害级别最高的子行为作为该病毒的子行为类型。

1) 标识病毒传播途径的子行为类型字段

(1) Mail(通过邮件传播)。危害级别：1。

(2) MSN(通过 MSN 传播)。危害级别：3。

(3) QQ(通过 QQ 传播)。危害级别：4。

(4) DL(下载病毒并将其运行)。危害级别：3。

2) 标识病毒行为目的的子行为类型字段

(1) Spy(窃取用户信息)。危害级别：1。

(2) PSW(具有窃取密码的行为)。危害级别：2。

(3) Proxy(将被感染的计算机作为代理服务器)。危害级别：9。

(4) Clicker(点击指定的网页)。危害级别：10。

(5) Dialer(通过拨号实现特定目的的程序)。危害级别：12。

(6) Exploit(漏洞探测攻击工具)。危害级别：无定义。

(7) DDoSer(拒绝服务攻击工具)。危害级别：无定义。

(8) Flooder(洪水攻击工具)。危害级别：无定义。

(9) Spam(垃圾邮件)。危害级别：无定义。

(10) Anti(免杀的黑客工具)。危害级别：无定义。

3. 宿主文件类型

宿主文件是指病毒所使用的文件类型。常见的宿主文件类型有以下几种。

(1) JS：JavaScript 脚本文件。

(2) VBS：VBScript 脚本文件。

(3) HTML：HTML 文件。

(4) Java：Java 的 Class 文件。

(5) COM：DOS 下的 COM 文件。

(6) EXE：DOS 下的 EXE 文件。

(7) Boot：硬盘或软盘引导区。

(8) Word：Microsoft 公司的 Word 文件。

(9) Excel：Microsoft 公司的 Excel 文件。

(10) PE：PE 文件。

(11) Winreg：注册表文件。

(12) Ruby：Ruby 语言脚本。

(13) Python：Python 语言脚本。

(14) BAT：BAT 脚本文件。

(15) IRC：IRC 脚本。

4. 主名称

病毒的主名称是由分析员根据病毒体的特征字符串、特定行为或者所使用的编译平台来确定的。如果无法确定，则可以用字符串"Agent"来代替主名称，小于 10 KB 大小的文件可以命名为"Small"。

5. 版本信息

版本信息只允许为数字，对于版本信息不明确的可不加版本信息。

6. 主名称变种号

如果病毒的主行为类型、子行为类型、宿主文件类型、主名称均相同，则可认为是同一家族的病毒，这时需要变种号来区分不同的病毒记录。如果变种号用一位字母不足以区别，则最多可以扩展 3 位，并且均为小写字母 (a～z)，如 aa、ab、aaa、aab，以此类推，由系统自动计算，不需要人工输入或选择。

7.4　计算机病毒的防治

计算机病毒的
分析与清除

计算机病毒及
防治

7.4.1　计算机病毒的发展趋势

随着计算机技术的高速发展，信息技术对人类社会生活的影响日益加强，计算机病毒作为信息技术发展的伴生威胁也日益严重。为了对抗反病毒技术的进步，计算机病毒在新时代的发展呈现出以下趋势。

1. 病毒开发智能化发展趋势

首先，随着编程技术的规范化、高效化，蠕虫、木马等新型病毒利用新的编程语言和编程技术实现智能化特征，新的变种病毒可以自动躲避反病毒软件的查杀。例如"爱虫"病毒是用 VB Script 语言编写的，只要通过 Windows 系统自带的编辑软件修改病毒代码中的一部分，就能轻而易举地制造出病毒变种，从而可以躲避反病毒软件的追击。

其次，新病毒利用 Java、Active X、VB Script 等技术将病毒扩展到网络应用，恶意代码可以潜伏在 HTML 页面里，并且可根据受害者在上网浏览时的行为智能化触发。

最后，新型病毒依靠智能化编程可以根据受害者的计算机环境作出适应性变化，从而增强病毒的传播和破坏。例如，"KakWorm"病毒虽然早在 2004 年 1 月就被发现，但它的变种感染率一直居高不下，原因就是该病毒利用 Active X 控件中存在的缺陷进行传播，如果受害者安装的 IE 或 Office 存在 Active X 控件，那电脑很可能被感染。更令人担心的是，这种病毒还可以根据环境被赋予其他计算机病毒的特性，因此其危害性是不可预知的。

2. 病毒攻击人性化发展趋势

病毒的人性化发展并非变得对人友好，确切地说是将人性化作为攻击点。现在的计算机病毒越来越注重利用人们的心理因素，如好奇、贪婪、恐惧等，这在如今泛滥的电信诈骗过程中屡见不鲜。通过如今的大数据技术，可以发现病毒的攻击也呈现出针对被害人属性攻击的特性，这也是智能化发展的结果。

3. 病毒载体隐蔽化发展趋势

新一代病毒更善于隐藏和伪装自己，其邮件主题会在传播中改变，或者具有看似常规的主题和附件名，让杀毒软件很难发现其中的端倪。许多病毒还会伪装成常用程序，或者将病毒代码写入文件内部且不改变文件长度，使用户及反病毒软件防不胜防。

例如，主页病毒的附件 homepage.html.vbs 并非一个 HTML 文档，而是一个恶意的 VB 脚本程序，一旦被执行，就会向用户地址簿中的所有电子邮件地址发送带毒的电子邮件副本。此外，"Matrix"等病毒会自动隐藏和变形，甚至阻止受害用户访问反病毒网站和向记录病毒的反病毒地址发送电子邮件，无法下载经过更新和升级后的相应杀毒软件或收到病毒警告消息。

4. 病毒行为多样化发展趋势

前面我们多次强调，病毒最麻烦的特点就是不可预知性，这就导致新病毒层出不穷且行为多样化。多家反病毒服务公司的分析显示，一方面新病毒不断产生，另一方面较早的病毒的变种发作也很普遍。新的病毒变种具有可执行程序、脚本文件、HTML 网页等多种形式，并通过电子邮件、电子贺卡、视频图片、社交媒体、办公系统等途径实现多样化的传播。

5. 病毒制造组织化发展趋势

虽然随着信息技术的发展，病毒制造技术得到了提高，但反病毒技术也得到了发展，这使得有效的病毒制造成本增加，也促使病毒的制造形成了以获取利益为目标的有组织的发展新模式。这些病毒制造组织大部分是非法组织，他们通过病毒制造和传播，破坏目标信息系统，窃取重要机密信息，或对目标的社会声望造成影响，以此达到其获利的目的。

同样，在战争时期，交战国也会有组织地制造用于军事目的的计算机病毒，早在 1989 年海湾战争期间，美军就提出了以计算机病毒为核心的新型电子战武器理论。当计算机病毒被有组织地利用后，其破坏性会更强。因此我们需要为网络空间的反病毒工作做更充分的准备。

课程思政

熊猫烧香病毒具有强大的自动传播、感染和破坏能力，它能感染多种类型的文件，终止反病毒软件进程，并删除系统的备份文件。该病毒还会篡改文件图标，将其变成熊猫图案，严重扰乱了用户的正常使用。熊猫烧香病毒迅速在互联网上传播，造成了巨大的破坏和广泛的影响。

熊猫烧香病毒的制造者李俊出生于一个普通家庭，他从小就对电脑充满兴趣，经常光顾网吧。李俊在电脑方面表现出极高的天赋，他自学了计算机编程技术，并能够独立编写和修改病毒代码。他的能力使他在网络世界中获得了一定程度的认可。李俊制作熊猫烧香病毒的初衷并非完全为了牟利，而更多的是为了在网络世界中展示自己的技术能力，试图以此获得关注和认可。他曾经因为缺乏学历和专业技能而在求职过程中屡遭拒绝，这些经历可能影响了他的价值观和行为选择。

该病毒不仅影响了广大的个人用户，还波及了许多政府和企业单位，导致重要单位的网络系统瘫痪，造成了巨大的经济损失和社会影响。同时，这一事件也引起了国家计算机病毒应急处理中心的关注，并发出了紧急预警。李俊及其同伙因制作和传播熊猫烧香病毒被法院以破坏计算机信息系统罪判处有期徒刑，并追缴违法所得。这一判决体现了法律对于计算机病毒制作和传播行为的严厉打击。熊猫烧香事件的爆发，直接推动了中国网民对计算机安全的认知。该事件之后，杀毒软件公司加强了对病毒的防范和查杀能力，同时也提醒用户需要提高网络安全意识和自我保护能力。

熊猫烧香事件不仅是一个关于计算机病毒的技术案例，更体现了树立正确价值观和法律意识对信息安全从业者的重要性。我们作为从事和研究计算机病毒的专业人员，既要加强技术层面的能力，也要注重个人价值观的树立，提升法律意识和道德观念。同时，将这种价值观传递给身边的人，通过这种以身作则的影响，有效预防此类事件的发生，维护网络空间的安全和稳定，这是每一个信息安全从业者的义务。

7.4.2 计算机反病毒技术原理

反病毒技术的发展分为几个阶段，其中具有代表性的技术主要包括中断捕获技术、实时监控技术、网络防护技术、未知病毒检测技术、主动防御技术等，下面详细介绍这些技术的基本原理。

1. 中断捕获技术

中断捕获技术比较早的应用产品是反病毒卡。反病毒卡是通过截获中断调用来发现病毒的，但由于卡的成本高、升级能力差、操作烦琐，因此这类产品在经历了短暂的繁荣期后作为非主流技术被抛弃。

后来出现了 Vsafe、Dog 等软件工具，这些软件都是 TSR 程序 (Terminate and Stay Resident Program，内存驻留程序)。与反病毒卡类似，其主要特点都是基于行为的，通过对典型中断调用的捕获来监控一些病毒的感染行为和破坏行为，如硬盘低级格式化、引导区写入、可执行程序变化及申请内存驻留等。

这些技术的主要问题是采用 TSR 的机制占用了较多的系统资源，同时也增加了系统的不稳定性。由于监控采用行为判断的方式，因此不能做到准确诊断，误报率很高，容易给用户带来恐慌。

2. 实时监控技术

进入 Windows 时代，McAfee 等国外反病毒企业为适应桌面化的高效操作系统应用，推出了实时监控的概念，但直到 Win9x 时代，实时监控的反病毒意识才得到广泛普及。

实时监控类似于扫描程序，采用病毒检测引擎和特征库对试图入侵系统的文件进行检查。由于实时监控提供了对用户透明的保护，因此把用户对病毒的防范从"检查所有外来文件 + 定时扫描硬盘"转化为"打开实时监控 + 经常升级"，从而把能够及时清除病毒转变为不感染病毒，把反病毒软件的首要功能从杀除病毒变为保证用户不被病毒感染，实现了御敌于千里之外的效果。

3. 网络防护技术

2001 年流行的"Code Red"蠕虫令反病毒技术行业阵脚大乱。这个病毒不存在于文件载体中（遗留下的木马文件并不是病毒本身），而是依靠 IIS 漏洞产生的高端溢出在目标主机上执行，因此根本不需要文件载体，这使传统的反病毒软件根本无法监控和防范，给反病毒技术带来了新的研究课题。

同时，由于当前网络环境和应用环境日趋复杂，反病毒软件与用户应用系统需要更加紧密地结合，特别是涉及网页浏览、E-mail 收发、文件传输、文档管理的产品。由于有些该类型的产品采用自己定义的存储结构，这更给反病毒技术提出了难题，于是很多反病毒产品已经在文件监控之外增加了互联网保护功能，包括但不限于以下措施：

(1) 对文件服务器和应用网关（如 Mail 服务器）提供全面保护；

(2) 支持更多的系统平台，包括 Linux 和多数商用 Unix；

(3) 对邮件服务器提供保护；

(4) 提供域用户登录的自动查毒功能，并通过统一的控制中心对全部查毒操作进行管理，进行主动或被动方式的升级；

(5) 提供专门的隔离服务器；

(6) 提供独立设备的反病毒网关。

4. 未知病毒检测技术

对于未知病毒的检测研究一直是反病毒技术研究的重要领域，在主流的反病毒产品中都包含相应的检测未知病毒的机制。但检测未知病毒依然面临很多问题，我们要求检测未知病毒的机制首先必须是基本可靠的，而且不能具有高误报率；其次，不允许消耗大量的系统资源。

目前，不同的产品都在进行不同的尝试。如一些软件采用监控典型漏洞的方法来捕获未知邮件病毒，取得了良好的效果；一些软件完全采用语法分析的方式来检测新的脚本病毒，效果也不错。检测未知病毒的最大挑战是文件型病毒 (PE 病毒) 和特洛伊木马病毒。文件型病毒程序结构复杂，导致其虚拟运行环境复杂，需要占用很多系统资源，并涉及虚拟系统的 API 调用等技术。而特洛伊木马病毒具有欺骗性，即使利用直接运行和行为分析的方法，也很难区别它和一些正常网络服务或程序，这也给病毒检测带来困难。

5. 主动防御技术

主动防御技术就是在全程监视进程行为的情况下，留意系统核心内容的一些变动，一旦发现"违规"，比如存在意外举动，就会立即通知用户，或者直接终止进程、阻拦当前程序的联机或运行，防止其出现异变，从而对系统造成破坏。结合现实角度，这一技术类似于警察判断潜在罪犯、潜在犯罪行为的技术，一旦发现有某些嫌疑人，存在如"有暴力倾向，对现实不满、经常发表奇怪言论"等征兆，就会对其进行一定程度上的关注和警示。主动防御的技术原理包括以下几个方面。

1) 创立动态仿真反病毒检测系统

对病毒行为规律进行分析、归纳、总结，并结合反病毒专家判定病毒的经验，提炼病毒识别规则知识库。模拟专家发现新病毒的机理，通过对各种程序动作的自动监视，自动分析程序动作之间的逻辑关系，综合应用病毒识别规则知识，实现自动判定新病毒，达到主动防御的目的。

2) 自动准确判定新病毒

分布在操作系统的众多探针，能动态监视所运行程序调用各种应用程序接口 (API) 的动作，自动分析程序动作之间的逻辑关系，自动判定程序行为的合法性，实现自动诊断新病毒，并明确报告诊断结论。当前安全技术大多依据单一动作，频繁询问是否允许修改注册表或访问网络，这给用户带来困惑。而该机制有效克服了这一不足，避免了用户因难以自行判断而导致误判，防止危害产生或正常程序无法运行。

3) 程序行为监控并终止

在全面监视程序运行的同时，自主分析程序行为，发现新病毒后，自动阻止病毒行为并终止病毒程序运行，自动清除病毒，并自动修复注册表。

4) 自动提取特征值，实现多重防护

在采用动态仿真技术时，有效克服特征值扫描技术滞后于病毒出现的缺陷，发现新病毒后自动提取病毒特征值，并自动更新本地未知特征库，实现"捕获、分析、升级"的自动化，这有利于对日后同一个病毒的攻击实现快速检测，使用户系统得到安全高效的多重防护。

主动防御技术的优势主要包括两个方面。一是在未知病毒和未知程序方面，通过先进的行为判断技术，提供危险行为监控、行为自动分析和诊断等检测和监控服务。这些技术可以从动态和静态两个角度来判定程序的行为特征，识别大量暂未被截获的未知病毒和变种。同时，除了识别未知病毒和变种，还强化了系统漏洞管理模块，包括对于零日漏洞攻击的防护等，使得在相应的病毒乃至攻击代码出现或即将大规模爆发之前，就成功封堵其传播和攻击渠道。二是先进的智能分析系统将对漏洞攻击行为进行监测，防止病毒利用系统漏洞对其他计算机进行攻击，从而阻止病毒的植入等等。

7.4.3　常用杀毒软件简介

杀毒软件是反病毒技术应用的集中体现，也是我们日常使用的应用软件之一。本节简要介绍几种常见的杀毒软件，仅供读者学习和参考。

1. 360 安全卫士

360 安全卫士是一款由奇虎 360 公司开发的电脑安全辅助软件，适用于 Windows、Linux 和 MacOS 等操作系统。该软件集成了多种功能，包括电脑体检、木马查杀、电脑清理、系统修复、优化加速以及软件管家等，旨在为用户提供全方位的电脑安全防护和系统优化。

360 安全卫士独创了"木马防火墙"和"360 密盘"等功能。通过抢先侦测和云端鉴别技术，它能够全面且智能地拦截各类木马病毒，保护用户的账号、隐私和其他重要信息。此外，360 安全卫士还提供了极其方便实用的用户界面，让用户可以轻松地进行操作和管理。

不同于其他的安全软件，360 安全卫士在 V12.0 版本之后采用了安全大脑，整合了大数据、云计算、人工智能和区块链等行业领先的技术，极大地提升了对网络攻击、木马识别、病毒查杀、系统加速、电脑清理的检测和处理能力。

2. 卡巴斯基杀毒软件

卡巴斯基是一款源于俄罗斯的杀毒软件。该软件能够保护家庭用户、工作站、邮件系统和文件服务器以及网关。除此之外，该软件还提供集中管理工具、反垃圾邮件系统、个人防火墙和移动设备的保护，包括 Palm 操作系统、手提电脑和智能手机。

在杀毒软件的历史上，有这样一个世界纪录：让一个杀毒软件的扫描引擎在不使用病毒特征库的情况下，扫描一个包含当时已有的所有病毒的样本库；仅仅靠"启发式扫描"技术，卡巴斯基杀毒软件创造了 95% 检出率的纪录。

卡巴斯基公司的病毒数据库是世界上较大的病毒数据库之一。卡巴斯基实验室也在世界范围内声名远播，其可在全球 24 小时不间断地获取信息、评估新的威胁、设计新的应用程序，及时地向用户提供病毒清除工具和信息。

3. 熊猫卫士

熊猫卫士是 Panda 软件公司在中国推出的一款反病毒软件，熊猫卫士的主要技术特色包括：

(1) 可实现自我诊断和对反病毒软件自身文件及配置的保护，确保反病毒系统随时运行正常；

(2) 检测和清除新的安全隐患，有效抵御未知病毒的攻击；

(3) 对 E-mail 的完整保护，保护 Outlook Express、Hotmail 和 MSN；

(4) 拥有 SmartClean2 技术的新一代反病毒软件，能自动修复病毒 (如蠕虫、木马) 对操作系统配置的破坏等。

4. 趋势杀毒软件

趋势是趋势科技公司推出的杀毒软件。趋势科技公司总部位于日本东京和美国硅谷，在 30 多个国家和地区设有分公司，拥有多个全球研发中心，是一家跨国信息安全软件公司。

趋势杀毒软件的技术特点包括：

(1) 强化 Windows 防火墙的安全防护：防止黑客入侵计算机，主动侦测并预警假冒的无线上网 AP(热点)。

(2) 家长防护功能：可设定允许使用软件的时间并监控网络活动报告，管理并限制儿童使用计算机的时间与可上网的时间。

(3) 电脑效能优化：自动整理电脑中不必要的文件、程序，让电脑常保持最佳效能。

(4) 跨平台：同时支持 Windows、Mac、Android 手机与平板。

(5) 安全轻快：独创云端截毒技术，将 80% 病毒码移至云端。

(6) 隐私防护：具有文件保险箱、智能文件粉碎功能，可防止个人资料外泄。

(7) 病毒、间谍程序防护：病毒、间谍程序扫描，监控可疑程序活动，自动删除感染文件，隔离病毒 / 间谍软件。

5. 诺顿杀毒软件

诺顿杀毒软件是 Symantec(赛门铁克) 公司开发的个人信息安全产品之一。Symantec 公司成立于 1982 年，是目前世界上规模较大的软件公司之一，遍布 40 多个国家和地区。

诺顿杀毒软件是一个被广泛应用的反病毒程序。该产品除了原有的反病毒功能，还有防间谍软件等网络安全风险的功能。

6. 金山毒霸

金山毒霸 (Kingsoft Antivirus) 是金山网络旗下研发的云安全智能扫描反病毒软件。它融合了启发式搜索、代码分析、虚拟机查毒等经业界证明成熟可靠的反病毒技术，在查杀病毒种类、查杀病毒速度、未知病毒防治等多方面达到先进水平；同时金山毒霸具有病毒防火墙实时监控、压缩文件查毒、查杀电子邮件病毒等多项先进的功能。紧随世界反病毒技术的发展，金山毒霸为个人用户和企事业单位提供了完善的反病毒解决方案。

7. 江民杀毒软件

江民杀毒软件是北京江民新科技有限公司 (简称江民科技) 推出的安全产品。江民科技由中国反病毒专家王江民于 1996 年创建，是国家认定的高新技术企业、国内知名的计算机反病毒软件公司，也是国际反病毒协会理事单位。其研发和经营范围涉及单机、网络反病毒软件，单机、网络黑客防火墙，邮件服务器反病毒软件等一系列信息安全产品。江民速智版杀毒软件既有卓越的查杀病毒能力，更体现了其在安全领域的精湛技艺。其木马病毒库由国际最为严格的第三方安检机构 ICSA 每月进行一次深度探测，让用户的安全更有保证。第三代扫描引擎、云查杀、云众智、云加速、云鉴定、虚拟机、沙盒、慧眼识别、信任对比等技术，均为杀毒领域最前沿的技术。

8. 瑞星杀毒软件

瑞星杀毒软件由北京瑞星网安技术股份有限公司出品。北京瑞星网安技术股份有限公司创立于 1991 年，一直专注于网络安全领域，坚持自主研发，拥有完整的自主知识产权，帮助政府、企业及个人有效应对网络安全威胁。该公司是具有认证资质的高新技术企业，承担了我国虚拟化反病毒国家实验室的建设，并承接了我国虚拟化云存储项目的网络安全建设工作，具有雄厚的技术实力。

瑞星杀毒软件采用获得欧盟及中国专利的六项核心技术，形成全新软件内核代码，具有八大绝技和多种应用特性，是国内外同类产品中最具实用价值和安全保障的杀毒软件产品之一。

本 章 小 结

计算机病毒是一种能够自我复制并传播到其他计算机系统，对计算机功能进行破坏或干扰的软件程序。其特征包括传染性、破坏性、潜伏性及可触发性、非授权性、变异性和不可预见性。传染性意味着病毒可以通过网络、电子邮件附件、USB 设备等多种途径迅速扩散；破坏性则体现在病毒可能会删除文件、窃取数据、损坏系统等方面；潜伏性及可触发性说明病毒可以在系统中隐藏一段时间，等待特定条件满足时才激活；非授权性意味着病毒的执行是未经用户授权允许的；变异性意味着同一种病毒可能会因病毒制造者的目的不同、感染对象不同或反病毒措施的进化而产生变种；不可预见性意味着新的病毒变种总是不断出现，给防范工作带来挑战。

根据攻击行为特征，常见的病毒可分为宏病毒、蠕虫病毒、特洛伊木马病毒等；按传播行为特征，病毒可分为本地存储介质传播的病毒、网络传播的病毒等；而依据宿主文件类型，病毒可分为引导型病毒、文件型病毒、混合型病毒等。

随着互联网技术的发展，病毒变得更加复杂和隐蔽，但同时反病毒技术也在不断进步。反病毒软件（如 360 安全卫士、卡巴斯基杀毒软件、诺顿杀毒软件等）的出现，可以为用户提供实时保护，减少病毒感染的风险。

课 后 练 习

一、单选题

1. 计算机病毒是指（   ）。

A. 生物病毒感染   B. 细菌感染

C. 被损坏的程序   D. 特制的具有破坏性的程序

2. 下面关于计算机病毒描述正确的有（   ）。

A. 计算机病毒是程序，计算机感染病毒后，可以找出病毒程序，进而清除它

B. 只要计算机系统能够使用，就说明没有被病毒感染

C. 只要计算机系统的工作不正常，一定是被病毒感染了

D. 软磁盘写保护后，使用时一般不会感染上病毒

3. 如果发现某 U 盘已染上病毒，则应（　　）。

A. 将该 U 盘上的文件复制到另外的 U 盘上使用

B. 将该 U 盘销毁

C. 换一台计算机使用该 U 盘上的文件，使病毒慢慢消失

D. 用反病毒软件消除该 U 盘上的病毒或在没有病毒的计算机上格式化该 U 盘

4. 文件型病毒传染的对象主要是（　　）类文件。

A. DBF　　　　　　B. DOC　　　　　　C. COM 和 EXE　　D. EXE 和 DOC

5. 宏病毒是随着 Office 软件的广泛使用，有人利用宏语言编制的一种寄生于（　　）宏中的计算机病毒。

A. 应用程序　　　　B. 文档或模板　　　　C. 文件夹　　　　D. 具有"隐藏"属性的文件

6. 目前最好的反病毒软件的作用是（　　）。

A. 检查计算机是否染有病毒，消除已感染的任何病毒

B. 杜绝病毒对计算机的感染

C. 查出计算机已感染的任何病毒，消除其中的一部分

D. 检查计算机是否染有病毒，消除已感染的部分病毒

7. 反病毒软件（　　）所有病毒。

A. 是有时间性的，不能消除　　　　B. 是一种专门工具，可以消除

C. 有的功能很强，可以消除　　　　D. 有的功能很弱，不能消除

二、填空题

1. 计算机病毒传染的渠道是 _____、_____。

2. 计算机病毒的特征是：_____、_____、_____、_____、_____、_____。

3. 计算机病毒常见的传播方式有 _____、_____ 两种。

三、判断题

1. 计算机病毒是一种有逻辑错误的小程序。　　　　　　　　　　　　　　（　　）

2. 反病毒软件必须随着新病毒的出现而升级，提高查、杀病毒的功能。　　（　　）

3. 感染过计算机病毒的计算机具有对该病毒的免疫性。　　　　　　　　　（　　）

4. 网络病毒不会对网络传输造成影响。　　　　　　　　　　　　　　　　（　　）

5. 计算机每次启动时被运行的计算机病毒称为恶性病毒。　　　　　　　　（　　）

6. 为了预防计算机病毒，不要玩任何计算机游戏。　　　　　　　　　　　（　　）

7. 反病毒工作要交给专业公司来做，和我们普通人无关。　　　　　　　　（　　）

8. 有组织地制造和传播病毒可以判定为恐怖主义或侵犯国家主权的行为。　（　　）

第8章 操作系统安全管理

操作系统是计算机资源的直接管理者，是计算机软件的基础和核心。如果没有操作系统的安全，就谈不上主机和网络系统的安全，更谈不上其他应用软件的安全。因此，操作系统安全也是整个计算机系统安全的基础。

目前流行的现代操作系统种类繁多，而操作功能和性能的提升也导致操作系统代码规模越来越庞大，同时也存在着更多的安全漏洞。要想减少操作系统的安全漏洞，就需要对操作系统予以合理配置、管理和监控。

本章从实际安全应用的角度出发，以理论为指导，全面介绍了操作系统的基本概念、发展历程和分类，以及 Windows 和 Linux 操作系统的安全机制。

学习目标

(1) 了解操作系统的基本概念。
(2) 了解 Windows 操作系统的安全管理。
(3) 了解 Linux 操作系统的安全管理。
(4) 掌握操作系统安全管理的基本原则。

思政目标

(1) 培养在操作系统领域把握自主可控的安全意识。
(2) 培育专业领域的知识产权文化，树立知识产权意识。

8.1 操作系统概述

8.1.1 操作系统的基本概念

操作系统 (Operating System，OS) 是管理计算机硬件资源，控制其他程序运行并为用户提供交互操作界面的系统软件的集合。操作系统是通用计算机的关键组成部分，负责管理与配置内存、决定系统资源供需的优先次序、控制输入与输出设备、操作网络与管理文件系统等基本任务。简而言之，操作系统就是设备的大管家，任何其他软件都必须在操作系统的支持下才能运行。

操作系统管理计算机系统的硬件、软件及数据资源，控制程序运行，使计算机系统所有资源最大限度地发挥作用，并提供各种形式的用户界面，改善人机交互方式，为其他软件的开发提供必要的服务和相应的接口。操作系统的种类很多，从手机的嵌入式操作系统到超级计算机的大型操作系统，几乎所有电子设备都可以安装操作系统。目前流行的操作系统主要有 Android、BSD、iOS、Linux、Mac OS X、Windows、Windows Phone 和 z/OS 等。

8.1.2　操作系统的发展历程

1947 年，莫里斯·威尔克斯 (Maurice Vincent Wilkes) 发明的微程序方法实现了在计算机上的应用，极大地推动了计算机技术的发展。随后，系统管理工具以及简化硬件操作流程的程序很快就出现了，成为操作系统的基础。

1960 年，商用计算机制造商开发出了批处理系统，此系统可将工作的建立、调度以及执行序列化。此时，厂商为每一台不同型号的电脑设计不同的操作系统，而为某台电脑编写的程序无法移植到其他电脑上执行，即使是同型号的电脑也不行。到了 1964 年，IBM 推出了一系列用途与价位都不同的大型计算机 IBM System/360，成为大型主机的经典之作。它们共享代号为 OS/360 的管理系统，此系统成为通用操作系统的雏形，且后来 IBM 大型系统都是此系统的后裔，为 System/360 所写的应用程序依然可以在现代的 IBM 机器上执行。

1963 年，奇异公司与贝尔实验室以 PL/I 语言合作开发了一套多用户交互操作系统软件 Multics，这是激发 20 世纪 80 年代众多操作系统建立的灵感来源。1969 年贝尔实验室在一台 DEC(数字设备公司) 的 PDP-7 迷你计算机上继续开发能支持多用户环境的操作系统，并鼓励专利部门使用新开发的这款操作系统来进行文档处理工作，为区别于 Multics 项目，新操作系统被命名为 Unix。

20 世纪 80 年代，家用电脑开始普及，早期最著名的套装电脑是使用微处理器 6510(6502 芯片特别版) 的 Commodore C64。此类电脑以 8KB 只读内存 BIOS 初始化彩色屏幕、键盘以及软驱和打印机，可用 BASIC 语言直接操作 BIOS，并依此撰写程序。此时的 BASIC 语言解释器勉强可算是此电脑的操作系统，但没有内核或软硬件保护机制，此电脑上的游戏大多跳过 BIOS 层次，直接控制硬件。

随着软式磁盘的出现，可供读写操作的存储空间扩展到了 512 KB，同时提出了文件读写的概念，DOS 在此时诞生了。真正意义上的磁盘启动型的操作系统是 IBM 公司的 CP/M，其架构类似于 C64，也使用了 BIOS 以初始化与抽象化硬件的操作，也附有 BASIC 解释器，但是它的 BASIC 兼容于任何符合 IBM PC 架构的机器，然而 IBM 并没有重视这类操作系统的后续研发。

1980 年，微软公司取得了与 IBM 的合约，将 CP/M 修改后以 MS-DOS 的名义出品，此操作系统可以直接让程序操作 BIOS 与文件系统。MS-DOS 依托 Intel-80286 处理器架构，迅速占领操作系统市场，虽然 IBM 自己也推出了 DOS(称为 IBM-DOS 或 PC-DOS)，但 MS-DOS 还是早期最常用的操作系统。

与 MS-DOS 同时崛起的另一个操作系统是 MacOS，此操作系统紧紧与麦金塔电脑捆绑在一起。此时施乐帕洛阿尔托研究中心的一位员工 Dominik Hagen 拜访了苹果公司联合创始人史蒂夫·乔布斯，并且向他展示了施乐公司开发的图形化使用者界面。史蒂夫·乔布斯惊为天人，并打算购买此技术，但因施乐帕洛阿尔托研究中心并非商业单位而是研究单位，因此回绝了这项买卖。在此之后苹果公司上下达成共识，认为个人电脑的未来必定属于图形化使用者界面，因此也开始发展自己的图形化操作系统。现今许多我们认为是基本要件的图形化接口技术与规则，都是由苹果公司打下的基础，例如下拉式菜单、桌面图标、拖曳式操作与双击等。

　　与此同时，微软公司也发现了这一商机，迅速研发了图形化界面的操作系统 Windows 系列，并快速投入市场，两大巨头从此开始了延续至今的竞争。

　　20 世纪 90 年代出现了许多影响计算机市场势力分布的操作系统。由于图形化界面日趋繁复，操作系统的能力也越来越复杂与强大，因此稳定且具有灵活性的操作系统就成了迫切的需求。在 20 世纪 90 年代初，微软与 IBM 的合作破裂，微软在 1993 年 7 月 27 日推出以 OS/2 为基础的图形化操作系统 Windows NT 3.1，并在后续推出 Windows 95、Windows 98，直到 2000 年推出了 Windows 2000(Windows NT 5.0)，第一个脱离 MS-DOS 基础的图形化操作系统才算是真正出现。在这个过程中 Windows 迅速抢占市场，成为操作系统领域的霸主。另一方面，20 世纪 90 年代早期，MacOS 旧系统的设计不良，其后续发展受阻，直到 1997 年开发出新的操作系统并取得巨大的成功，才让原先失意的 MacOS 风光再现。

　　除商业主流的操作系统外，从 1980 年起在自由软件运动的引领下，BSD 系统也经历了相当长的发展时期。1990 年，源自芬兰赫尔辛基大学的另一大开源操作系统——Linux 兴起，Linux 内核是一个标准 POSIX 内核，其可以算是 Unix 家族的一支。Linux 与 BSD 都搭配 GNU 计划所开发的应用程序，但是由于使用的许可证以及历史因素，Linux 取得了相当可观的开源操作系统市场份额，而 BSD 的市场份额则小得多。

　　进入 21 世纪，迅速增长并越趋复杂的嵌入式设备 (如手机、数码相机、MP3 等) 也促进了嵌入式操作系统的发展。以智能手机为载体的操作系统开始飞速发展，而同时 Linux 因良好的开源性、可移植性，迅速抢占了 PC 及服务器操作系统的市场。

　　选择要安装的操作系统通常与硬件架构有很大关系，只有 Linux 与 BSD 几乎可在所有硬件架构上执行，而 Windows NT 仅移植到了 DEC Alpha 与 MIPS Magnum。

8.1.3　操作系统的分类

　　操作系统的种类相当多，根据设备功能可分为个人终端操作系统和大型机操作系统等，根据操作系统工作特点可分为嵌入式操作系统、多处理器操作系统、实时操作系统等，根据操作系统应用领域可分为桌面操作系统、服务器操作系统和网络操作系统。下面重点介绍桌面操作系统、服务器操作系统和嵌入式操作系统。

1. 桌面操作系统

　　桌面操作系统主要用于个人计算机，分为两大类，即类 Unix 操作系统和 Windows 操作系统。类 Unix 操作系统主要有 MacOS、Linux 发行版 (如 Debian、Ubuntu、Linux Mint、openSUSE 和 Fedora 等)；而 Windows 操作系统有 Windows XP、Windows Vista、Windows 7、Windows 8、Windows 10 和 Windows 11 等。

2. 服务器操作系统

　　服务器操作系统一般指的是安装在大型计算机上的操作系统，比如 Web 服务器、应用服务器和数据库服务器等。服务器操作系统主要集中在以下三大类：

　　(1) Unix 系列：SUN Solaris、IBM-AIX、HP-UX 和 FreeBSD 等。

　　(2) Linux 系列：Red Hat Linux、CentOS、Debian 和 Ubuntu 等。

　　(3) Windows 系列：Windows Server 2003、Windows Server 2008、Windows Server 2008 R2、Windows Server 2012、Windows Server 2016、Windows Server 2019 和 Windows Server 2022 等。

3. 嵌入式操作系统

　　嵌入式系统广泛应用在生活的各个方面，涵盖范围从便携设备到大型固定设施，如数码相机、手机、平板电脑、家用电器、医疗设备、交通灯、航空电子设备和工厂控制设备等。越来越多的嵌入式系统安装有实时操作系统。在嵌入式领域常用的操作系统有嵌入式 Linux、Windows Embedded、VxWorks 等，以及在智能手机或平板电脑等消费电子产品中广泛使用的操作系统，如 Android、iOS、Symbian、Windows Phone 和 BlackBerry OS 等。

8.2 Windows 操作系统安全管理

目前个人电脑和商务办公电脑大多还是使用 Windows 操作系统。这些电脑上的操作系统不仅管理计算机设备，还对设备上的信息资源进行管理，甚至还组建工作网络。使用者在使用操作系统管理系统资源时，应保护计算机及信息资源的安全。针对不同用户账户设置不同的操作权限是操作系统安全管理的基础；此外利用文件系统对指定的文件进行访问控制和加密操作也可以保障信息资源的安全；而为了保障设备在网络通信中的安全，操作系统还可以设置本地安全策略。本节主要介绍这些安全设置的使用方法和作用。

Windows 系统安全

8.2.1 账户安全管理

在 Windows 系统中，使用者通过使用系统中的用户账户来登录，用户账户的权限决定了用户对计算机和网络的操作和使用范围。如果计算机中存放了一些重要资料或承担系统中重要的业务工作，就应当设置专用的用户账户来管理这些资源和业务。用户账户的安全，是计算机系统的第一层安全保护。一般来说，一台计算机设备会有多个用户来使用，当用户比较多时，可以对 Windows 系统设置多个用户组，将不同用户加入不同的用户组中，达到批量配置和管理用户权限的目的。Windows 系列操作系统支持系统内置账户和组，以及用户自定义创建的用户和组。

1. 系统内置账户和组

Windows 10 以及早期 Windows 版本中内置了 Administrator 和 Guest 两个用户账户，用户不能删除系统内置的用户账户。同时，Windows 10 中又增加了多个虚拟账户，用于处理系统操作。

(1) Administrator 账户。Administrator 账户拥有对计算机的完全控制权限，而且可以创建新的用户账户和组账户，并为账户分配权利和权限。虽然 Administrator 账户使用起来非常方便，但是同时也会降低系统的安全性，因此默认情况下系统禁用了该账户。如果需要，也可以随时启用Administrator 账户。Administrator 账户是 Administrators 组中的成员，可以重命名和禁用，但是无法删除。需要注意的是，即使在系统中已经禁用了 Administrator 账户，但是在安全模式下仍然可以使用该账户。

(2) Guest 账户。每个使用计算机的用户都必须使用有效的用户账户登录操作系统。为了便于没有用户账户的用户临时使用计算机，系统提供了 Guest 账户。即使没有为用户创建特定的用户账户，用户也可以使用 Guest 账户登录系统，但是所能执行的操作有限，如无法安装硬件和应用程序，也无法访问个人文件夹以及更改系统设置等。

使用 Guest 账户登录系统后将会临时创建一个与 Guest 账户关联的配置文件，在注销 Guest账户后系统会自动删除与其关联的配置文件。由于使用 Guest 账户登录系统可以不输入密码，因此在系统安全性方面存在很大的风险，默认情况下系统禁用了 Guest 账户。如果需要使用Guest 账户，也可以随时启用它。

(3) Local Service 账户。Local Service 账户是系统中的一个虚拟账户，由操作系统直接使用，用户不能使用该账户。Local Service 账户用于运行需要较少特权或登录权限的服务。同时该账户还具有以下一些特权：调整进程的内存配额、更改系统时间和时区、生成安全审核以及替换进程级令牌等。

(4) Local System 账户。Local System 账户又称为 System 账户，也是系统中的一个虚拟账户，是本地 Administrators 组中的成员，但是其所拥有的权利和权限要高于管理员用户，该账户同时还属于 Authenticated Users 和 Everyone 两个组。Local System 账户用于运行系统最核心的组件和服务，系统中的大多数服务都运行在 Local System 账户下。该账户具有修改固件环境值、配置系统性能、配置单一进程、调试程序、生成安全审核等权限。

(5) Network Service 账户。Network Service 账户是系统中的一个虚拟账户，具有标准用户的权利和权限，但不能向系统重要区域写入数据。Network Service 账户拥有的特权与 Local Service 账户类似，而且可以在远程登录中被远程计算机认证为本地账户。

除了内置用户账户，Windows 系统为了批量地管理账户，也设置了内置的用户组。Windows 10 中常用的内置用户组及其权限分配如下：

(1) 管理员组 (Administrators)：可以被授予的权限包括更改系统事件、创建页面文件、装载和卸载设备驱动程序、在本地登录、管理审核安全日志、配置单一进程、配置系统性能、关闭系统、取得文件或者对象的所有权。

(2) 匿名登录组 (Anonymous Logon)：用于匿名登录。

(3) 身份验证组 (Authenticated Users)：包含通过身份验证的所有用户。即使为 Guest 账户设置了密码，该组也不包含 Guest 账户。

(4) 备份操作员组 (Backup Operators)：可以被授予的权限包括备份文件和目录、在本地登录、还原文件和目录。

(5) 所有用户组 (Everyone)：每台计算机及网络账户所在的组。

(6) 来宾组 (Guests)：该组与 Users 组的成员具有同等访问权，但比 Users 组的成员拥有更多限制。

(7) 网络访问组 (Network)：包含通过网络远程访问本地计算机的所有用户。

(8) 高级用户组 (Power Users)：可以执行除了为 Administrators 组保留的任务外的其他任何操作系统任务，但 Windows 10 中的 Power Users 组只是为了与早期版本的 Windows 保持兼容。

(9) 普通用户组 (Users)：新建的用户在默认情况下都属于这个组。该组的成员用户可以执行一些常规任务和操作，如本地登录计算机、通过网络访问本地计算机、运行应用程序、更改时区、关闭计算机等，但是不能安装应用程序、更改系统时间、对系统进行安全方面的设置，也不能对影响其他用户的所有设置进行更改。

2. 用户自定义账户和组

Windows 系列操作系统支持用户根据需要创建本地用户和 Microsoft 账户。对于创建的用户账户，可以设置名称、头像等基本信息，还可以改变账户的类型、权限等。如果在系统中创建了多个用户账户，则可以通过用户组来对这些账户进行批量管理。

标准用户只能修改自己账户的头像，而账户名称和账户类型等设置则必须由管理员用户来进行操作。

用户账户和用户组的本质是"身份证明"——SID(安全标识符)。每个账户都有唯一的 SID，用户每次登录系统时都会自动创建访问令牌，其中包含用户账户的 SID、用户账户所属用户组的 SID，以及用户拥有的权限。SID 的相关信息存储在注册表的受保护区域中。

8.2.2 文件系统权限安全管理

文件系统可以为操作系统用户提供数据存储服务，同时为服务器提供远程共享文件夹管理，实现数据的集中安全存储。在网络集中式远程存储方式中，几乎所有重要且敏感的数据都被存储在各种文件服务器中。而这些文件和数据是恶意用户所觊觎的目标，这是导致各种网络攻击频繁发生的根源，因此确保主机及网络中文件的访问安全是保证网络安全的根本所在。

Windows 系列操作系统中，Windows 7 以后的版本均采用 NTFS 文件系统。通过设置文件及文件夹的 NTFS 权限，可以限制网络用户对文件和文件夹的读取、写入、修改、完全控制等，进而保护文件及文件夹的安全。

NTFS 是从 Windows NT 系统开始引入的文件系统，它支持本地安全性。借助于 NTFS，不仅可以为文件夹授权，而且还可以为单个文件授权，对用户访问权限的控制变得更加细致。NTFS 还支持数据压缩和磁盘配额，从而可以进一步提高硬盘空间的使用效率。

用户可以对 NTFS 磁盘内的文件夹和数据设置访问权限，具有访问权限的用户才可以访问资源。下面具体介绍在 Windows 系统里的 NTFS 权限。

1. NTFS 文件权限

(1) 读取 (read)：可以读取文件内容、查看文件属性与权限等。

(2) 写入 (write)：可以修改文件内容、修改文件属性等。

(3) 读取和执行 (read & execute)：除了拥有读取的权限，还具备运行应用程序的权限。

(4) 修改 (modify)：除了拥有读取、写入及读取和执行的权限，还可以删除文件。

(5) 完全控制 (full control)：拥有所有的 NTFS 文件权限，也就是除拥有上述所有权限外，还拥有更改权限与取得所有权的特殊权限。

2. NTFS 文件夹权限

(1) 读取 (read)：查看该文件夹中的文件和子文件夹，查看文件夹的所有者、权限和属性。

(2) 写入 (write)：可以在文件夹内新建文件与子文件夹、修改文件夹属性等。

(3) 列出文件夹内容 (list folder contents)：查看该文件夹中的文件和子文件夹的名称。

(4) 读取和执行 (read & execute)：拥有与列出文件夹内容几乎完全相同的权限。

(5) 修改 (modify)：除了拥有前面的所有权限，还可以删除此文件夹。

(6) 完全控制 (full control)：拥有所有的 NTFS 文件夹权限，此外还拥有更改权限与取得所有权的特殊权限。

3. NTFS 权限属性

(1) 可继承性：当父文件夹的权限设置完成后，父文件夹的 NTFS 权限自动被子文件夹继承。

(2) 累加性：如果某一个用户属于多个用户组，而该用户及用户所在的组对某个文件或者文件夹拥有不同的 NTFS 权限，那么该用户便拥有多个组的 NTFS 权限。例如，A 用户同时属于销售组与经理组，如果销售组对某文件夹的权限是读取 + 写入，经理组的权限是读取 + 执行，那么 A 用户的权限是读取 + 写入 + 执行。

(3) 拒绝权限优先：NTFS 的权限是累加的，但有一种特殊情况，就是只要其中一个权限是拒绝，则用户就不再拥有此权限。在上面的案例中，如果销售组的权限是允许读取 + 拒绝写入，而经理组的权限为读取 + 写入，那么 A 用户的权限就仅为读取。

8.2.3 本地安全策略设置

设置用户账户的权限、加强文件系统的安全都是对 Windows 操作系统的使用进行安全加固，但并未从整体上对 Windows 系统所在的网络环境进行安全部署。使用本地安全策略可以提高 Windows 整体环境的安全，如果没有设置本地安全策略，企业部门之间通过办公网络传输数据时就容易遭到网络攻击。

可以设置以下本地安全策略加强系统安全。

(1) 禁止枚举账户。通过限制用户登录时尝试输入用户名和密码的次数，防止用户的用户名和密码被非授权人员破解和登录，进而使得系统遭受攻击。

(2) 指派本地用户权限。对本地用户和用户组的权限进行指定，将管理员的权限分发给不同的用户，防止非法用户破解管理员账户后，获得计算机的所有操作权限。

(3) IP 策略。在 IP 筛选器中添加允许或阻止的应用程序的端口号、IP 地址、协议等，以限制其他主机与本机之间的通信。

(4) 口令安全。在 Windows 系统中，利用用户账户的安全策略保护口令，设置更强、更安全的口令，提高破解口令的代价，防止口令被破解。

(5) 设置防火墙。Windows 操作系统一般都带有系统防火墙，通过防火墙的设置可以有效控制系统内外通信，无论是服务器还是个人电脑，都可提供安全服务。

课程思政

近年来，关于 Windows 系统在关键政府部门、军事单位及金融银行机构被禁用的传闻时有发生。但实际上这并不是针对 Windows 操作系统系列产品的安全性的担忧，而是根据信息安全行业的安全原则，关键信息系统需要完全可控的安全保障。Windows 及 iOS 等早期商业操作系统代码具有封装性，这导致这些系统的使用者无法获取系统内核的具体信息，无法做到安全的自主可控。这也是开源操作系统兴起的重要原因。

操作系统作为信息系统的核心设备之一，安全可控是首要的技术要求。早在 2016 年，习近平总书记在中共中央政治局第三十六次集体学习时就提出："加快推进国产自主可控替代计划，构建安全可控的信息技术体系""实施网络信息领域核心技术设备攻坚战略"。这充分说明，构建安全可控的信息技术体系是我国信息安全领域的一项重大任务。

8.2.4　安全设置实践

本节我们通过实践，完成前面所学的 Windows 操作系统安全设置。

1. 实验准备阶段

利用 Windows Server 2008 R2 的 iso 镜像文件，在 VMware Workstation 中部署 Windows Server 2008 R2 虚拟机 PC1 和 PC2，并将两台虚拟机实现网络连通。PC1 和 PC2 的 IP 地址规划如表 8-1 所示。

表 8-1　设置主机安全访问权限 IP 地址规划

设备名称	设备角色	操作系统	IP 地址
PC1	服务器	Windows Server 2008	192.168.159.3/24
PC2	客户端	Windows Server 2008	192.168.159.4/24

注意：在进行下面的操作之前，为了保护虚拟机的设置不会因为误操作受到较大影响，同时保证此任务的实施操作不影响后续任务，建议在配置虚拟机后，在 VMware 工具栏中选择【虚拟机】→【快照】，对虚拟机进行拍摄快照。这样当设置有误或进行其他任务时，可以快速重置虚拟机。

2. 在 PC1 上完成 Windows 用户账户权限设置

(1) 创建新用户。在开始菜单中选择【管理工具】→【计算机管理】,在打开的【计算机管理】窗口中展开【本地用户和组】节点,右击【用户】节点,在弹出的快捷菜单中选择【新用户】命令,打开【新用户】对话框,如图 8-1 所示。

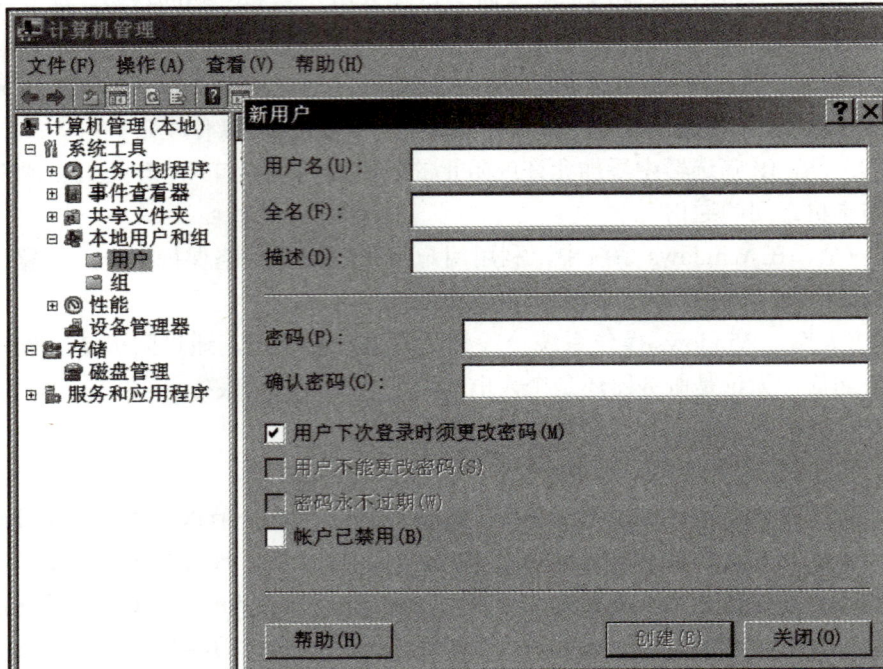

图 8-1 创建新用户

创建用户 user1、user2 和 user3,创建结果如图 8-2 所示。创建用户的时候,密码设置一般默认为 8 位以上,并包含数字、大小写字母和特殊字符等三种或以上元素。这个密码策略可以在本地安全策略里调整,后面我们会详细介绍。

图 8-2 创建三个新用户

(2) 在 PC1 上将新用户加入不同的用户组中。展开【本地用户和组】→【组】节点,在其对应的右侧列表框中,双击用户组 Administrators,出现属性对话框;在打开的对话框中单击【添加】按钮,出现【选择用户】对话框,如图 8-3 所示。

单击左下角【高级】按钮,在打开的对话框中,单击【立即查找】按钮,将搜索出本计算机系统中所有的用户,如图 8-4 所示。

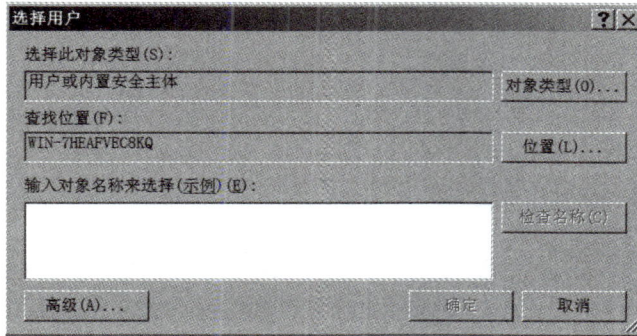

图 8-3　向用户组内添加用户

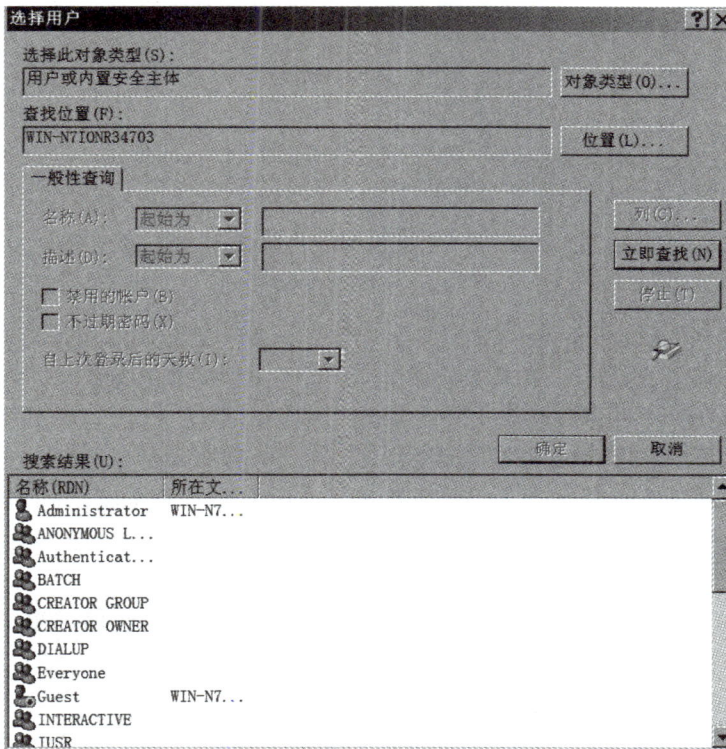

图 8-4　搜索要添加的用户账户

　　找到并选中用户 user1，单击【确定】按钮，将会在【选择用户】对话框中出现所选中的用户的完整名称，如图 8-5 所示。确定所选用户无误后，单击【确定】按钮，即可将 user1 加入 Administrators 组中。用同样的方法将 user2、user3 分别加入用户组 Users 和 Guests 中，初步完成系统用户账户的权限分配。

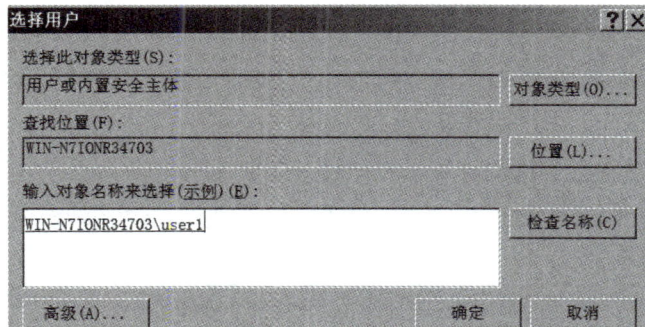

图 8-5　选择用户

3. 在 PC1 上为用户分配 NTFS 权限

(1) 在 PC1 上创建实验文件夹及文件。在 C 磁盘上先创建文件夹 File，然后在文件夹 File 中创建 3 个子文件夹 group1、group2 和 group3，如图 8-6 所示。在 group1 文件夹中新建"BMP 图像"，创建图像文件 group1.bmp 作为实验文件。

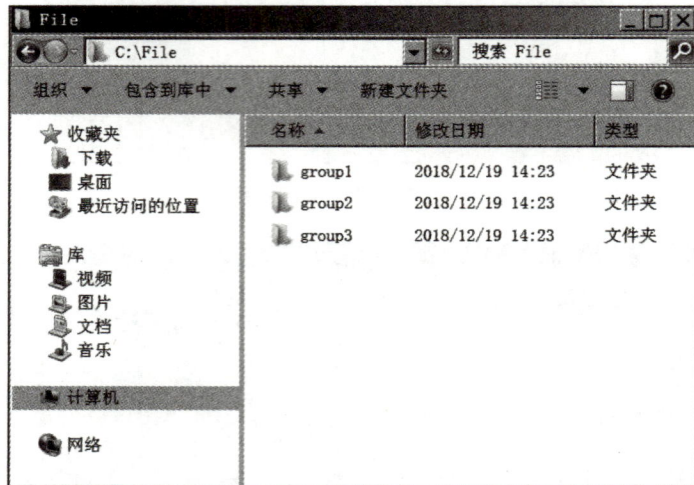

图 8-6　创建实验文件夹

(2) 在 PC1 上配置实验文件夹的访问权限。右击 group1 文件夹，在弹出的快捷菜单中选择【属性】，打开【安全】选项卡。在【安全】选项卡中，选择【高级】，打开【高级安全设置】对话框，如图 8-7 所示。在【高级安全设置】对话框中，单击【更改权限】，取消【包括可从该对象的父项继承的权限】复选框中的选择，在弹出的【Windows 安全】对话框中选择【删除】，单击【添加】→【高级】→【立即查找】，选择 user1 用户，在 user1 用户的权限中选择【修改】及【读取和执行】复选框，如图 8-8 所示。对 group2 和 group3 的权限修改对应用户 user2 和 user3。

(3) 在 PC1 上切换用户验证测试设置效果。在 PC1 上使用 user1 用户登录，可以访问文件夹 group1，并在文件夹中进行添加、删除等修改操作。访问文件夹 group2、group3，提示无权访问该文件夹，如图 8-9 所示。

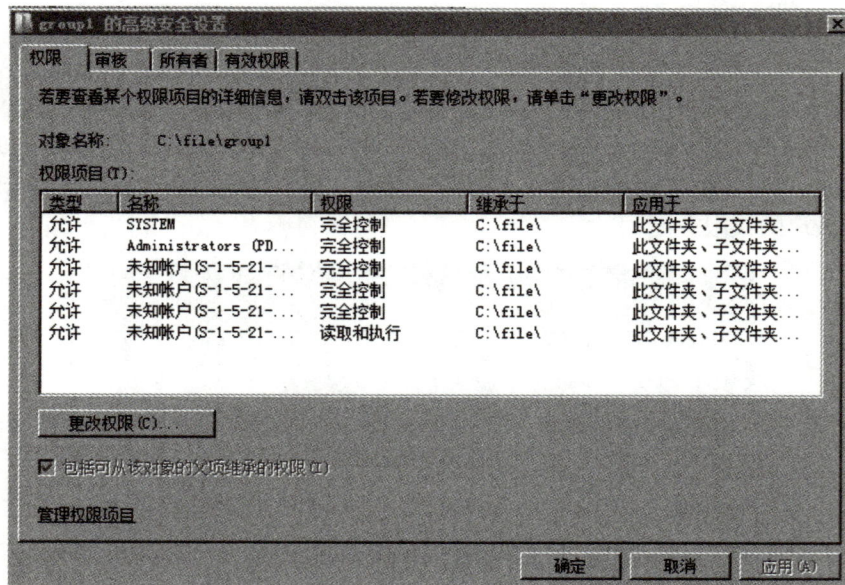

图 8-7　文件夹的 NTFS 权限设置

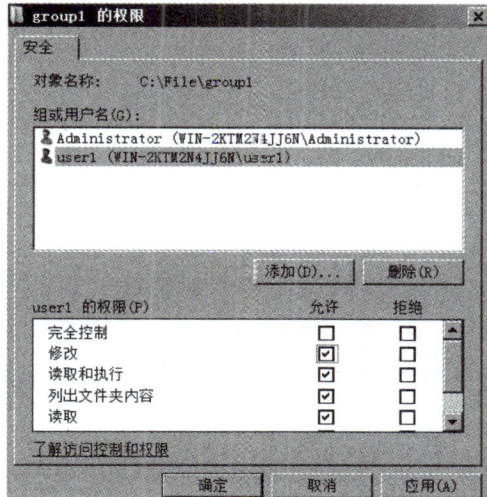

图 8-8　修改 user1 对 group1 的访问权限

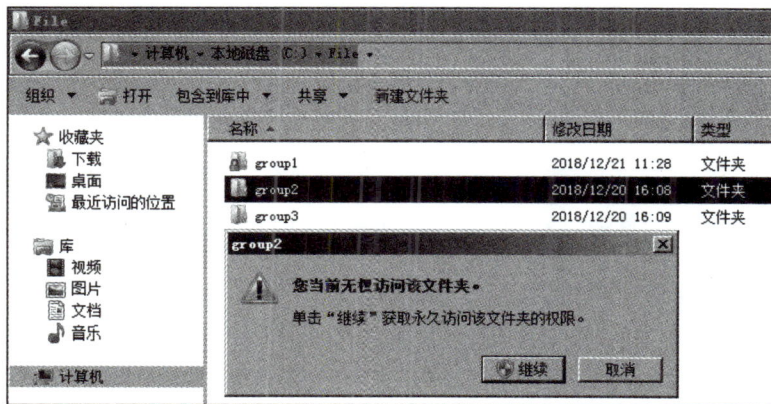

图 8-9　user1 访问文件夹被拒绝

4. 设置共享文件夹访问权限

(1) 在 PC1 上设置共享文件夹。右击文件夹 File，在弹出的快捷菜单中选择【共享】→【特定用户】命令。在【文件共享】对话框中，分别选中下拉菜单中的 user1、user2、user3，然后单击【添加】→【共享】，即可将文件夹进行共享，结果如图 8-10 所示。

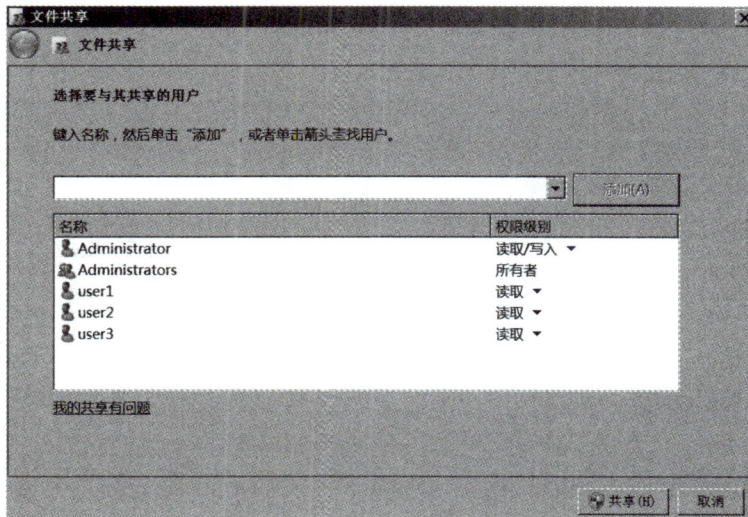

图 8-10　共享文件夹权限设置

(2) 在 PC2 上访问 PC1 的共享文件夹。在 PC2 上选择【开始】→【运行】，输入 "\\192.168. 159.3"，然后输入 PC1 的管理员用户名和密码，如图 8-11 所示。单击【确定】即可访问 PC1 中的共享文件夹 File，如图 8-12 所示。按同样的方法切换 user1、user2、user3 等用户，观察不同用户对共享文件夹的访问权限。

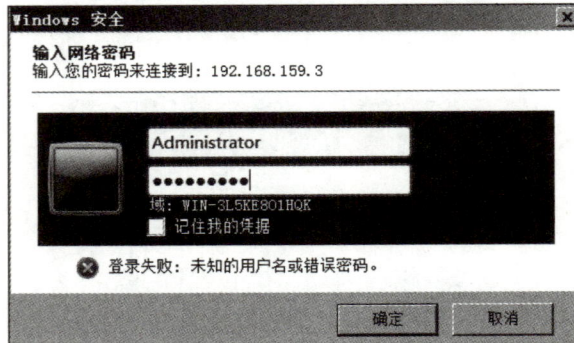

图 8-11　远程登录界面

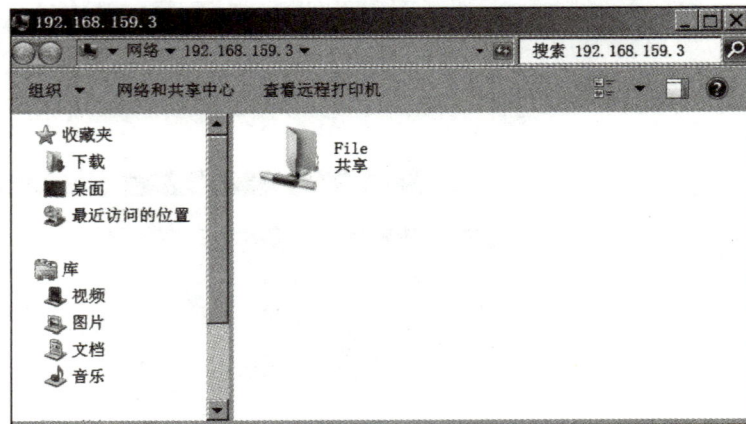

图 8-12　访问共享文件夹

5. 设置本地安全策略

(1) 禁止枚举账户。在 PC1 上，选择【开始】→【管理工具】→【本地安全策略】，打开【本地安全策略】窗口，展开【本地策略】→【安全选项】节点，如图 8-13 所示。双击【网络访问：不允许 SAM 帐户和共享的匿名枚举】选项 (注：为保持图文一致性，书稿中与图对应的内容沿用软件表述 "帐户"，其他地方均用正确表述 "账户")，打开其属性对话框，选择【已启用】选项。

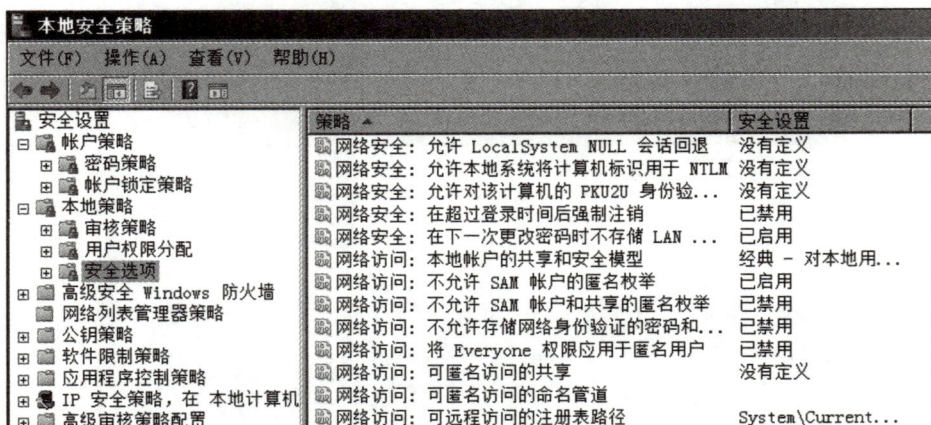

图 8-13　本地安全策略安全选项

(2) 设置本地账户的共享和安全模型。在右侧策略列表中，双击【网络访问：本地帐户的共享和安全模型】选项，打开其属性对话框，选择【仅来宾 – 对本地用户进行身份验证，其身份为来宾】选项，如图 8-14 所示。这样当其他计算机试图访问 PC1 时，其无论使用什么样的账户身份，都会被本地安全策略设置为来宾，即匿名用户。而匿名用户不能访问共享文件夹，这就实现了对远程访问的限制，防止攻击者在获取高权限账户密码后对系统的恶意访问。

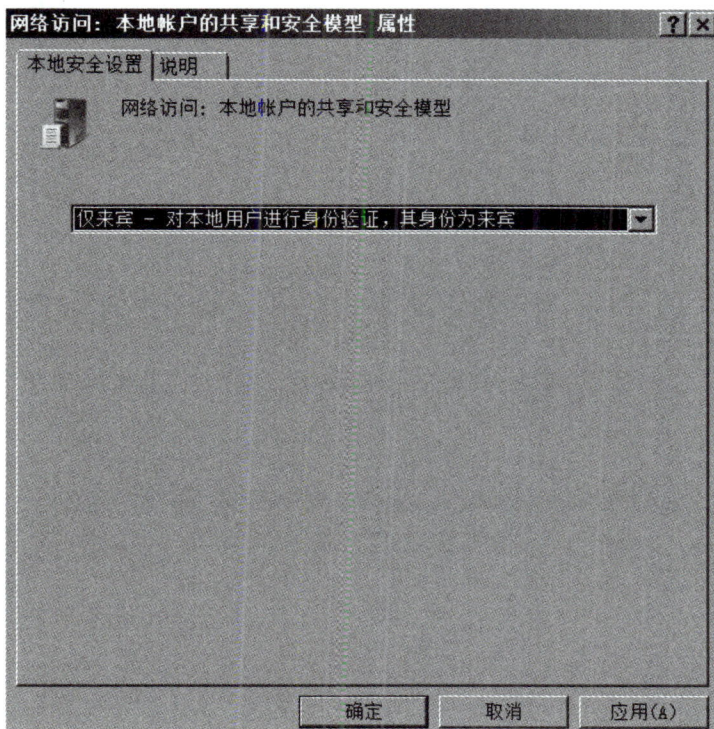

图 8-14　本地账户的共享和安全模型

(3) 指派本地用户权限。打开【本地安全策略】窗口，展开【本地策略】→【用户权限分配】节点，如图 8-15 所示。点击【关闭系统】，选择只允许管理员、user2 和 user3 具有关闭系统的权限，如图 8-16 所示。使用 user1 登录系统，观察是否可以关闭系统。使用同样的方法可以试一下其他的用户权限分配选项。

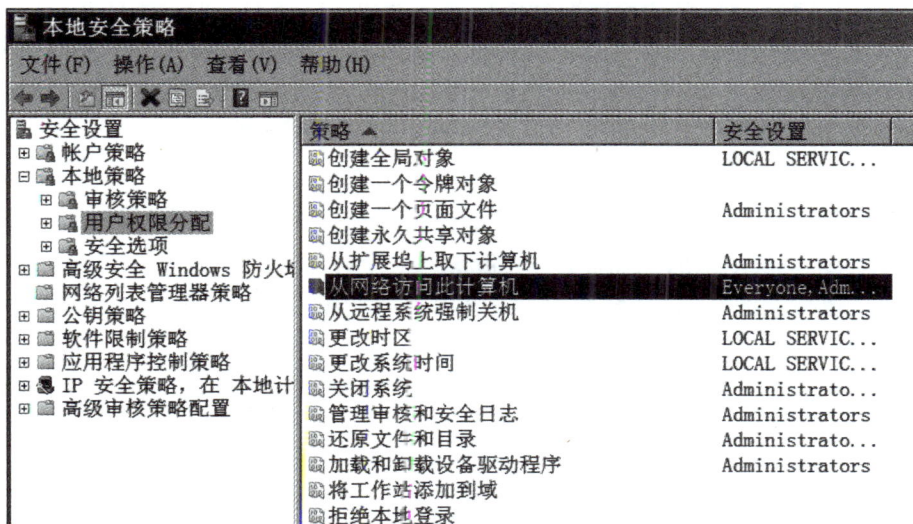

图 8-15　用户权限分配节点

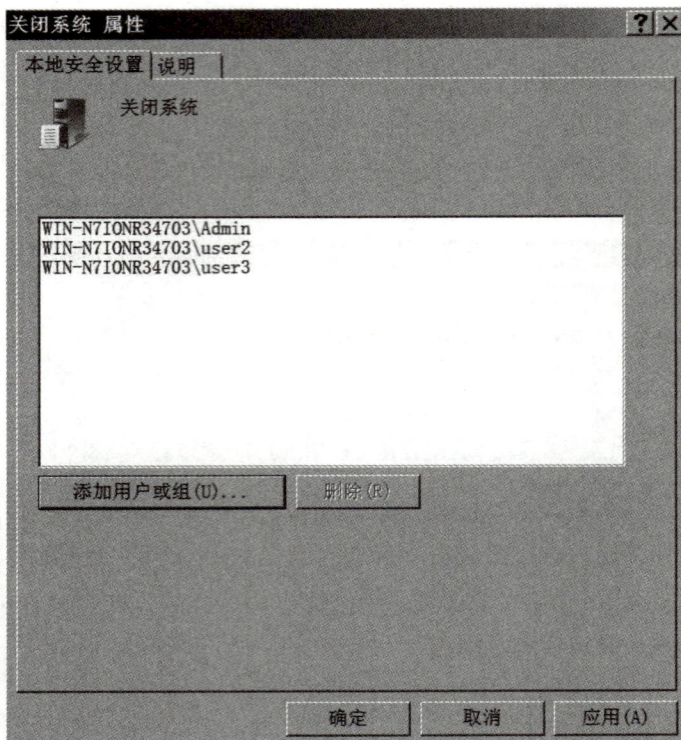

图 8-16　系统关闭权限设置

8.3　Linux 操作系统安全管理

　　Linux 操作系统是一种开源的、基于 Unix 架构的操作系统。Linux 操作系统的起源可以追溯到 1991 年，当时芬兰计算机科学家林纳斯·托瓦兹 (Linus Torvalds) 在 GNU 通用公共许可证 (GPL) 下发布了 Linux 内核。这个内核主要受到 Unix 操作系统的启发，是一个能够支持多用户和多任务的开源操作系统。

Linux 系统安全

　　Linux 继承了 Unix 系列操作系统的许多设计理念和操作接口，但不同的是，Linux 是开放源代码的，这意味着任何人都可以自由地访问、修改和分发源代码。Linux 发行版基于 Linux 内核，是由不同的发行厂商结合系统工具、应用程序以及支持硬件设备的驱动程序等组件组成的完整操作系统。这些厂商可根据自己的优势和特点命名所发布的操作系统，如 CentOS、Ubuntu、Debian 等。

　　Linux 因源代码完全开放的特点，吸引了许多技术爱好者和专业开发者，极大地促进了操作系统的社区贡献和技术创新，从而促进了 Linux 的安全可靠性。Linux 也因其稳定性和安全性，成为最受欢迎的操作系统之一，广泛应用于 Web 服务器、数据库服务器以及云计算等基础设施。同时 Linux 也适用于嵌入式系统，例如智能家居、工业控制系统等领域。

　　综上所述，Linux 操作系统以其强大的功能、稳定性和开放性，在全球范围内得到了广泛应用，从互联网服务器到嵌入式设备，再到桌面环境，Linux 都展现出了卓越的通用性和适应性。

课程思政

　　Linux 系统的蓬勃发展离不开 GNU 计划的支持。GNU 计划通过其通用公共许可证 (GPL)，为 Linux 内核以及与之兼容的软件提供了法律上知识产权的保护和支持。这种许可证制度，使其在自由传播和使用的同时，有效保障了创新者的利益。在商业运行模式上，一些开源软件项目采用双许可模式，即同时提供一个开源版本和一个私有许可版本。这样，用户可以选择在遵守开源许可的情况下免费使用软件，或者购买私有许可以获得额外支持和服务。

总的来说，Linux 操作系统作为开源软件的代表，正是因为从一开始就重视知识产权的保护，才更能激发公众的创新热情，推动了整个开源软件生态系统的繁荣发展。我国的国产操作系统技术路线是利用 Linux 操作系统的开源性，研发自主可控的操作系统版本。目前我国处于爬坡攻坚的关键阶段，更需要良好的创新生态环境，做好知识产权保护，培养知识产权保护意识，这也是激发创新热情的重要措施。

8.3.1　Linux 系统登录安全管理

目前，Linux 操作系统因其自身的开放、免费、多用户、多任务、安全等特点，在企业网络中经常使用。即使这样，对于企业网络来说，如果网络内部共享资源、互联互通过程中不注意网络安全，内部用户缺乏安全意识的情况下，也会给企业网络带来安全隐患，造成巨大损失。

和 Windows 系统一样，使用 Linux 系统的第一步也是登录系统。在这个环节中会出现以下安全隐患：Linux 的个人用户经常会使用 root 账户登录，长时间使用同一个系统口令登录系统，会给系统带来安全隐患；有些用户不习惯使用 Linux 操作系统，因此还在自己的计算机上安装了 Windows 操作系统，经常使用两个操作系统引导，双系统的引导会使本地计算机的安全隐患增加；此外，还有一些用户经常使用远程登录方式，与其他计算机进行互操作，这都会给办公网络中的敏感数据带来安全隐患。

1. 用户账户安全

在系统用户账户操作上，Linux 和 Windows 的基本原理是一样的，每一个用户都有唯一的身份标识 UID。不同的是每一个用户至少需要隶属于一个用户分组，每个用户分组也有唯一的标识 GID。一般来说，一个用户可以对应一个分组，也可以同时隶属多个分组。

Linux 系统是一个基于文件管理的操作系统，它的一切信息都由相应的文件存储，用户账户创建以后，其信息也会保存在 /etc/passwd 文件中。该文件包含了用户登录时的登录名(LOGNAME)、口令数据项 (PASSWORD)、UID、GID、用户信息 (USERINFO)、用户登录子目录以及登录后使用的 shell(SHELL)，每个数据项之间用冒号 "："分隔。图 8-17 展示了登录名为 Micle 的用户账户信息。

```
Micle:x:1000:1000:This is a WorkerAccount:/home/Micle:/bin/bash
```

图 8-17　用户账户信息

值得注意的是，用户登录口令的数据是一个 "x"，这并不是说 Micle 用户账户的登录密码是 x，而是 Linux 特有的用户账户保护机制 "影子文件"的作用。由于 passwd 文件是一个全局可读文件，即所有用户都可以读取其内容，如果把用户登录口令直接放入其中，就会被其他用户窃取，通过暴力破解等手段有可能获取该用户的登录口令。因此 Linux\Unix 系统广泛采用 shadow(影子文件技术) 将口令转移至 /etc/shadow 文件里，该文件只有 root 用户可读，从而保证系统登录的验证权限，同时在 passwd 文件中显示为 "x"，这样就减少了密文泄露的风险。

同用户账户信息保存类似，用户组账户信息保存在 /etc/group 文件中，该文件的每一组数据表示一个用户组，包括用户分组名、用户组口令、GID、同组用户成员名等内容，同样使用影子文件技术，将加密后的口令存入 /etc/gshadow 文件中。

2. 账户口令安全

登录操作过程中，口令安全是一项很重要的属性。保护登录口令的一般措施包括：口令复杂度设置、口令策略设置、限制登录次数，下面进行详细的介绍。

1) 口令复杂度设置

口令安全中口令复杂度是一项重要指标，包括最小口令长度、最少字符类型数、每个字符重复的最大次数等要素。在用户设置自己的登录口令时就进行口令复杂度的约束，可以有效抵御如口令暴力破解、字典攻击、社工攻击等口令破解手段，提高用户账户的安全性。

口令复杂度的设置内容实际上保存在 /etc/pam.d/system-auth 文件中，我们可以直接通过文件编辑改变设置参数，也可以通过 authconfig 命令集设置参数，二者的效果是一样的。对口令复杂度进行设置，强制要求用户在设置口令时遵守口令长度、字符类型、重复字符次数等规则，提高口令的复杂度，保障账户安全。

2) 口令策略设置

口令策略有别于口令复杂度，它是口令使用过程中要遵守的安全策略，主要包括：口令的最长有效期、口令修改间隔最短期限、提前提醒修改口令天数、口令到期后宽限天数等要素。口令策略可以帮助用户有效管理口令使用过程中的时效性，保证口令的新鲜度，防止用户因长时间使用同一口令而导致口令泄露，从而提高口令的安全性。合理的口令策略能有效应对社工攻击、撞库攻击等攻击手段。

具体账户的口令策略设置可以通过编辑 /etc/shadow 文件中对应账户的数据项参数实现。编辑 /etc/login.defs 文件可以设置创建用户账户时默认的口令策略，但该口令对 root 账户无效。同时，我们可以应用 chage 命令集修改账户的口令策略参数，其效果和编辑文件是一样的。

3) 限制登录次数

暴力破解口令是常见的口令破解手段，通过程序控制，使用口令的穷举或字典反复进行登录尝试，最终可以破解登录口令。针对这种攻击，限制用户登录次数是有效的防御手段，比如 3 次登录失败后账户锁定 30 s 或更长时间。这种安全策略在智能手机上也经常见到。Linux 系统也为我们提供了这样的安全设置。在文件 /etc/pam.d/sshd 中，我们通过编辑 auth required 属性参数就可以设置错误尝试次数和锁定时间，如图 8-18 所示。其中，deny 表示限制错误尝试次数；unlock_time 是锁定时间，以 s 为单位。值得注意的是，root 用户的锁定需要单独开启和设定。

```
auth required pam_tally2.so deny=3 unlock_time=150 even_deny_root
root_unlock_time=300
```

图 8-18　账户锁定设置

3. 账户切换安全

在 Linux 系统的使用过程中，经常会遇到用户为访问不同的文件或程序而切换登录账户的情况，最常见的是普通账户和 root 账户间的切换，当然也包括普通账户间的切换。Linux 系统为方便用户进行账户切换，专门设置了 su 命令进行账户之间的快速切换。这种机制给用户带来便利的同时也带来了安全隐患，因为攻击者可以使用一个低权限的账户登录系统后，利用这一机制切换到高权限账户（如 root 账户），这种攻击叫作提权攻击。

为防止这种攻击，我们可以开启 wheel 组的账户切换限制。Linux 系统默认设置了一个用户组 wheel，在 /etc/pam.d/su 配置文件中开启 wheel 组权限设置选项（如图 8-19 所示），就可以规定只有 wheel 组中的成员账户可以通过 su 命令实现快速切换，其他组账户不能进行这种账户切换。因此通过对 wheel 组成员的限制，可实现账户快速切换的限制。

```
#%PAM-1.0
auth required pam_wheel.so group=wheel
auth            sufficient      pam_rootok.so
# Uncomment the following line to implicitly trust use
#auth           sufficient      pam_wheel.so trust use
# Uncomment the following line to require a user to be
```

图 8-19　开启 wheel 组权限设置

8.3.2　Linux 文件系统安全管理

Linux 系统是基于文件管理的操作系统，因此对系统的安全管理，很大程度上体现在系统对文件的管理上，而文件系统是专门对文件进行管理的系统。本节从 Linux 的文件系统、文件权限管理和文件的控制访问等方面介绍 Linux 文件系统安全管理方面的知识。

1. Linux 的文件系统

和 Windows 操作系统的使用方法一样，需要安装 Linux 操作系统的主机在安装过程中也会为每个磁盘划分一个或多个分区，分区就是磁盘上的逻辑存储区域。刚刚分区后的磁盘是无法进行文件读写操作的，为了让操作系统能够以文件的格式识别分区内的数据，需要对分区进行高级格式化，也就是安装文件系统。Linux 操作系统支持大多数文件系统，如 FAT、NTFS 等 Windows 支持的文件系统，也可匹配 Unix 系统系列特有的文件系统，包括 ext4、ext3、ext2、vfat、xfs、jfs 等。目前比较常用的文件系统是 ext4 文件系统，其在性能、伸缩性、可靠性上都比较优秀，极大地提高了 Linux 系统应用的读写效率，还支持大数据应用，最大支持 1EB 的分区和 16TB 的文件。xfs 文件系统也是被 Linux 系统广泛使用的一种高性能的日志文件系统，CentOS7 以后的版本默认使用的是该文件系统。

安装好 Linux 操作系统后，文件系统会自动生成一个树状的目录结构，这种结构也支撑着操作系统的运行。图 8-20 给出了一个完整的 Linux 目录结构。

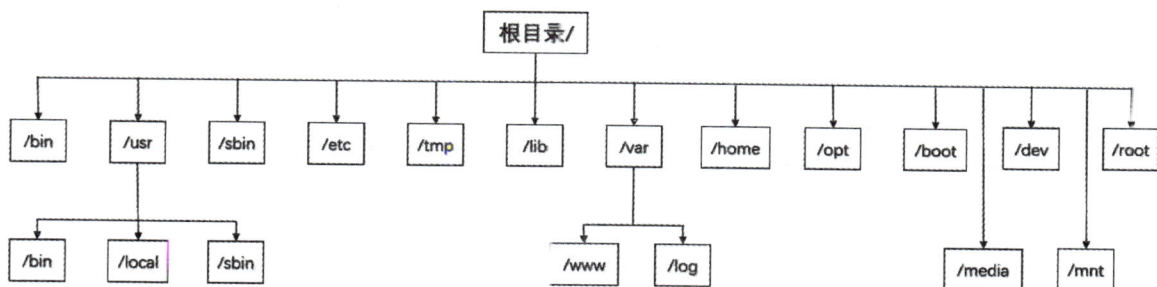

图 8-20　Linux 目录结构

(1) /bin：用于存放单人维护模式下操作的指令，例如 cat、chmod、chown、date、mv、mkdir、cp、bash 等常用指令。在 /bin 下面的指令可以被管理员账户与一般账户使用。

(2) /usr：用于存储与用户相关的程序和数据。

(3) /sbin：用于存放系统管理员 root 使用的管理程序。

(4) /etc：用于存放系统的配置文件，例如账户口令文件、各种服务的启停文件等。一般情况下，配置文件只能通过 root 用户修改，例如网卡配置文件、SSH 服务配置修改等。

(5) /tmp：用于存放临时文件，一般使用者或正在执行的程序可将文档放置于此。该目录是任何人都能够存取的，所以需要定期清理。需要注意的是，重要资料不可放置在此目录下。

(6) /lib：用于存放开机时用到的函数库，以及在 /bin 或 /sbin 下的指令会调用的函数库。函数库又名动态链接共享库，作用类似于 Windows 里的 DLL 文件。

(7) /var：用于存放系统中经常发生变化的数据，例如系统日志文件、邮件以及应用程序的数据文件等。

(8) /home：用于存放普通用户的家目录 (home directory)，当新增一个普通账户时，该目录下就会新建一个文件夹用于保存该账户个人数据和配置文件。

(9) /opt：主要用于安装第三方软件，且其安装后的数据、库文件等都存放在该目录下。只要将该目录下特定软件文件夹删除，就能直接卸载该软件。

(10) /boot：用于存放启动 Linux 时所需的核心文件，包括连接文件、内核文件等。

(11) /media：用于存放可移除的装置，例如 USB 接口的存储设备、CD/DVD 等都挂载于此。常见文件为 /media/floppy 和 /media/cdrom 等。

(12) /dev：在 Linux 中访问设备的方式和访问文件的方式是相同的，外围设备 (如磁盘、打印机、终端等) 都以文件形式存放于这个目录中。

(13) /mnt：主要用于挂载外部设备。

(14) /root：系统管理员 (root) 的主目录。

2. 文件权限管理

Linux 系统下文件或目录的权限类型一般包括读、写、执行三类，其分别对应的字母为 r、w、x。读权限表示只允许读取其内容，而禁止对其做任何的修改操作；写权限允许对文件进行任何的修改操作；执行权限表示允许将文件作为一个程序执行。

Linux 系统将每一个文件或程序都归属于一个特定的用户，该用户是文件的所有者，拥有所有者权限，而与该用户同组的其他用户有同组用户权限，不同组的用户只有公共权限，对某个文件或程序的访问权限由这三类权限组成。特别指出的是 root 用户，它可以访问系统全部文件和程序，不论 root 用户是不是这些文件或程序的所有者，因此 root 用户也被称为"超级用户"，其权限是系统中最大的。

使用 ls -l 命令可以查看文件或目录的权限情况。如图 8-21 所示，对 passwd 文件的权限进行查询，可以看到权限部分从左向右是 "- rw- r-- r--" 10 个字符，主要分为 4 个部分：第一个字符 "-" 表示文件类型，第 2~4 个字符 "rw-" 表示文件拥有者 root 具有可读可写的权限，第 5~7 个字符 "r--" 表示 root 所在组的同组用户具有可读权限，第 8~10 个字符 "r--" 表示其他组成员用户具有可读权限。除了查看文件权限，我们还可以通过 chmod 命令来修改权限。

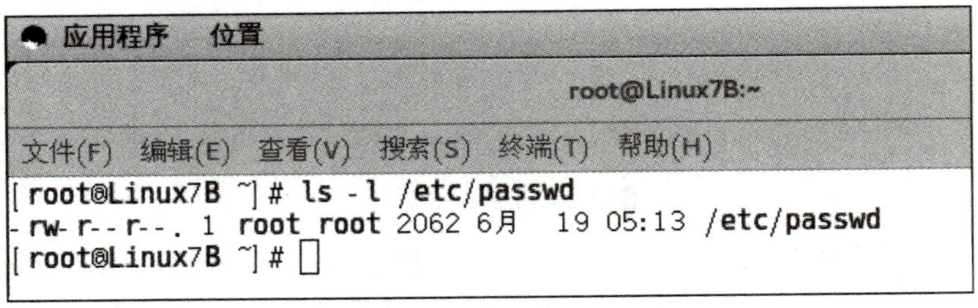

图 8-21　查看文件权限

3. 文件的访问控制

文件的访问控制是 Linux 文件系统安全管理的集中体现，具体操作就是通过访问控制列表 (Access Control List，ACL) 对文件的读、写、执行权限进行设置。ACL 功能依赖于文件系统，前面提到的 ext4 和 xfs 都具有 ACL 功能。ACL 可以针对单一用户、单一文件或目录进行权限控制。

ACL 使用 getfacl 和 setfacl 两个命令进行操作和设置。使用 getfacl 命令可以查看文件和目录的 ACL 信息，命令显示文件的名称、用户所有者、群组所有者和访问控制列表，如图 8-22 所示。

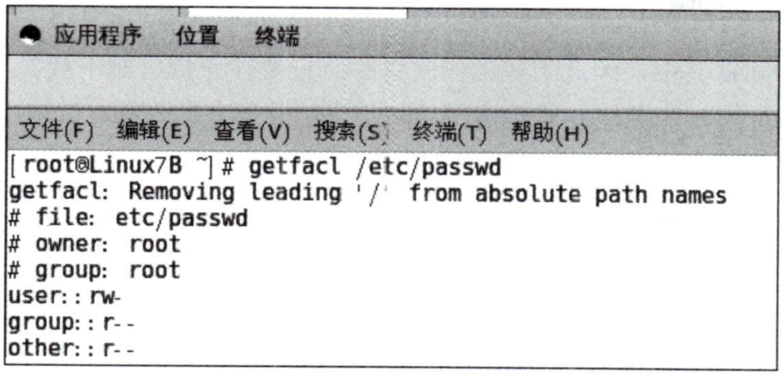

图 8-22　查看文件 ACL 内容

使用 setfacl 命令可以设置文件和目录的 ACL，从而控制用户和用户组对指定文件或目录的访问，减轻用户与组的划分等烦琐工作。

8.3.3　Linux 系统服务安全管理

操作系统管理计算机资源的根本目的是高效地为用户提供计算服务，这些用户可以是本地用户，也可以是网络用户，计算机服务也衍生出越来越多的服务应用。在服务种类越来越多、用户环境越来越复杂的今天，做好服务的安全管理对一个操作系统来说至关重要。

Linux 操作系统作为 Unix 系列的操作系统，从诞生之初就是针对服务器开发的。其对服务的管理本质上就是控制服务的启停和自启动操作，而要制定安全合理的服务管理策略需要参考大量的环境参数。为此 Linux 系统提供了一系列工具，并将这些工具集合为 Systemd 工具集。该工具集不仅仅管理服务启停，还涉及后台服务、服务状态查询、日志归档、设备管理、电源管理、定时任务等，并支持通过特定事件和特定端口数据触发任务。这就为计算机服务管理提供了一个完善的平台基础，方便服务管理安全策略的实施。常用的 Systemd 工具包括systemctl、loginctl、timedatactl、localectl、systemd-analyze、systemd-cgtop 等。

8.3.4　Linux 系统应用安全管理

Linux 系统从诞生以来提供了丰富的应用服务环境，而服务的安全风险主要来源于应用软件的安装。一台 Linux 服务器上往往会安装上百个应用软件，而大多数情况下这些软件并不是必要的，反而会徒增风险，给服务器带来漏洞，因此对应用软件的安全管理可以有效规避安全风险。Linux 系统的应用软件安装一般分为三类：源码安装、rpm 安装和 yum 安装。

1. 源码安装应用安全管理

源码安装是 Linux 系统中安装应用软件的主要方式。由于 Linux 操作系统是开源系统，所以系统上安装的大部分软件也是开源软件，如 Apache(开源 Web 服务软件)、PHP(程序编译器)等。这些开源软件通常会提供源码供用户下载和安装。源码安装的优势在于用户可以自定义软件功能、选定安装所需功能模块、选定安装路径，而卸载软件时只需删除安装目录即可。

源码安装软件分为三个步骤：下载解压源码、安装环境配置与检测、编译与安装。源码一般是用 C 或 C++ 语言编写的，应用网站上一般提供压缩包的下载链接。可以直接通过浏览器下载，也可以在服务器处于联网状态下时用 wget 命令下载，下载完后解压缩即可。解压后的源码目录中通常包含一个可执行文件 configure，它是检测当前系统是否拥有软件安装所需环境的工具。运行以后可能会出现报错，而我们需要根据报错内容调整环境，以满足软件安装需要。检测通过后，需要使用 make 命令对软件程序进行编译，通过 make install 命令进行软件安装。

源码安装软件的应用类型非常丰富，但同时也造成了安全风险。由于源码自定义性太强，很多的病毒、木马会隐藏其中，因此下载源码软件时一定要在正规官网下载，下载后要通过杀毒软件扫描，使用时要实时监控软件运行情况，防止不法分子有机可乘。

2. rpm 安装应用安全管理

rpm(Red Hat Package Manager，红帽软件包管理器) 最早是红帽公司开发 Linux 软件包时使用的管理工具，由于其对软件管理方便，因此成为 Linux 平台下通用的软件包管理方式。rpm 包管理服务类似于 Windows 下的"添加 / 删除程序"，从系统层面自动管理软件的安装。rpm 安装包分为两种：一种是二进制安装包，后缀名为 .rpm，这种安装包就是将源码文件编译后封装成 rpm 安装包，包含了已经编译好的二进制可执行文件；另一种是源码安装包，后缀名为 .src.rpm，它虽然没有二进制安装包使用方便，但可以在不同架构的计算机系统里编译成二进制安装包，实现软件的跨平台应用。

使用 rpm 安装软件的好处是安装简单方便，只需要检验环境，不需要再编译程序，提高了安装效率。此外，由于系统提供了 rpm 服务，rpm 工具会记录软件的安装信息，从而使 Linux 系统可提供软件的查询、升级和卸载服务，方便管理。安装 rpm 包应用程序需使用 rpm 命令，该命令分为安装、卸载、查询、验证、更新、删除等操作。

rpm 虽然安装管理方便，但也存在安全风险。首先，安装包中的二进制数据的安全检测比源码更为复杂。其次由于系统参与软件管理，当系统被黑客入侵后，可能会造成软件替换或应用信息泄露等风险。

3. yum 安装应用安全管理

yum 和 rpm 类似，都是 Linux 下用于软件安装和管理的工具，借助 yum 工具并结合互联网可实现软件的编写安装和自动升级。yum 的工作需要两部分合作完成：一部分是 yum 服务端，另一部分是 yum 客户端。

yum 服务器负责整理出每个 rpm 包的基本信息。在 yum 服务器上提供了 createrepo 工具，用于把 rpm 包的基本概要信息做成一张"清单"，这张"清单"就描述了每个 rpm 包的 spec 文件中的信息，包括 rpm 包对应的版本号、配置文件、二进制信息以及依赖信息。对于 yum 服务端而言，可以将所有要发行的 rpm 包都放在 yum 服务器上以供别人下载，rpm 包根据 Linux 的内核版本号、cpu 版本号分别编译发布。yum 服务器只需提供简单的下载服务即可，例如 FTP 服务、HTTP 服务，因此可以将 yum 服务器称为"yum 仓库"，同时它还解决了 Linux 系统维护中的 rpm 软件依赖性问题。

yum 客户端就是要安装应用软件的计算机，客户端想从 yum 服务器中下载安装软件，就需要后缀为 .repo 的文件，该文件被称为 yum 源文件。文件主要指定的是下载 rpm 的位置。yum 源分为两类：网络 yum 源和本地 yum 源。

1) 网络 yum 源

默认情况下，Linux 系统安装后已经默认配置好了网络 yum 源，不需要对配置文件进行修改。但是，默认的 yum 源下载很慢，这使得很多 Linux 管理员在配置服务器初期会先修改默认的 yum 源配置文件。在互联网上有大量的 yum 源可供用户使用，但是这些开放的 yum 源的质量参差不齐，甚至可能存在安全隐患。从安全角度考虑，有很多公司会使用自己搭建的 yum 仓库作为下载源，或使用少数较为知名的 yum 源，如阿里 yum 源、EPEL yum 源等。

2) 本地 yum 源

除了通过服务器下载安装程序，我们还可以在无法联网的情况下，利用本地存储介质来配置 yum 源。具体步骤为介质挂载、替换 repo 文件和查看软件列表。

8.3.5　Linux 系统防火墙应用

防火墙在很多信息安全规范和指南中，是被着重强调的安全工具。Linux 系统也有自己的系统防火墙，它依据预定义的规则对主机或网络的进出数据流量实时监控。本节以 CentOS7 系统中常用的防火墙工具 iptables 和 Firewalld 为例介绍 Linux 操作系统中的防火墙。

按照防火墙使用的技术进行划分，其主要分为包过滤型防火墙、应用代理型防火墙两类。包过滤型防火墙工作在 OSI 参考模型中的网络层和传输层，其根据数据包头源地址、目的地址、端口号和协议类型等标识确定是否允许数据包通过。只有满足过滤条件的数据包才会被转发到相应的目的地，其余数据包则被丢弃。iptables、Firewalld 都属于包过滤型防火墙。应用代理型防火墙工作在 OSI 参考模型的应用层。其特点是完全隔离了网络流量，通过对各种应用服务编制专门的代理程序，实现监视和控制应用层通信。

Linux 的 iptables 是 IP 表格的意思，但 iptables 是由很多表格 (tables) 组成的，而且每个表格的用途各不相同。每个表格中还定义了很多的链 (chain)，通过这些链可以设置满足具体需求的包过滤规则和策略。一般将 iptables 命令中设置数据包过滤或数据处理的策略称为规则，多个规则可合并成一个链，而多个链又组成一个表。

在 Linux 的高版本中，Firewalld 服务已经取代了 iptables 防火墙。相比于 iptables，Firewalld 拥有独特的特点。Firewalld 引入了网络防火墙中区域 (zone) 的概念。在使用 iptables 防火墙时，每一个更改都需要先清除所有旧的规则，然后重新加载所有的规则；而 Firewalld 允许用户可以根据场景的不同而选择合适的策略，以实现防火墙的快速切换，不需要对整个防火墙规则重新加载。Firewalld 服务的主要配置文件是 firewalld.conf 文件。防火墙的策略配置文件以 XML 格式为主，存放于目录 /etc/firewalld(用户配置文件) 和 /usr/lib/firewalld(系统配置文件，预定义配置文件) 中。

本 章 小 结

Windows 操作系统安全管理部分，包括账户安全管理、文件系统权限安全管理、本地安全策略配置以及具体的安全设置实践。这些措施旨在保护系统免受未授权访问，确保数据的安全性和完整性。通过合理的账户管理和权限分配，可以有效防止恶意攻击和数据泄露。

Linux 操作系统安全管理部分，包括系统登录安全管理、文件系统安全管理、系统服务安全管理、系统应用安全管理以及防火墙的应用。Linux 以其高度的灵活性和安全性，通过精细的配置和管理，可以实现强大的安全防护。特别是对 SSH 登录的管理以及防火墙的使用，都是保障 Linux 系统安全的关键措施。

操作系统安全管理是一个复杂但至关重要的任务，需要管理员具备深厚的专业知识和细致的操作技能。无论是 Windows 还是 Linux 系统，都需要定期更新和审计，以应对不断变化的安全威胁。通过学习本章内容，应掌握基本的操作系统安全配置技巧，为构建安全可靠的计算环境打下坚实的基础。

课 后 练 习

一、单选题

1. 在 Windows 系统中，(　　) 命令可以更改密码的期限和有效性。

A. compmgmt.msc　　B. gpedit.msc　　　　C. net user　　　　　D. regedit

2. 在 Linux 操作系统中，Web 应用程序通常被称为（   ）。

A. 服务   B. 进程   C. 线程   D. 应用

3. 当 NTFS 权限和共享权限冲突时，（   ）会起作用。

A. 仅 NTFS 权限   B. 仅共享权限

C. 两者中更严格的权限   D. 两者中更宽松的权限

4. Windows 系统中，（   ）可以查看日志。

A. 所有用户   B. 管理员   C. 高级用户   D. 普通用户

5. 在 Windows 操作系统中（   ）服务、命令或工具允许远程用户操作远程系统如同操作本地终端系统。

A. Telnet   B. SSH   C. RDP   D. FTP

6. 在 Windows 或 Linux 操作系统中，如果用户登录后，管理员删除了该用户账户，那么该用户账户将（   ）。

A. 立即注销

B. 可以在下次重启前继续使用

C. 可以在管理员手动注销前继续使用

D. 永不注销

7. 在 Linux 操作系统中，（   ）命令可以将用户密码的最大天数设为 30 天。

A. passwd -x 30   B. chage -M 30   C. chage -l 30   D. chfns -m 30

8. 下列不属于 NTFS 文件系统安全设置项目的是（   ）。

A. 文件加密   B. 文件权限   C. 文件所有权   D. 文件备注

二、填空题

1. 在 Windows 操作系统中，_____ 账户权限允许用户执行系统管理任务，如修改系统设置和安装程序。

2. Linux 中的 _____ 机制可以阻止非授权用户访问系统文件。

3. NTFS 文件系统的 _____ 特性，可以帮助指定用户保护文件不被其他用户访问。

4. 在 Linux 系统中，_____ 命令可用于列出当前所有运行的进程。

5. _____ 是 Windows 操作系统中用于配置和管理网络、服务和安全设置的工具。

6. _____ 是 Windows 操作系统中的一个功能，允许管理员远程访问和管理计算机。

7. 在 Linux 系统中，某文件的访问权限是 754，这表明公共用户对该文件只具有 _____ 权限。

8. Windows 和 Linux 操作系统都具有 _____ 功能，可以防止特定的主机或服务进行网络通信。

三、简答题

1. 操作系统用户账户的本质是什么，它是如何实现安全管理的？

2. 简述 NTFS 文件系统的权限类别。

3. 简述 Linux 系统中控制访问列表的工作过程。

4. 简述 Linux 系统中应用程序安装的类型。

5. 谈一谈在保护自主知识产权方面我们能做些什么。

第9章 新一代信息技术安全

　　新一代信息技术是指基于电子信息的各个行业中运用的一系列新兴技术。以云计算、移动网络、人工智能和物联网为代表的高端信息技术，不仅是技术的简单更新，更意味着产业结构和应用场景的全面革新，可推动社会生产力高质量发展，为经济社会发展提供更加智能、高效的信息化保障。因此信息安全也呈现出多方面的复杂和严峻，需要采取多种措施来应对这些挑战。

　　本章从云计算安全、移动网络安全、人工智能领域信息安全和物联网安全等几个关键的技术领域入手，简要介绍这些技术领域中的信息安全现状。通过学习本章内容，读者能够对新一代信息技术中的信息安全有一个总体的认知，掌握新一代信息技术发展过程中信息安全的特点，拓展专业思维和长远眼光，与时俱进，牢固树立和践行总体国家安全观，不断丰富自己的专业知识，提高专业能力，为我国未来信息技术的发展保驾护航。

学习目标

(1) 了解云计算应用中的信息安全技术。
(2) 了解移动网络中的信息安全技术。
(3) 了解人工智能技术在信息安全领域的应用。
(4) 了解物联网中的信息安全技术。

思政目标

(1) 培养专业领域内的融合创新意识。
(2) 深植信息技术中的科学伦理安全观。

9.1 云计算安全

云计算安全

大数据安全

　　云计算技术的出现使得信息系统的数据处理性能得到了突破性的改进，其主要表现为承载云计算应用的系统通过网络互联、网格计算、虚拟化等技术，使得软硬件资源得到了高度的整合，有效实现了系统内设备高速互联和系统边界灵活变化，使得海量的数据得到了高效处理。

　　云安全是云计算应用的重要组成部分，近年来随着云计算技术的普及，其战略位置愈发凸显。云安全的实施及效果集中体现在以云计算技术应用为主的信息系统中，我们称之为云平台。

云平台指基于云计算技术，将服务器、网络、存储器、数据库、应用程序等软件和硬件资源统一整合进行管理，并通过网络访问的方式提供云计算服务的信息系统。由于云平台的虚拟化和多用户等特性，云安全涉及网络、设备、应用和数据等多种新型安全场景，具体包括虚拟机安全、流量安全、应用迁移安全、云端数据安全、云边界安全、多用户的授权和访问管理安全等。本节从云平台的安全威胁、安全模型及防护手段的角度出发介绍云计算安全内容。

9.1.1 云平台的安全威胁

相比于传统的信息系统，云平台能够部署、管理和运行基于云计算技术的应用程序，为用户提供按需使用软硬件资源的方式，在低成本的条件下满足用户海量数据处理或高强度计算等业务应用需求。

云平台能较好地解决信息系统中软硬件资源的共享及利用率低、系统并发访问能力不足、信息化运维难度大等问题，但也带来了一系列新的安全威胁与问题。在云计算环境中，由于云平台中资源的动态伸缩性带来的不确定性和复杂性，用户业务的安全性及其数据隐私性很难保证，从而引起了一系列安全问题。因此，解决云平台的安全问题是云计算全面推广和应用的关键。

云平台的基础设施使用了物理主机、网络设备、应用系统等软硬件，同时应用了大量虚拟化、分布式技术来支持云计算应用，因此在安全威胁方面不仅面临传统信息安全的问题，并且虚拟化技术使得传统的主机安全威胁、网络安全威胁、应用安全威胁和数据安全威胁等有了新的变化。根据我国网络安全权威部门的统计报告，我国云平台遭受各类网络攻击的事件在总体安全事件中的比重较高，其中所遭受攻击的主要类型为大流量 DDoS 攻击、被植入后门、被篡改网址等，有些攻击者还利用云平台作为工具对外发起网络攻击，危害公共网络安全。

同时，云平台也可能遇到针对云计算技术的安全问题。根据云安全联盟 (Cloud Security Alliance，CSA) 的统计，云计算中面临的主要云安全威胁有数据泄露、配置错误和变更控制不足、缺乏云安全架构和策略、身份凭证访问和密钥管理不足、账户劫持、内部威胁、不安全的接口和 API、控制平面薄弱、云结构和应用程序结构失效、有限的云使用可见性、滥用及违法使用云服务等。这些安全问题实质上是在传统安全的基础上由于虚拟化、分布式、网格计算等云计算技术的引入，造成的新型安全问题，主要涉及云平台自身的安全和云平台提供服务的安全两个方面。

9.1.2 云平台的安全模型

想实现云平台的安全，就不得不涉及云平台的系统架构和安全模型，其系统架构和安全模型目前种类较多，有基于角色分类、基于系统分层、基于用户行为等等。其中获得广泛认可的架构和模型主要包括：NIST 云计算参考体系结构及云计算安全参考架构、《云计算关键领域安全指南 V4.0》中的安全模型以及我国 GB/T 22239—2019《信息安全技术 网络安全等级保护基本要求》中云计算安全防护技术框架。接下来针对这三种云平台安全架构进行简要的说明。

NIST 提出了得到普遍认可和支持的云计算参考体系结构。该结构包含 3 种云服务模式、4 种部署模型、5 种基础特征，如图 9-1 所示。其中，3 种云服务模式为基础设施即服务 (IaaS)、平台即服务 (PaaS)、软件即服务 (SaaS)；4 种部署模型为公有云、私有云、社区云、混合云；5 种基础特征为资源池化、按需配置、广泛的网络、快速弹性、服务可测量，资源池化是其他特征的基础。

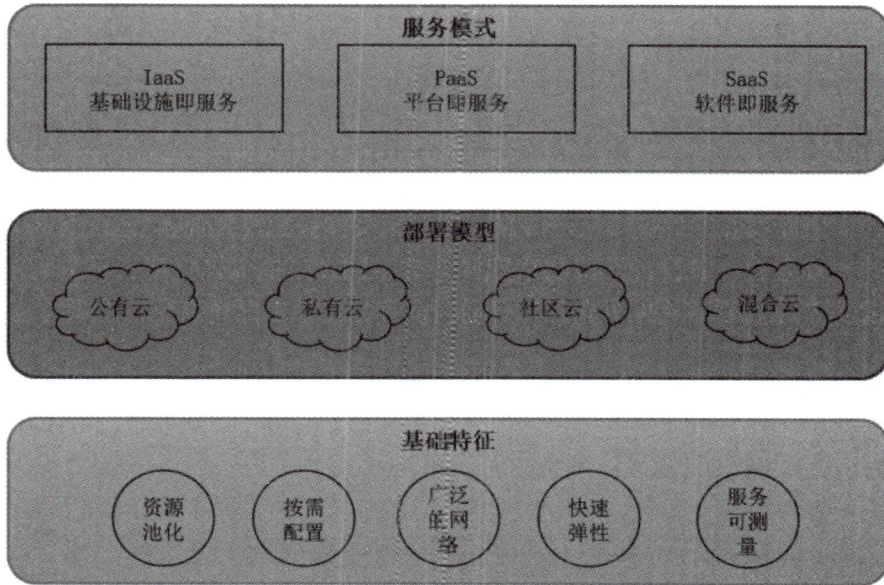

图 9-1 NIST 云计算参考体系结构

NIST 云计算安全参考架构是基于角色分类的安全架构，在实际应用中将云平台中的参与者角色划分为 5 类，分别是云服务消费者、云服务提供者、云服务承运者、云服务审计者和云服务代理者。在 5 类角色的基础上，基于角色分类设计组织架构。云服务消费者指向云服务提供者购买云服务产品的个人或组织；云服务提供者指提供云服务产品的个人或组织，如天翼云、阿里云、百度云；云服务承运者指在云服务提供者和云服务消费者之间提供连接媒介，以便把云服务产品从云服务提供者转移到云服务消费者手中的个人或组织，如中国移动、中国联通、中国电信等企业；云服务审计者指能够对云计算安全性、云计算性能、云服务及信息系统的操作进行独立评估的第三方个人或组织；云服务代理者指代理云服务提供者向云服务消费者提供云计算服务并获取一定报酬的个人或组织，一般为云服务提供者的二级分销商。云平台中必须包含云服务提供者和云服务消费者两类角色，云服务承运者、云服务审计者以及云服务代理者这三类角色是否包含，与具体的业务和安全要求相关。整个架构根据各个角色参与云平台活动的情况，提出了安全防护职责要求，如图 9-2 所示。

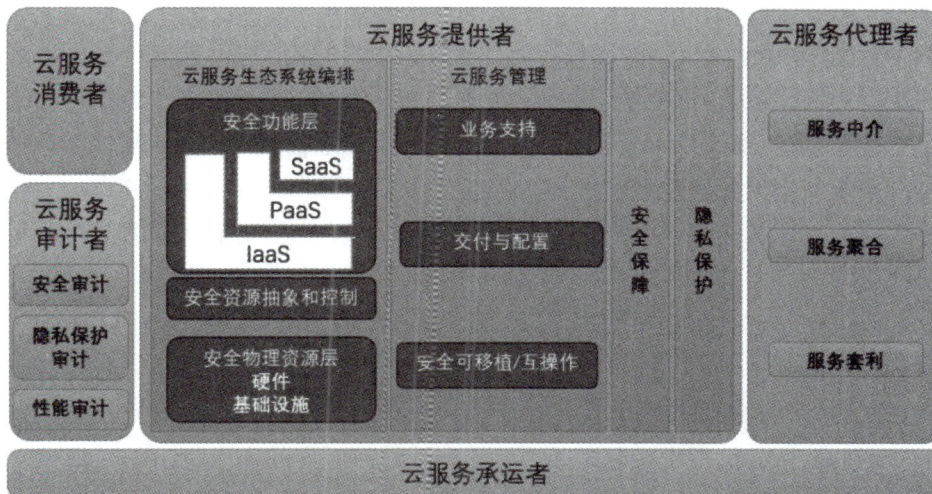

图 9-2 NIST 云计算安全参考架构

CSA 是专注于云计算行业安全技术研究的国际组织，其发布了大量的专业研究成果，是国际上在云安全领域极有影响力的组织。《云计算关键领域安全指南 V4.0》是由 CSA 在 2017 年发布的云安全技术指南文献，旨在为业界提供指导和灵感以支持业务目标，同时管理和减轻云计算技术相关的风险。其中关于云平台安全模型的阐述中对 NIST 基于角色划分的安全架构做了进一步的层次划分，不同层次的云服务类型中云服务提供者和云服务消费者之间的安全责任分担不同，云服务提供者所在的层次越低，云服务消费者自身所要负责的安全运营和安全管理职责就越多。

以其中的基础设施即服务 (IaaS) 模式为例，云服务提供者负责保障基础设施安全，云服务消费者负责系统服务安全、应用安全和数据安全；在平台即服务 (PaaS) 模式中，云服务提供者负责保障基础设施安全和系统服务安全，云服务消费者负责应用安全和数据安全；在软件即服务 (SaaS) 模式中，云服务提供者负责保障基础设施安全、系统服务安全和应用安全，云服务消费者负责数据安全。CSA 通过分析 IaaS、PaaS 和 SaaS 三种基本云服务模式的层次及其依赖关系，针对不同层次的云服务提供相应安全措施，形成云安全分层模型，如图 9-3 所示。

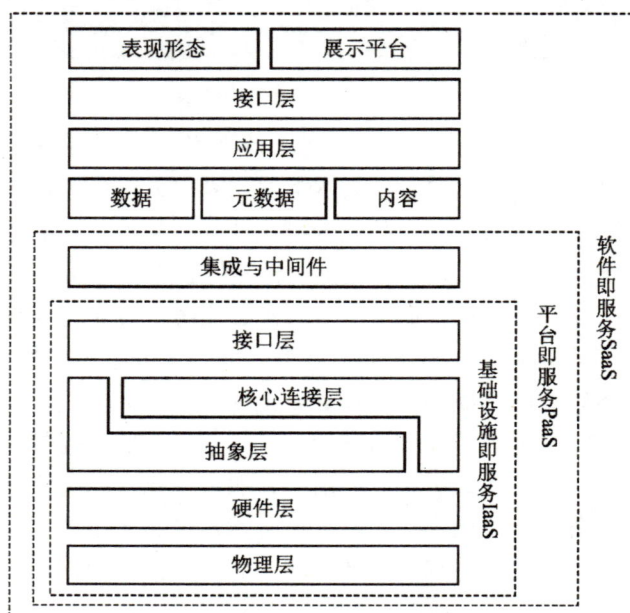

图 9-3　CSA 云安全分层模型

我国 GB/T 22239—2019《信息安全技术　网络安全等级保护基本要求》中云计算安全防护技术框架遵循"一个中心，三重防护"的防护理念和分类结构设计思想。"一个中心"指安全管理中心，"三重防护"指计算环境安全、区域边界安全和通信网络安全，如图 9-4 所示。安全管理中心是在系统安全、安全管理、安全审计这三个方面实施安全机制统一管理的平台或区域，针对的对象为网络安全等级保护对象的安全策略及三重防护中的安全计算环境、安全区域边界和安全通信网络。

国际标准 ISO/IEC 17788:2014《信息技术 云计算 概述和词汇》中提出了云计算平台多租户的特征。多租户指的是多个不同的云服务消费者共享同一个资源池，但是它们相互隔离并且孤立。这种隔离机制允许云服务提供者将同一个资源池中的资源分配给不同的云服务消费者，孤立性则确保不同的云服务消费者相互之间不能看到或修改对方的资产。GB/T 22239—2019《信息安全技术　网络安全等级保护基本要求》中云计算安全防护技术框架结合了云计算角色分类、系统分层和云计算安全需求，并在服务层面强调了基于租户角色安全的云安全分层防护技术框架。

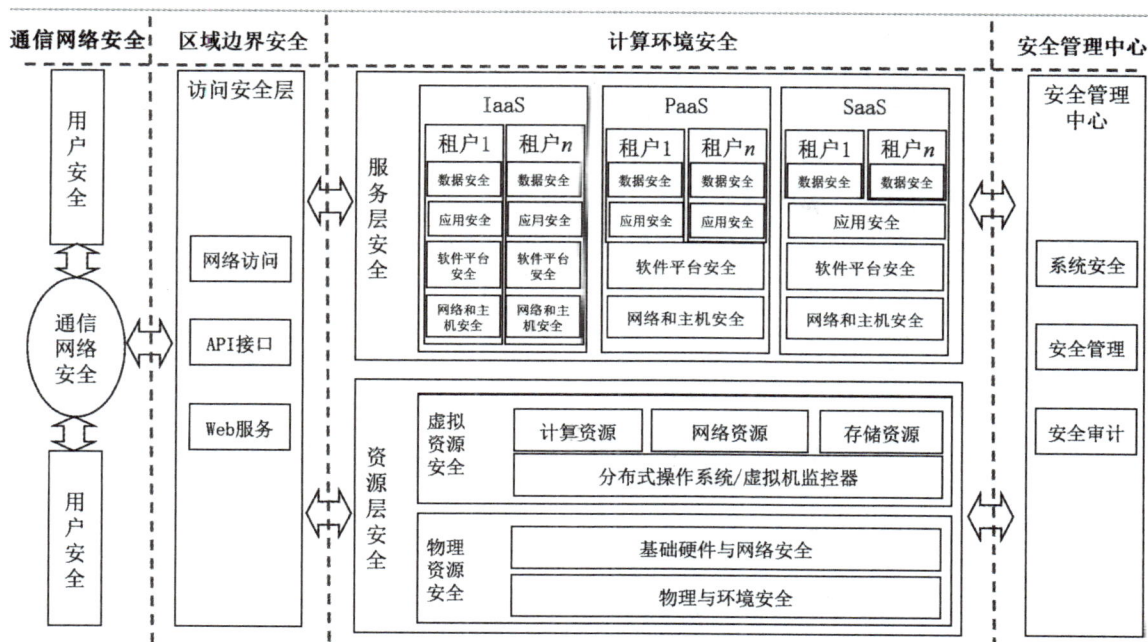

图 9-4　云计算安全防护技术框架

9.1.3　云平台的安全防护

为应对云平台的安全威胁，我们一般根据云平台的系统架构和安全模型，利用基于角色、基于系统分层的防护思想，结合国家信息技术和网络安全相关政策法规要求，从网络安全、主机安全、应用安全和数据安全等方面给出云平台的防护机制。

网络安全防护中，传统的防火墙、入侵检测系统、入侵防御系统等网络安全设备只能部署在物理网络的边界，不能有效地对云平台内流量进行审计、监控和管控。而云平台中虚拟化技术的应用使得各业务应用的网络边界变得非常模糊，同一个宿主机中的虚拟机之间的网络交互在宿主机内部就可以完成，存在安全策略覆盖的盲区。这种情况下，一方面针对虚拟化网络结构、虚拟化网络设备、虚拟化安全设备等对象，采用异常流量监测、控制访问等传统的安全手段；另一方面，对业务层面和管理层面的网络划分安全域，明确安全边界，进行逻辑隔离和故障隔离，防止非法或者未授权设备的接入，阻止网络攻击在云平台中扩散，使得攻击影响最小化。

针对主机安全防护，云平台包括了传统主机和虚拟机等对象，传统主机的安全管理原则在本书第 8 章有详细介绍，本节主要介绍虚拟机的安全管理。云平台的安全涉及虚拟机管理和虚拟机使用两个方面。

虚拟机管理的安全威胁主要包括虚拟机逃逸、虚拟机运行恶意程序、资源竞争导致的虚拟机故障、恶意程序攻击、DDoS 攻击、隐私信道引起非法通信等。因此虚拟机管理的安全需求包括虚拟机与宿主机的隔离、虚拟机功能监控、虚拟化资源调度、资源程序安全、虚拟机独享资源使用的限制、虚拟机之间的隔离等。虚拟机管理的安全措施包括加密虚拟机、故障检测与预警、加强虚拟机安全性和完整性、限制虚拟机资源使用、配置虚拟机监控。

虚拟机使用的安全威胁包括流量被监控、数据被盗取、安全域变更、用户数据被偷窥等。因此虚拟机使用的安全需求包括虚拟机迁移安全、虚拟机数据隐私保护等。虚拟机使用的安全措施包括利用防火墙、入侵检测、安全迁移策略、数据加密、安全外包等。

针对业务应用系统等，虚拟机安全涉及应用程序开发安全和应用程序使用安全两个方面。应用程序开发的安全威胁包括应用程序的源代码管理、组件和服务部署不规范等。应用程序使用的安全威胁包括权限设置不当，造成越权访问等问题。针对应用程序开发的安全措施包括遵循开发的安全规范，配置相对独立的开发环境和测试环境进行开发和测试工作，并且开发、测试的环境与生产环境严格隔离。针对应用程序使用的安全措施包括采用应用资源控制、应用安全审计、应用访问控制等手段，防止由于云平台中应用系统的缺陷和漏洞或者用户越权访问造成的重要数据被非法篡改、敏感信息泄露等问题。

针对业务数据、管理数据、用户隐私数据等对象，虚拟机安全涉及数据的存储和删除两个方面。数据存储的安全威胁包括数据被未授权用户非法访问和篡改，数据的隐私性得不到保证等。数据删除的安全威胁主要是由于存储空间的释放和回放，攻击者恢复已经被删除的数据，从而导致数据泄露。数据存储的安全措施包括采用身份认证和授权、数据加密和访问控制等。数据删除的安全措施主要是采用数据复写。数据复写是先对数据进行破坏，之后使用新数据对原有数据进行覆盖，保证数据被彻底销毁。同时，要确保与目标数据相关联的副本数据被删除。

课程思政

云计算技术是推动数字经济时代发展的关键技术驱动力。它并不是简单的、独立的一项技术革新，关键在于其融合了大算力需求的信息应用场景。从技术发展角度看，云计算与AI、大数据、物联网等新兴技术的深度融合，为这些新兴信息技术提供了强大的算力支持，这种融合不仅提高了应用效率，还推动了新模式应用的产生。比如云计算与人工智能的融合中，云计算提供了强大的数据存储和计算能力，而人工智能则在此基础上进行数据分析和学习，从而实现智能化应用，实现了智慧物流、智慧城市等多种应用场景。这不仅提升了任务处理的效率，还极大地推动了社会生活的自动化和智能化发展。

以云计算技术为例，技术融合创新是新一代信息技术发展的必然要求，单一的信息技术无法适应现阶段一体化的数字应用需求。技术融合创新不仅体现在技术层面的进步，更在于其对行业应用的深刻影响。正如习近平总书记强调的："要整合科技创新资源，引领发展战略性新兴产业和未来产业，加快形成新质生产力。"同学们需要自觉养成技术融合创新意识，不要闭门造车，要用更全面的科学态度、更长远的眼光和更开阔的视野，规划自己的职业发展道路。

9.2　移动网络安全

移动网络是指使用无线通信技术使网络终端设备特别是便携式移动设备（如手机、笔记本电脑等）连接到公共网络，实现互联网访问的通信网络。其工作原理和传统的有线网络一样，区别就在于终端设备的接入方式不同。根据接入技术的不同，移动网络可分为以WiFi、蓝牙等技术为支持的短距离无线局域网络和以蜂窝数据通信技术和移动通信基站为主的通信网络。

随着智能手机的普及，我国移动网络用户的数量持续增加，不仅催生出了新的经济业态，也方便了广大人民群众的日常生活。同时，移动网络的安全问题也日渐凸显，甚至威胁到人们的生命和财产安全。

9.2.1　无线局域网安全

无线局域网络技术通常用于局域网中的终端接入。以常用的WiFi技术为例，其与有线网络相比只是在传输介质和物理层

无线局域网安全　　网络隔离技术　　手机蓝牙应用安全保护

网络协议上有所不同，因此对于针对其他 OSI 协议层的所有安全威胁在无线网络中也存在，这些安全问题这里就不再赘述，本节主要介绍无线网络特有的一些安全问题。从安全威胁的角度分析，无线局域网存在以下安全风险。

1. 容易被发现

无线局域网非常容易被发现，这是因为为了能够使用户发现无线网络的存在，网络必须发送有特定参数的信标帧，这样就给攻击者提供了必要的网络信息，入侵者通过普通无线上网设备就可以从任何有该网络信号的地方对网络发起攻击。

针对这一问题的防护办法一般是从物理上增加电磁屏蔽来防止电磁波的泄漏，但成本较高；此外只能通过完善接入点 (AP) 上的网络访问控制来降低风险，如 MAC 绑定、IP 绑定等设置。

2. 易被安装非法的接入点

非法增加接入点一直是无线网络管理中的难点，因为合法用户可以在自己的终端接口上安装接入点。如你在宿舍自行安装家用无线路由器，从而实现多台设备上网，这给网络安全管理带来很大的隐患。

针对这一问题的防护办法一般是通过行政管理建立健全的网络管理制度，禁止自行安装接入点；或者通过 MAC 绑定，禁止非授权接入点安装，并通过定期扫描无线网络进行监测。

3. 未经授权使用服务

很多用户安装无线 AP 后直接使用，并未更改默认的安全设置内容，这就使所有接入者都有同样的权限，从而使得网络服务可以被未授权的用户使用，不仅会造成网络资源占用，还会引发法律纠纷及安全风险。

针对这一问题的防护办法一般是基于用户身份设置访问权限，通过密码对用户认证过程进行加密，阻止未被认证的用户进入网络，定期对无线网络进行测试，确保 AP 设备使用了安全认证机制，并确保设备的安全配置正常。

4. 易受服务和设备性能限制

无线局域网的传输带宽是有限的，物理层的开销使得无线局域网的实际最高有效吞吐量仅为标准值的一半，并且该带宽是被 AP 所有用户共享的。因此，无线局域网很容易遭受拒绝服务攻击。例如，攻击者从有线网络中发送大量的 Ping 流量，就会轻易地占用 AP 有限的带宽，使接入点失效；如果向无线局域网发送大量的广播包，可以使多个 AP 阻塞；攻击者还可以模拟某无线网络的信息频率，造成设备不停地进行检测，影响无线网络通信；此外还可以发送较大数据文件，阻塞网络通信。

针对这一问题的防护办法一般是通过性能监测发现故障点。很多 AP 产品都推出了异常检测功能，通过设置可以封禁发出异常通信行为的终端，防止拒绝服务攻击。

5. 易遭受地址欺骗和会话拦截

由于无线通信协议 802.11 中对数据帧不进行认证操作，因此攻击者可以发出欺骗帧扰乱 ARP 表，重定向数据流，从而获取网络中站点的 MAC 地址，进而篡改 ARP 表，伪装站点实现会话拦截。

不过新一代的无线设备采用 802.11i 协议，解决了这一问题。但对于老的无线 AP 设备还需要管理员注意，一般做法是将无线网络和核心网络分离，防止核心网络遭受攻击。

6. 易遭受流量分析及侦听

无线网络无法防止攻击者采用被动方式监听网络流量，任何无线网络分析仪器都可以不受阻碍地截获未进行加密的网络流量。所以无线流量的加密传输至关重要。早期的无线安全协议

WEP 有漏洞，容易被黑客通过多数据帧内容比对的方法进行解密，而且它仅能保护用户和网络通信的初始数据，而管理和控制帧是不能被 WEP 加密和认证的，这就给攻击者发欺骗帧破坏网络通信提供了机会。但后来很多 AP 产品的固件针对这些已知的攻击进行了防范，比如作为防护功能的扩展，利用密钥管理协议实现每 15 分钟更换一次 WEP 密钥，即使最繁忙的网络也不会在这么短的时间内产生足够的数据帧满足攻击者比对并破获密钥。但如果用户的无线网络用于传输比较敏感的数据，那么仅用 WEP 加密方式是远远不够的，还需要进一步采用像 SSH、SSL、IPSec 等加密技术来加强数据的安全性。

7. 易成为高级入侵的突破点

无线网络由于安全性较差，常常成为进一步入侵系统的起点。很多网络都有一套经过精心设置的安全设备作为网络的保护层，如防火墙、入侵检测系统等，以防止非法攻击，但实际上网络内部往往更容易受到攻击。无线网络可以通过简单配置快速地接入核心网络，但这样会使攻击者绕过保护层，执行更高级的入侵，攻击核心网络。

针对这一问题的解决方案是将网络布置在核心网络防护层的外面，如防火墙的外面，而接入访问核心网络采用 VPN 方式，这样可以在一定程度上保护核心网络。

9.2.2 移动支付安全

在当前经济形势下，我国已经是世界第一移动支付大国，社会经济中"非现金支付"已成为一种重要的交易方式，大到企业经济活动，小到居民日常生活，移动

电子支付安全　　手机系统安全　　智能手机密码安全

支付已经深刻体现出其常态化的一面，成为一种不可逆转的社会性潮流。

在这种新社会经济形势下，移动支付中的信息安全问题成为社会各界广泛关注的问题。这是因为移动支付涉及了海量的用户个人信息和隐私信息，这些信息一旦泄露，极易导致财产损失、诱发网络犯罪，甚至引发社会恐慌等一系列问题。

我国移动支付的发展还不够成熟，并受到设备、网络、国家法律、社会信用、行业发展等多方面的制约，移动支付存在多方面的不安全因素。

在支付设备方面，硬件制造技术参差不齐，软硬件存在安全漏洞，很容易遭受针对性的攻击；同时设备丢失或损坏还可能引发信息泄露和关键数据丢失，如用户身份信息、支付账号、认证密钥等。

在网络方面，移动支付多利用无线网络或移动通信网络，其安全威胁已经做了详细介绍，这里重点强调的是一些公共场所的开放 WiFi 在移动支付时存在很大的安全隐患。一旦设备自动连接此类 WiFi，用户很容易遭受网络窃听及钓鱼网站等的恶意攻击，因此建议关闭设备的 WiFi 自动连接功能。

在国家法律方面，我国的移动支付法律法规体系建立得相对较早，近些年出台的《网络安全法》《数据安全法》中也强调了移动支付的保护。但在司法实践中依然存在风险，特别是法律的普及工作，大多数人在移动支付过程中缺乏法律意识，不懂得运用法律武器保护自己的合法权益。此外，移动支付的消费者和商户作为移动支付的业务对象，二者之间的行为集中在支付结算、消费借贷等上，而二者之间的行为关系中还有商业银行或其他金融组织作为中介人进行身份认证、付款操作、用户授权、机构转委托等法律行为，这导致实际支付行为背后的法律关系相对复杂，容易造成法律保护覆盖盲区。

社会信用缺失也容易导致移动支付的安全风险增大，为移动支付安全领域带来一系列显著矛盾。例如，针对移动终端的诈骗方式层出不穷，尤其是个人信息一旦泄露，会导致诈骗分子

冒充移动支付行为人进行财产转移，所以广大人民群众对移动支付安全问题是非常警惕的。这也导致了社会信用问题，限制了移动支付技术的进一步发展。除此之外，移动支付行为人如果利用法律制度不健全的漏洞，对支付金额恶意透支且拒不履约，也会制约移动支付信用体系的完善，长此以往会使社会诚信意识更加淡薄，导致移动支付安全系数降低且陷于不可持续发展的环境。

此外，移动支付行业的发展也会给移动支付安全带来风险。大数据应用的背景下，移动支付技术服务企业尽可能地在消费者移动支付过程中采集信息，以便为用户提供定制化的消费信息服务。但是，当前部分移动支付技术服务企业存在对消费者个人信息的过度收集且保管不善，造成消费者个人信息大量泄露。例如，接受商品和服务的必要条件是关注公众号、下载小程序、提供个人信息等。许多此类收集与使用个人信息的行为与商品和服务之间缺乏合法、正当的联系，存在设定不公平、交易条件不合理的嫌疑，有损消费者的移动支付安全，这显示出行业缺乏规范性，与移动支付安全之间产生了一定的矛盾。

那么要如何提高移动支付中的信息安全呢？可以从以下方面入手。

(1) 提高移动支付终端的安全性能。

结合当前现状来看，各类智能终端、各类先进智能化技术层出不穷，但安全技术缺乏统一的安全标准。因此应该将移动支付各类终端与当前的信息安全技术进行融合与应用，减少各种移动终端的安全性差异，提高移动设备本身在网络安全、存储安全、用户身份识别等方面的技术水平。

(2) 完善法律立法和司法，提高移动支付参与者的法律意识。

对目前移动支付行为人的调查研究显示，如果能够对个人信息实行有效保护，则移动支付安全问题会大大减轻。除新出台相关标准、规范外，完善移动支付整体法律保护体系，特别是社会大众关注的个人信息保护，对移动支付产业发展会有较大的促进作用。同时，做好法律知识普及工作是司法落实的重要手段，可使移动支付安全问题在法律层面得到解决与落实。

(3) 促进移动支付服务规范化。

移动支付服务企业应及时更新技术和个人信息保护标准，采取更严谨的技术手段保护移动支付行为人的个人信息安全。商家应正确利用移动支付带来的便利性为移动支付行为人提供可选择性的服务方式，避免强制移动支付行为人关注公众号、授权信息等涉嫌侵害消费者选择权的服务措施。如果要收集移动支付行为人的个人信息，也要遵循合法、正当、必要等原则。同时减少获取消费者手机号、通讯录、精确地理位置等与移动支付行为无关的信息，避免移动支付行为人的个人身份信息泄露。

9.3 人工智能领域信息安全

随着人工智能技术在人们的社会生活生产领域的广泛应用，人们可以更高效合理地处理各项事务，而在享受智能化带来的便利的同时，人工智能面临的信息安全威胁也日益增多。这些威胁不仅可能影响 AI 系统本身的安全，还可能对整个网络环境造成严重影响。下面介绍一下基于人工智能技术的常见信息安全问题。

人工智能应用安全

9.3.1 人工智能领域受到的信息安全威胁

人工智能领域受到的信息安全威胁表现在以下几个方面。

1. 对抗性攻击

敌对实体可能通过精心设计的输入数据来欺骗 AI 模型，导致模型作出错误的决策或分类，这种攻击被称为对抗性攻击。对抗性样本是通过在原始数据中添加人眼无法察觉但能导致模型出错的小扰动来误导机器学习模型的。防御这类攻击的一种方法是使用对抗性训练，即在训练数据中加入对抗性样本，以增强模型的鲁棒性。

2. 成员推断攻击

成员推断攻击是指攻击者通过观察模型对特定输入的反应，推断出该输入是否是训练数据集的一部分或判定某些数据是否参与了模型的训练过程，甚至逆向地推理出特定的训练数据，这可能会导致训练数据的泄露。这种攻击的防御措施通常是采用差分隐私技术，即在训练数据中加入一些特定的噪声，从而来减少此类攻击造成的数据泄露风险。

3. 模型提取和知识产权窃取

此类攻击和成员推断攻击类似，也是人工智能逆向攻击的一种。不同的是，攻击者会通过对智能系统的黑盒访问或 API 访问，推断并尝试复制、提取智能模型的参数和结构，这会威胁到模型的知识产权和商业秘密。应对策略一般包括限制模型访问权限、实施严格的用户使用权限的监控和控制，以及定期进行安全审计。

4. 数据污染和投毒攻击

这是一种拒绝服务式攻击，和对抗性攻击类似。不同的是，对抗性攻击针对机器学习模型进行干扰，而数据污染和投毒攻击针对训练数据内容正确性进行干扰。攻击者可能会在训练数据中注入恶意数据，导致模型训练不准确或行为异常。数据投毒是指在训练数据中故意注入错误标签的数据，从而破坏模型的有效性。针对此类攻击，其对策包括对训练数据进行严格的验证和清洗，以及使用异常检测算法来识别和剔除异常数据。

5. 分布式拒绝服务攻击

DDoS 本身是一种较为普遍的威胁，但针对 AI 服务的 DDoS 攻击可能会使智能系统瘫痪，阻止用户访问依赖于 AI 的资源和服务。防护措施包括使用异常流量检测系统和配置充足的带宽及资源来抵御大量请求。

6. 软件供应链攻击

此类攻击也是一种传统威胁在人工智能领域的衍生。攻击者可能会在 AI 软件的早期开发阶段植入恶意代码，这种软件供应链攻击可能导致长期的安全风险和难以诊断的问题。为了防范这类攻击，需要建立严格的软件来源验证和持续的代码审查流程，确保所有组件均来自可信源。

综上所述，人工智能的安全威胁既有传统威胁的衍生，也有因人工智能技术自身形成的新型威胁。随着 AI 技术的不断成熟和发展，安全防护措施也需要不断适应新的威胁环境和技术挑战。而在应对这些安全威胁时，及时更新和升级系统安全措施是非常关键的；同时，一个多层次、综合性的安全策略将有助于提高智能模型整体的安全防护效率。

9.3.2　人工智能技术与信息安全技术的融合

人工智能实际上是计算机领域的一个分支，借助计算机的计算能力，通过相关算法和数据的分析，提供模拟人类的逻辑思维方式，从而可以在实践中取代人力思考，快速处理信息和解决不确定问题。这种系统具有较强的自动化特征，可以在一定程度上替代人力，在不同的业务领域给用户更优质的服务和体验。人工智能所包含的内容很多，主要是机器学习、自动化处理、计算机神经网络等技术，但更多的是和其他技术（如大数据、云计算、物联网、虚拟现实等技术）的联合应用以完成具体的业务。

信息安全技术是保证信息系统安全的重要技术，主要以信息安全防护为主，防止系统被破坏或关键信息被窃取，打造一个安全的应用环境。信息安全系统需要不断地优化，及时预防和处理一切可能会对信息系统造成威胁的行为，这个过程中需要投入大量的人力资源。而人工智能的应用可以辅助甚至代替这些技术人员，更好地开展对信息系统的维护、管理和运行等活动，为信息系统提供更加有力的安全保障。

人工智能技术与信息安全技术的融合具有下列优势：

(1) 精准的工作流程。信息安全工作不同于系统开发等建设性工作，更多的常规工作是对现有系统安全漏洞的排查，这需要精确的工作过程，稍有疏忽就可能漏检或错检。这个过程中人工操作难免存在失误，甚至在制定方案时就存在安全盲区。而人工智能具有机器的精密性，基本不会出现疏漏，甚至可以发现人们容易忽略的安全盲区。让人工智能从事标准化的常规工作将会大大提高工作效率。

(2) 强大的学习能力。人工智能技术近些年来在网络安全防御中被频繁使用，其主要原因就是人工智能具备强大的学习推理能力。在大数据技术的辅助下，人工智能从以往的网络攻击及对应解决方案中快速判断风险并给出决策方案，而且这种学习的结果是可以复制和自身迭代的，这是人工无法实现的。

(3) 综合的管理协调能力。随着信息系统网络化的发展，系统边界模糊，安全设备的种类、数量都在不断增多，信息安全不再是单一设备的安全，传统的静态安全策略越来越无法满足系统需求，但动态的安全策略在现实实践中可能需要多部门、多维度的配合，人工管理工作繁杂低效。而人工智能技术可以直接从技术层面对所有设备进行动态管理，将各自为战的安全设备协调统一为整体，应用综合动态的安全策略，提高系统的安全性。

人工智能在信息安全领域发挥了自身的强大优势，使信息安全技术的工作更加智能化。然而，我们在看到优势的同时，也要对其弊端进行客观分析和评价，充分认识到这项技术在应用过程中也会给信息安全带来威胁和挑战。

人工智能技术应用本身复杂程度高、系统开销大、开发成本高，因此现阶段我国大多数信息系统在设置信息安全技术的过程中不会特意地采用人工智能技术。但随着人工智能技术的普及，未来很多信息系统业务都会引入人工智能，而现有的信息系统由于缺乏人工智能的顶层设计，必然会加速淘汰，这使得传统信息系统的生命周期缩短。因此，做好系统信息安全方面智能化的顶层设计是现阶段系统建设必不可少的工作。

伴随着人工智能的广泛应用，往往需要大数据技术进行辅助，与此同时信息数据不断增多，在这种背景下，数据隐私性就需要被关注。信息数据在收集、清洗、保存等环节都有可能被泄露，这可能会导致新的信息安全问题出现。信息数据泄露不但威胁着系统安全，而且一旦这些重要的信息落入不法分子手中，不法分子可能借助这些私密的信息实施更加精准的电信诈骗。

在信息安全领域使用人工智能技术，可能会促使网络攻击智能化。信息安全技术是把双刃剑，在保护信息系统的同时，很多情况下需要对系统进行体检，也就是寻找系统漏洞加以弥补加固，这恰恰和黑客攻击前的准备工作一样，因此，智能化程序一旦被用于系统攻击，同样会提高攻击效率，且破坏性更大。现如今国家还未针对人工智能在信息安全领域的应用制定出健全完善的法律规范，人们对人工智能实践应用的法律后果还缺乏明确的认识，整个立法司法还处于摸索阶段。而信息安全需要强大的法律保护，人工智能技术的加入可能给相关信息安全风险创造恣意生长的空间，加大了各种风险发生的可能性。

课程思政

人工智能信息安全除了传统的攻防安全，还有不可忽视的科学伦理安全问题。科学伦理安全问题在各行业其实是普遍存在的，它源于科学技术的发展对人类社会朴素的道德观念的挑战，由此产生了危机。随着科学技术的不断进步，科学伦理安全已成为我们不可忽视的问题。

以人工智能为例，AI 模型本身无害，但其使用者的非正义目的会造成严重的社会影响，可能会导致个人隐私泄露、算法歧视、黑箱决策、责任主体模糊、职业替代等伦理问题。为解决这些已经发生或将要发生的问题，习近平总书记强调要提升人工智能安全领域的治理能力，塑造科技向善的文化理念。联合国教科文组织发布了《人工智能伦理建议书》，提供了全球共识的基础，强调各国需要在尊重共同价值观的前提下推动 AI 的健康发展。作为信息安全的预备军，我们也要和这些安全威胁作斗争，坚持科技向善的文化理念，守好科学的伦理底线，让科学技术为人类社会的整体福祉服务。

9.3.3 人工智能技术在信息安全领域的具体应用

人工智能技术在信息安全领域的具体应用表现在以下几个方面。

1. 恶意网站的识别

通过人工智能技术能够对网络历史数据和网络流量进行自动分析，从而建立通信模型，并且基于通信模型识别出异常网络访问。另外，还能够利用人工智能技术中的递归神经网络模型来自动检测网络访问的网址信息，与此同时利用向量编码、分词序列等解码技术来解析网络访问的网址信息，以识别出钓鱼网站。

2. 防火墙技术的智能化

传统防火墙的权限设置和软件的权限设置之间存在相互矛盾的关系，即软件权限设置得越多，信息防护难度也就越大。而将传统防火墙技术与人工智能技术相结合，不仅可以根据用户的使用情况以及软件运行的实际要求对防火墙级别进行合理的设置，还能够对防火墙的防御等级进行有效记忆，用户在使用不同软件时，都能够自动激活防火墙，这无疑提升了防护效率与防护等级。

3. 安全事件的溯源追踪

将人工智能技术应用到计算机安全防护体系中，能够通过数据挖掘和动态检测及时识别出计算机网络安全问题，并可以对网络安全问题进行自动有效分析。通过智能化分析网络攻击行为的特征，构建出全面的日志数据体系，为后续的反向监测、调查取证以及溯源追踪处理提供了数据基础，从而能够为计算机系统的安全运行和信息安全提供更加有力的保障。

4. 多媒体内容的识别

利用人工智能技术可以有效识别视频影像、图片、语音等多媒体内容，再辅以人工审查便可以有效解决多媒体内容的安全性问题。在利用人工智能技术进行多媒体内容识别过程中，通常采用深度学习技术对海量的数据进行持续训练，在持续训练的基础上再进行目标特征的提取，进而能够进行目标识别。具体应用领域包括骚扰电话识别、不良网站识别、垃圾邮件识别、垃圾信息识别等等。

5. 网络空间安全防御

近年来，Agent 系统、神经网络等人工智能技术被广泛应用于网络空间安全防御中。神经网络系统具有快速的执行能力、强大的独立性和数据信息存储功能，可以高效快速地识别网络安全中的突发事件，在网络防御系统中应用广泛。如对新型蠕虫病毒进行智能识别，对垃圾邮件、垃圾信息等进行智能识别，这无疑增强了网络系统的防御能力。以垃圾信息治理为例，中国联通、电信、移动三大运营商通过人工智能文本分类技术自动识别色情类、广告传销类、恶意推广类文本信息等，大幅度降低了垃圾信息的月均发送量。

6. 网络入侵检测

防火墙广泛运用于网络安全管理中，其最为核心的网络安全维护能力就是网络入侵的检测能力。网络入侵检测通过识别检测出可能损害网络信息安全性、完整性的活动，并开启自身保护机制，来保障网络信息安全，为网络系统信息安全防御决策工作给予充分的技术支持。网络入侵检测系统基于人工智能中的专家系统实现，是以一些专家所拥有的经验和知识能力为基础建立起来的。在遇到损害网络信息安全的行为或活动时，网络入侵检测系统通过已经了解、掌握的入侵特点进行编码验证，进而自动检测当前网络系统的安全性。

7. 身份认证技术

人工智能技术可以为身份认证技术赋能，使其应用于一些场景中。该技术能够对终端环境、终端位置、接入终端历史行为模型、终端类型、实时动态等要素进行数据积累。基于人工智能技术中的孤立森林算法、离群因子检测算法以及长短期记忆网络算法，系统能持续自学习，进而构建出一套基于聚类算法的身份认证机制，从而能够对异常数据特征进行检测提取，大大提升终端接入安全。

8. 诈骗及骚扰电话语音的自动识别

将人工智能技术中的自动语音识别技术应用到防诈骗、防骚扰电话中，开展基于语音自动分析的诈骗、骚扰电话识别。通过音频识别技术自动化分析疑似的诈骗、骚扰电话，进而实施拦截，这无疑加强了诈骗、骚扰电话的识别、拦截能力，能够为用户信息、财产安全提供有力保障。

9. 保护原始数据安全

利用人工智能对系统中的用户业务数据进行深度加工处理，减少原始数据的传递和人为处理，从而更好地保护原始数据的秘密性。

9.4　物联网安全

从发展的角度来看，我国物联网与信息技术在社会层面各领域实践应用的发展进程是一致的，两者呈现正相关关系。伴随着物联网的应用，网络安全的潜在隐患和威胁日益增多，物联网也成为网络犯罪威胁的延伸领域，并可能对相关应用产生物理上的直接影响，造成比传统网络攻击更严重的破坏。

物联网安全

9.4.1　物联网信息安全现状

从技术和政策两个维度来看，我国当下发展比较成熟的物联网包括车联网、智能家居物联网、能源物联网、智慧城市物联网等，物联网技术被广泛应用于公共基础设施、交通运维、安保消防、生活设施等各个领域。下面从信息安全的角度对各物联网络进行简单的介绍。

在车联网领域，其技术层面是对车载终端、网络通信、TSP 平台三部分进行全生命周期信息安全流程防护。而在政策层面，我国对车联网信息安全标准进行了统一的划分，2021 年 9 月工业和信息化部发布的《工业和信息化部关于加强车联网网络安全和数据安全工作的通知》就是针对车联网安全风险日益凸显问题，为健全完善车联网安全保障体系而提出的车联网网络安全和数据安全管理工作部署措施及意见。

智能家居物联网领域目前的安全问题比较突出，主要原因是技术层面上的质量标准不规范，导致智能家居设备存在质量安全隐患。具体而言，这些问题包括信息加密技术薄弱、云端传输技术不规范和数据存储方式混乱等，这些问题很容易造成用户数据泄露或设备控制权被夺取等。目前针对此种安全隐患，国家层面尚未形成全面的阻断机制，给整个领域带来了重大的信息安全威胁。

能源物联网领域相对成熟，它包括电、水、风、气等传统能源行业，以及新能源行业、交通能源行业等各个能源关联产业的融合能源领域。从信息安全的角度讲，能源物联网信息安全技术与政策规范标准和其他领域相差无几，不同的主要是物联网硬件设备和安全需求等级不同，这主要是由于能源是涉及民生大计和国家的核心安全领域。我国目前在传统能源领域应用物联网技术还是比较成熟的，但也存在系统稳定性、安全性、可管控性等方面的不足。目前对于该领域的物联网建设需求很大，也涌现出很多新的安全规范标准和技术，如核心物联网芯片的生产、设备的编码标准、能源物联网通信标准等。该领域信息安全威胁主要表现在行业数据标准化和云端互动方面。行业数据标准化和云端互动虽然促进了建设及管理上的便利性，但该过程中诸多设备间的数据传输、网络加密协议、传输技术尚未形成统一规范，全业务统一化管理平台尚未形成，终端设备管理未做到点对点的管理和使用，且相关企业工作人员的信息安全意识和技术不足，这可能会导致终端假冒接入、数据的篡改和恶意监测等安全事故。

智慧城市物联网领域和智能家居物联网领域的情况比较类似，目前的应用发展还不够成熟，且技术标准和发展政策在不同的地域中存在较大的差异。以城市交通管理应用领域为例，其物联网信息安全威胁除了与其他几个领域共有的威胁，还有比较特殊的威胁，即设备的物理安全，如设备丢失、被替换、通信被劫持等，这些问题需要从社会治安层面予以解决。此外，还可能出现错误身份识别，如套牌车等，这都会成为智慧城市系统重大的信息安全问题。

9.4.2　物联网信息安全问题分析

总体来说，物联网信息安全问题比互联网更加复杂。从攻击层次来看，物联网信息安全问题包括感知、网络、应用三个层次的威胁；从攻击对象来看，有传感器、执行设备、网络设备、服务器和应用 App 等五类目标。这两个维度的威胁都是基于物联网基础架构而产生的。

造成物联网信息安全问题的原因是多元的，我们可以从以下四个方面分析。一是由于物联网信息安全技术基础支持力量薄弱，共性的安全技术发展滞后。二是物联网是一个多设备、多网络、多应用、互联互通、互相融合的综合性网络，设备的接口标准、通信协议、管理协议的标准化是一项巨大的工程。这也是现阶段我国物联网推广应用的一大障碍，工业标准化不够成熟也是信息安全技术发展缓慢的根源。三是信息安全相关人才不足，物联网安全所需的综合性人才稀缺，即使国家和行业在教育和职业培训方面加大支持力度，仍远不能满足物联网发展对信息安全人才的需求。四是传统的网络技术存在信息安全威胁，给物联网应用带来风险。

惠普安全研究院选取了 10 个最流行的物联网智能设备进行分析，发现几乎所有设备都存在高危漏洞，主要有五大安全隐患，一些关键数据如下：80% 的 IoT 设备存在隐私泄露或滥用风险；80% 的 IoT 设备允许使用弱密码；70% 的 IoT 设备与互联网或局域网的通信没有加密；60% 的 IoT 设备的 Web 界面存在安全漏洞；60% 的 IoT 设备下载软件更新时没有使用加密。这些数据都表明在物联网领域存在产品生产标准及信息安全技术发展滞后现象。

9.4.3　物联网信息安全发展趋势

物联网技术的发展进程与信息技术的发展是同步的，物联网总体安全需求是感知层的接入安全、网络层的传输安全和应用层的数据处理安全。但随着新一代信息技术的蓬勃发展，物联网技术和安全必然会出现与新技术的融合发展，这将直接引起物联网安全甚至物联网技术的革命。

1. 物联网安全与人工智能

人工智能参与信息安全已成为信息安全发展的主要趋势，未来涉及的物联网安全可以通过信息安全的人工智能大模型加以保护。在物联网感知安全、接入安全、通信安全、数据安全、系统安全、隐私安全等领域构建智能模型，是未来物联网安全技术的发展趋势和研究方向。

2. 物联网安全与区块链

区块链作为一种通过去中心化和去信任方式维护数据的可靠性技术，能为物联网安全提供新颖的解决方案。第一，区块链去中心化的架构颠覆了物联网传统的中心架构，可以防止控制中心遭到恶意攻击后导致的全网络瘫痪；第二，区块链账本的准确性和不可篡改性使物联网的数据传输变得有据可循，强化了用户身份认证与数据保护方面的防御和处理能力；第三，区块链的验证和共识机制有助于识别合法的物联网节点与追踪控制终端设备，避免非法或恶意的物联网设备接入网络；第四，区块链技术结合分布式、去中心化结构、加密算法以及链式结构等技术，为信息安全提供了充足的保护。因此，区块链不仅能够加强物联网的安全性，还能增强物联网中的互信机制，从而保障节点之间的联系，并为这种联系提供了安全保障。

本 章 小 结

本章探讨了新一代信息技术的安全，包括云计算、移动网络、人工智能和物联网领域的信息安全问题。

在云计算安全方面，云平台的虚拟化、多用户等特性带来了虚拟机安全、流量安全、云端数据安全等多种新型安全场景。本章介绍了云平台的安全威胁 (如数据泄露、配置错误、身份凭证访问不足等)，并分析了 NIST、CSA 安全模型，提出了相应的安全防护措施，如异常流量监测、访问控制、数据加密等。这些措施旨在确保云平台在提供高效服务的同时，保障用户数据的安全与隐私。

无线局域网面临着容易被发现、易被安装非法的接入点、未经授权使用服务、易受服务和设备性能限制等安全风险，而移动支付则涉及用户个人信息泄露、设备安全漏洞、法律普及不足等多重问题。通过提高移动支付终端的安全性能、促进服务规范化等措施，可以有效提升移动支付的安全性。

人工智能技术的广泛应用也带来了新的信息安全挑战。对抗性攻击、成员推断攻击、模型提取和知识产权窃取等新型威胁不断涌现，要求我们在享受 AI 带来的便利的同时，必须重视其安全防护。人工智能技术与信息安全技术的融合，如恶意网站识别、防火墙技术的智能化、安全事件的溯源追踪等，为信息安全提供了新的解决方案，同时也对技术人员的专业素养提出了更高的要求。

物联网作为新一代信息技术的重要组成部分，其安全问题同样不容忽视。车联网、智能家居物联网、能源物联网、智慧城市物联网等领域均面临着不同程度的信息安全威胁。其原因包括技术标准滞后、传统网络威胁等，可通过分布式物联网信息安全管理系统、消息认证、区块链与云计算结合等措施加以防范。

新一代信息技术的发展为信息安全带来了新的挑战与机遇。面对日益复杂的安全威胁，我们需要不断加强技术创新并提升安全意识。

课 后 练 习

一、单选题

1. 在云安全中，(　　) 被认为可有效防止数据泄露。

A. 使用明文存储数据

B. 启用多因素认证

C. 仅依赖云服务提供商的安全措施

D. 定期公开分享访问密钥

2. 云计算中的 DDoS 攻击防御通常由 (　　) 负责。

A. 云服务用户　　　　　　　　　　B. 云服务提供商

C. 网络服务提供商　　　　　　　　D. 政府机构

3. 在云服务模型中，(　　) 的安全保障通常由云服务提供商完全负责。

A. IaaS　　　　　　B. PaaS　　　　　　C. SaaS　　　　　　D. FaaS

4. 以下选项中（　　）能确保云存储数据的安全。

A. 不加密直接存储　　　　　　　　B. 允许所有用户访问

C. 定期备份和加密　　　　　　　　D. 仅在本地连接时访问

5. 以下移动设备的措施中，（　　）最能有效防止恶意软件感染。

A. 使用非官方应用商店下载应用　　B. 关闭自动更新功能

C. 安装可靠的反病毒软件　　　　　D. 仅使用公共 WiFi

6. 以下做法中，（　　）可以增加移动设备的安全性。

A. 开启蓝牙并设置为"对所有人可见"

B. 定期更改密码

C. 使用相同的简单密码组合并用于所有账户

D. 将设备设置为自动连接任何 WiFi 热点

7. 使用公共 WiFi 进行敏感交易的主要风险是（　　）。

A. 交易速度慢　　　　　　　　　　B. 遭遇中间人攻击

C. 获得额外的服务保障　　　　　　D. 提高交易的准确性

8. 在物联网项目中，尽量限制设备的物理访问的原因是（　　）。

A. 防止设备被盗　　　　　　　　　B. 避免物理篡改和侧信道攻击

C. 减少设备的磨损　　　　　　　　D. 增加设备的可移植性

9. 物联网安全策略中推荐的设备更新机制是（　　）。

A. 仅在设备故障时更新　　　　　　B. 定期自动进行固件更新

C. 由用户手动选择是否更新　　　　D. 永不更新固件以保持稳定性

10. 人工智能模型在部署前需要进行彻底的安全审查，这是为了（　　）。

A. 确保模型的商业潜力　　　　　　B. 检查模型的准确度和效率

C. 预防潜在的安全漏洞和偏见问题　D. 保证模型的创新性

11. 在人工智能应用中，数据标签的安全性很重要，这是因为它可以（　　）。

A. 提高数据的存储效率　　　　　　B. 防止数据被错误分类或篡改

C. 增加数据处理的速度　　　　　　D. 减少所需的存储空间

12. 人工智能系统面临的"模型提取"攻击是指（　　）。

A. 提取系统中的敏感数据　　　　　B. 复制模型的结构和参数

C. 提取大量的用户个人信息　　　　D. 破解系统的加密算法

二、填空题

1. 在云计算中，_____ 是一种用于隔离云服务客户环境的虚拟化技术。

2. 云计算服务提供商通常采用 _____ 来确保数据传输的安全性。

3. _____ 是云计算中用于防止数据丢失和泄露的常用技术。

4. 在云环境中，_____ 可以防御分布式拒绝服务攻击。

5. 移动设备的 _____ 是验证用户身份的常用方法。

6. _____ 协议为移动设备间的通信提供了一种安全通道。

7. 物联网的 _____ 连接需要加密，以防止数据在传输中被截取。

8. 为了保护物联网设备，所有通信都应该使用 _____ 加密。

9. 人工智能系统的 _____ 很重要，以确保它们不会因为训练数据的偏差而导致不公平的结果。

10. 人工智能模型在处理敏感个人数据时，必须遵循 _____ 原则。

三、论述题

谈一谈如何遵守科学伦理。

第 10 章　信息安全法律法规

　　党的十八大以来，以习近平同志为核心的党中央从总体国家安全观出发，针对网络安全问题提出了一系列新思想、新观点、新论断，并对加强国家网络安全工作做出重要部署。为顺应国家网络安全工作的新形势、新任务，落实党中央的要求，回应广大人民群众的期待，全国人大常委会将制定网络安全方面的立法列入了立法规划及年度立法工作计划，先后出台了《中华人民共和国网络安全法》(简称《网络安全法》)、《中华人民共和国数据安全法》(简称《数据安全法》)、《中华人民共和国个人信息保护法》(简称《个人信息保护法》)、《中华人民共和国密码法》(简称《密码法》) 等相关法律法规。本章将对这些法律法规进行简要的解读，并通过典型案例分析来介绍这些法律法规的应用情况。

　　通过学习本章内容，读者能够对我国网络安全相关法律法规有一个总体的了解，熟悉法律法规的基本内容，掌握使用法律保护自身合法权益的方法，做一个遵纪守法的好公民。

学习目标

(1) 了解《网络安全法》《数据安全法》《个人信息保护法》《密码法》的立法背景、立法过程。
(2) 掌握《网络安全法》《数据安全法》《个人信息保护法》《密码法》的主要内容。
(3) 通过典型案例了解《网络安全法》《数据安全法》《个人信息保护法》《密码法》的应用情况。

思政目标

(1) 培养良好的职业道德素养，遵守网络安全法规。
(2) 理解网络安全立法的重要性，树立国家安全观。

10.1 《中华人民共和国网络安全法》

　　《网络安全法》是我国第一部网络安全相关的专门性综合性立法，它的诞生使得我国网络安全工作有法可依，信息安全行业将由合规性驱动过渡到合规性和强制性驱动并重的时期。

　　2016 年 11 月 7 日，第十二届全国人大常委会第二十四次会议审议表决通过了《网络安全法》，2017 年 6 月 1 日，《网络安全法》正式实施。

认识网络安全法

10.1.1 网络安全法解读

1. 立法背景

随着信息技术在全球迅速发展，以及互联网在各国的广泛应用，人类社会各领域发生了深刻变化，极大地影响并改变了人类的社会活动和生活方式。然而网络与信息技术的应用在促进技术创新、经济发展、文化繁荣、社会进步的同时，网络安全问题日益凸显。一是网络入侵、网络攻击等非法活动频发，严重威胁着通信、能源以及国防军事等重要领域的信息基础设施的安全，云计算、大数据、物联网等新技术、新应用面临着更为复杂的网络安全环境。二是非法获取、泄露甚至倒卖公民个人信息，侮辱诽谤他人、侵犯知识产权等违法活动在网络上时有发生，严重损害公民、法人和其他组织的合法权益。三是宣扬恐怖主义、极端主义，煽动颠覆国家政权、推翻社会主义制度，以及淫秽色情等违法信息，借助网络传播、扩散，严重危害国家安全和社会公共利益。网络安全已成为关系国家安全和发展，关系人民群众切身利益的重大问题。

党的十八大以来，以习近平同志为核心的党中央从总体国家安全观出发对加强国家网络安全工作做出了重要的部署，对加强网络安全法治建设提出了明确的要求。制定《网络安全法》是适应我们国家网络安全工作新形势、新任务，落实党中央决策部署，保障网络安全和发展利益的重大举措，是落实总体国家安全观的重要举措。

2. 立法过程

2013 年 10 月，第十二届全国人大将制定网络安全方面的立法列入该届全国人大常委会的立法规划。

2014 年上半年，全国人大常委会法制工作委员会组成工作专班，开展网络安全法研究起草工作。

2014 年 10 月，中共十八届四中全会决定要完善网络安全保护方面的法律法规。

2015 年 6 月，由全国人大常委会委员长会议提请第十二届全国人大常委会第十五次会议进行审议。初次审议后，《网络安全法 (草案)》印发至各相关机构和部门，并在中国人大网公布，向社会公开征求意见。

2016 年 6 月，第十二届全国人大常委会第二十一次会议对《网络安全法 (草案二次审议稿)》进行审议。二次审议后，《网络安全法 (草案二次审议稿)》在中国人大网公布，向社会公开征求意见。

2016 年 11 月 7 日，第十二届全国人大常委会第二十四次会议审议通过《网络安全法》。

3. 立法指导思想

坚持以总体国家安全观为指导，全面落实党的十八大和十八届三中、四中全会决策部署，坚持积极利用、科学发展、依法管理、确保安全的方针，充分发挥立法的引领和推动作用；针对当前我国网络安全领域的突出问题，以制度建设提高国家网络安全保障能力，掌握网络空间治理和规则制定方面的主动权，切实维护国家网络空间主权、安全和发展利益。

4. 起草工作要点

(1) 坚持从国情出发。根据我国网络安全面临的严峻形势和网络立法的现状，充分总结近年来网络安全工作经验，确立保障网络安全的基本制度框架。重点对网络自身的安全作出制度性安排，同时在信息内容方面也作出相应的规范性规定，从网络设备设施安全、网络运行安全、网络数据安全、网络信息安全等方面建立和完善相关制度，体现中国特色；并注意借鉴有关国家的经验，主要制度与国外通行做法是一致的，并对内外资企业同等对待，不实行差别待遇。

(2) 坚持问题导向。《网络安全法》是网络安全管理方面的基础性法律，主要针对实践中存在的突出问题，将近年来一些成熟的好做法作为制度确定下来，为网络安全工作提供切实法律保障。对一些确有必要，但尚缺乏实践经验的制度安排做出原则性规定，同时注重与已有的相关法律法规相衔接，并为需要制定的配套法规预留接口。

(3) 坚持安全与发展并重。维护网络安全，必须坚持积极利用、科学发展、依法管理、确保安全的方针，处理好与信息化发展的关系，做到协调一致、齐头并进。通过保障安全为发展提供良好环境，《网络安全法》注重对网络安全制度作出规范的同时，注意保护各类网络主体的合法权利，保障网络信息依法有序自由流动，促进网络技术创新和信息化持续健康发展。

5. 主要内容

《网络安全法》共有七个章节，总共七十九条内容，包括总则、网络安全支持与促进、网络运行安全、网络信息安全、监测预警与应急处置、法律责任、附则等章节，主要内容有维护网络主权和战略规划、保障网络产品和服务安全、保障网络运行安全、保障网络数据安全、保障网络信息安全、网络监测预警与应急处置以及网络安全监督管理体制，涵盖网络安全管理体系的方方面面。除法律责任及附则外，根据适用对象，可将各条款分为六大类。

第一类是国家承担的责任和义务，共计 13 条，主要条款包括第三条"网络安全保护的原则和方针"、第四条"顶层设计"、第二十一条"网络安全等级保护制度"等。

第二类是有关部门和各级政府职责划分，共计 11 条，主要条款包括第八条"网络安全监管职责划分"、第十六条"加大网络安全技术投入和扶持"等。

第三类是网络运营者责任与义务，共计 12 条，主要条款包括第九条、第二十四条、第二十五条、第二十八条、第四十二条、第四十七条和第五十六条"网络运营者承担的义务"，第四十条"用户信息保护"，第四十四条"禁止非法获取及出售个人信息"等。

第四类是网络产品和服务提供者的责任与义务，共计 5 条，主要条款包括第二十二条、第二十七条"网络产品和服务提供者的义务"，第二十三条"网络安全产品的检测与认证"等。

第五类是关键信息基础设施网络安全相关条款，共计 9 条，主要条款包括第三十三条"三同步原则"、第三十四条"关键信息基础设施运营者安全义务"、第三十五条"网络产品和服务的国家安全审查"、第三十七条"个人信息和重要数据境内存储"等。

第六类是其他，共计 8 条，主要条款包括第一条"立法目的"、第二条"适用范围"、第四十六条"打击网络犯罪"等。

6. 网络活动主体的义务与权利

《网络安全法》强调了国家是维护网络安全的主体，国家开展网络安全防御措施，采取措施，监测、防御、处置来源于中华人民共和国境内外的网络安全风险和威胁，依法惩治网络违法犯罪活动；倡导健康文明的网络行为，促进社会共同提高网络安全意识和水平；同时开展网络空间治理、网络技术研发和标准制定，推动构建和平、安全、开放、合作的网络空间，建立多边、民主、透明的网络治理体系。

国家网信部门负责统筹协调网络安全工作和相关监督管理工作。国务院电信主管部门、公安部门和其他有关机关依照本法和有关法律、行政法规的规定，在各自职责范围内负责网络安全保护和监督管理工作。

《网络安全法》要求网络运营者在开展经营和服务活动时应当履行普遍性义务，必须遵守法律、行政法规，尊重社会公德，遵守商业道德，诚实信用，履行网络安全保护义务，接受政府和社会的监督，承担社会责任。建设、运营网络或者通过网络提供服务，应当依照法律、行政法规的规定和国家标准的强制性要求，采取技术措施和其他必要措施，保障网络安全、稳定运行，有效应对网络安全事件，防范网络违法犯罪活动，维护网络数据的完整性、保密性和可用性。

与此同时，《网络安全法》强调了关键信息基础设施运营者的义务，在一般运行要求的基础上，从人员管理、制度建设、设施采购、数据保障等方面进一步加强安全管理措施，提高对关键信息基础设施的网络安全保障。

课程思政

习近平总书记指出，网络空间不是"法外之地"。网络空间是虚拟的，但运用网络空间的主体是现实的，大家都应该遵守法律，明确各方权利义务。要坚持依法治网、依法办网、依法上网，让互联网在法治轨道上健康运行。

《网络安全法》在保障网络使用者依法使用网络的权利的同时，也要求网络使用者应当遵守宪法法律，遵守公共秩序，尊重社会公德，不得危害网络安全，也不得利用网络从事违法违规活动，网络使用者应遵循权利义务相一致的基本原则。网络空间是亿万民众共同的精神家园。维护网络安全是全社会共同的责任，只有大家同力共举，树立法治观念，才能建设一个天朗气清、生态良好的网络空间。

10.1.2 典型案例分析

1. "未履行公民个人信息保护义务"案例

《网络安全法》在第四十条至第四十四条对公民个人信息的使用进行了规定，明确要求"网络运营者收集、使用个人信息，应当遵循合法、正当、必要的原则，公开收集、使用规则，明示收集、使用信息的目的、方式和范围，并经被收集者同意。""网络运营者不得泄露、篡改、毁损其收集的个人信息；未经被收集者同意，不得向他人提供个人信息。""任何个人和组织不得窃取或者以其他非法方式获取个人信息，不得非法出售或者非法向他人提供个人信息。"

2021年5月，四川自贡公安机关在工作中发现，辖区某公司片区负责人经公司同意后，以7000元的价格非法购买公民个人信息14 000余条，后分发给公司工作人员，使用非法获取的公民个人信息开展招生工作，涉嫌非法获取个人信息。自贡公安机关根据《网络安全法》第四十四条、第六十八条之规定，对该公司作出罚款30万元的行政处罚。

2021年7月，四川广元公安机关在工作中发现，某企业未按约加强对签约代理商的安全培训和日常监管，未采取必要的监管和技术措施保护公民个人信息，致使签约代理商员工利用职务之便，在为客户办理手机号开卡及其他通信业务时，违规向他人提供客户手机号码和短信验证码，恶意注册、出售网络账号，并非法获利，造成公民个人信息严重受损，该企业涉嫌不履行个人信息保护义务。广元公安机关根据《网络安全法》第二十二条、第四十一条和第四十六条之规定，对该企业处行政警告处罚，对该企业签约代理商员工李某及违法行为人赵某、罗某、舒某分别立为刑事案件和行政案件进行侦查和查处。

收集公民个人信息，必须事先取得当事人同意，没有提示风险，在未征得公民同意情况下收集人脸识别等个人信息数据，属于非法获取，涉嫌"侵犯公民个人信息罪"。同时，企业应兼顾效益与安全，采取技术措施和其他必要措施，确保其收集的个人信息数据安全。

企业在经营过程中应当坚守法律底线，不得非法获取、非法提供和非法使用公民个人信息。除法律另有规定或者权利人明确同意外，任何组织或者个人不得以电话、短信、即时通信工具、电子邮件、传单等方式侵扰他人的私人生活安宁。个人信息遭到泄露，相关权利人可以通过行政、民事、刑事手段保护自身合法权益。

2."未履行网络安全防护义务"案例

《网络安全法》第二十一条规定，国家实行网络安全等级保护制度。网络运营者应当按照网络安全等级保护制度的要求，履行下列安全保护义务，保障网络免受干扰、破坏或者未经授权的访问，防止网络数据泄露或者被窃取、篡改。

(1) 制定内部安全管理制度和操作规程，确定网络安全负责人，落实网络安全保护责任；

(2) 采取防范计算机病毒和网络攻击、网络侵入等危害网络安全行为的技术措施；

(3) 采取监测、记录网络运行状态、网络安全事件的技术措施，并按照规定留存相关的网络日志不少于六个月；

(4) 采取数据分类、重要数据备份和加密等措施；

(5) 法律、行政法规规定的其他义务。

2017 年，重庆市公安局网安总队在日常检查中发现，重庆市某科技发展有限公司自《网络安全法》正式实施以来，在提供互联网数据中心服务时，存在未依法留存用户登录相关网络日志的违法行为。根据《网络安全法》相关规定，决定给予该公司警告处罚，并责令限期十五日内进行整改。该公司收到《行政处罚通知书》后，立即编制了《整改方案》并着手实施整改，整改完成后，公安机关将对其整改情况进行验收。

2020 年 4 月，网安部门检查时发现，北京市石景山区某公司网站未采取防范计算机病毒和网络攻击、网络侵入等危害网络安全行为的技术措施，导致网页被篡改。事发后，北京市公安局石景山分局指导涉事单位对服务器进行关停，并对单位内部全部系统开展排查工作，及时消除隐患漏洞，加强安全防护。同时，依据《网络安全法》第二十一条、第五十九条之规定，给予单位罚款 15 000 元、相关责任人罚款 5000 元的行政处罚。

网络运营单位不履行相关安全管理义务，极易为不法分子违法犯罪活动滋生蔓延提供"土壤"和"空间"，造成严重危害后果。部分单位不重视网络安全，未履行法律、行政法规规定的信息网络安全管理义务，日常疏于对单位网络的安全管理和巡查防护，对通报的网络安全隐患不重视，整改不积极，经监管部门责令改正而仍未整改彻底，导致出现严重安全后果，应当承担法律责任。

3."未落实网络接入实名制要求"案例

《网络安全法》第二十四条规定，网络运营者为用户办理网络接入、域名注册服务，办理固定电话、移动电话等入网手续，或者为用户提供信息发布、即时通信等服务，在与用户签订协议或者确认提供服务时，应当要求用户提供真实身份信息。用户不提供真实身份信息的，网络运营者不得为其提供相关服务。

2020 年 4 月，网警例行检查工作时发现，某通信集团有限公司林口分公司对 98 个用户的宽带账号未实名登记，其中未实名登记的使用人开启虚拟机 IIS 服务，大量传播淫秽信息，该公司未要求用户提供真实身份信息，情节严重。林口县公安局网安大队依据《网络安全法》第六十一条规定，对该通信集团有限公司林口分公司处 5 万元罚款。

违法嫌疑人李某自 2018 年 1 月起，为逃避经营性上网服务场所实名制管理，将其经营的多家网咖擅自组网，使用其中一家网吧账号登记上网人员信息，甚至在上网高峰时段，出现网吧无人上网异常情况。2019 年 2 月，警方依据《网络安全法》第七十四条及《治安管理处罚法》第二十九条规定，对李某予以行政拘留 5 日。

网络实名制作为一种以用户实名为基础的互联网管理方式，成为保护、引导互联网用户的重要手段和制度，可以防止匿名在网上散布谣言，制造恐慌和恶意侵害他人名誉的一系列网络犯罪。网络实名制有利于帮助网络参与者自觉约束自己的言行，提高网络参与者在网络上发言发声的公信力。网络运营者应该遵守《网络安全法》的相关规定，积极履行网络实名制责任，为遏制网络暴力，营造良好的互联网环境作出自己应有的贡献。

4."使用网络实施违法犯罪活动"案例

《网络安全法》第四十六条规定，任何个人和组织应当对其使用网络的行为负责，不得设立用于实施诈骗，传授犯罪方法，制作或者销售违禁物品、管制物品等违法犯罪活动的网站、通讯群组，不得利用网络发布涉及实施诈骗，制作或者销售违禁物品、管制物品以及其他违法犯罪活动的信息。

2019年1月，连云港地区有人在微信朋友圈发布制作假车牌等违法信息。经查，2016年8月以来，犯罪嫌疑人肖某多次利用其个人微信朋友圈发布制作假车牌、假身份证、假结婚证等违法信息，共计900余条。个别网民看到信息后主动联系肖某咨询。连云港警方依据《网络安全法》第四十六条、第六十七条规定，对肖某予以行政拘留10日。

2020年1月，镇江警方发现陈某在担任北京某网络科技有限公司运维工程师期间，在明知他人实施网络套路贷诈骗情况下，为他人设立用于实施违法犯罪活动的"XX借""XX贷"等互联网移动应用。依据《网络安全法》第四十六条、第六十七条规定，对陈某予以行政拘留5日。

网络空间不是法外之地。网络空间是虚拟的，但是运用网络空间的主体是现实的。因此，无论是个人还是机构，其网上的行为依然是法律所规范的对象，在网络上的社交通信、交易消费、视听娱乐以及创新创业等社会行为都必须遵守法律法规，不得侵害别人的权利，更不能损害公共利益和危害国家安全。

5."利用网络发布违法违规信息"案例

《网络安全法》第四十七条规定，网络运营者应当加强对其用户发布的信息的管理，发现法律、行政法规禁止发布或者传输的信息的，应当立即停止传输该信息，采取消除等处置措施，防止信息扩散，保存有关记录，并向有关主管部门报告。

2017年8月11日，国家网信办指导北京市、广东省网信办分别对腾讯微信、新浪微博、百度贴吧立案，并依法展开调查。根据网民举报，经北京市、广东省网信办初查，3家网站的微信、微博、贴吧平台分别存在有用户传播暴力恐怖、虚假谣言、淫秽色情等危害国家安全、公共安全、社会秩序的信息。3家网站平台涉嫌违反《网络安全法》等法律法规，对其平台用户发布的法律法规禁止发布的信息未尽到管理义务。

2018年9月21日，北京网信办、北京市住建委针对58集团旗下58同城、赶集网、安居客等产品未能有效履行平台监管责任，出现大量违法违规的房源信息和"黑中介"内容，违反《网络安全法》第四十七条规定，依法约谈58集团主要负责人，责令立即开展专项整治，整治期间暂停其网站所有北京房源信息发布。

网络运营者特别是大型互联网企业，拥有海量的用户，是网络社会最重要的节点，也是实施网络治理的关键主体。我国在网络政策上主张"谁接入，谁负责""谁运营，谁负责"，一直强调网络运营者的"主体责任"，要求网络运营者对其运营的网站和提供的网络产品和服务承担安全义务。《网络安全法》基于共同治理的原则，明确了网络运营者所应承担的网络信息安全义务。其中第九条总括性地规定了网络运营者的网络安全义务，即：网络运营者开展经营和服务活动，必须遵守法律、行政法规，尊重社会公德，遵守商业道德，诚实信用，履行网络安全保护义务，接受政府和社会的监督，承担社会责任。第四十七条则规定了网络运营者应当加强对其用户发布的信息的管理。只有网络运营者和政府共同努力，才能营造风清气朗的网络空间环境。

10.2 《中华人民共和国数据安全法》

近年来，在中央网信委坚强领导下，以总体国家安全观为指导，国家网络安全工作顶层设计和总体布局不断完善，网络安全"四梁八柱"基本确立。随着《网络安全法》在 2016 年发布，各项相关法律法规、国家标准及政策文件陆续出台，各行各业也在加强其行业内的网络安全建设，这使得我国的网络安全建设逐步进入网络安全法治化的时代。2021 年，继《网络安全法》诞生后，我国在网络安全体系的一项重要分支下增设一项法律法规，即《数据安全法》。

认识数据安全法

2021 年 6 月 10 日，《数据安全法》由第十三届全国人民代表大会常务委员会第二十九次会议通过并正式发布，于 2021 年 9 月 1 日起施行。

10.2.1　数据安全法解读

1. 立法背景

随着国内各行各业数字化转型进程的加速推进，数据已成为核心资产，尤其是随着人工智能、大数据、物联网等新技术的发展，所收集、存储的数据量越来越大，这些数据为产业赋予新的能量，使得数据的价值越来越高，进而针对数据的网络安全事件时有发生。

IBM 调研了 17 个国家和地区以及 17 个行业的数据使用情况，发布 2022 年度《数据泄露成本报告》。该报告指出，全球因数据泄露造成的平均成本达到 435 万美元，83% 的受访组织曾多次发生数据泄露，有 11% 的数据泄露是因勒索软件攻击造成的，受访的关键基础设施组织产生的数据泄露平均成本为 482 万美元。数据泄露途径广泛，常见的原因有用户身份凭证被盗、网络钓鱼、第三方软件漏洞、内部人员恶意泄露、物理安全入侵等方式。

由此可见，数据面临着极其复杂的安全态势，更成为影响我国能源、交通、金融等关键领域安全的因素之一，数据安全已成为事关国家安全与经济社会发展的重大问题。党中央对此高度重视，就加强数据安全工作和促进数字化发展做出了一系列部署。

在 2015 年国务院发布的《促进大数据发展行动纲要》中，强调了数据资源的战略作用，并要求切实保障数据安全。在 2021 年发布的《中华人民共和国国民经济和社会发展第十四个五年规划和 2035 年远景目标纲要》中，也强调了要加快数据安全的基础性立法工作。按照党中央决策部署和贯彻总体国家安全观的要求，全国人大常委会积极推动数据安全立法工作，经过三次审议，第十三届全国人大常委会第二十九次会议通过了《数据安全法》。

2. 立法过程

2018 年 9 月 7 日，第十三届全国人大常委会公布立法规划 (共 116 件)，《数据安全法》位于第一类项目 (条件比较成熟、任期内拟提请审议的法律草案)。

2020 年 6 月 28 日，《数据安全法 (草案)》在第十三届全国人大常委会第二十次会议审议。

2021 年 4 月 26 日，第十三届全国人大常委会第二十八次会议听取了宪法和法律委员会副主任委员徐辉作的关于数据安全法草案修改情况的汇报，此次为二审。

2021 年 6 月 7 日，数据安全法草案三次审议稿提请第十三届全国人大常委会第二十九次会议审议。

2021 年 6 月 10 日，国家主席习近平签署了第八十四号主席令，《数据安全法》已由中华人民共和国第十三届全国人民代表大会常务委员会第二十九次会议通过，现予公布，自 2021 年 9 月 1 日起施行。

3. 主要内容

《数据安全法》是数据领域的基础性法律，它的诞生标志着国家数据安全管理迈入法治化的时代。

《数据安全法》共有七个章节、五十五条内容，包括总则、数据安全与发展、数据安全制度、数据安全保护义务、政务数据安全与开放、法律责任和附则。《数据安全法》聚焦数据安全领域的突出问题，为促进数据安全标准体系建设，确立了数据分类分级管理保护制度，开展数据安全风险评估与认证、数据安全监测预警与应急处置，建立数据安全审查及数据出境管理制度。

《数据安全法》以总体国家安全观为指导，坚持统筹发展与安全的原则，明确了一系列数据安全制度，规定了数据处理主体的数据安全义务，并就政务数据安全与开放提出了相关要求，此外还明确了主管部门的职责及违规的法律责任；围绕数据处理活动全生命周期，包括数据的收集、存储、使用、加工、传输、提供、公开等方面，明确相关主体在各阶段的数据安全保护义务；通过建立健全各项制度措施，进一步提升国家数据安全保障能力，有效应对数据这一非传统领域的国家安全风险与挑战，切实维护国家主权、安全和发展利益。

(1) 数据安全与发展。当前，数据已经成为我国数字经济的核心生产要素之一，其有效利用事关社会和经济发展，同时又从微观到宏观层面影响国家安全。因此，《数据安全法》首先阐明了数据安全与发展的关系，强调"国家统筹发展和安全，坚持以数据开发利用和产业发展促进数据安全，以数据安全保障数据开发利用和产业发展"。同时，《数据安全法》还明确了同步促进数据开发利用、数据安全的技术研究与应用、标准化以及教育培训的措施，要求鼓励数据安全检测评估、认证等服务的发展，支持有关专业机构依法开展服务活动；建立健全了数据交易管理制度，要求规范数据交易行为，培育数据交易市场。

(2) 数据安全制度。《数据安全法》明确了 6 项数据安全制度。一是数据分类分级与核心数据保护制度，确立了依据对国家安全、公共利益或者个人、组织合法权益造成的危害程度进行分类分级的原则，要求国家网信部门协调编制重要数据目录，各地区、各部门负责地方、领域的目录编制和数据保护，特别强调对于关系国家安全、国民经济命脉、重要民生、重大公共利益等国家核心数据，实行更加严格的管理制度。二是数据安全风险评估与工作协调机制，规定国家建立集中统一、高效权威的数据安全风险评估、报告、信息共享、监测预警机制，建立工作协调机制统筹协调有关部门加强数据安全风险信息的获取、分析、研判、预警工作。三是数据安全应急处置机制，要求对于发生数据安全事件的，主管部门应当依法启动应急预案，采取相应的应急处置措施，防止危害扩大，消除安全隐患。四是数据安全审查制度，要求对影响或者可能影响国家安全的数据处理活动进行国家安全审查。五是数据出口管制制度，要求对与维护国家安全和利益、履行国际义务相关的属于管制物项的数据依法实施出口管制。六是歧视反制制度，规定对我国采取相关歧视性的禁止、限制或者其他类似措施的国家和地区，我国可以对其采取对等措施。

(3) 数据安全义务。《数据安全法》规定了 4 类数据安全义务。一是数据处理者的安全义务。重要数据处理者应明确数据安全负责人和管理机构，定期开展风险评估，并向主管部门报送风险评估报告；关键信息基础设施的运营者在国内运营中收集和产生的重要数据的出境安全管理依据《网络安全法》执行，其他数据处理者的数据出境管理由网信办另行制定政策；组织、个人应合法、依规收集和使用数据等。二是数据交易中介服务机构义务。数据交易中介服务机构应当要求数据提供方说明数据来源，审核交易双方的身份，并留存审核、交易记录。三是有关组织、个人的数据支持义务。公安或国家安全机关因依法维护国家安全或者侦查犯罪的需要调取数据，应当按照国家有关规定，经过严格的批准手续，依法进行，有关组织、个人应当予以配合。四是跨境司法或执法机构数据提供审批义务。未经主管机关批准，境内的组织、个人不得向外国司法或者执法机构提供存储于境内的数据。

（4）政务数据安全与开放。《数据安全法》就政务数据安全与开放作出 3 个方面的规定。一是政务数据安全要求。一方面，国家机关应当依法合规收集、使用数据，并对履职中知悉的个人隐私、个人信息、商业秘密等数据予以保密。另一方面，国家机关需要建立健全数据安全管理制度，落实数据安全保护责任，保障政务数据安全。二是外包政务系统数据安全要求。国家机关委托他人建设、维护电子政务系统，存储、加工政务数据，应当经过严格的批准程序，受托方应当依照法律、法规的规定和合同约定履行数据安全保护义务，同时国家机关应当监督受托方履行相应的数据安全保护义务。三是政务数据开放要求。除依法不予公开的数据外，国家机关应当遵循公正、公平、便民的原则，按照规定及时、准确地公开政务数据，同时应制定政务数据开放目录，构建统一规范、互联互通、安全可控的政务数据开放平台，推动政务数据开放利用。

（5）法律责任。对于数据处理者与数据交易中介服务机构不履行数据安全义务、数据安全监管履职国家工作人员滥权舞弊、违法获取或滥用数据等行为，《数据安全法》也作出了相应的处罚规定。其中，对于不履行数据安全义务的数据处理者除罚款外可以责令暂停相关业务、停业整顿、吊销相关业务许可证或者吊销营业执照；而对于违反国家核心数据管理制度且构成犯罪的可以追究刑事责任；对于违规数据出境或未经授权向外国司法或者执法机构提供数据的，同样会处以相应处罚。

4. 数据处理过程中各个角色的义务与权利

中央国家安全领导机构负责国家数据安全工作的决策和议事协调，研究制定、指导实施国家数据安全战略和有关重大方针政策，统筹协调国家数据安全的重大事项和重要工作，建立国家数据安全工作协调机制。工业、电信、交通、金融、自然资源、卫生健康、教育、科技等主管部门承担本行业、本领域数据安全监管职责。公安机关、国家安全机关等依照本法和有关法律、行政法规的规定，在各自职责范围内承担数据安全监管职责。国家网信部门依照本法和有关法律、行政法规的规定，负责统筹协调网络数据安全和相关监管工作。

开展数据处理的组织和个人应当履行数据安全保护义务，坚持合法、正当、必要、诚信、目的限制、最小必要等原则，建立健全全流程数据安全管理制度，组织开展数据安全教育培训，采取相应的技术措施和其他必要措施，保障数据安全。重要数据的处理者应当明确数据安全负责人和管理机构，落实数据安全保护责任。

5. 数据出境安全管理

网络时代，信息共享更加便捷，借助网络，可以轻易地将各种信息进行传播，这使得一些重要数据的安全管理难度提升。在《数据安全法》中强调重要数据的出境管理，关键信息基础设施的运营者在中华人民共和国境内运营中收集和产生的重要数据的出境安全管理，适用《网络安全法》的规定，其他数据处理者在中华人民共和国境内运营中收集和产生的重要数据的出境安全管理办法，由国家网信部门会同国务院有关部门制定。

2022 年 7 月，国家互联网信息办公室正式发布《数据出境安全评估办法》，针对数据出境这一问题，提供更多标准化的解决方案，在促进数据自由流动的同时，合法合规保护个人信息权益，维护国家安全和社会公共利益。

课程思政

坚持总体国家安全观，是习近平新时代中国特色社会主义思想的重要内容。党的十九大明确把坚持总体国家安全观列入新时代坚持和发展中国特色社会主义基本方略，作出了完善国家安全制度体系、加强国家安全能力建设的总体部署。党的二十大报告提出，"推进国家安全体系和能力现代化""坚定不移贯彻总体国家安全观"。当前，世界百年未有之大变局加速演进，我国国家安全内涵和外延比历史上任何时候都要丰富，时空领域比历史上任何时候都要宽广，内外因素比历史上任何时候都要复杂。

网络安全的核心是数据安全，在数据对各领域的重要性与日俱增的同时，数据风险与数据安全问题也愈发突出，给人类和社会带来了前所未有的挑战。在此背景下，数据的保护与治理不仅关乎数据本身作为重要生产要素的开发利用与安全问题，而且与国家主权、国家安全、社会秩序、公共利益等休戚相关。面对新形势、新任务、新挑战，必须全面贯彻落实总体国家安全观，保持清醒头脑、增强忧患意识、强化底线思维、做到居安思危，切实做好国家数据安全工作，坚决维护国家主权、安全、发展利益。

10.2.2 典型案例分析

1. "非法收集数据危及国家安全"案例

《数据安全法》第三十二条规定，任何组织、个人收集数据，应当采取合法、正当的方式，不得窃取或者以其他非法方式获取数据。法律、行政法规对收集、使用数据的目的、范围有规定的，应当在法律、行政法规规定的目的和范围内收集、使用数据。

2021年，国家安全机关破获了一起为境外刺探、非法提供高铁数据的重要案件。这起案件是《数据安全法》实施以来，首例涉案数据被鉴定为情报的案件，也是我国首例涉及高铁运行安全的危害国家安全类案件。

上海某信息科技公司承担某境外公司关于铁路通信信号相关数据的调研项目，该数据属于保障高铁运行的敏感信息。该公司虽然已经了解了其所收集的数据是触及社会及国家安全的，仍然通过部署设备非法采集高铁通信信号数据，并将该数据传播至境外公司。经国家安全机关调查，该公司仅仅一个月采集的信号数据就已经达到500 GB，而此项目已实施将近半年，可以想象所采集和传递到境外的数据是非常庞大的。而这家境外公司从事国际通信服务，但它长期合作的客户包括某西方大国间谍情报机关、国防军事单位以及多个政府部门。

该公司的行为是《数据安全法》《无线电管理条例》等法律法规严令禁止的非法行为，相关人员的行为涉嫌《刑法》第一百一十一条规定的为境外刺探、非法提供情报罪。相关人员于2021年12月31日被上海市国家安全局执行逮捕。

国家基础信息、国家核心数据事关国家安全、国计民生和重大公共利益，是数据安全保护工作的重中之重。全社会都应该进一步增强国家安全意识，坚持总体国家安全观，共同建立健全数据安全治理体系，提高数据安全保障能力，筑牢维护国家安全的钢铁长城。

2. "泄露用户隐私数据"案例

《数据安全法》第二十七条规定，开展数据处理活动应当依照法律、法规的规定，建立健全全流程数据安全管理制度，组织开展数据安全教育培训，采取相应的技术措施和其他必要措施，保障数据安全。利用互联网等信息网络开展数据处理活动，应当在网络安全等级保护制度的基础上，履行上述数据安全保护义务。重要数据的处理者应当明确数据安全负责人和管理机构，落实数据安全保护责任。

2022年2月，在开展广州民生实事"个人信息超范围采集整治治理"专项工作中，广州警方检查发现，广州某公司开发的"驾培平台"存储了驾校培训学员的姓名、身份证号、手机号、个人照片等信息1070万余条，但该公司没有建立数据安全管理制度和操作规程，对于日常经营活动采集到的驾校学员个人信息未采取去标识化和加密措施，系统存在未授权访问漏洞等严重数据安全隐患。系统平台一旦被不法分子突破窃取，将导致大量驾校学员个人信息泄露，给广大人民群众个人利益造成重大影响。根据《数据安全法》的有关规定，广州警方对该公司未履行数据安全保护义务的违法行为，依法处以警告并处罚款人民币 5 万元的行政处罚，开创了广东省公安机关使用《数据安全法》的先例，对数据安全治理作出了积极探索和实践。

2023 年 2 月，湖南省长沙市公安局岳麓分局网安部门工作发现，辖区某电商平台存在数据泄露隐患，于是迅速组织专业技术人员调取日志并约谈单位相关责任人员。经查，该企业服务器存在未授权访问漏洞，用户隐私数据存在泄露风险。通过进一步核实，该企业未制定数据安全管理制度、未充分落实网络安全等级保护制度。长沙市公安局岳麓分局根据《数据安全法》第二十七条、第四十五条第一款之规定，给予该企业警告，并处罚款五万元，对直接责任人处罚款一万元，责令限期改正。

在数字化时代，数据安全问题愈发突出，企业要时刻警惕数据泄露风险。只有做好数据安全管理，才能避免数据泄露，保护企业利益和公民个人信息安全。《数据安全法》的实施为数据安全管理提供了法律支持，加大了对违法行为的惩戒力度。各类企业要切实履行数据安全管理责任，建立健全数据安全管理制度，落实网络安全等级保护制度，防范数据泄露风险。

10.3　《中华人民共和国个人信息保护法》

近年来我国个人信息保护力度不断加大，但在现实生活中，一些企业、机构甚至个人，从商业利益等出发，随意收集、违法获取、过度使用、非法买卖个人信息，利用个人信息侵扰人民群众生活安宁、危害人民群众生命健康和财产安全等问题仍十分突出。为进一步加强个人信息保护法制保障、维护网络空间良好生态、促进数字经济健康发展，在《数据安全法》发布的同年，我国在网络安全领域颁布又一重要的法律法规——《个人信息保护法》。

认识个人信息保护法

2021 年 8 月 20 日，《个人信息保护法》由第十三届全国人民代表大会常务委员会第三十次会议表决通过并正式发布，于 2021 年 11 月 1 日起施行。

10.3.1　个人信息保护法解读

1. 立法过程

2019 年 3 月 5 日，第十三届全国人大常委会第二次会议将制定《个人信息保护法》列入本届立法规划。

2020 年 10 月 13 日，第十三届全国人大常委会第二十二次会议对《个人信息保护法（草案）》进行了初次审议。

2021 年 4 月 26 日，第十三届全国人大常委会第二十八次会议对《个人信息保护法（草案二审稿）》进行了审议。

2021 年 8 月 20 日，第十三届全国人大常委会第三十次会议表决通过《个人信息保护法》，自 2021 年 11 月 1 日起施行。

2. 主要内容

《个人信息保护法》共有八个章节、七十四条内容，包括总则、个人信息处理规则、个人信息跨境提供的规则、个人在个人信息处理活动中的权利、个人信息处理者的义务、履行个人信息保护职责的部门、法律责任以及附则。《个人信息保护法》围绕个人信息处理活动全生命周期，包括个人信息的收集、存储、使用、加工、传输、提供、公开、删除等方面，规范个人信息处理者的行为，确立了个人信息处理活动过程中应当遵循的基本原则，包括合法、正当、必要、诚信、目的限制、最小必要、质量、责任等原则，明确要求个人信息处理者处理个人信息前必须以显著、清晰、准确的方式告知用户个人信息的使用目的，以及在处理全生命周期过程的处置措施，并征得用户同意。

(1)"规范个人信息处理活动"是《个人信息保护法》的核心。《个人信息保护法》第一条规定："为了保护个人信息权益，规范个人信息处理活动，促进个人信息合理利用，根据宪法，制定本法。"从《个人信息保护法》的立法目的看，《个人信息保护法》的实质功能在于规范个人信息处理活动，个人信息保护的真正立法目的有两个，一个是"保护个人信息权益"，另一个是"促进个人信息合理利用"。"规范个人信息处理活动"处于整个《个人信息保护法》的核心地位，只有夯实"规范个人信息处理活动"这个关键环节，才能确保实现保护个人信息权益和促进个人信息合理利用之目的。

(2)个人信息的内涵。《个人信息保护法》第四条第一款明确了"个人信息"的定义："个人信息是以电子或者其他方式记录的与已识别或者可识别的自然人有关的各种信息，不包括匿名化处理后的信息。"该定义与《网络安全法》《民法典》以及最高人民法院、最高人民检察院《关于办理侵犯公民个人信息刑事案件适用法律若干问题的解释》中的"个人信息"定义在基本概念上保持了一致，强调了"已识别或者可识别的自然人信息"，但在内涵上却有很大的不同。《个人信息保护法》中的"个人信息"定义增加了"不包括匿名化处理后的信息"，明确了"个人信息"经匿名化处理后不属于个人信息，也就无须适用《个人信息保护法》的相关规定，体现了《个人信息保护法》的"保护"和"利用"并重。

(3)个人信息处理的核心原则。《个人信息保护法》主要确立以下五项个人信息处理的重要原则：一是遵循合法、正当、必要和诚信原则；二是采取对个人权益影响最小的方式，限于实现处理目的的最小范围原则；三是处理个人信息应当遵循公开、透明原则；四是处理个人信息应当保证个人信息质量原则；五是采取必要措施确保个人信息安全原则等。以上个人信息处理原则，如"遵循合法、正当、必要""应当遵循公开、透明原则"以及"确保个人信息安全"等原则在《全国人民代表大会常务委员会关于加强网络信息保护的决定》《网络安全法》《民法典》《消费者权益保护法》等相关个人信息保护立法中均有规定，已经成为我国个人信息处理应遵循的通用规则。

(4)以"告知—知情—同意"为核心的个人信息处理规则。"告知—同意"这一个人信息处理规则，在《网络安全法》《消费者权益保护法》以及《民法典》等法律中均有规定。《个人信息保护法》不仅确立了"告知—同意"的个人信息处理规则，而且构建了以"告知—知情—同意"为核心的个人信息处理规则体系。个人信息处理者"告知"的目的是确保被告知者的充分"知情"，只有被告知者在充分知情的前提下才能自愿、明确地作出决定。为此，《个人信息保护法》第十四条明确规定："基于个人同意处理个人信息的，该同意应当由个人在充分知情的前提下自愿、明确作出。法律、行政法规规定处理个人信息应当取得个人单独同意或者书面同意的，从其规定。"

(5)敏感个人信息的认定与保护规则。《个人信息保护法》第二十八条给出了"敏感个人信息"的定义，即"敏感个人信息是一旦泄露或者非法使用，容易导致自然人的人格尊严受到侵害或者人身、财产安全受到危害的个人信息，包括生物识别、宗教信仰、特定身份、医疗健康、金融账户、行踪轨迹等信息，以及不满十四周岁未成年人的个人信息。"该定义采用了"个人信息被泄露或者非法使用＋危害后果＋列举重要敏感个人信息"的立法技术，同时将不满十四周岁未成年人的个人信息也纳入了"敏感个人信息"给予重点保护。《个人信息保护法》对处理敏感个人信息作出了严格的限制性规定，即在遵循"告知—知情—同意"原则的基础上，只有在具有特定的目的和充分的必要性，并采取严格保护措施的情形下，个人信息处理者方可处理敏感个人信息。特别是处理敏感个人信息应当取得个人的单独同意，如果法律、行政法规规定处理敏感个人信息应当取得书面同意的，应当从其规定。

（6）严禁"大数据杀熟"以及"用户画像"等不当自动化决策。针对"大数据杀熟""用户画像"和"算法推荐"等涉及个人信息自动化决策的热点问题，《个人信息保护法》第二十四条作出了明确规范：第一，个人信息处理者利用个人信息进行自动化决策，应当保证决策的透明度和结果公平、公正，不得对个人在交易价格等交易条件上实行不合理的差别待遇；第二，通过自动化决策方式向个人进行信息推送、商业营销，应当同时提供不针对其个人特征的选项，或者向个人提供便捷的拒绝方式；第三，通过自动化决策方式作出对个人权益有重大影响的决定，个人有权要求个人信息处理者予以说明，并有权拒绝个人信息处理者仅通过自动化决策的方式作出决定。《个人信息保护法》就个人信息处理者利用个人信息进行自动化决策重点确立了一项义务性规范和一项禁止性规定：一是应当保证决策的透明度和结果公平、公正；二是不得对个人在交易价格等交易条件上实行不合理的差别待遇。

3. 个人信息处理活动中各方的权利与义务

国家网信部门负责统筹协调个人信息保护工作和相关监督管理工作。国务院有关部门依照本法和有关法律、行政法规的规定，在各自职责范围内负责个人信息保护和监督管理工作。

个人信息处理者除遵守上述提及的行为规范，同时应采取制定内部管理制度、加强个人信息分类管理、做好个人信息保护及制定应急预案等措施，履行保护所处理的个人信息的义务。

个人对其个人信息的处理享有知情权、决定权，有权限制或者拒绝他人对其个人信息进行处理，并有权向个人信息处理者查阅、复制、更正、补充、删除其个人信息。

同时，《个人信息保护法》提及了针对个人敏感信息的处理方式，其中包含不满十四周岁的未成年人的个人信息处理规则，强调在处理个人敏感信息时必须有特定的目的和充分的必要性，并采取严格保护措施的情形下，个人信息处理者方可处理，并应该取得个人的单独同意，或不满十四周岁的未成年人的父母或其他监护人的同意。

10.3.2　典型案例分析

1. "三大运营商下线通信行程卡同步删除用户行程数据"案例

《个人信息保护法》第四十七条规定，有下列情形之一的，个人信息处理者应当主动删除个人信息；个人信息处理者未删除的，个人有权请求删除：

(1) 处理目的已实现、无法实现或者为实现处理目的不再必要；

(2) 个人信息处理者停止提供产品或者服务，或者保存期限已届满；

(3) 个人撤回同意；

(4) 个人信息处理者违反法律、行政法规或者违反约定处理个人信息；

(5) 法律、行政法规规定的其他情形。

法律、行政法规规定的保存期限未届满，或者删除个人信息从技术上难以实现的，个人信息处理者应当停止除存储和采取必要的安全保护措施之外的处理。

为深入贯彻党中央、国务院关于进一步优化新冠肺炎疫情防控措施，科学精准做好防控工作的决策部署，根据国务院联防联控机制综合组有关要求，中国信息通信研究院公告称，2022年12月13日0时起，正式下线"通信行程卡"服务，"通信行程卡"短信、网页、微信小程序、支付宝小程序、APP等查询渠道将同步下线，并同步删除用户行程信息。中国电信、中国联通、中国移动三大运营商也先后表示，将按照《数据安全法》《个人信息保护法》等有关法律规定，自12月13日0时"通信行程卡"服务下线后，同步删除用户行程相关数据，依法保障个人信息安全。

"通信行程卡"通过用户手机所处的基站位置获取手机信令数据，查询结果实时可得、方便快捷，为我国的疫情防控作出了重大贡献。但是这些数据属于用户个人隐私数据，在"通信行程卡"完成了它的历史使命以后，依据《个人信息保护法》第四十七条第一款"处理目的已实现、无法实现或者为实现处理目的不再必要"情形，个人信息处理者应当主动删除个人信息。三大运营商删除用户行程相关数据的做法完全符合《个人信息保护法》的相关要求。

2. "滴滴公司违法过度收集用户信息"案例

《个人信息保护法》第六条规定，处理个人信息应当具有明确、合理的目的，并应当与处理目的直接相关，采取对个人权益影响最小的方式。收集个人信息，应当限于实现处理目的的最小范围，不得过度收集个人信息。

2021 年 7 月，国家互联网信息办公室 (以下简称"国家网信办") 依法对滴滴全球股份有限公司 (以下简称"滴滴公司") 涉嫌违法行为进行立案调查。经查明，滴滴公司共存在 16 项违法事实，归纳起来主要是 8 个方面。一是违法收集用户手机相册中的截图信息 1196.39 万条；二是过度收集用户剪切板信息、应用列表信息 83.23 亿条；三是过度收集乘客人脸识别信息 1.07 亿条、年龄段信息 5350.92 万条、职业信息 1633.56 万条、亲情关系信息 138.29 万条、"家"和"公司"打车地址信息 1.53 亿条；四是过度收集乘客评价代驾服务时、App 后台运行时、手机连接桔视记录仪设备时的精准位置 (经纬度) 信息 1.67 亿条；五是过度收集司机学历信息 14.29 万条，以明文形式存储司机身份证号信息 5780.26 万条；六是在未明确告知乘客的情况下分析乘客出行意图信息 539.76 亿条、常驻城市信息 15.38 亿条、异地商务 / 异地旅游信息 3.04 亿条；七是在乘客使用顺风车服务时频繁索取无关的"电话权限"；八是未准确、清晰说明用户设备信息等 19 项个人信息处理目的。

此前，网络安全审查还发现，滴滴公司存在严重影响国家安全的数据处理活动，以及拒不履行监管部门的明确要求，阳奉阴违、恶意逃避监管等其他违法违规问题。滴滴公司违法违规运营给国家关键信息基础设施安全和数据安全带来严重安全风险隐患。因涉及国家安全，依法不公开。

滴滴公司违反《网络安全法》《数据安全法》《个人信息保护法》的违法违规行为事实清楚、证据确凿、情节严重、性质恶劣。2022 年 7 月 21 日，国家网信办依据《网络安全法》《数据安全法》《个人信息保护法》《行政处罚法》等法律法规，对滴滴公司处人民币 80.26 亿元罚款，对滴滴公司董事长兼 CEO 程某、总裁柳某各处人民币 100 万元罚款。

80.26 亿元罚款可能对滴滴公司来说是一个沉重的打击，但它同样也在向行业敲警钟，促使其他企业增强风险意识，进一步加强对个人信息和合规经营管理的审查和处理工作。企业只有依法依规收集和使用个人信息，才能切实维护国家网络安全、数据安全和社会公共利益，有力保障广大人民群众合法权益。

3. "非法出售个人信息"案例

《个人信息保护法》第十条规定，任何组织、个人不得非法收集、使用、加工、传输他人个人信息，不得非法买卖、提供或者公开他人个人信息；不得从事危害国家安全、公共利益的个人信息处理活动。

2021 年 5 月至 7 月，被告人王某某在某快递公司工作期间，利用担任快递客服的工作便利，单独或者伙同其妻子董某某，通过公司系统查询收集大量寄递用户的公民个人信息并向他人出售，非法获利 24 万余元。

2022 年 5 月 30 日，公安机关以王某某、董某某涉嫌侵犯公民个人信息罪移送审查起诉。同年 6 月 30 日，江苏省如皋市人民检察院以被告人王某某、董某某涉嫌侵犯公民个人信息罪提起公诉，并提起刑事附带民事公益诉讼。庭审前，二人自愿缴纳了公益诉讼赔偿金，如皋市人民检察院撤回附带民事公益诉讼的起诉。同年 8 月 30 日，如皋市人民法院以侵犯公民个人信息罪判处被告人王某某有期徒刑三年三个月，并处罚金二十万元；以侵犯公民个人信息罪判处被告人董某某有期徒刑两年，缓刑两年六个月，并处罚金五万元。

公民的个人信息是重要的隐私数据，任何单位和个人都不得利用职务之便买卖、提供或者公开他人的个人信息。同时，公民也要增强个人信息保护意识，不点击陌生链接，不下载来路不明的程序，不转发有害信息，保护好个人账号和密码，同时也要养成良好的生活习惯，妥善处理包含个人信息的缴费单据、快递单、身份证复印件等资料，避免被恶意利用。

10.4　《中华人民共和国密码法》

密码是信息安全领域重要的安全措施。随着我国数字化经济的发展，电子商务、电子政务等的办理均依赖于基于互联网的应用系统，对于用户身份的鉴别和用户的信息保护，密码起到了至关重要的作用。

认识密码法

党中央、国务院高度重视密码立法工作，将密码法作为国家安全法律制度体系的重要组成部分。2018 年以来，密码法相继被列入第十三届全国人大常委会立法规划和全国人大常委会、国务院年度立法工作计划。

2019 年 10 月 26 日，第十三届全国人民代表大会常务委员会第十四次会议通过《中华人民共和国密码法》，并于 2020 年 1 月 1 日起施行。

10.4.1　密码法解读

1. 立法过程

2019 年 6 月，《密码法（草案）》经国务院第五十二次常务会议讨论通过，随后李克强总理签署议案，正式将《密码法（草案）》提请全国人大常委会审议。

2019 年 10 月，第十三届全国人大常委会第十四次会议对《密码法（草案）》进行二次审议并表决通过，习近平主席签署第三十五号主席令正式颁布。

2. 主要内容

《密码法》共有五章、四十四条，重点规范了以下内容：第一章总则部分，规定了本法的立法目的、密码工作的基本原则、领导和管理体制，以及密码发展促进和保障措施；第二章核心密码、普通密码部分，规定了核心密码、普通密码使用要求、安全管理制度以及国家加强核心密码、普通密码工作的一系列特殊保障制度和措施；第三章商用密码部分，规定了商用密码标准化制度、检测认证制度、市场准入管理制度、使用要求、进出口管理制度、电子政务电子认证服务管理制度以及商用密码事中事后监管制度；第四章法律责任部分，规定了违反本法相关规定应当承担的相应的法律后果；第五章附则部分，规定了国家密码管理部门的规章制定权，解放军和武警部队密码立法事宜以及本法的施行日期。

《密码法》规定，国家密码管理部门负责管理全国的密码工作。县级以上地方各级密码管理部门负责管理本行政区域的密码工作。国家机关和涉及密码工作的单位在其职责范围内负责本机关、本单位或者本系统的密码工作。

国家对密码实行分类管理。密码分为核心密码、普通密码和商用密码。核心密码、普通密码用于保护国家秘密信息，属于国家秘密。商用密码用于保护不属于国家秘密的信息。公民、法人和其他组织可以依法使用商用密码保护网络与信息安全。我们日常生活和工作中所用到的密码就是商用密码。

将密码分为核心密码、普通密码和商用密码，实行分类管理，是党中央确定的密码管理根本原则，保障密码安全的基本策略，也是长期以来密码工作经验的科学总结。三类密码保护的对象不同，对其进行明确划分，有利于确保密码安全保密，有利于密码管理部门根据不同信息等级和使用对象，对密码实行科学管理，充分发挥三类密码在保护网络与信息安全中的核心支撑作用。

国家加强核心密码、普通密码的科学规划、管理和使用，加强制度建设，完善管理措施，增强密码安全保障能力。国家鼓励商用密码技术的研究开发、学术交流、成果转化和推广应用，健全统一、开放、竞争、有序的商用密码市场体系，鼓励和促进商用密码产业发展。

《密码法》是总体国家安全观框架下，国家安全法律体系的重要组成部分，也是一部技术性、专业性较强的专门法律。

10.4.2　典型案例分析

1."金融领域商用密码"案例

金融领域商用密码广泛应用于身份认证、数据加密校验等各个环节，是维护金融行业网络安全与数据安全最重要的手段之一。密码技术能够从算法、协议、密钥等多维度保障金融安全，其自身安全可控程度决定着整个金融行业安全可控基础是否牢靠。推动金融领域商用密码应用，确保密码使用安全高效和密码管理安全可靠，是金融业落实网络强国战略的基本要求。全国累计发行支持商用密码算法的金融 IC 卡规模超十亿量级、网银证书设备规模超亿量级，银联转接清算系统、二代支付系统、二代国库信息处理系统等金融基础设施，也累计与千家银行机构实现商用密码接入。

2."增值税防伪税控系统商用密码"案例

增值税防伪税控系统采用商用密码技术保护涉税信息，增值税发票上的所有票面信息要进行加密，产生一长串密文，并以四个二维码的形式打印在发票右侧的密码区。在税额抵扣环节时对密文进行解密，解密后的发票要素与发票明文进行比对，从而确定发票的明文信息是否真实。如果比对后没有通过，就可以认定是假发票，税额不能抵扣。

本 章 小 结

随着信息技术的迅猛发展和互联网的广泛应用，网络安全问题日益凸显，成为国家安全和社会稳定的重要挑战。为应对这一挑战，我国出台了一系列网络安全相关的法律法规。

《网络安全法》明确了网络空间主权、网络安全战略、保障网络产品和服务安全、网络运行安全、网络数据安全、网络信息安全等方面的要求，有效维护了网络空间的秩序和安全；《数据安全法》确立了数据分类分级管理保护制度，明确了数据安全风险评估、数据安全应急处置、数据安全审查等制度，为数据处理者设定了严格的数据安全保护义务；《个人信息保护法》进一步强化了个人信息保护的法律基础，有效维护了公民的合法权益，促进了网络空间的健康有序发展；《密码法》则明确了密码工作的基本原则和管理体制，为密码的科学规划、管理和使用提供了法律保障。

这些法律法规，不仅为网络安全工作提供了法律支撑，也为实际案例的处理提供了明确的法律依据，对于维护网络空间的安全和秩序、保护公民的合法权益、促进网络空间的健康有序发展具有重要意义。我们每个人都应该遵守法律法规，共同维护网络空间的安全和稳定。

课 后 练 习

一、选择题（第 1～4 题为单选题，第 5～6 题为多选题）

1.《网络安全法》开始实施的时间为（　　）。

A. 2016 年 11 月 7 日　　　　　　　B. 2017 年 6 月 1 日

C. 2017 年 11 月 7 日　　　　　　　D. 2016 年 6 月 1 日

2. 网络产品、服务具有（　　）功能的，其提供者应当向用户明示并取得同意。涉及用户个人信息的，还应当遵守《网络安全法》和有关法律、行政法规关于个人信息保护的规定。

A. 公开用户资料　　　　　　　　　B. 收集用户信息

C. 提供用户家庭信息　　　　　　　D. 用户填写信息

3.《数据安全法》开始实施的时间为（　　）。

A. 2021 年 6 月 10 日　　　　　　　B. 2021 年 6 月 1 日

C. 2021 年 9 月 1 日　　　　　　　D. 2021 年 12 月 1 日

4. 根据《个人信息保护法》的规定，（　　）负责统筹协调个人信息保护工作和相关监督管理工作。

A. 电信部门　　　B. 国务院　　　C. 国家网信部门　　　D. 公安部门

5. 根据《个人信息保护法》的规定，个人信息的处理包括个人信息的（　　）。

A. 收集　　　　　B. 存储　　　　　C. 使用　　　　　D. 传输

E. 提供　　　　　F. 公开　　　　　G. 删除

6. 根据《网络安全法》的规定，网络运营者收集、使用个人信息，应当遵循（　　）原则。

A. 合法　　　　　B. 正当　　　　　C. 必要　　　　　D. 诚信

二、判断题

1. 根据《个人信息保护法》的规定，个人信息是以电子或者其他方式记录的与已识别或者可识别的自然人有关的各种信息，不包括匿名化处理后的信息。　　　　　　（　　）

2. 若个人不同意处理其个人信息或者撤回同意，则个人信息处理者可以拒绝提供产品或者服务。　　　　　　　　　　　　　　　　　　　　　　　　　　　　　　（　　）

3. 在公共场所安装图像采集、个人身份识别设备，所收集的个人图像、身份识别信息只能用于维护公共安全的目的，不得用于其他目的。　　　　　　　　　　　　　　（　　）

4. 个人信息处理者处理不满十四周岁未成年人个人信息时，可以按照成年人的个人信息处理规则。　　　　　　　　　　　　　　　　　　　　　　　　　　　　　　（　　）

三、简答题

1. 在当前日益严峻的网络安全形势下，网络安全立法工作的开展为网络安全工作作出了什么样的助力？

2. 作为一名网络安全从业人员，如何在实践中践行网络安全法律法规的要求？

参 考 文 献

[1]　张明真，刘开茗，马国峰. 网络攻防技术 (工作手册式)[M]. 西安：西安电子科技大学出版社，2021.

[2]　石淑华，池瑞楠. 计算机网络安全技术 [M]. 6 版. 北京：人民邮电出版社，2021.

[3]　张明真，李海胜. 网络系统安全运行与维护 [M]. 西安：西安电子科技大学出版社，2020.

[4]　国家计算机病毒应急处理中心. 西北工业大学遭美国 NSA 网络攻击事件调查报告 (之一) [EB/OL]. https://www.cverc.org.cn/head/zhaiyao/news20220905-NPU.htm.

[5]　王建峰，钟玮，杨威. 计算机病毒分析与防范大全 [M]. 3 版. 北京：电子工业出版社，2011.

[6]　胡国胜，张迎春，宋国徽. 信息安全基础 [M]. 2 版. 北京：电子工业出版社，2019.

[7]　姜晓东，安厚霖，那东旭. 操作系统安全与实操 [M]. 北京：中国铁道出版社有限公司，2021.